国家“十二五”规划重点图书

中国地质调查局

青藏高原1：25万区域地质调查成果系列

中华人民共和国

区域地质调查报告

比例尺 1∶250 000

银石山幅

(J45C004002)

项目名称： 1∶25万银石山幅区域地质调查

项目编号： 19991300009051

项目负责： 贾宝华 刘耀荣(前期)

孟德保(后期) 柏道远(副)

图幅负责： 刘耀荣(前期) 柏道远(后期)

报告编写： 贾宝华 孟德保 柏道远 陈必河

刘 伟 罗灵生 肖冬贵

编写单位： 湖南省地质调查院

单位负责： 车勤建(院长)

曾钦旺(总工程师)

内容提要

本报告在收集了大量野外第一手地质资料，经过室内样品测试和认真分析整理，并吸收前人成果的基础上编写而成。报告共分八章，第一章绪言简述了工作目的和任务、自然地理及经济概况、地质调查研究历史及工作概况；第二章、第三章、第四章分别叙述了区内地层、岩浆岩、变质岩的发育情况和基本特征；第五章和第六章详细论述了测区构造格架、构造变形特征和动力学机制、地质(构造)发展史，以及新构造运动与环境演化特征；第七章评述了矿产资源、生态资源及环境地质问题等；第八章对项目成果与存在的问题进行了总结。

本报告全面说明了地质图所涵盖的主要内容，可供地质工作者及相关专业科研人员参考使用。

图书在版编目(CIP)数据

中华人民共和国区域地质调查报告. 银石山幅(J45C004002)：比例尺 1∶250 000/贾宝华等著. —武汉：中国地质大学出版社，2014. 6

ISBN 978-7-5625-3382-5

Ⅰ. ①中…
Ⅱ. ①贾…
Ⅲ. ①区域地质-地质调查-调查报告-中国②区域地质-地质调查-调查报告-且末县
Ⅳ. ①P562

中国版本图书馆 CIP 数据核字(2014)第 101617 号

中华人民共和国区域地质调查报告
银石山幅(J45C004002)：比例尺 1∶250 000

贾宝华　孟德保　柏道远　**等著**

责任编辑：舒立霞　　责任校对：周　旭

出版发行：中国地质大学出版社(武汉市洪山区鲁磨路 388 号)　　邮政编码：430074
电　话：(027)67883511　　传　真：67883580　　E-mail：cbb@cug. edu. cn
经　销：全国新华书店　　http：//www. cugp. cug. edu. cn

开本：880mm×1230mm 1/16　　字数：440 千字　印张：13. 875　附图：1
版次：2014 年 6 月第 1 版　　印次：2014 年 6 月第 1 次印刷
印刷：武汉市籍缘印刷厂　　印数：1—1500 册

ISBN 978-7-5625-3382-5　　定价：460. 00 元

前　言

青藏高原包括西藏自治区、青海省及新疆维吾尔自治区南部、甘肃省南部、四川省西部和云南省西北部，面积达 260 万 km^2，是我国藏民族聚居地区，平均海拔 4500m 以上，被誉为地球第三极。青藏高原是全球最年轻、最高的高原，记录着地球演化最新历史，是研究岩石圈形成演化过程和动力学的理想区域，是“打开地球动力学大门的金钥匙”。

青藏高原蕴藏着丰富的矿产资源，是我国重要的战略资源后备基地。青藏高原是地球表面的一道天然屏障，影响着中国乃至全球的气候变化。青藏高原也是我国主要大江大河和一些重要国际河流的发源地，孕育着中华民族的繁生和发展。开展青藏高原地质调查与研究，对于推动地球科学研究、保障我国资源战略储备、促进边疆经济发展、维护民族团结、巩固国防建设具有非常重要的现实意义和深远的历史意义。

1999 年国家启动了“新一轮国土资源大调查”专项，按照温家宝总理“新一轮国土资源大调查要围绕填补和更新一批基础地质图件”的指示精神。中国地质调查局组织开展了青藏高原空白区 1∶25 万区域地质调查攻坚战，历时 6 年多，投入 3 亿多元，调集 25 个来自全国省(自治区)地质调查院、研究所、大专院校等单位组成的精干区域地质调查队伍，每年近千名地质工作者，奋战在世界屋脊，徒步遍及雪域高原，实测完成了全部空白区 158 万 km^2 共 112 个图幅的区域地质调查工作，实现了我国陆域中比例尺区域地质调查的全面覆盖，在中国地质工作历史上树立了新的丰碑。

新疆 1∶25 万 J45C004002(银石山幅)区域地质调查项目，由湖南省地质调查院承担，工作区位于青藏高原北缘。目的是通过对调查区进行全面的区域地质调查，合理划分测区的构造单元，查明区内地层、岩浆岩、变质岩和构造特征，在此基础上反演区域地质演化史，建立构造模式。同时本着图幅带专题的原则，选择区内重大地质问题进行专题研究。

J45C004002(银石山幅)区域地质调查工作时间为 2000—2002 年，累计完成地质填图面积为 14 960km^2，实测剖面 110km。地质路线 3150km，采集各类样品 1931 件，全面完成了设计工作量。主要成果有：①于巴颜喀拉山群各段地层中采集到三叠纪菊石、植物、放射虫等标准化石分子，从而将测区南部前人划分的大量二叠纪地层的时代修正为三叠纪。在测区北西部发现䗴类及早石炭世放射虫，从而将原泥盆系更正为石炭系。②发现晚新生代橄辉玢岩、玻基辉岩、碱煌岩、花岗斑岩与流纹斑岩等火山岩和潜火山岩新类型，基于新获年龄数据，将晚新生代火山岩划分为中新世(12.81～13.2Ma)、上新世(2.97～3.65Ma)、更新世(0.3～1.93Ma)3 个时代，为探讨青藏高原隆升的深部动力学背景及其发展过程提供了重要的基础地质资料。③在可支塔格与青春山等地新发现蛇绿岩组合。于耸石山—可支塔格蛇绿构造混杂岩带(区域上相当于昆南阿尼玛卿蛇绿混杂岩带)中发现滹沱纪横笛梁杂岩体，角闪石 Ar-Ar 等时线年龄及坪年龄分别为 1303.30±28.28Ma、1913.80±3.24Ma，证实古特提斯洋中存在古老基底残片。④查明银石山地区巴颜喀拉前陆盆地北部发育轴面南倾的连续倒转褶皱，揭示三叠纪末巴颜喀拉板块在向北面昆仑地块俯冲时，上部的三叠纪盖层沿其底面剥离并被动向昆南微陆块之上仰冲。⑤根据磷灰石裂变径迹年龄，定量计算出高原北缘晚新生代不同阶段的隆升速率；根据火山岩同位素年龄、沉积物光释光与电子自旋共振年龄等，重塑高原北缘地貌环境演化过程，为青藏高原晚新生代环境演化研究补充了重要资料。

2003年4月，中国地调局组织专家对项目进行最终成果验收，评审委员会一致建议银石山幅成果报告通过评审，并被评为优秀级。

参加报告编写的主要有孟德保、柏道远、陈必河、刘伟、罗灵生、肖冬贵，由贾宝华、柏道远编纂定稿。

先后参加野外工作的还有刘耀荣、王先辉、彭学军、贺春平、黄文义、陈端赋、蒋吉清、刘富国、杨彪、周万松等。在野外及室内资料整理、报告编写过程中，梁云海教授级高级工程师以及西北项目办、西南项目办、成都地质矿产研究所、陕西省地质调查院、新疆维吾尔自治区地质调查院、青海省地质调查院的领导、专家等都给予项目以指导、帮助，在此表示诚挚的谢意。

为了充分发挥青藏高原1∶25万区域地质调查成果的作用，全面向社会提供使用，中国地质调查局组织开展了青藏高原1∶25万地质图的公开出版工作，由中国地质调查局成都地质调查中心组织承担图幅调查工作的相关单位共同完成。出版编辑工作得到了国家测绘局孔金辉、翟义青及陈克强、王保良等一批专家的指导和帮助，在此表示诚挚的谢意。

鉴于本次区调成果出版工作时间紧、参加单位较多、项目组织协调任务重以及工作经验和水平所限，成果出版中可能存在不足与疏漏之处，敬请读者批评指正。

"青藏高原1∶25万区调成果总结"项目组

2010年9月

目 录

第一章 绪 言

第一节 自然地理及经济概况

1:25万银石山幅(J45C004002)位于新疆南部、西藏北部,地理坐标:东经85°30′—87°00′,北纬36°00′—37°00′,面积约14 960km^2;大部分属新疆维吾尔自治区巴音郭楞蒙古自治州且末县管辖,南东角小部分为西藏自治区那曲地区尼玛县领域(图1-1);区内交通条件极差,通过且末县城的315国道距测区150km,图区内仅有顺河床、谷坡分布的天然简易公路,在4—10月可季节性通行,车速为10~20km/h,陡坡、险坎、乱石、深坑比比皆是。其他无简易公路区靠车辆在戈壁滩中探索性开路,极易陷车。

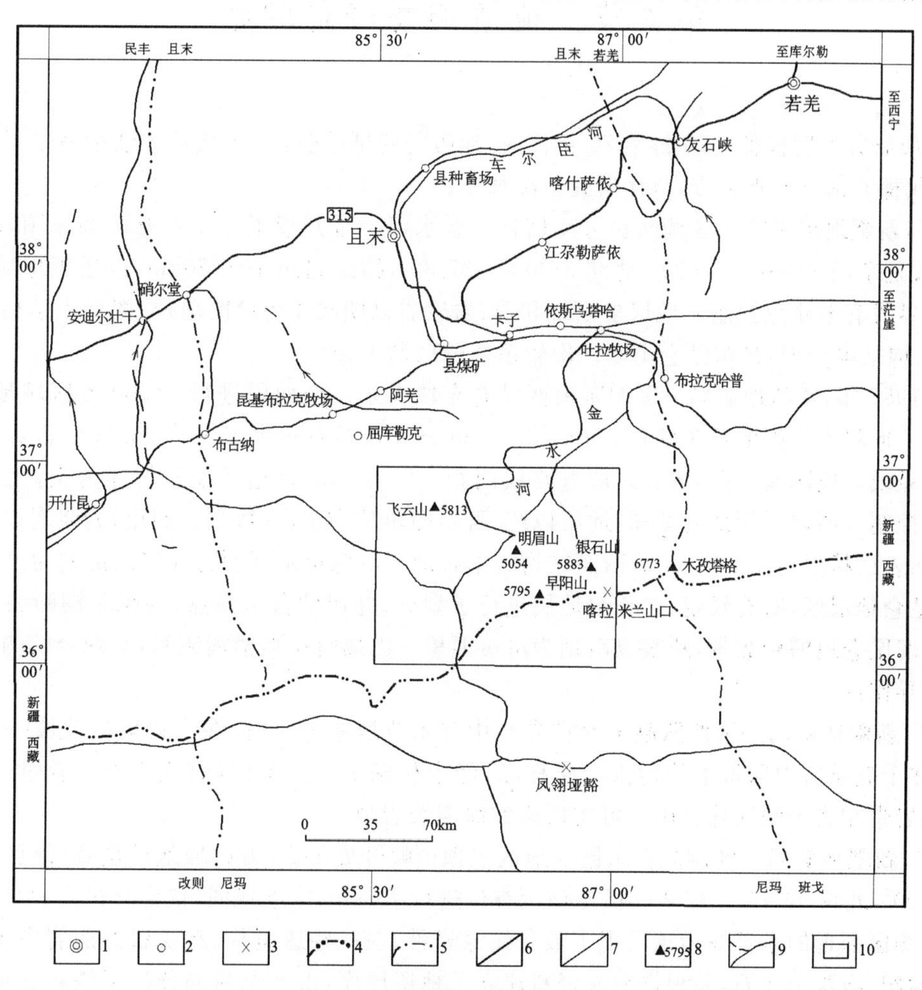

图1-1 行政区划及交通位置图

1.县级驻地;2.村镇驻地;3.兵站;4.省界;5.县界;6.国道;7.简易公路;8.山峰及高程;9.河流;10.工作区

巍巍雄伟、气势磅礴的昆仑山横亘测区中南部,构成青藏高原北缘。测区最低海拔4770m,最高海拔银石山山峰5883m,地形切割不太强,地势总体较平缓,山脊线多呈东西向展布。区内以东西走向昆仑山为分水岭分南、北两大水系,北面主干河流为金水河,二级支流有天浒河、喀拉米兰河、湍流河等,次级支流发育，构成树枝状水系，各级支流汇聚经金水河往北贯入车尔臣河，再消失于塔里木沙漠中；南面水系主要支流有枫林沙河、嬉龙河，次级支流发育，各级支流汇聚往南流入西藏境内。区内水源以冰雪融水为主，受干旱气候影响，各水系为雪化的污浊泥浆水。测区中南部发育少量内陆湖泊，湖泊多呈北东东向延展，星罗棋布，面积最大者为长虹湖，约 22km^2，小者数百平方米，全为咸水湖。

区内淡水水源极少，仅在图区中西部虾子湖一带、图区南东部蚕眉山一带有少量裂隙淡泉水。此外，在少量支流上游，有部分干净的雪融水可取。

测区属高原高寒山区，杳无人烟，无气象资料，据野外工作初步统计(4—9 月份)，区内气候属极端干旱、高寒缺氧型气候。4—9 月份降水量约 300mm，主要以降雪为主，无雪期仅 7 月中下旬至 8 月上旬约 20 天左右；平均气温 −10℃，最高气温 5℃，最低气温 −25℃。海拔 5600m 以上地区常年积雪及冰雪覆盖，10 月上旬开始下大雪，冰冻封山，次年 4 月山区积雪开始融化，野外工作以 5—9 月为宜。

测区矿产资源主要有石膏矿、石灰岩矿和部分金矿点，石灰岩矿、石膏矿虽有规模，但受外部条件制约，不具开采价值，无人开采。动物资源有黄羊、藏羚羊、野牦牛、野马、野驴、野骆驼、狼、棕熊、鹰等，属国家野生动物保护区。药用植物有雪莲花等，主要分布在测区南部长虹湖北东一带，无人采摘。

第二节　地质调查研究历史

测区地质研究程度极低。20 世纪 70 年代前，地质研究是空白，70 年代后才陆续完成了 1∶100 万区调、1∶50 万化探和部分矿点检查，具体研究情况如下。

1971 年，新疆地矿局第一区调队在可支塔格—金水河一带开展了 1∶100 万区调填图，范围形态很不规则，大致是东经 86°00′—88°00′，北纬 36°00′—37°30′，路线间距 10～50km，以遥感地质解译为主，大多数地质界线有地质点控制。地层多以统和群、岩浆岩以期次作为填图单位，图面表达精度为1km×2km，图面结构基本合理，是东昆仑山区一份较系统的区调报告。

1984—1985 年，新疆地矿局一区调队由西昆仑东段向东昆仑西段进行 1∶100 万区域地质调查，调查区范围呈一形状不规则的长条状，东经 84°00′—88°00′，北界为北纬 37°00′—39°30′，南界为新疆与西藏行政区分界线。填图属空白区扫面，调查路线间距 10～50km，以遥感地质解译为主，大多数地质界线有地质点控制。图幅采用系统填图，地层以统、群填图单位为主，少数划分到组；岩浆岩以期次作为填图单位，图面表达精度为 1km×2km，图面结构基本合理。以鲸鱼湖断裂为界将南部划为巴颜喀拉地层区，北部为昆仑地层区，对石炭纪、二叠纪地层进行了划分；并用槽台学观点，将鲸鱼湖断裂以北划分为昆仑褶皱系南昆仑地槽褶皱带，断裂以南划为可可西里—巴颜喀拉地槽褶皱系，对现今的构造单元划分有一定的指导作用。

1986 年，新疆地矿局一区调队赵子允在参与中美木孜塔格考察时，在木孜塔格北坡一带发现蛇绿混杂岩带，并于硅质岩中取得了放射虫分析样品，经中科院王乃文鉴定，时代为晚二叠世—早三叠世。该蛇绿混杂岩带相当于测区耸石山—可支塔格蛇绿混杂岩带。

1993 年，新疆地矿局一区调队在东昆仑地区黑顶山幅开展 1∶25 万区域地质调查(测区东部)，东经 87°00′—88°00′，北纬 36°40′—37°20′，虽然该调查仅进行了一年，未予成图，仅提交过渡性总结报告。但此次调查在测区邻近的东部黑山顶发现了数条蛇绿岩带，在一些透镜状、断块状的灰岩中采到奥陶纪、志留纪、泥盆纪、石炭纪化石，并根据前人资料建立了地层层序，由老至新划分出了铁石达斯群、契盖苏群、布拉克巴什群、喀拉米兰河群等。最后提交成果图，过渡性总结中提出木孜塔格北坡断裂是一条重要的大地构造单元分界线，这些成果与结论对以后的工作起到了一定的指导作用。

总体来说，测区昆仑山地区地质控制程度低，地质研究水平更低。到目前为止，地层划分通用一套地层层序，这些地层分别建立于不同大地构造单元内，同组地层岩性及厚度变化大，难以对比；侵入岩未建立起可供对比的岩石谱系单位；火山岩、变质岩的研究程度更低。构造单元的划分更待进一步完善；

矿产工作方面，仅对石膏、灰岩、金、铅锌等少数矿种作过很粗略的踏勘性评价，个别计算了远景储量，多数矿产地只作过一般性检查，或踏勘分析推断甚多，因此矿产资源总体上不清。对成矿地质条件分析、成矿规律的总结方面更是欠缺，地质勘查工作有待加强。

第三节 目的任务

测区位于塔里木—华北板块南缘与华南板块北部边缘接合地带，属青藏高原北部边缘，是一个多旋回复合造山带。随着青藏高原挽近时期强烈隆升，构造活动加剧，形成了现今高耸的昆仑山脉。地理环境的改变，导致了动植物生存条件的恶化，致使区内成为举世闻名的无人区和动植物罕见区域，也成了地质空白区。加强该区的基础地质研究，系统地探查研究组成山体物质的时、相、位、变形变质特征，分析各个构造单元或大地构造相之间的关系，探讨造山运动机制，为青藏高原隆升研究提供动力学信息；同时加强成矿地质条件分析，为区域矿产资源勘查评价提供战略决策依据，是开发大西北、促进我国中西部地区经济可持续发展的战略任务，也是"新一轮国土资源大调查"的前期目标。为此，1999 年 11 月中国地调局以(0100143074)号任务书下达了 J45C003002(且末县一级电站幅)、J45C004002(银石山幅) 1:250 000区域地质调查任务，项目编号为:19991300009051，委托湖南省地质调查院承担实施，时限为1999 年 12 月至 2002 年 12 月。2002 年 7 月提交野外验收成果，2002 年 12 月提交最终验收成果。

任务书明确提出其目标任务是:按照《1:25 万区域地质调查技术要求(暂行)》及其他有关规范、指南，参照造山带填图的新方法，应用遥感等新技术手段，以区域构造调查与研究为先导，合理划分测区的构造单元，对测区不同地质单元、不同的构造-地层单位采用不同的填图方法进行全面的区域地质调查。最终通过对沉积建造、变形变质、岩浆作用的综合分析，反演区域地质演化史，建立构造模式。本着图幅带专题的原则，选择区内重大地质问题进行专题研究。

第四节 项目工作概况

1999 年 12 月中国地调局下达 1:25 万且末县一级电站幅、银石山幅项目任务书后，湖南省地质调查院以公开招聘的形式组建了湖南省地调院西昆仑项目一队、二队，两队各 16 人，分别承担且末县一级电站幅、银石山幅地质调查任务。

依据 1:25 万区调技术要求，2000 年 1—4 月，项目队全面收集了调查区已有区调、物化探、地质矿产及科研等资料；同年 5—9 月进行了野外踏勘、主干剖面测制、部分填图及样品的系统采集工作；同年 10 月提交了 1:25 万且末县一级电站幅、银石山幅区域地质调查设计书，11 月中国地质调查局委托青藏高原研究中心、西南项目办、西北项目办在成都组织了设计审查，设计获得通过。

2000 年 12 月—2002 年 7 月，项目队共投入野外工作量 8 个月，室内整理 10 个月，全面完成了测区的剖面测制、地质填图、样品采集、专题调研和补课等工作，并对全部原始资料进行了系统整理和部分综合整理。2002 年 6 月 1 日—25 日，中国地质调查局委托西北项目办组织专家对西北图幅进行野外验收，1:25万银石山幅区域地质调查项目综合评分 92.88 分，评为优秀级。期间，2001 年 8 月，西北项目办组织专家对项目进行了中期野外检查，给予项目总评分 91 分，为优秀级；2001 年 12 月，湖南地质调查院组织专家对项目原始资料进行检查并分项打分，给予项目总评分 90.75 分，为优秀级。

2002 年 8—12 月，完成了最终资料综合整理、各类图件编绘、地质报告与专题报告编写等工作。三年来完成的工作量列于表 1-1，全面超额完成了设计工作量。

区域地质调查的全过程始终贯彻"3S"高新技术的应用，达到了提高填图质量、降低成本的目的。

地质定点全部采用全球定位系统，误差范围在10m以内；遥感解译始终遵循资料收集、数据处理—自然地理解译—遥感地质初步解译、实地踏勘、对比—详细解译、编图—重要地段增强处理解译等工作程序，效果良好。

表1-1　完成主要工作量统计表

序号	项目	工作量	序号	项目	工作量
1	地质填图	14 960km^2	12	矿石化学分析	11件
2	遥感地质解译	14 960km^2	13	人工重砂	17件
3	实测剖面	110km	14	粒度分析	130片
4	观测路线长	3150km	15	大化石	180包
5	地质点数	1100个	16	微体化石	43包
6	岩石薄片	940块	17	同位素年龄	24组
7	岩石组构	30块	18	稳定同位素	30件
8	岩石化学分析	135件	19	热释光	7件
9	岩石稀土分析	130件	20	电子自旋共振	5件
10	岩石定量光谱分析	140件	21	裂变径迹年龄	6件
11	岩石痕金分析	48件	22	单矿物电子探针	55个点

第二章 地 层

区内地层分布非常广泛，出露面积约14 000km²，占图区总面积的94.5%。以耸石山—可支塔格蛇绿构造混杂岩带（区域上称苏巴什—鲸鱼湖结合带）为界，可将测区地层划分为南、北两个地层区（表2-1）：北部为昆南地层区，发育晚古生代石炭纪—二叠纪的托库孜达坂群和树维门科组；南部为巴颜喀拉前陆盆地地层区，主要出露三叠纪巴颜喀拉山群。可支塔格—耸石山蛇绿构造混杂岩带内为晚古生代石炭纪、二叠纪构造混杂岩片，属非史密斯地层；另外，在北部昆南地层区的洒阳沟、庆丰山等地零星出露小面积的古老基底——古元古代苦海岩群，其构造置换强烈，也归之非史密斯地层。侏罗纪叶尔羌群、鹿角沟组、古近纪阿克塔什组的陆相盆地沉积以及第四纪西域组、松散堆积层零星分布全区。

表2-1 1∶25万银石山幅地层分区表

地质时代	昆南地层区			巴颜喀拉前陆盆地地层区		
第四纪	全新世冲洪积物（Qh^{pal}） 全新世洪积物（Qh^{pl}） 全新世冲积物（Qh^{al}） 全新世湖积物（Qh^{l}） 晚更新世—全新世冲洪积物（Qp_3—Qh^{pal}） 晚更新世洪积物（Qp_3^{pl}） 中更新世冲洪积物（Qp_2^{pal}） 中更新世残坡积物（Qp_2^{esl}） 中更新世冰川堆积物（Qp_2^{gl}） 早更新世西域组（Qp_1x^{cg}）					
古近纪	阿克塔什组（E_3a）：可以划分出砾岩段（E_3a^{cg}）、砂岩段（E_3a^{ss}）、砾岩-砂岩段（E_3a^{cg-ss}）、砂岩-泥岩段（E_3a^{ss-ms}）、砂岩夹砾岩段（E_3a^{ss+cg}）共5个岩性组合段					
侏罗纪	鹿角沟组（J_3l）：可以划分出砾岩-砂岩段（J_3l^{cg-ss}）、砂岩段（J_3l^{ss}）和砂岩-粉砂岩段（J_3l^{ss-st}）3个岩性组合段					
侏罗纪	叶尔羌群（$J_{1-2}Y$）：共可以划分出砾岩段（$J_{1-2}Y^{cg}$）、砂岩-泥岩段（$J_{1-2}Y^{ss-ms}$）、砾岩-砂岩段（$J_{1-2}Y^{cg-ss}$）、砂岩段（$J_{1-2}Y^{ss}$）和砾岩-粉砂岩段（$J_{1-2}Y^{cg-st}$）5个岩性组合段					
三叠纪				巴颜喀拉山群	五组	TB^5
					四组	TB^4
					三组	TB^3
					二组	TB^2
					一组	TB^1
二叠纪	树维门科组	二段	$P_{1-2}s^2$	可支塔格—耸石山蛇绿构造混杂岩带		
		一段	$P_{1-2}s^1$			
石炭纪	托库孜达坂群	四段	C_1TK^4			
		三段	C_1TK^3			
		二段	C_1TK^2			
		一段	C_1TK^1			
滹沱纪	苦海岩群	片麻岩组	$Pt_1K(gn)$			

非史密斯地层中，古元古代苦海岩群变形变质作用明显，属绿片岩相—低角闪岩相，按张克信(1997)的划分方案属形变混杂岩类；可支塔格—耸石山蛇绿构造混杂岩带中的晚古生代构造混杂岩片，属沉积—构造—形变混杂岩类，整体无序，局部有序，多为走滑、叠瓦岩片。

史密斯地层自早到晚有托库孜达坂群(C_1TK)、树维门科组($P_{1-2}s$)、巴颜喀拉山群(TB)、叶尔羌群($J_{1-2}Y$)、鹿角沟组(J_3l)和阿克塔什组(E_3a)6个群或组，它们可再细分出24个岩性段。以上划分的填图单位较好地控制了全区地层的发育特点。第四纪地层除早更新世的西域组(Qp_1x)已经固结成岩外，其他时期不同成因的沉积物多呈松散堆积状态。以下按非史密斯地层、史密斯地层和第四纪地层分别进行阐述。

第一节　非史密斯地层

区内的非史密斯地层包括古元古代苦海岩群和晚古生代托库孜达坂群、树维门科组的部分岩片，它们均产出于图区的北部，在近东西向的构造带上展布，总分布面积约1060km²。由于后期强烈的构造改造作用，地层的层序模糊，复位困难，生物化石也很难保存或无化石产出，只能根据区域对比和同位素年龄来大致控制其时代。以下按时代进行分述。

一、古元古代地层

（一）岩石地层

1. 一般特征

该时代地层为苦海岩群(Pt_1K)，在图区北部近东西向的构造带上展布，共有3处小面积出露，每处均呈透镜状，总出露面积60km²左右，与周围石炭纪、二叠纪地层均呈断层接触。由于时代久远，地层变形变质作用比较强烈，基本层序难以恢复。按岩性及其组合特点，区内古元古代苦海岩群经区域对比可进一步划归为片麻岩组。

2. 剖面描述

在图区北西部的关水沟由北往南测得古元古代苦海岩群片麻岩组(Pt_1Kgn)的一条剖面，剖面号P02，剖面两端均与石炭纪托库孜达坂群呈断层接触；内部的地层原始层理已面目全非，完全被后期的片理所置换，片理产状总体北倾。岩层内部常发育小型断层及褶皱。经综合整理，剖面特点描述如下。

上覆地层：石炭纪托库孜达坂群一段

20. 灰色、深灰色块状浅变质硅质岩

════════　断层　════════

古元古代苦海岩群片麻岩组	**>1636.85m**
14. 灰色、深灰色二云母斜长片麻岩、含黑云母斜长片麻岩，岩石具片状构造。未见顶	367.68m
13. 浅灰色石英岩与深灰色二云母石英片岩互层	187.93m
12. 深灰色、灰黑色角闪斜长片麻岩	44.45m
11. 灰色、浅灰色斜长片麻岩	61.72m
10. 黑色浅变质石英杂砂岩	93.64m

9. 灰黄色斜长片麻岩 59.10m
8. 灰色二云母斜长片麻岩与灰黑色黑云母斜长片麻岩互层 296.75m
7. 深灰色黑云母石英片岩与细粒长石砂岩互层 96.45m
6. 深灰色含石榴石白云母斜长片麻岩与灰色含石榴石斜长片麻岩互层 108.42m
5. 灰黑色含白云母石英岩 25.93m
4. 深灰色、灰黑色含白云母石英岩 44.96m
3. 深灰色石英岩、石英云母片岩 38.64m
2. 深灰色、灰黑色厚层状浅变质粉砂岩—细粒石英砂岩 125.01m
1. 灰色、深灰色云母片岩与变质石英粉砂岩互层。未见底 86.17m

3. 岩石组合特征及纵横向变化

由以上剖面可以看出，古元古代苦海岩群片麻岩组的视厚度大于1636.85m，其主体岩性为灰色、深灰色、灰黑色斜长片麻岩、角闪斜长片麻岩、二云母斜长片麻岩、(含)黑云母斜长片麻岩、含石榴石白云母斜长片麻岩、含石榴石斜长片麻岩，夹有浅灰—深灰色、浅灰绿色、灰黑色二云母石英片岩、石英云母片岩、云母片岩、含白云母石英岩、石英岩、浅变质粉砂岩—细粒石英砂岩、细粒长石砂岩及变质石英粉砂岩等。岩层的变质作用明显，根据变质矿物组合以及斜长石的牌号等(在第四章区域变质岩中论述)，该片麻岩组总体为绿片岩相—低角闪岩相。

沿该构造带往东，另外有两处小面积出露的元古代地层，仍以片麻岩的大量发育为特征，夹少量片岩及变质砂岩，在岩性上变化并不明显，总体归入古元古代苦海岩群片麻岩组可能较为合理。

4. 岩石地球化学特征

陆源碎屑岩中的微量元素在风化搬运和沉积过程中很少受外力地质作用的影响，而且，由于微量元素的不活动性，成岩作用、蚀变作用、变质作用的影响甚微，因此，变质岩的微量元素能够较好地研究源区类型和沉积构造环境等问题。所作的几组苦海岩群微量元素分析值见表2-2。

表2-2 古元古代苦海岩群片麻岩组微量元素

送样编号	岩性	Nb	Ta	Ni	Co	V	Sc	Sr	Ba	Zr	Ag	U	Th	B	Au
P2-4-1	浅变质粉砂—细粒石英砂岩	6.6	<0.5	23.9	3.1	34.3	4.1	36.9	297	420	0.067	2.0	8.4	53.0	2.5
P2-7	纯石英岩	6.5	0.5	18.2	3.4	33.0	3.7	38.8	188	387	0.048	1.0	9.4	46.8	3.8
P2-8	含白云母石英岩	5.6	0.7	18.5	4.9	25.0	2.8	23.9	2400	353	0.049	0.9	7.6	24.7	2.5
P2-11	含石榴石斜长片麻岩	8.4	0.6	11.6	5.9	29.5	7.4	156	564	145	0.037	2.0	19.4	9.8	1.8
平均值		6.8	<0.6	18.1	4.3	30.5	4.5	63.9	862	326	0.050	1.5	11.2	33.6	2.7

注：除Au单位为10^{-9}外，其他单位均为10^{-6}。

5. 大地构造环境判别

采自古元古代苦海岩群片麻岩组的微量元素分析结果(表2-2)表明：其Sc、Ba、Zr、Th、Rb、B的平均值均高于地壳元素丰度值(克拉克值，下同)，Nb、Ni、Co、V、Sr、U的平均值均低于地壳元素丰度值，Au值与克拉克值基本相等，不具富集或亏损的特点。

根据Bhatia和Crook(1986)不同构造环境杂砂岩的微量元素特征判别表(表2-3)，其大地构造环境总体表现出被动大陆边缘的特点，但仍有个别敏感元素或者元素的比值表现大陆岛弧或活动大陆边缘构造环境的特点。虽然判别并不是很理想，但至少可以排除构造背景为大洋岛弧环境的可能性。

表 2-3　苦海岩群判别构造环境最敏感元素的微量元素特征

环境 元素	大洋岛弧	大陆岛弧	活动大陆边缘	被动大陆边缘	苦海岩群片麻岩组平均值
Th	2.27	11.1	18.8	16.7	11.0
Zr	96	229	179	298	317
Nb	2.0	8.5	10.7	7.9	7.2
Sc	19.5	14.8	8.0	6.0	4.9
V	131	89	48	31	40.7
Co	18	12	10	5	4.7
Zr/Th	48.0	21.5	9.5	19.1	28.8
Th/Sc	0.15	0.85	2.59	3.06	2.24

注：参照 Bhatia 和 Crook(1986)，除注明外，单位均为 10^{-6}。

利用图解对微量元素进行研究：①在 Th-Co-Zr/10 图解中(图 2-1)，5 个样品有 3 个落入被动大陆边缘构造环境中，1 个落在活动大陆边缘构造环境，还有 1 个投在图解有效区之外，但紧邻被动大陆边缘构造环境区；②在 Th-Sc-Zr/10 图解中(图 2-2)，4 个样品点投在被动大陆边缘构造环境区域，1 个则分布于活动大陆边缘构造环境区内。由此可见苦海岩群片麻岩组的大地构造环境为被动大陆边缘的可能性较大，但不能排除大陆岛弧或活动大陆边缘构造环境的可能性。

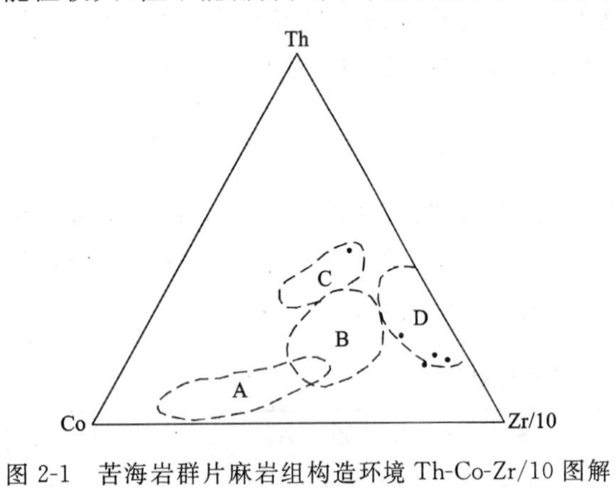

图 2-1　苦海岩群片麻岩组构造环境 Th-Co-Zr/10 图解
(据 Bhatia，1986)
A. 大洋岛弧；B. 大陆岛弧；C. 活动大陆边缘；D. 被动大陆边缘

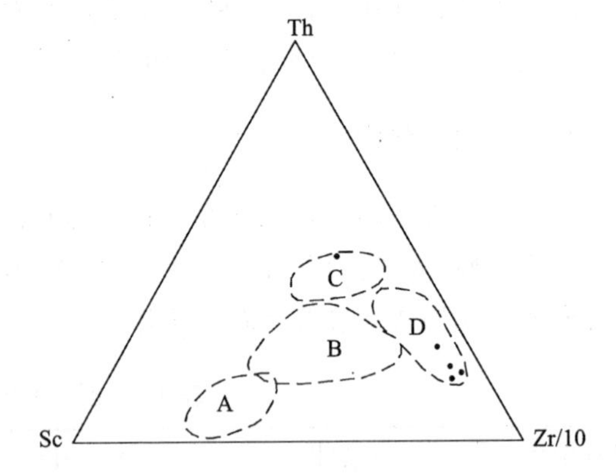

图 2-2　苦海岩群片麻岩组构造环境 Th-Sc-Zr/10 图解
(据 Bhatia，1986)
A. 大洋岛弧；B. 大陆岛弧；C. 活动大陆边缘；D. 被动大陆边缘

（二）时代讨论

对区内元古代苦海岩群片麻岩组进行了同位素年龄测试，没有获得理想的年龄值，但在紧邻本区的北边图幅(1∶25 万且末县一级电站幅)，在同一套变质岩地层中，利用锆石 U-Pb 法进行年龄测定，经一致性曲线处理后，得到上交点年龄值为 2119±50Ma，下交点年龄为 253±4Ma，谐和曲线年龄 253Ma，MSWD 9.60635。其上交点年龄代表了源岩年龄，指示苦海岩群的沉积时代为古元古代。

二、晚古生代地层

（一）岩石地层

1. 一般特征

晚古生代非史密斯地层分布于图区北部，南北宽 2～15km、东西向贯穿并向两侧延伸出图外，出露面积1000余平方千米，该构造带即为耸石山—可支塔格蛇绿构造混杂岩带。区内未能见到与更老地层之间的接触关系，与后期地层多呈断层接触，局部与古近纪陆相红色地层呈角度不整合接触，或被第四纪砂、砾层所覆盖。海西期的花岗岩体可与之呈侵入接触关系，靠近岩体处可显示出硅化、角岩化、大理岩化等热接触变质作用；此外，该套地层明显具动力变质特点，动态重结晶、揉皱、糜棱岩化及片理化等广泛发育，不同岩性体之间多为断层接触，呈岩片产出，其时态、位态、相序等总体上难以恢复。

2. 岩性体描述

区内该套晚古生代非史密斯地层中包含有砂岩夹板岩岩性体、砂岩-板岩互层岩性体、灰岩岩性体、中基性岩岩性体、玄武岩岩性体、火山岩岩性体等不同类型岩性体，各岩性体之间均为断层接触。

（1）砂岩夹板岩岩性体（*ss*+*sl*）

在图区北西部的昆明沟测得砂岩夹板岩岩性体的部分层位，剖面号P03，其底与古近纪陆相地层呈断层接触关系，顶部以断层与火山岩岩片接触，内部多呈整合接触关系，小断层在局部较发育。根据层劈关系及沉积构造等，该岩片岩层总体倾向南，产状正常。经过整理，剖面介绍如下。

上覆地层：晚古生代火山岩

15. 由下往上共划分为以下几个部分：灰黑色块状变质火山岩，主要矿物为滑石、白云石，原岩可能为安山岩；灰黑色杏仁状、气孔状玻基安山岩；灰黑色块状硅化碎裂安山岩；紫红、暗紫色块状碎裂糜棱岩；紫红、暗紫色白云石化糜棱岩；紫红、暗紫色变质火山岩，主要矿物为滑石、白云石，原岩可能为安山岩

═══════ 断层 ═══════

晚古生代砂岩夹板岩岩性体	**>1020.2m**
14. 下部为紫红、灰白色中薄层石英细砂岩；中部为灰白色中薄层状石英质细砾岩；上部为灰白色中薄层状石英细砂岩	35.2m
13. 灰色、灰绿色微—薄层状含砾中粗粒长石石英砂岩、细—粉砂岩与页片状凝灰质板岩互层构成多个沉积旋回	383.3m
12. 灰黑色夹紫红色微—薄层含凝灰质细砂岩	112.2m
11. 灰色薄—微层状方解石化砾质不等粒长石石英杂砂岩、粉砂质板岩、板岩构成多个沉积旋回，每个旋回往上粒径变小	181.9m
10. 灰色、灰绿色薄层细砂岩与微层状凝灰质板岩互层	69.2m
9. 灰色薄层含砾不等粒长石石英杂砂岩、粉砂岩及板岩构成多个沉积旋回	16.2m
8. 灰色、灰绿色微—薄层状细粒长石石英杂砂岩	25.8m
7. 下部为灰色、浅灰色微—薄层状钙质胶结不等粒岩屑长石砂岩；上部为灰色、浅灰色条带状凝灰质粉砂质板岩	23.1m
6. 灰色、灰绿色微—薄层状细粒凝灰质长石石英杂砂岩	17.8m
5. 灰色纹层状含粉砂质板岩	8.9m
4. 灰绿色中薄层状含凝灰质中细粒长石石英杂砂岩	38.6m
3. 灰紫色薄层含砾岩屑细砂岩夹灰色页片状板岩，中夹灰白色薄—中层石英粗砂岩及灰绿色中层状含砾粗粒岩屑石英杂砂岩	18.5m
2. 灰色、灰绿色中层状细粒长石石英杂砂岩	15.8m
1. 灰色、深灰色中厚层岩屑细砂岩，与古近纪地层呈断层接触。未见底	37.5m

据上述剖面，该套岩石总厚度大于1020.2m，主要由灰色、灰绿色薄—厚层状（含砾）岩屑细砂岩、含砾粗粒岩屑石英杂砂岩、不等粒岩屑长石砂岩、含砾中粗粒长石石英砂岩、含砾不等粒长石石英杂砂岩、含凝灰质中细粒长石石英杂砂岩、凝灰质细粒长石石英杂砂岩、细粒长石石英杂砂岩、石英粗砂岩及含凝灰质细砂岩等砂岩，夹灰色、灰绿色页片状粉砂质板岩、凝灰质板岩、板岩等构成，偶夹灰白色中薄层状石英质细砾岩。

(2) 砂岩-板岩互层岩性体(*ss-sl*)

在图区北西部的昆明沟测得砂岩-板岩岩性体的部分层位，剖面号P03，北部以断层与火山岩岩性体接触，南部与海西期花岗岩呈侵入接触，内部多呈整合接触，局部发育灰岩质构造角砾岩，使得断层上、下层位关系不清，但由于它们均以碎屑岩的发育为特征，因此在剖面描述中把它们仍放在一起。经过整理，剖面介绍如下。

晚古生代砂岩-板岩互层岩性体　　**>1302.4m**

17. 下部为灰绿色、灰黑色薄—中层状细粒长石石英杂砂岩，发育条带状构造；中上部为灰绿色薄—中层沉火山角砾岩与灰绿色、灰黑色薄—中层状细粒长石石英杂砂岩互层构成韵律，砾岩仅在每个韵律的底部出现；顶部硅化强烈，与海西期花岗岩体呈侵入接触关系　　301.6m
16. 灰色、灰绿色薄—中层状含云母细粒长石石英砂岩与条带状云母石英粗粉砂岩不均匀互层构成韵律式沉积　　274.6m
15. 灰色微层状方解石化细粒石英(杂)砂岩，偶见黄铁矿晶粒　　3.2m
14. 下部为灰色块状钙质胶结灰岩质构造角砾岩；上部为灰色块状硅质灰岩　　7.0m
13. 深灰色、灰黑色纹层状板岩、炭质板岩，水平纹层发育　　16.9m
12. 下部为灰、灰黄、灰绿色中—厚层状玻屑凝灰岩；上部为灰、灰黄、灰绿色中—薄层状凝灰质板岩与粉砂质板岩互层构成韵律　　112.9m
11. 深灰色薄—微层状泥质石英粉砂岩，往上由细—粉砂岩与灰绿色纹层状凝灰质板岩不均匀互层构成韵律式沉积　　122.7m
10. 灰色、灰绿色薄—微层状凝灰质板岩、钙质板岩互层构成韵律　　52.4m
9. 深灰色厚—巨厚层状隐晶质钙质硅质岩　　24.0m
8. 灰绿色、暗绿色条带状细砂岩与纹层状板岩互层　　86.2m
7. 灰黑色条带状隐晶质含泥质硅质岩　　4.6m
6. 下部为深灰色微—纹层状凝灰质板岩；中部为深灰色纹层状凝灰质板岩与纹层状钙质板岩互层；上部为深灰色微—薄层状粉砂岩与纹层状凝灰质板岩、钙质板岩互层　　69.8m
5. 灰色、深灰色中厚层状粉—细晶含泥质含云质灰岩　　5.6m
4. 下部为灰色、灰绿色页片状绢云母板岩夹灰色中—薄层状钙质胶结细粒石英砂岩；中部为灰绿色含凝灰质粉砂质板岩；上部为灰色、灰紫色薄层状细砂岩与微层状粉砂质板岩互层；顶部为灰白色厚层状钙质胶结含砾中粗粒石英砂岩　　39.5m
3. 灰色、灰白色中—薄层状粗沉凝灰岩，局部含火山角砾，砾径多小于5mm　　10.3m
2. 下部为灰黄色、土黄色薄—微层状凝灰质粉砂岩；上部为灰黄色、土黄色薄—微层状凝灰质粉砂岩与紫红色、灰绿色凝灰质板岩互层　　153.9m

═══════ 断层 ═══════

下伏地层：晚古生代火山岩岩性体

1. 灰绿、灰黑色块状玄武岩夹玄武质角砾熔岩

据上述剖面，该套岩石总厚度大于1302.4m，主要由灰—深灰色、灰绿色钙质胶结含砾中粗粒石英砂岩、(钙质胶结)细粒石英砂岩、细粒长石石英杂砂岩、细粒石英(杂)砂岩、条带状细砂岩、泥质石英粉砂岩、粉砂岩及凝灰质粉砂岩与(含凝灰质)粉砂质板岩、凝灰质板岩、粗沉凝灰岩、玻屑凝灰岩、绢云母板岩、钙质板岩、板岩、炭质板岩等构成多个旋回式沉积，局部夹有隐晶质含泥质硅质岩、钙质硅质岩和含泥质含云质灰岩。板岩中水平纹层发育；砂岩局部含砾，砾石成分主要有火山角砾，砾径多小于5mm，棱角状、尖棱角状。

与砂岩夹板岩相比，该套岩石显示出较鲜明的自身特色，其砂岩含量显著减少，粒径减小，砾石含量普遍较少，并且一般为火山角砾，而各类板岩等细碎屑组分的含量则明显增加，在局部层位还有硅质岩和灰岩产出。

(3) 火山岩岩性体(va)

在图区北西部的昆明沟测得火山岩岩性体的部分层位,剖面号P03,其顶底均以断层与其他岩性体接触,内部多呈整合接触,根据层劈关系及沉积构造等,该套岩石岩层产状总体正常并倾向南。经过整理,剖面介绍如下。

上覆地层:晚古生代砂岩-板岩互层岩性体

14. 下部为灰黄色、土黄色薄—微层状凝灰质粉砂岩;上部为灰黄色、土黄色薄—微层状凝灰质粉砂岩与紫红色、灰绿色凝灰质板岩互层

═══════ 断层 ═══════

晚古生代火山岩岩性体 **>758.4m**

13. 灰绿、灰黑色块状玄武岩夹玄武质角砾熔岩 59.2m
12. 灰绿色块状沉集块岩、沉火山角砾岩 35.0m
11. 灰紫色、灰绿色块状安山玄武岩,夹一套紫红色中厚层状沉凝灰岩 113.2m
10. 下部为灰紫色块状玄武岩,含灰紫色细—中粒单斜辉石岩包体;中部为灰紫色气孔状、杏仁状细玄岩;上部为灰紫色夹两套灰绿色块状玄武岩 139.6m
9. 灰绿色块状玄武岩,偶见杏仁状构造 73.7m
8. 由下往上共划分为以下几个部分:①灰紫、灰绿色块状沉玄武质角砾岩;②灰紫色中薄层沉凝灰岩;③灰紫色页片状钙质板岩、凝灰质板岩;④下部为灰紫色中薄层含砾中细砂岩,上部为灰紫色页片状板岩与细—粉砂岩互层构成韵律;⑤下部为灰紫色厚层砾岩,上部为灰紫、灰黄色厚层细砂岩;⑥灰紫色微层粗沉凝灰岩与灰紫色微层状凝灰质板岩互层;⑦灰紫色厚层—巨厚层状复成分中—细砾岩 93.5m
7. 黑色、灰黑色块状玄武岩 9.2m
6. 灰紫、紫红色中层状沉凝灰岩,发育条带状水平微层理,由粗沉凝灰岩与细沉凝灰岩互层所形成,条带宽约5mm 11.5m
5. 灰黑色隐晶质块状玄武岩,偶见气孔状构造 43.9m
4. 砖红、紫红色块状安山岩 52.3m
3. 黑色、紫红色微—薄层状(弱碎裂)硅质岩,风化表面呈褐红色 11.1m
2. 由下往上共划分为以下几个部分:灰黑色块状变质火山岩,主要矿物为滑石、白云石,原岩可能为安山岩蚀变而成;灰黑色杏仁状、气孔状玻基安山岩;灰黑色块状硅化碎裂安山岩;紫红、暗紫色块状碎裂糜棱岩;紫红、暗紫色白云石化糜棱岩;紫红色变质火山岩,主要矿物为滑石、白云石,原岩可能为安山岩 116.2m

═══════ 断层 ═══════

下伏地层:晚古生代砂岩夹板岩岩片

1. 下部为紫红、灰白色中薄层石英细砂岩;中部为灰白色中薄层状细石英质砾岩;上部为灰白色中薄层状石英细砂岩

据上述剖面,该套火山岩总厚度大于758.4m,岩性包含有紫红色、灰绿色、黑色安山岩、安山玄武岩、玄武岩及细玄岩等火山熔岩,但主要为块状玄武岩,同时还有灰绿色沉集块岩、沉火山碎屑岩、沉凝灰岩以及黑色、紫红色微—薄层状隐晶质硅质岩等夹层产出。其中火山熔岩多呈块状产出,局部为气孔状、杏仁状。凝灰岩在局部发育有粗沉凝灰岩—细沉凝灰岩的水平条带状构造(图2-3),反映该套火山岩组合属海相喷出岩。

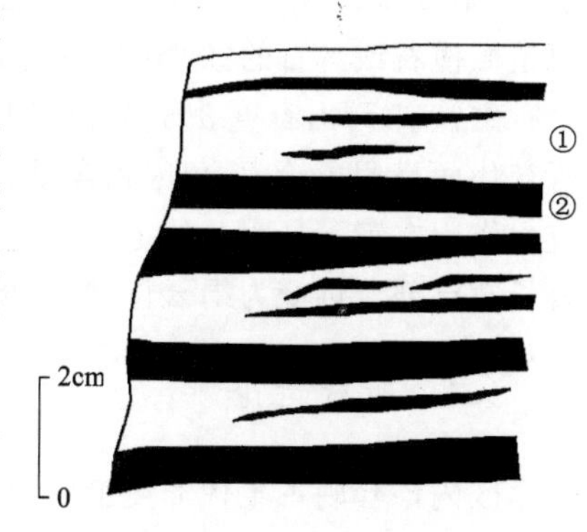

图2-3 火山岩岩性体沉凝灰岩中的条带状构造
①粗沉凝灰岩;②细沉凝灰岩

沿耸石山—可支塔格蛇绿构造混杂岩带往东,仍有几处火山岩岩片出露,其岩性较为单一,以黑色块状(拉斑)玄武岩为主,故也可称为玄武岩岩片。它们均显示海相火山岩的特点。

(4) 碎屑岩夹火山岩岩性体($ss+sl+va$)

沿耸石山—可支塔格蛇绿构造混杂岩带自西往东均有分布,它

也是晚古生代非史密斯地层中出露面积最大的一类岩石。以断层与其他类型的岩性体接触，或者与侏罗纪地层呈断层或角度不整合接触。

碎屑岩的组成为砂岩夹板岩，砂岩主要为灰—深灰色、灰绿色中厚层—块状岩屑砂岩、长石岩屑砂岩、长石石英砂岩等复成分砂岩，一般为细粒砂状结构，少量为中粒砂状结构，偶含砾；板岩成分主要有灰色、深灰色板岩、绢云母板岩、凝灰质板岩、粉砂质板岩等，风化后多呈页片状、薄板状产出。砂岩一般具块状层理，仅在局部中见有前积纹层状构造和平行层理构造。

火山岩的原岩为暗绿色块状安山岩、玄武岩，但由于受到动力变质作用，变形变质强烈而面目全非，常表现为重结晶火山岩、具分异条带火山岩、火山质片状糜棱岩、火山质片麻状糜棱岩、火山质糜棱片岩等各种类型。其中分异条带为动态重结晶所形成，条带为暗绿和暗红两种色调，一般宽 1～5mm，最宽可达 2cm，受韧性剪切作用后其揉皱极为发育；片麻状糜棱岩中发育眼球状构造，脉体为白色脉石英，长可达 5cm，宽多小于 1cm，其扁平面与基体（火山岩）的面理产状一致。

(5) 灰岩岩性体(*ls*)

零星分布于耸石山—可支塔格蛇绿构造混杂岩带中，多以断层与其他类型的岩性体接触，或者与后期侏罗纪、古近纪陆相地层呈断层或角度不整合接触。区内共有 7～8 处灰岩呈长条状出露，每处分布面积均不大，多在 3～30km^{2}之间。

灰岩岩性体的主要岩性为浅灰—深灰色块状泥晶灰岩、重结晶灰岩、大理岩化灰岩、片理化大理岩及钙质片岩等，灰岩中的动力变质作用明显，常造成动态重结晶、揉皱、分异条带、大理岩化、糜棱岩化以及片理化等的广泛发育。灰岩原始层理已经模糊不清，以块状构造为主。

灰岩中强烈的动力变质作用造成化石很难保存，该岩片中仅在一处见到了重结晶作用很强的䗴化石，室内已无法鉴定其属种，但仍可大致确定该岩片时代为石炭纪—二叠纪。

(6) 板岩夹灰岩岩性体(*sl*+*ls*)

出露于耸石山—可支塔格蛇绿构造混杂岩带的东部，以断层与其他类型的岩片接触，或者被古近纪陆相红色地层角度不整合覆盖。

该岩片的岩性组成主要为灰色、深灰色页片状板岩、绢云母板岩、粉砂质板岩等各类板岩，夹灰色、灰白色厚层块状泥晶灰岩、重结晶灰岩，偶夹少量灰色、灰黄色中厚层状岩屑砂岩、长石岩屑砂岩等复成分砂岩。其中板岩约占总量的 70%，灰岩约占 25%，砂岩含量不足总量的 5%。其中灰岩比较干净，不含化石。

(7) 蛇绿岩岩性体(*op*)

出露于耸石山—可支塔格蛇绿构造混杂岩带东部的风华山一带，仅一条，其长约 30km，宽 300～1500m 不等，呈狭长的带状分布，以断层与周围其他类型的岩片、闪长花岗岩体或者侏罗纪地层接触。根据露头所揭示，其主要岩性有变辉橄岩、变玄武岩、变闪长岩及变斜长花岗岩等，包含了从超基性岩、基性岩到中、酸性岩的多种岩性。

原岩均有较强烈的变质作用。辉橄岩已变质为蛇纹岩，矿物成分比较简单，仅由蛇纹石和磁铁矿组成，其中蛇纹石含量有 95%左右，磁铁矿约 5%。蛇纹石呈纤状集合体，同时见细粒级颗粒轮廓假象，说明是橄榄石或辉石的蚀变产物；玄武岩已变质为斜长角闪岩，其中角闪石 50%，斜长石 35%，黑云母 7%，磁铁矿 5%，石英 3%；闪长岩亦具较强的蚀变作用，斜长石含量 65%左右，部分被方解石、绢云母所交代而呈假象轮廓，角闪石含量 32%左右，此外还有少量的石英，含量约 3%，闪长岩中的矿物受剪切应力作用在镜下具明显的定向构造（片理化）；斜长花岗岩中石英 25%，斜长石 63%，黑云母 12%，其中斜长石已部分蚀变为绢云母，黑云母具绿泥石化。

（二）时代讨论

区内该套晚古生代非史密斯地层中海相火山岩比较发育，断裂众多，而在化石比较丰富的灰岩岩片中出现动态重结晶、糜棱岩化、片理化等强变形变质作用。上述因素造成地层中化石贫乏。路线观察中仅于一处采到䗴化石，其时代为石炭纪—二叠纪无疑，但化石内部重结晶强烈，无法确定其属种，因此无法确定更精确的时代；于剖面的硅质岩和灰岩中分别采集了放射虫和牙形石样品，但由于岩石重结晶作用强烈等原因，室内未能分析出微体化石。

对昆明沟海相玄武岩进行全岩 K-Ar 法（中国地质科学院地质研究所测定）和全岩 Ar-Ar 法（桂林矿产地质研究所测定）年龄测定，年龄值分别为 270±37.8Ma 和 279.60±2.34Ma，据此基本可确定昆明沟一带地层时代为早二叠世。

此外，海西期花岗岩与砂岩-板岩岩性体等呈侵入接触关系，而花岗岩的同位素年龄值为 326Ma、336Ma（锆石 U-Pb 法模式年龄值），属早石炭世晚期的侵入岩体，在其他时代依据不足的情况下，暂且将砂岩-板岩岩性体的沉积时期放在早石炭世。

因此，区内的非史密斯地层并非同一时期的沉积产物，涉及的时代至少有两个：早二叠世和早石炭世。

第二节　史密斯地层

图区史密斯地层占地层体类的主体，分布总面积约 11 000km²。它们产出多较简单，上下层位明晰，即使在褶皱、断裂发育的三叠纪地层，也能通过大量的沉积构造及层劈关系等反映出地层正确的层序；变质作用较弱，一般显示为绢云母化、绿泥石化，达低绿片岩相，基本为区域变质作用形成，动力变质作用仅在局部地区有所发育；各沉积旋回较清楚，区内几个主要的沉积旋回有：早石炭世沉积旋回、早—中二叠世沉积旋回、三叠纪沉积旋回、早—中侏罗世沉积旋回、晚侏罗世沉积旋回以及古近纪沉积旋回等，所涉及相应的史密斯地层有：托库孜达坂群（$C_1\,TK$）、树维门科组（$P_{1\text{-}2}\,s$）、巴颜喀拉山群（TB）、叶尔羌群（$J_{1\text{-}2}Y$）、鹿角沟组（$J_3\,l$）和阿克塔什组（$E_3\,a$）。以下由老到新进行阐述。

一、早石炭世地层

（一）岩石地层

1. 一般特征

该时代地层为托库孜达坂群（$C_1\,TK$），分布于图区北西角飞云山一带，呈北东东向或近东西向展布，出露面积约 500km²，并向西延伸出图外。与区内古老的元古代苦海岩群多呈断层接触，局部为角度不整合接触；其上与二叠纪地层呈断层接触，或为古近纪的陆相红色地层角度不整合所覆盖。

2. 剖面描述

托库孜达坂群按照岩性及其组合特征，共可划分为 4 个岩性段。在图区北西部的关水沟测得一条剖面，剖面号 P02，剖面控制了其下部的 3 个岩性段。地层产状总体向南倾，各段间呈整合接触关系，但各段内部常发育断层及褶皱，经过综合整理，剖面特点描述如下。

托库孜达坂群三段　　**>773.73m**

30. 深灰色钙质板岩夹钙质胶结细粒长石石英砂岩，与南部玄武岩呈断层接触关系。未见顶　　74.03m

29. 灰色、深灰色千枚状板岩夹浅灰色、灰红色弱硅化细晶含泥质灰岩　　325.74m

28. 灰黑色板岩夹深灰色石英粉砂岩，两者含量比为 3:1～5:1　　84.56m

27. 灰色中层状浅变质中细粒长石石英砂岩夹板岩，两者含量比为 4:1　　102.14m

26. 灰色薄板状、页片状钙质板岩夹深灰色薄—中层状钙质胶结细粒长石石英砂岩，二者含量比约为 4:1　　87.26m

——————　整合接触关系　——————

托库孜达坂群二段　360.54m

25. 深灰色薄—中层状粉晶灰岩与泥灰岩或钙质板岩互层　116.60m

24. 灰色、灰黑色薄—中层状泥晶粉晶灰岩、含生物屑粉晶灰岩、粒屑灰岩、泥质泥晶灰岩夹泥灰岩构成多个旋回性沉积　243.94m

——————　整合接触关系　——————

托库孜达坂群一段　>2005.90m

23. 浅灰色千枚状板岩、深灰色板岩夹少量薄层状硅质岩及中层状灰岩　279.23m

22. 灰黑色薄—中层状隐晶质硅质岩夹板岩　12.72m

21. 灰黑色板岩　248.15m

20. 灰色绢云母板岩　60.58m

19. 灰色、深灰色薄—中层状隐晶质硅质岩　65.93m

18. 深灰色中层状泥质灰岩与硅质岩、泥质粉砂岩、含粉砂质板岩不均匀互层　49.32m

17. 深灰色、灰黑色薄—中层状硅质岩夹泥质硅质岩，两者含量比为3∶1～5∶1　12.82m

16. 灰色薄层状钙质板岩夹粉晶灰岩　8.60m

15. 深灰色、灰黑色薄—中层状硅质岩夹少量泥灰岩，两者含量比为5∶1～10∶1　8.86m

14. 灰色、深灰色中层状钙质石英粉砂岩、泥灰岩、钙质板岩夹少量钙质胶结细粒长石石英砂岩及含砾中粗粒长石岩屑砂岩　94.57m

13. 灰色、深灰色中—厚层状钙质胶结细粒长石石英砂岩与泥灰岩互层　44.62m

12. 深灰色厚层—块状泥灰岩、钙质板岩夹泥质粉晶灰岩构成旋回性沉积　239.32m

11. 灰色、深灰色钙质板岩夹泥晶粉晶灰岩构成主体沉积，两者含量比为6∶1～10∶1；下部有厚约5m的泥质泥晶灰岩夹粉砂质灰岩、泥灰岩及砂屑灰岩　88.54m

10. 灰色、浅灰色钙质板岩　49.84m

9. 灰色厚层—巨厚层状钙质胶结细粒长石石英砂岩与粒屑泥晶灰岩不均匀互层构成韵律式沉积，中部夹有厚约4m的泥灰岩　60.21m

8. 深灰色薄—中层状钙质胶结细粒长石石英砂岩与钙质泥岩、泥灰岩互层　129.41m

7. 灰色、灰褐色中厚层状泥晶粉晶含泥质灰岩夹少量硅质灰岩和(钙质)硅质岩　24.05m

6. 深灰色板岩、含粉砂质绢云母板岩夹深灰色浅变质石英粗粉砂岩及细粒石英杂砂岩　124.39m

5. 灰黑色、灰黄色薄层状隐晶质含泥质硅质岩　75.96m

4. 深灰色粉砂质板岩、板岩夹灰色中层状浅变质含泥砾细粒岩屑石英砂岩　206.63m

3. 灰黑色块状隐晶质硅质岩　31.38m

产放射虫：*Albaillella paradoxa* Deflandre
A. indensis Won
A. sp.
Entactinia vulgaris Won
E. sp.
Spongentactinia sp.
Pylentonema? sp.
Entactinosphaera cf. *foremanae* Ormiston and Lane
E. sp. 等

2. 灰色、深灰色块状浅变质硅质岩　80.77m

══════　断层　══════

下伏地层：元古代苦海岩群片麻岩岩片

1. 灰色、深灰色二云母斜长片麻岩、含黑云母斜长片麻岩，岩石具片状构造

此外，在P02剖面南侧的一线沟测得托库孜达坂群第四段剖面，剖面号P10，剖面上地层的顶底界

不全，但地层内部构造相对简单，总体北倾，产状正常。剖面描述如下。

托库孜达坂群四段 **>3696.3m**

28. 灰色、浅灰绿色厚层—块状钙质胶结含砾细中粒长石岩屑砂岩。未见顶 50.9m
27. 灰色、灰黄色中层状钙质胶结含粗砂细中粒长石岩屑砂岩夹深灰色、灰黑色板岩。砂岩与板岩含量之比约为5:1 167.9m
26. 深灰色薄—中层状钙质胶结细粒长石石英砂岩、强白云石化细粒石英砂岩与灰黑色板岩呈韵律式产出，砂岩与板岩含量之比约为2:1 134.8m
25. 灰黄色、浅灰绿色中厚层状钙质胶结不等粒岩屑石英砂岩夹灰色、深灰色中层状钙质胶结含砾细中粒岩屑石英砂岩，偶夹深灰色板岩 206.5m
24. 灰黄色、深灰色中层状钙质胶结含粗砂细粒石英砂岩与灰色、深灰色板岩呈韵律式产出，砂岩与板岩含量之比约为4:1 181.3m
23. 灰黄色薄—中层状云质胶结含中砂细粒石英砂岩 34.1m
22. 灰、灰黄色中厚层细粒石英砂岩夹粉砂质板岩构成韵律式沉积，砂板比约为5:1；中下部见一厚约20m的含砾砂岩，砾石为石英质，砾径2～3mm，次棱角—次圆状，含量约5% 205.6m
21. 灰黄色中厚层状碳酸盐化含砾不等粒长石砂岩，偶夹中层状云质岩块质细砾岩。砾岩砾石成分较杂，有流纹岩、英安岩、硅质岩及石英等，砾径2～8mm不等，次棱角状为主 261.0m
20. 灰色、灰黄色中厚层状方解石化含粗砂中粒长石石英砂岩夹少量灰色、深灰色板岩，砂岩与板岩含量之比为5:1 188.6m
19. 灰、灰黄色中厚层状含云质细粒长石石英杂砂岩夹板岩，砂板比约为3:1 84.8m
18. 灰色、灰黄色厚层—块状云质中砂质细粒长石砂岩夹少量灰色、深灰色板岩构成主体沉积，砂岩与板岩含量之比为7:1；局部偶夹灰黄色薄层状含砾砂岩 128.6m
17. 灰色、灰黄色、浅灰绿色中厚层状云质胶结含粗砂中粒长石砂岩夹粉砂质板岩，砂岩与板岩含量之比为3:1～6:1 133.6m
16. 灰色、灰黄色中厚层状云质胶结粗中粒长石砂岩，局部偶夹深灰色页片状板岩 152.5m
15. 灰色、灰黄色中厚层状含云质中砂粗粒长石砂岩，局部偶见板岩夹层 41.4m
14. 灰褐、灰绿色中厚层含云质中砂细粒长石砂岩夹板岩、粉砂质板岩，砂岩与板岩含量之比约为3:1 178.9m
13. 灰色、深灰色中厚层状含云质含粗砂中粒长石砂岩与粉砂质板岩、板岩以互层的形式呈韵律式产出，两者含量之比约为1:1 107.8m
12. 灰色、灰绿色中层状含中砂细粒长石杂砂岩与灰黄色板岩、粉砂质板岩互层，砂岩与板岩含量之比在1:1～2:1之间 162.7m
11. 灰色、灰绿色中厚层状细粒长石杂砂岩夹灰黄色板岩构成主体产出，砂岩与板岩含量之比在3:1左右 137.5m
10. 灰、灰黄色块状中粒长石杂砂岩，上部层位夹有少量的深灰色页片状板岩、粉砂质板岩 30.5m
9. 灰绿色中层状不等粒长石杂砂岩、长石石英粉砂岩夹灰色、深灰色粉砂质板岩；局部偶见灰绿色、灰黄色中层状粗砂岩夹层。砂岩与板岩含量之比大于6:1 184.8m
8. 灰色、灰绿色厚层—块状中砂质细粒长石砂岩夹灰色、深灰色板岩，粉砂质板岩，砂岩与板岩含量之比为10:1～20:1 247.0m
7. 灰色、灰绿色中厚层状中砂质细粒长石砂岩夹深灰色板岩、粉砂质板岩构成韵律式沉积，砂岩与板岩含量之比为4:1 149.3m
6. 灰绿色中厚层状中细粒长石砂岩夹灰色、深灰色板岩、粉砂质板岩，砂板比约为5:1 126.7m
5. 灰色、灰绿色厚层—巨厚层状中砂质细粒岩屑长石砂岩，局部夹少量灰色、深灰色板岩，砂岩与板岩含量之比大于10:1 125.5m
4. 灰色、灰绿色、灰黄色中厚层状粗砂质中粒长石砂岩与板岩互层，二者含量之比为1:1 12.9m
3. 下部为中砂质细粒长石杂砂岩与板岩、粉砂质板岩构成韵律式沉积，砂岩与板岩含量之比为2:1左右；上部由板岩、粉砂质板岩构成主体沉积 52.0m

2. 灰绿色中厚层状弱方解石化中砂质粗粒长石岩屑砂岩夹灰色、深灰色板岩构成韵律式沉积，砂岩与板岩含量之比为 2∶1左右；底部见一厚约 30cm 的岩块质砾岩，砾石成分以酸性火山岩为主，砾径 2～4mm，次棱角状、次圆状，含量可达 35%～40% 70.0m
1. 灰绿色中厚层状弱方解石化中细粒长石砂岩。未见底 139.1m

3. 岩石组合特征及纵横向变化

(1) 托库孜达坂群一段(C_1TK^1)

一段与元古代苦海岩群呈断层接触关系，沉积厚度大于 2005.90m。总体由一套深灰色板岩、绢云母板岩、千枚状板岩、粉砂质板岩、钙质板岩夹细砂岩、粉砂岩及灰黑色薄—中层状硅质岩构成主体沉积，中下部常夹灰色、深灰色中厚层状泥晶灰岩、泥灰岩及砂屑灰岩等，并偶夹含砾砂岩。硅质岩单层以中—薄层状为主，其中位于下部的两层硅质岩层理不清，呈块状产出。泥晶灰岩普遍比较干净，个别灰岩的岩石薄片中见到了重结晶作用较强的䗴化石，无法鉴定其属种。总体为浅海陆棚—斜坡相沉积。

(2) 托库孜达坂群二段(C_1TK^2)

二段与一段呈整合接触关系，为一套碳酸盐岩沉积体，沉积厚度为 360.54m。由灰色、灰黑色薄—中层状粒屑灰岩、泥—粉晶灰岩、含生物屑粉晶灰岩夹泥灰岩、钙质板岩构成主体沉积。该段地层色调较深，偶见直径几毫米的褐铁矿结核，单层厚度较薄，产出稳定，化石缺乏，为良好的填图标志层。属相对闭塞的浅海陆棚相或台盆相沉积。

(3) 托库孜达坂群三段(C_1TK^3)

三段与二段呈整合接触，未见顶，沉积厚度大于 773.73m。以一套灰色、深灰色页片状板岩、千枚状板岩、钙质板岩沉积为主体，夹有灰色中—厚层状(中)细粒长石石英砂岩、石英粉砂岩和少许含泥质灰岩。长石石英砂岩部分有明显的方解石化，方解石含量可达 38%，交代石英、长石等碎屑成分，并见有残留边。总体为浅海陆棚—斜坡相沉积。

(4) 托库孜达坂群四段(C_1TK^4)

剖面南界为古近纪地层所覆盖，北界与玄武岩呈断层接触，沉积厚度大于 3696.3m。该套地层沉积厚度巨大，主体岩性为灰—深灰色、灰黄色、灰绿色中厚层—块状长石(杂)砂岩、岩屑长石砂岩、长石岩屑砂岩、长石石英(杂)砂岩、岩屑砂岩及石英砂岩等各类复成分砂岩，夹板岩、粉砂质板岩，偶夹岩块质砾岩及含砾砂岩。与第三段的板岩沉积为主体相比，该段则以砂岩的沉积占绝对优势。砂岩成分成熟度低，其中长石和岩屑含量普遍较高，长石含量一般在 10%以上，部分更达 30%以上；而岩屑成分中常含较多的火山岩及酸性岩岩屑，含量高者可达 30%左右，不稳定组分(长石＋岩屑)的含量常在 50%左右，具再旋回造山带或切割岛弧构造背景的特点。在中下部层位中，砂岩基质含量普遍比上部高，常具杂砂岩特点，一般在 10%以上，个别含量可达 22%。

此外，砂岩中普遍具方解石化或白云石化，后期交代作用明显，局部层位碳酸盐含量甚至可高达 45%左右。

(二) 时代讨论

该套地层在剖面及观察路线均未发现大化石，如对二段的灰岩层做了大量的工作，也未能采到具有时代意义的大化石；仅在一段灰岩夹层的岩石薄片鉴定中，发现了一处䗴化石，但由于重结晶作用较强，无法鉴定其属种，䗴化石的出现可大致限定地层时代为石炭纪—二叠纪。

在硅质岩和灰岩中分别采送了放射虫和牙形石分析样品。灰岩中没有发现牙形石化石；但在托库孜达坂群一段的第三层硅质岩样品中找到了具有时代意义的放射虫，主要分子有 *Albaillella paradoxa* Deflandre，*A. indensis* Won，*A.* sp.，*Entactinia vulgaris* Won，*E.* sp.，*Spongentactinia* sp.，*Pylentonema*? sp.，*Entactinosphaera* cf. *foremanae* Ormiston and Lane，*E.* sp. 等，其中 *Albaillella indensis* Won 是杜内阶顶部至维宪阶底部的带化石，*Entactinia vulgaris* Won、*Albaillella paradoxa*

Deflandre 和 *Entactinosphaera* cf. *foremanae* Ormiston and Lane 这 3 个属种为早石炭世放射虫典型分子，该组合可以与世界范围内分布的早石炭世放射虫动物群对比。据此确定该套地层的沉积时代为早石炭世。

二、二叠纪地层

（一）岩石地层

1. 一般特征

根据丰富的古生物化石，确定区内发育早—中二叠世地层，晚二叠世地层地表无出露。该时期的岩石地层单位为树维门科组（$P_{1-2}s$），集中分布于图区的北部、北东部，位于晚古生代非史密斯地层的北侧，出露面积 1000 余平方千米，并可向北、向东延伸出图外。其与元古代苦海岩群或石炭纪托库孜达坂群呈断层接触，上与古近纪陆相红色地层呈断层接触或角度不整合接触。

2. 剖面描述

在图区中北部的鳄鱼梁测制一条二叠纪树维门科组剖面，剖面号 P01。该条剖面上断裂较为发育，且总体构成一个倒转背斜构造，两翼产状近一致。通过对剖面及区域上二叠纪地层的综合研究和整理，确定背斜核部为一套粗碎屑岩，其为区内二叠系出露的最下部层位。经整理，将该二叠纪地层剖面描述如下。

树维门科组上段 **>1420.7m**

32. 浅灰色、灰白色块状泥晶灰岩。灰岩单层厚常在数米甚至数十米，致使层理不清；局部夹少量的透镜状或团块状生物屑灰岩，生物屑成分以䗴、海百合茎及腕足类碎片为主，他形粒状结构，保存很差。未见顶 84.8m

31. 浅灰色、灰白色块状生物屑灰岩与泥晶灰岩不均匀互层构成多个韵律式沉积。灰岩单层厚常在数米以上，部分可达数十米厚而致层理不清。生物屑灰岩中，物种繁多，见䗴、腕足类、珊瑚、海百合茎、苔藓虫、层孔虫等 126.4m

产䗴化石：*Yabeina* sp.
Verbeekina sp.
Parafusulina gigantean (Deprat)
P. multiseptata (Schellwien)
P. undulata Chen
P. sp.
Chusenella douvillei (Colani)
Sumartrina annae Volz
S. sp.
Pseudofusulina sp.
Schubertella giraudi (Deprat)
Neoschwagerina haydeni Nutckevich et Khabakov 等

产腕足类化石：*Notothyris* sp. indet.
Paudonella sp. indet.
Linoproductus sp. indet.

产珊瑚化石：*Cancellina* sp.
Pseudodoliolina sp. 等

30. 浅灰色、深灰色中厚层状含生物屑泥晶灰岩。单层厚 40～60cm，生物屑含量在 15%左右，主要见腕足类、䗴、珊瑚等化石碎片，他形粒状结构，保存较差　144.0m

29. 灰色、深灰色厚层状含陆源碎屑云质灰岩。单层厚 60～80cm，其中陆源碎屑成分以石英为主，含量在 20%左右，白云质含量在 30%左右　311.2m

28. 紫色、浅灰色中厚层状含云质泥晶灰岩。单层厚 40～70cm，白云质含量在 20%～25%之间，岩石表面略具刀砍纹　294.0m

27. 灰—深灰色厚层—块状泥晶灰岩。单层厚 80～300cm 不等，含少量的䗴化石，保存不好　155.5m

26. 灰色、深灰色块状生物屑泥晶灰岩夹粉晶含云质灰岩。灰岩单层厚一般 2～3m，生物屑含量可达 30%　304.8m

产䗴化石：*Eoparafusulina* sp.

E. akiqensis Zhu et Zhang Z. M.

E. bella(Chen)

E. cf. *bellula* Skinner et Wilde

E. paojiangensis Li et Lin

E. laohutaiensis Sun

Pseudofusulina cf. *shetaensis* Han

Schubertella sp. 等

产腕足类化石：*Spiriferellina* cf. *orientalis*(French)

产有孔虫：*Nodosaria* sp.

Glomospira sp. 等

——————　整合接触　——————

树维门科组下段　>2339.5m

25. 青灰色薄—中层状钙质板岩与青灰色中层状泥灰岩呈韵律式产出，单个韵律厚 5～7m，两者含量比约为 6:1，下韵素为钙质板岩，板理厚 5～25cm，上韵素为泥灰岩，单层厚 15～30cm　21.4m

24. 灰色、灰黑色薄—中层状钙质硅质岩与青灰色薄层状粉晶灰岩呈韵律式产出，下韵素为钙质硅质岩，单层厚 8～20cm；上韵素为粉晶灰岩。两者含量比约为 3:1　36.6m

23. 青灰色、灰绿色钙质板岩夹薄层状硅质岩。钙质板岩略具丝绢光泽，呈页片状产出；硅质岩单层厚 5～10cm，隐晶质结构，具毫米级水平纹层　55.7m

22. 青灰色、灰黑色微—薄层状浅变质隐晶质硅质岩与钙质硅质岩呈韵律式产出，水平纹层发育。下韵素为隐晶质硅质岩，单层厚 2～10cm，放射虫含量可达 40%，由于重结晶程度高，内部结构不清，无法鉴定；上韵素为钙质硅质岩，单层厚<3cm　18.5m

产苔藓虫：*Polypora* sp.

21. 紫红色钙质板岩夹薄层泥晶灰岩构成主体沉积，板岩具丝绢光泽，发育毫米级水平纹层；泥晶灰岩见 3 层，每个夹层厚 5～10cm　17.8m

20. 灰色、灰黄色中层状钙质胶结细粒石英砂岩，砂岩单层厚 20～40cm　17.1m

19. 灰黑色、灰绿色中厚层—巨厚层状硅质岩夹中层状硅质灰岩，毫米级水平纹层普遍发育，硅质岩单层厚 40～150cm；硅质灰岩单层厚 20～40cm；在该层底部的硅质岩中发育一个较为完整的滑塌构造沉积旋回　71.8m

18. 灰色、灰黄色钙质粉砂质板岩。板岩中粉砂质含量 25%～30%，毫米级水平纹层较为发育，该层下部夹一层总厚约 1.5m 的灰色薄—中层状长石石英砂岩　234.0m

17. 灰色、灰黑色中厚层状钙质石英细砂岩、粉砂岩　25.5m

16. 灰黄色、青灰色钙质粉砂质板岩。钙质含量约 25%，粉砂质含量约 30%　172.9m

15. 灰色、灰黑色中厚层状含生物屑泥晶微晶灰岩。灰岩单层厚 20～60cm，生物屑含量在 12%左右，主要有海百合茎、有孔虫等，他形粒状结构，保存很差　15.0m

14. 灰色、青灰色钙质粉砂质板岩，夹少量薄层状粉晶灰岩及含钙质泥质石英细—粉砂岩。板岩中粉砂质含量约25%，产较多的生物化石，见有海百合茎、珊瑚、腕足类、苔藓虫等，保存较好；粉晶灰岩共3个夹层，每个夹层厚小于1m，单层厚多在5～10cm之间，毫米级水平纹层发育，产䗴、珊瑚及腕足类等化石；上部夹一层厚约1m的灰黑色硅质岩，单层厚<10cm　　275.0m

产有丰富的䗴化石：*Eoparafusulina bella*(Chen)

E. sp.

E. parva Skinner et Wilde

Pseudofusulina sp.

P. parasolida Bensh

P. parafecunda Shamov et Scherbovich

Schubertella sp.

产腕足类化石：*Avonia*? sp.

Productida gen. et sp.

Notothyris sp.

产菊石：*Kazakhoceras* sp.

Goniatites sp.

Goniatites sp.

Platygoniatites sp. 等

13. 灰黑色中—薄层状硅质岩夹硅化板岩。硅质岩单层厚5～15cm，隐晶质结构，毫米级水平纹层发育；硅化板岩见一个夹层，厚约8m，硅化作用较强，岩性坚硬致密　　25.3m

12. 灰色、青灰色含钙质粉砂质板岩，夹少量粉砂岩　　258.8m

11. 灰色、青灰色厚层—巨厚层状含生物屑砂屑灰岩，局部发育瘤状灰岩及䗴灰岩。岩石单层厚60～120cm，生物屑含量在10%左右，主要见䗴、珊瑚、腕足类等化石碎片，其中腕足类和䗴保存相对较好；瘤状灰岩中的瘤体直径一般为6～8cm，由钙质含量高的灰岩组成，瘤间成分多为质地较软的钙质泥岩、泥灰岩　　9.9m

产有䗴化石：*Schubertella* cf. *kingi* Dunbar et Skinner

Schwagerina sp.

Rugosofusulina sp. 等

产腕足类：*Rhynchopora* sp.

R. sp. indet.

10. 灰色、灰黑色薄—中层状隐晶质硅质岩夹青灰色板岩。硅质岩单层厚5～20cm，致密坚硬，板岩表面略具丝绢光泽　　50.6m

9. 青灰色钙质板岩、含粉砂质钙质板岩不均匀互层构成主体沉积。板理多呈薄—中层状，钙质含量常可达25%～30%　　712.7m

8. 灰黑色厚层—块状钙质砾岩。单层厚>80cm，砾石含量约30%，砾径2～4mm，砾石成分主要为石英、硅质岩，次圆—次棱角状，砂屑中灰岩屑占60%左右　　5.2m

7. 灰色、灰黑色中—厚层状钙质胶结中粒岩屑石英砂岩、细粒岩屑石英砂岩构成韵律式沉积，上部夹粉砂岩。共发育10余个韵律，单个韵律厚5m左右，其中下韵素为中砂岩，上韵素为细砂岩，中砂岩与细砂岩含量比约为2:1，往上总体细砂岩增多，且夹有粉砂岩　　60.4m

6. 灰色、灰黄色钙质粉砂岩、粉砂质板岩构成韵律，局部夹厚层状砂质灰岩。粉砂岩与板岩共构成7～8个韵律，单个韵律厚6～7m，两者之比为2:1，其中下韵素为砂岩，上韵素为板岩；砂质灰岩仅夹2层，单层厚<1m　　42.6m

5. 灰色、灰黑色中—厚层状含砾粗粒岩屑砂岩与中细粒岩屑石英砂岩构成韵律式沉积，两者含量比约1:1。共2个韵律，下韵素为含砾粗粒岩屑石英砂岩，单层厚30～80cm，砾石含量<5%，砾径2.5mm左右。砂屑中灰岩屑占绝对优势，可达其含量的80%以上；上韵素为中细粒岩屑石英砂岩，偶含砾　　11.6m

4. 灰色、青灰色中—厚层状钙质粗砂岩、细中粒长石石英砂岩与粉砂质板岩构成向上变细旋回式沉积，单个旋回厚 20～25m，共发育 3 个旋回，三者组成含量之比为 1∶1∶1.5。砂岩单层厚 40～60cm；板岩中发育毫米级水平纹理　　49.8m

3. 灰色、灰黑色中—厚层状结晶灰岩，顶部夹薄层硅质岩。结晶灰岩单层厚 30～80cm，岩石重结晶作用较强；硅质岩夹层在顶部仅发育 4 层，岩性坚硬致密，单层厚<20cm　　24.5m

2. 灰色、青灰色中—厚层状不等粒岩屑石英砂岩、细中粒长石石英砂岩与板岩构成旋回式沉积，单个旋回厚约 20m，三者含量比为 1∶1∶1。不等粒岩屑石英砂岩出现在每个旋回的下部，其中粗粒含量约为 36%，中粒含量约为 38%，细粒含量约为 26%；细中粒长石石英砂岩出现在各旋回中部，板岩出现在各旋回上部　　83.6m

1. 青灰色、灰黑色、灰黄色中—厚层状粗砂岩、钙质胶结中细粒长石石英砂岩、钙质板岩与粉晶灰岩构成向上变细的旋回式沉积，共见 3 个旋回，单个旋回厚 15m 左右。粗砂岩发育于每个旋回的底部，主体岩性为钙质板岩。未见底　　43.2m

3. 岩石组合特征及纵横向变化

结合岩性及其组合特征差异，二叠纪树维门科组可划分为上、下两段，其分布在区内均相当稳定。

(1) 下段($P_{1\text{-}2}s^1$)

该段主要分布在图区中北部怀玉岗一带，未见底，与石炭纪地层呈断层接触，组成轴迹近东西向的倒转背斜构造的核部，产状总体北倾，沉积厚度大于 2339.5m。该段下部主要为灰色、灰绿色中厚层—块状钙质砾岩、(含砾)粗砂岩、岩屑粗砂岩、中—细粒岩屑石英砂岩、中—细粒长石石英砂岩等，夹少量板岩、钙质板岩、粉砂质板岩、硅质岩及粉晶灰岩。砂岩成分普遍比较复杂，石英屑一般占总量的 60% 左右；岩屑含量普遍较高，部分达 20%以上；长石含量常可达 5%。砂岩中局部发育有鲍马序列的粒序层理段及平行层理段，反映重力流成因。

上部以灰色、青灰色板岩、钙质板岩、含粉砂质钙质板岩与泥灰岩、瘤状灰岩、簸灰岩、含生物屑砂屑灰岩、泥晶灰岩、粉晶灰岩及隐晶质硅质岩不均匀互层构成主体沉积，局部夹细中粒长石石英砂岩、细粒石英砂岩、钙质石英细砂岩、泥质石英细—粉砂岩、粉砂岩等少量砂岩成分。与该段的下部相比，砂岩含量明显减少，而板岩、硅质岩及灰岩的含量则显著增加。在砂屑灰岩的局部层位，发育丘状交错层理(图 2-4)、滑塌沉积构造及角砾灰岩，属风暴成因；在硅质岩的个别层位，发育滑塌变形构造(图 2-5)，由下往上由粒序层理、交错层理、变形层理及水平层理所构成。

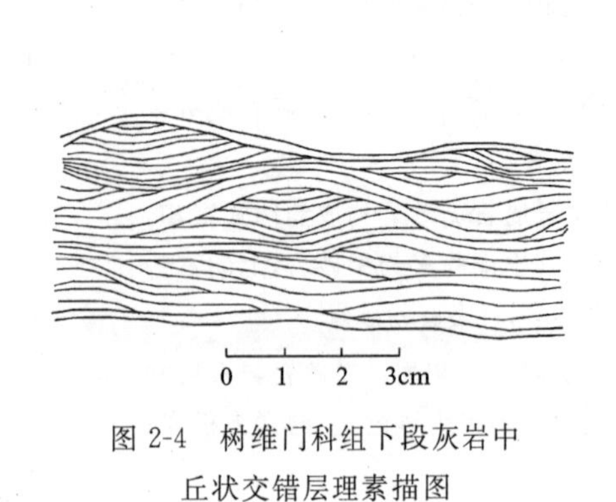

图 2-4　树维门科组下段灰岩中丘状交错层理素描图

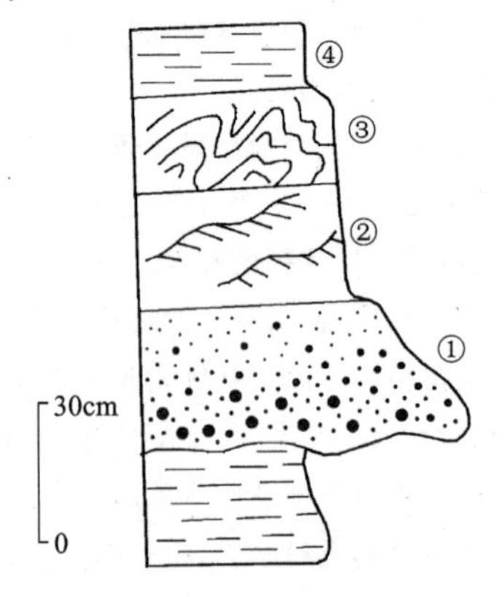

图 2-5　$P_{1\text{-}2}s^1$ 硅质岩中滑塌变形构造
①粒序层理段；②交错层理段；③变形层理段；④水平层理段

(2) 上段($P_{1\text{-}2}s^2$)

与下段呈整合接触，未见顶，厚度大于 1420.7m，在图区北东角五泉包往南的地区广泛分布，或出露于倒转背斜的两翼。主要岩性有浅灰色、深灰色厚层—块状泥晶灰岩、含生物屑泥晶灰岩、生物屑灰岩、含云质泥—粉晶灰岩、含陆源碎屑云质灰岩等，总体为一套台地相碳酸盐岩沉积建造。

在五泉包南部的一些地区，该段上部还发育有砾屑灰岩(图 2-6)、䗴灰岩及生物格架灰岩(图 2-7)等高能带环境沉积体。砾屑灰岩中砾屑成分以灰岩砾及生物屑占绝对优势，次棱角—次圆状为主，砾径5～100mm不等，大小混杂；生物格架灰岩中构成格架的主要分子为层孔虫、苔藓虫以及海百合茎、群体珊瑚等。这套岩性组合具备生物礁相的特点。

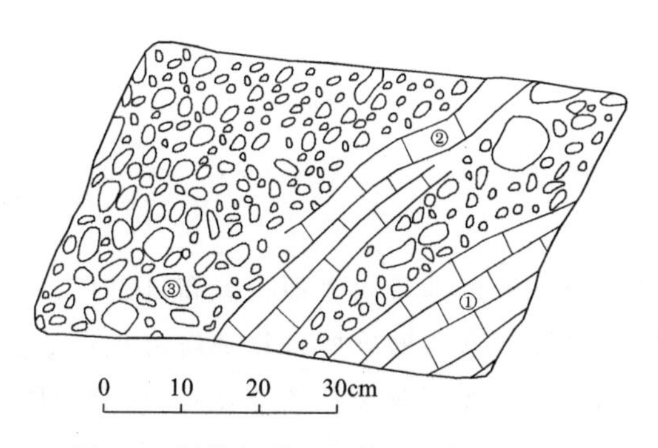

图 2-6　树维门科组上段砾屑灰岩素描图
①层状灰岩；②似层状灰岩；③灰岩砾

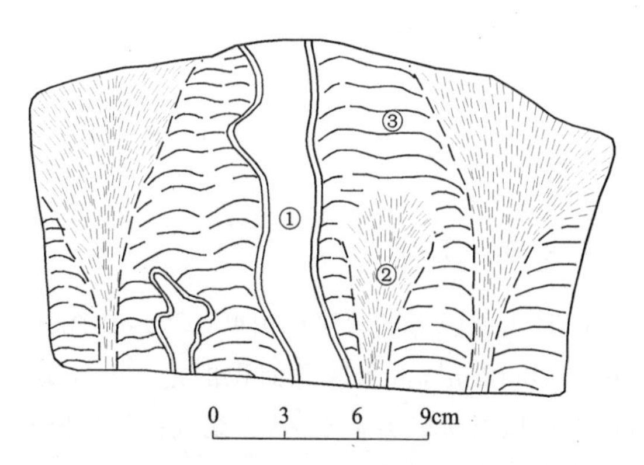

图 2-7　树维门科组上段生物格架灰岩手标本素描图
①层孔虫格架；②苔藓虫格架；③生物屑

（二）生物地层及年代地层

树维门科组化石类型非常丰富，䗴类、腕足类、双壳、珊瑚及菊石等标准分子均有发育，此外，还有苔藓虫、层孔虫、海百合茎等多发育于上段的块状灰岩中。根据䗴化石组合的特点，该组由下往上共可建立 4 个化石带。

在下段碎屑岩的灰岩夹层以及上段底部的块状生物屑灰岩中，产䗴化石 *Eoparafusulina bella*，*E. akiqensis*，*E. bellula*，*E. paojiangensis*，*E. laohutaiensis*，*E. parva*，*Pseudofusulina parafecunda*，*P.* cf. *shetaensis*，*P. damusiensis*，*P. parasolida*，*Schubertella* cf. *kingi*，*S. pseudosimplex*，*Rugosofusulina* sp.，*Schwagerina* sp.，*Quasifusulina* sp. 等。*Eoparafusulina* 和 *Pseudofusulina* 两属较为发育，相当于 *Eoparafusulina* 带，所反映的地质时代为早二叠世。

在上段大套的块状灰岩中，除其底部属早二叠世 *Eoparafusulina* 带外，根据剖面上的化石资料以及路线上所采集到的化石，往上至少还可建立 3 个中二叠世的䗴化石带。

下部层位中块状泥晶灰岩发育，化石较少，主要有 *Nankinella* cf. *ozawainelliformis*，*Nankinella inflata*，*N.* sp.，*Schubertella simplex*，*S. pseudosimplex*，*S. giraudi*，*Schwagerina* sp. 等，其中具有时代意义的是 *Nankinella*，普遍产于中二叠世栖霞期层位。

往上层位产䗴化石 *Polydiexodina praecursor*，*P.* cf. *ruoqiangensis*，*P. douglasi*，*P. chekiangensis lengwuensis*，*Schwagerina brevipola*，*Minojapanella* sp.，*Afghanella* cf. *sumartrinaeformis* 等。以 *Polydiexodina* 属最为发育，少见其他属种，可称之为 *Polydiexodina* 动物群，属中二叠世茅口期化石带。

在该组上部层位，还产有丰富的䗴 *Yabeina* sp.，*Verbeekina* sp.，*Parafusulina gigantean*，*P. multiseptata*，*P. undulata*，*P. dainellii*，*Pamirina* sp.，*Pseudofusulina* sp.，*Neoschwagerina haydeni*，*Chusenella douvillei*，*Schubertella pseudosimplex*，*S. simplex*，*S. giraudi*，*S. rara*，*Sumartrina annae*，*Schwagerina compacta* 等。以带化石的首次出现为底界，可建立 *Yabeina* 组合带，为中二叠世茅口中晚期沉积。

另外，具时代意义的化石还有腕足类、珊瑚及菊石等。产腕足类化石 *Notothyris* sp. indet.，*Martinia* sp. indet.，*Paudonella* sp. indet.，*Linoproductus* sp. indet.，*Spiriferellina* cf. *orientalis* (French)，*Ptychomaletoechia* cf. *xinjiangensis* Wang，*Avonia*? sp.，*Punctospirifer*? sp.，

Rhynchopora sp.；产珊瑚化石 *Cancellina* sp.，*Pseudodoliolina* sp.；产菊石化石 *Kazakhoceras* sp.，*Goniatites* sp.，*Platygoniatites* sp.，*Goniatites* sp.；产苔藓虫化石 *Fenestella* sp.，*Stenopora* sp. 等。它们均与所建立的䗴化石带相伴生，其中也不乏标准化石，如珊瑚经鉴定属中二叠世茅口期。

以上从下往上所建立的 4 个䗴化石带及其他标准化石，充分反映地层沉积时代为早—中二叠世。

三、三叠纪地层

（一）岩石地层

1. 一般特征

该时代地层为巴颜喀拉山群（TB），在图区中南部南北宽约 50km 的地带内大面积分布，区内出露面积约 $7000km^2$，占测区总面积的近 50%，属可可西里—巴颜喀拉巨型海槽碎屑岩复理石沉积建造。与古生代地层接触关系不清，界线处被后期陆相地层所覆盖。据菊石、腕足类及孢粉等化石，该套地层的时代为三叠纪无疑。

2. 剖面描述

按照岩石组合特征，巴颜喀拉山群共划分为 5 个岩性组，本次工作通过 4 条实测剖面对各段均给予了控制。

于测区中部东侧的冬银山测得巴颜喀拉山群一组（TB^1）一条较完整的剖面，剖面号 P16，剖面上地层呈单斜产出，产状稳定，总体南倾。剖面特征描述如下。

上覆地层：巴颜喀拉山群二组

21\. 灰色厚层—块状粗中粒—细粒岩屑石英杂砂岩

———————— 整合接触 ————————

巴颜喀拉山群一组	>2928.30m
20. 灰色中厚层状中细粒长石石英杂砂岩与板岩互层	217.05m
19. 灰色厚层—块状细粒长石石英杂砂岩夹中层状板岩，砂板比 3∶1～4∶1	190.53m
18. 灰色中厚层状细中粒长石石英杂砂岩与板岩不均匀互层	90.81m
17. 灰色中厚层状细粒长石石英杂砂岩与板岩互层	143.24m
16. 深灰色中厚层状板岩夹薄中层状岩屑石英细—粉砂岩，砂板比 1∶4左右	61.25m
15. 灰色厚层—块状细粒长石石英杂砂岩夹板岩或与板岩互层	61.12m
14. 浅灰色、灰色块状中细粒长石石英杂砂岩夹中厚层状板岩，砂板比 4∶1左右	170.80m
13. 灰色厚层—块状细粒长石石英杂砂岩、粉砂岩夹薄—中层状板岩	190.75m
12. 灰色块状细粒长石石英杂砂岩夹板岩或砂岩与板岩互层	152.87m
11. 灰色厚层—块状细中粒长石石英杂砂岩夹板岩，砂板比 4∶1左右	238.61m
10. 灰色块状中细粒长石石英杂砂岩夹板岩或与板岩互层	303.30m
9. 灰色厚层—块状钙质胶结细中粒长石石英砂岩夹板岩	319.53m
8. 灰色、灰绿色厚层—块状中细粒长石石英杂砂岩	95.92m
7. 灰色、深灰色中厚层状板岩夹薄中层状细砂岩、粉砂岩及粉砂质板岩	17.94m
6. 灰绿色中厚层—巨厚层状细中粒长石石英杂砂岩与板岩互层	122.58m
5. 灰色厚层—巨厚层状细中粒长石石英杂砂岩夹板岩，砂板比 3∶1左右	93.22m
4. 灰色块状细粒长石石英杂砂岩夹板岩，砂板比 4∶1～6∶1	111.51m
3. 灰色、灰绿色块状中细粒岩屑石英杂砂岩与板岩不均匀互层	224.93m

2. 浅灰色、灰色中粗粒长石石英砂岩夹板岩、粉砂质板岩。砂板比约 3∶1　74.50m

1. 灰—灰绿色薄—中层状细粒长石石英杂砂岩与板岩互层。该层为背斜核部，未见底　47.84m

在图区中部的天浒河测得巴颜喀拉山群二组（TB^2）的一条剖面，剖面号 P14，但其中褶皱和断裂相对较为发育，经综合整理，该段地层层序如下。

上覆地层：巴颜喀拉山群三组

32. 灰色、灰绿色薄中层—块状中细粒长石石英杂砂岩、细粒长石岩屑杂砂岩与深灰色页片状板岩、粉砂质板岩不均匀互层构成旋回性沉积，砂板比在 1∶2～4∶1之间

——————　整合接触　——————

巴颜喀拉山群二组　>2717.5m

31. 灰色、灰绿色厚层—块状钙质胶结中细粒长石石英砂岩、中细粒长石岩屑砂岩夹深灰色页片状板岩、粉砂质板岩构成多个旋回式沉积，砂板比>10∶1　379.8m

30. 灰绿色纹层状放射虫硅质岩　4.0m

29. 灰色、灰绿色厚层—块状中细粒长石石英杂砂岩、长石岩屑杂砂岩、岩屑石英杂砂岩偶夹深灰色页片状板岩、粉砂质板岩构成多个旋回式沉积，砂板比>20∶1　310.2m

28. 下部为深灰色页片状板岩夹灰绿色中—薄层状中细粒长石石英杂砂岩构成主体沉积；上部为灰色、灰绿色厚层—块状中细粒岩屑杂砂岩、中细粒长石石英杂砂岩夹深灰色页片状板岩、粉砂质板岩构成多个旋回式沉积　190.1m

27. 灰绿色块状细粒岩屑石英杂砂岩、长石石英杂砂岩偶夹深灰色页片状板岩、粉砂质板岩构成多个旋回式沉积，砂板比>20∶1　68.1m

26. 灰绿色中厚层状细粒岩屑杂砂岩、细粒长石岩屑杂砂岩夹深灰色页片状板岩、粉砂质板岩构成多个旋回式沉积，砂板比多大于 10∶1，偶含砾　304.7m

25. 灰色、灰绿色中厚层块状粗砂质中细粒岩屑石英杂砂岩、细粒长石石英杂砂岩构成主体沉积，偶夹含砾细砂岩及灰色页片状板岩，砂板比>20∶1　175.8m

24. 灰色、灰褐色厚层状细粒岩屑杂砂岩　122.5m

23. 灰绿色中层状细—粉砂岩夹灰绿色薄—微层状板岩、粉砂质板岩构成多个韵律。粉砂岩中偶夹有薄层状陆屑细晶石英质灰岩，单层厚 6～9cm　77.7m

22. 灰色、灰绿色薄—微层状板岩，粉砂质板岩夹中层状粉—细砂岩构成多个韵律　25.4m

21. 灰绿色中层状浅变质细粒长石石英砂岩与灰绿色薄—微层状板岩互层沉积，其中砂岩占总量 70%左右　36.0m

20. 灰绿色中厚层状浅变质细粒长石岩屑砂岩与薄—微层状板岩互层　5.2m

19. 灰、灰褐色厚层状岩屑中—细砂岩与深灰色纹层状板岩、粉砂质板岩互层　55.0m

18. 下部为深灰色薄—微层状含泥质硅质岩及硅质灰岩互层；上部为深灰色薄—微层状含泥质硅质岩与紫红色、深灰色纹层状板岩、粉砂质板岩互层　23.6m

17. 下部为灰色、灰绿色中层状浅变质细粒长石石英砂岩与深灰色纹层状板岩不均匀互层；上部为深灰色、紫红色页片状板岩　37.7m

16. 灰色、灰绿色中厚层状中—细砂岩与灰黑色纹层状板岩大套互层　83.1m

15. 下部为灰色中层状细砂岩夹深灰色纹层状板岩、粉砂质板岩；中部为灰黑色纹层状板岩、粉砂质板岩；上部为深灰色纹层状板岩、钙质板岩与灰色中厚层细砂岩互层　12.8m

14. 灰绿色中厚层状浅变质细粒长石石英砂岩夹灰黑色纹层状板岩、粉砂质板岩　40.7m

13. 深灰色纹层状板岩、粉砂质板岩与中厚层状浅变质钙质细粒长石石英砂岩互层，板岩占总量的 80%左右，并见植物化石碎片　20.7m

12. 灰色、灰褐色中厚层状浅变质细粒长石石英砂岩与深灰色页片状板岩、粉砂质板岩互层，砂岩占总量的 70%左右　48.7m

11. 下部为深灰色纹层状板岩、钙质板岩夹薄—微层状细砂岩，砂岩中发育小型交错层理；上部为灰色、灰绿色页片状板岩、钙质板岩夹薄层泥岩质砾岩及灰岩团块　35.2m

10. 下部为灰色中层状含砾岩屑中—粗粒岩屑砂岩及细粒岩屑石英砂岩；中部为灰绿色中层细砂岩夹深灰色页片状板岩、粉砂质板岩；上部为中厚层状中细粒岩屑砂岩　112.6m

9. 深灰色、灰黑色页片状板岩、粉砂质板岩夹灰黄色薄—微层状细—粉砂岩，上部板岩中夹泥质灰岩薄层，灰岩中见重荷模构造　25.1m

8. 灰色、灰绿色薄—厚层状浅变质含砾中细粒岩屑石英砂岩、中—粗砂岩、细—粉砂岩夹深灰色、灰黑色纹层状板岩、钙质板岩，由下往上砂质减少、钙泥质增多　63.1m

7. 灰色、灰褐色中厚层状含砾细砂岩、浅变质细粒长石石英砂岩与灰色、灰黑色纹层状板岩、钙质板岩、炭质板岩互层构成多个旋回式沉积，见鲍马序列的 ABE 组合　70.1m

6. 灰黑色纹层状粉砂质板岩夹灰色、灰褐色中层状细砂岩。砂岩中产有一直径约 20cm 的生物屑灰岩块　5.3m

采得腕足类化石：*Notothyris* sp.

Rhynchopora sp.

cf. *Geyerella*

化石时代为石炭纪—二叠纪，属外来沉积混杂碳酸岩块

5. 下部为灰色、灰黄色中厚层状岩屑细砂岩；上部为灰色、灰黄色中厚层状细—中粒岩屑砂岩、细—中粒石英砂岩夹深灰色纹层状板岩、粉砂质板岩　57.9m

4. 灰黑色薄层状浅变质粗石英粉砂岩与灰黄色中层状细砂岩互层　19.7m

3. 灰绿色页片状、纹层状含粉砂质板岩夹薄层状泥质粉砂岩　47.2m

2. 下部为灰色中层状钙质胶结中细粒长石石英砂岩与薄层状粉砂质板岩互层；中部为灰色、灰褐色中层状细砂岩、岩屑细砂岩；上部为灰色、灰褐色中厚层状中粗粒岩屑砂岩、含砾中粗粒岩屑砂岩　51.2m

1. 下部为灰褐色中层状粉—细砂岩夹灰色页片状板岩、粉砂质板岩；上部由灰色、灰绿色纹层状板岩、粉砂质板岩构成主体沉积。未见底　133.2m

在图区中部天浒河东侧约 7km 的积涝湖，测得巴颜喀拉山群三组（TB^3）的一条剖面，剖面号 P11。剖面中地层产状总体南倾，但在下部层位分别见有 3 个简单的背斜和向斜；此外，剖面顶部由于风化剥蚀作用强烈，残坡积物极为发育。以上原因造成剖面中地层控制不全。该段地层层序如下。

巴颜喀拉山群三组　>1411.9m

11. 下部为灰色、灰褐色中厚层块状岩屑细砂岩、钙质岩屑细砂岩、长石岩屑细砂岩与深灰色页片状板岩、粉砂质板岩不均匀互层多个旋回式沉积，砂板比 1:1～4:1；上部为灰色、灰褐色中厚层块状岩屑细砂岩、钙质岩屑细砂岩、长石岩屑细砂岩夹深灰色页片状板岩、粉砂质板岩构成主体沉积，砂板比 4:1～8:1。往南为残坡积物所覆盖，未见顶　243.0m

10. 灰色中厚层块状细粒长石石英杂砂岩、细粒长石岩屑杂砂岩与深灰色页片状板岩、粉砂质板岩不均匀互层构成多个旋回式沉积，砂板比 1:1～4:1　145.3m

9. 下部为灰—灰褐色薄中层块状细粒长石石英杂砂岩、细粒长石岩屑杂砂岩与深灰色页片状板岩、粉砂质板岩不均匀互层构成多个旋回式沉积，砂板比 1:2～4:1；上部为灰—灰褐色中厚层块状细粒长石石英杂砂岩、细粒长石岩屑杂砂岩、含砾细粒岩屑杂砂岩夹深灰色页片状板岩、粉砂质板岩构成主体沉积，砂板比 4:1～8:1　167.6m

8. 灰色中厚层块状中细粒长石石英杂砂岩、细粒长石岩屑杂砂岩与深灰色页片状板岩、粉砂质板岩不均匀互层构成多个旋回式沉积，砂板比 1:2～4:1　132.5m

7. 灰色、灰褐色中厚层块状细粒长石石英杂砂岩、细粒长石岩屑杂砂岩夹深灰色页片状板岩、粉砂质板岩构成主体沉积，砂板比 4:1～8:1　213.5m

6. 下部为灰色页片状板岩、粉砂质板岩夹灰色薄—中厚层状岩屑细—粉砂岩、长石岩屑细—粉砂岩构成多个旋回式沉积，砂板比 1:4～1:1；中上部砂岩增多，由灰色薄中层—块状岩屑细砂岩、长石岩屑细砂岩与灰色页片状板岩、粉砂质板岩不均匀互层构成多个旋回式沉积，砂板比 1:1～4:1　82.9m

产丰富的孢粉：*Stereisporites* sp.
Punctatisporites sp.
Kraeuselisporites sp.
Annulispora sp.
Limatulasporites sp.
Ginkgocycadophytus nitidus
Cycadopites reticulatus
Chasmatosporites apertus
Taeniaesporites sp.
Vitreisporites pallidus
Pseudopicea variabiliformis
Alisporites australis
Abietineaepollenites sp.
Pinuspollenites divulgatus
Podocarpidites miniscululus
Veryhachium sp. 等

5. 灰色、灰褐色薄—中厚层状方解石化细粒长石石英杂砂岩与深灰色页片状板岩、粉砂质板岩不均匀互层构成多个旋回式沉积，砂板比 1:1～5:1　146.6m
4. 灰褐色薄中层块状(方解石化)细粒长石石英杂砂岩与深灰色页片状板岩、粉砂质板岩不均匀互层构成多个旋回式沉积，砂板比 1:2～2:1　168.2m
3. 灰色、灰绿色中厚层块状细粒长石石英杂砂岩、含砾细粒长石石英杂砂岩夹深灰色页片状板岩、粉砂质板岩构成多个旋回式沉积，砂板比 5:1～10:1　34.5m
2. 灰色、灰绿色薄—中厚层状细粒长石石英杂砂岩、细粒长石岩屑杂砂岩与深灰色页片状板岩、粉砂质板岩不均匀互层构成多个旋回式沉积，砂板比 1:2～4:1　77.8m

——————　整合接触　——————

下伏地层：巴颜喀拉山群二组

1. 灰色、灰绿色厚层块状细粒长石石英杂砂岩、细粒长石岩屑杂砂岩偶夹深灰色页片状板岩、粉砂质板岩构成多个旋回式沉积，砂板比 10:1～20:1

在测区中部西侧的夕霞沟测得巴颜喀拉山群四组—五组(TB^{4-5})一条比较完整的剖面，剖面号P13，地层总体由北往南倾，局部层位发育有小的背向斜。剖面层序如下。

巴颜喀拉山群五组　>515.07m

23. 灰色、灰褐色厚层状细粒长石石英砂岩偶夹深灰、灰黑色薄层状粉砂质板岩、板岩，砂板比为 10:1～15:1。该层构成向斜核部，未见顶　27.17m
22. 灰色、灰褐色厚层状中细粒长石石英砂岩，中上部夹少量深灰、灰黑色板岩　77.60m
21. 灰紫色、灰褐色厚层状钙质胶结细粒长石石英砂岩　174.05m
20. 灰色、灰黄色厚层状细粒长石石英砂岩偶夹中厚层状细砂质粉砂岩及中薄层状粉砂质板岩、板岩，砂板比为 8:1～10:1　66.55m
19. 灰黄色、灰褐色厚层—巨厚层状中细粒岩屑砂岩偶夹灰黄、浅灰色厚层状含泥质粉砂岩及中薄层状粉砂质板岩，砂板比约为 10:1　75.59m
18. 灰色、灰黄色、灰褐色厚层—巨厚层状铁质胶结细粒长石石英砂岩夹灰黄色厚层状含泥质粉砂岩及中层状粉砂质板岩，砂板比约为 15:1　94.11m

——————　整合接触　——————

巴颜喀拉山群四组	>2082.22m
17. 灰色、灰绿色厚层块状中细粒长石石英砂岩偶夹灰绿色、深灰色板岩	88.45m
16. 深灰色、灰绿色薄层状粉砂质板岩、板岩夹灰色、灰绿色中层状细粒岩屑石英砂岩、细砂质粉砂岩。砂板比约为1:3	16.90m
15. 灰色、灰绿色、灰黄色厚层状细中粒长石石英砂岩	280.51m
14. 灰色、灰绿色厚层状细粒岩屑石英砂岩、细粒长石石英砂岩夹深灰—灰黑色薄层粉砂质板岩、板岩。砂板比约为6:1	78.79m
13. 灰绿色、深灰色薄层状粉砂质板岩、板岩夹灰色、灰黄色中厚层状中细粒岩屑石英砂岩、细—粉砂岩构成主体沉积	24.62m
12. 灰色、灰绿色厚层—巨厚层状中细粒长石石英砂岩夹厚层—巨厚层状细石英质砾岩、粗中粒含砾岩屑砂岩	93.63m
11. 浅灰色、浅灰绿色厚层块状含砾粗中粒长石石英砂岩与细中粒长石石英砂岩互层，往上夹少量深灰色板岩	86.97m
10. 深灰色板岩、粉砂质板岩夹灰、灰绿色中薄层状细粒岩屑石英砂岩、含泥质粉砂岩	39.35m
9. 灰—灰绿色厚层块状不等粒长石石英砂岩，局部夹含砾岩屑石英粗砂岩	154.01m
8. 灰色、灰绿色厚层状中粒含砾岩屑石英砂岩、细中粒长石石英砂岩	277.77m
7. 灰、深灰色板岩，粉砂质板岩夹灰色薄层细粒岩屑石英砂岩、粉砂岩，砂板比约为1:4	76.02m
6. 灰色、灰绿色厚层状粗中粒(含砾)岩屑石英砂岩，上部偶夹灰绿色、深灰色板岩，岩石中发育鲍马序列ABC组合	236.04m
5. 灰色、灰绿色厚层状含砾不等粒长石石英砂岩夹灰绿色、深灰色板岩砂板比约为8:1，岩石中发育鲍马序列BCD组合	52.38m
4. 灰色、灰绿色厚层—巨厚层状细中粒岩屑长石砂岩，发育鲍马序列ABC组合	3.69m
3. 灰色、灰紫色中厚层状粗中粒长石岩屑砂岩夹灰紫色含砾粗中粒石英砂岩	181.07m
2. 灰色、灰黄色厚层—巨厚层状细砾岩、含砾中粗粒长石石英砂岩构成韵律式沉积，岩石中发育鲍马序列AB组合	295.07m
1. 灰色、灰绿色厚层状细中粒长石石英砂岩，中下部夹少量灰绿色、灰黑色中薄层状粉砂质板岩。未见底	46.95m

3. 岩石组合特征及纵横向变化

巴颜喀拉山群5个岩性组在区内分布稳定，岩石组合也各具特点，现由下往上介绍如下。

(1) 巴颜喀拉山群一组(TB^1)

该组与下伏石炭纪、二叠纪地层呈断层接触，未见底，沉积厚度在2928.30m以上。由灰色、深灰色、灰绿色中粗粒长石石英杂砂岩、中细粒长石石英(杂)砂岩、细粒长石石英杂砂岩、岩屑石英细—粉砂岩夹板岩、粉砂质板岩构成主体沉积，部分地区见有细砾岩、含砾砂岩产出。砂板比多在4:1左右，局部可达6:1；部分砂岩可与板岩不均匀互层，砂板比在1:1左右。在该套地层的中上部还普遍发育一套深灰色页片状板岩为主的沉积体，砂板比在1:4左右，区域上并见夹灰绿色微层状硅质岩、硅质板岩，其沉积厚度小于100m；局部发育绿色、暗绿色块状安山岩夹层，具海相火山岩的特点，与地层产状保持一致，沉积厚度多在几米，厚者可达数十米。

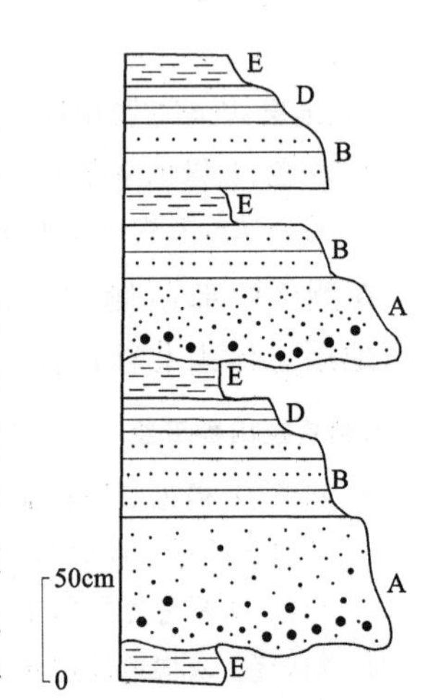

图2-8 巴颜喀拉山群一段中鲍马序列组合

A.粒序层理段；B.平行层理段；D.水平层理段；E.块状泥岩段

砂岩中石英屑(单晶石英+多晶石英)的含量并不算高，常在40%～60%之间，长石含量可达8%～15%，而岩屑(包括硅质岩屑)含量少者8%，多者达29%，普遍在20%以上。总之该段的砂岩具明显复成分特点。此外，泥基含量常在15%以上，具杂砂岩特征；砂岩与下部层位的板岩之间见有重荷模构造。该套岩性组合中发育有鲍马序列ABDE、ABE、BDE等不同组合类型(图2-8)，在A段(粒序层理段)中砾岩发育，砾石成分以硅质岩、脉石英砾为主，砾径以 2～3mm 为主，多呈棱角—次棱角状，砾石含量为 30%～60%。

(2) 巴颜喀拉山群二组(TB^2)

区域上其底部、顶部分别与巴颜喀拉山群的一组和三组呈整合接触，总厚度在 2717.5m 以上，由灰色、灰褐色、灰绿色中厚层块状砂岩构成主体沉积，夹少量的粉砂质板岩、板岩、钙质板岩及硅质岩、泥质硅质岩。与一段相比，砂岩的含量明显增高，砂板比普遍在 10∶1左右，总体往上，砂岩的含量增高，砂板比甚至可达 20∶1。砂岩岩性主要有中细粒长石石英(杂)砂岩、中细粒长石岩屑(杂)砂岩、中细粒岩屑石英杂砂(岩)、中细粒岩屑杂砂岩及含砾岩屑砂岩等。个别层位中见鲍马序列的 ABE 组合，属典型的浊积岩相。

砂岩具复成分特点，石英含量在 48%～87%之间，一般在 60%左右；长石含量在 4%～17%之间，中下部层位的长石含量多在 10%以下，往上随砂岩的总量增多，长石的含量常在 10%以上；岩屑的含量常在 7%～19%之间，局部层位的火山岩屑可达 6%左右；泥基的含量在中下部层位较小，一般在 5%左右，而上部层位则可达 20%左右。这种砂岩成分的变化，可能反映出由重力流所携带的碎屑物质原始成分的差异。砂岩中所含砾石成分有两类：一类是硅质岩、脉石英砾，砾径多在几毫米，棱角—次棱角状，为浊流、碎屑流携带至深水中沉积的陆源碎屑物质；另一类是板岩砾，砾径 3～30mm 不等，外形多不规则，部分具撕裂构造，为重力流在快速运动时卷入基底中尚未固结的早期细碎屑悬浮沉积物所形成。

(3) 巴颜喀拉山群三组(TB^3)

区域上其顶底可分别与巴颜喀拉山群的二组、四组呈整合接触，厚度大于 1411.9m。以灰色、灰褐色、灰绿色砂岩与板岩、粉砂质板岩的不均匀互层构成多个韵律式沉积，砂板比多在 1∶2～4∶1之间，局部可达 6∶1左右。砂岩岩性主要有细粒长石石英杂砂岩、细粒长石岩屑杂砂岩、长石岩屑细—粉砂岩、岩屑细—粉砂岩等，部分层位可含砾。局部发育绿色、暗绿色块状安山岩夹层，与地层产状一致，厚度在几米至几十米不等。

砂岩具复成分特点，石英含量以 40%～60%为主，长石含量普遍可达 9%～15%，而岩屑含量一般也在 10%以上，且其中云母类片状矿物含量较高，一般在 5%左右，最高可达 10%。泥基的含量相当高，一般在 20%左右，最高可达 29%，具典型的杂砂岩特点。此外，砂岩与板岩形成互层的单层厚度变化极大，一般在 20～80cm 之间，薄者仅为 5～10cm，厚者则可达数米，呈块状产出，以此与其他各组形成明显差异。

区内多处见到该组中发育有似舌状槽模构造，5 组古流方向的平均值为 SW204°，说明区内三叠纪重力流的物源主要来自北部剥蚀区。

(4) 巴颜喀拉山群四组(TB^4)

区域上其顶底与巴颜喀拉山群的三组、五组呈整合接触，厚度大于 2082.22m。该组主体为砂岩，局部产细砾岩，偶夹板岩、粉砂质板岩，砂板比常大于 10∶1。可发育鲍马序列的 AB、ABC、BCD 等组合。砂岩以灰色、灰绿色的色调与第五组砂岩的褐色调形成外观的显著差别。砂岩单层厚常可达数米，小者也在 50cm 以上；其主要岩性有含砾石英砂岩、(含砾)长石石英砂岩、(含砾)岩屑石英砂岩、含砾岩屑砂岩、岩屑长石砂岩、长石岩屑砂岩等；砂岩多具细—中粒砂状结构，局部为粗粒砂状结构。

砂岩具复成分特点，石英含量一般为 60%～70%，长石含量一般在 10%以上，岩屑含量一般为 10%～26%，其中的火山岩屑含量在部分层位较高，最大可达 16%。泥基相对前三组的含量要少，除个别可达 15%外，一般小于 5%。砾岩中砾石成分以脉石英、硅质岩砾为主，次为砂岩、灰岩砾；砾径多在 1cm 以内，少数可达 20～25cm；棱角—次棱角状多见，砾石含量常在 50%以上，颗粒支撑。砾岩呈透镜状产出，沿走向追索很快尖灭。区域上在该套地层中有多处透镜状碳酸盐岩块产出，既可与砾岩共生(图2-9)，也可产出于砂岩中，出露面积小者仅 2m×3m，大者可达 30m×50m，据

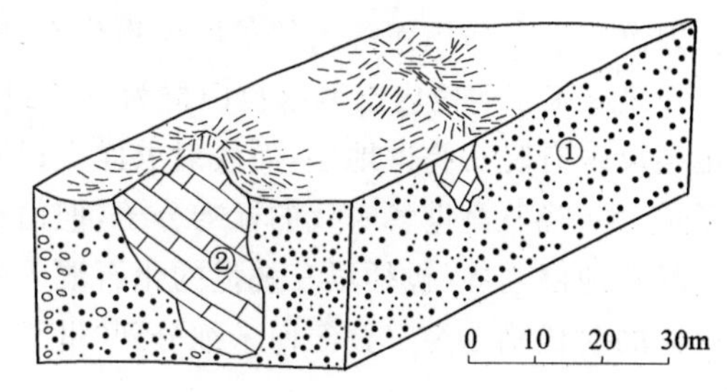

图 2-9 巴颜喀拉山群砾岩中沉积混杂碳酸盐岩块示意图

①砾岩；②碳酸盐岩块

其中所产䗴、腕足类、双壳类及菊石等化石时代，这些碳酸盐岩块主要属二叠纪地层，为重力流作用携带至深水环境中的沉积混杂体。

(5) 巴颜喀拉山群五组(TB^5)

该组为区内出露最晚的一套三叠纪地层，总厚度大于515.07m，区域上与第四组呈整合接触，其上多被后期陆相地层所覆盖，或构成向斜核部而未出露齐全。主体岩性为灰色、灰褐色、灰紫色厚层—块状细粒长石石英砂岩、中细粒长石石英砂岩、中细粒岩屑砂岩等复成分砂岩，偶夹板岩、粉砂质板岩，砂板比一般在10:1以上，以色调差异明显区别于第四组。

砂岩中石英含量一般为60%～70%，长石含量为6%～14%，岩屑和泥基的含量一般在10%左右。局部砂岩中含砾石成分，所含砾石以脉石英、硅质岩砾占绝对优势，砾径仅几毫米，棱角—次棱角状，为重力流携带至深水盆地中沉积的陆源碎屑物质；少量砾石成分为板岩砾，砾径常可达几厘米，外形多不规则，部分见有撕裂构造。

4. 粒度统计

对该群砂岩中作了多组粒度分析，以下两组具代表性，其累积曲线及频率曲线图见图2-10，主要粒度参数结果如下。

样品P14-9：细中粒长石石英杂砂岩，平均粒度(Mz)值为2.07；标准偏差(σ_i)值为0.98，反映其分选性中等—较差；偏度系数(Sk)值为0.13，呈弱的正偏；峰态(K_G)值为1.22，较窄。该样品的频率曲线呈双峰状态，反映了较差的分选性，也与σ_i值的结果相一致；而较窄的峰态值说明该套杂砂岩的陆源碎屑在随重力流搬运至深水环境之前，首先经过了一定的分选，包括河流中的牵引流及滨海环境波浪的分选作用。

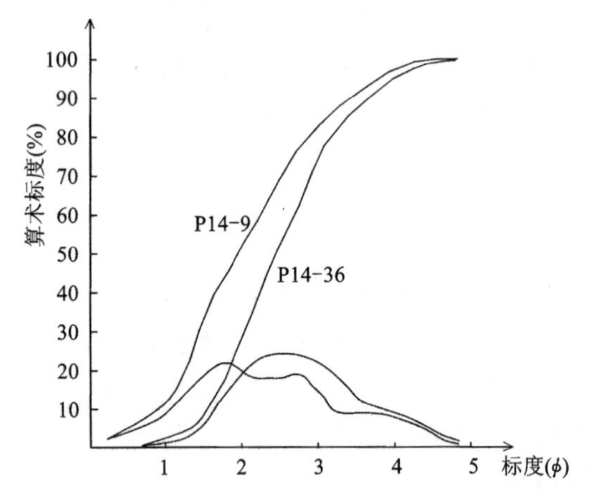

图2-10　巴颜喀拉山群累积曲线及频率曲线分布图

样品P14-36：中细粒长石石英杂砂岩，Mz值为2.48，σ_i值为0.80，Sk值为0.16，K_G值为1.02。该样品呈单峰状态，近正态曲线，呈微弱的正偏，分选性中等，总体反映在重力流搬运前，碎屑物质已经接受了一定的分选。

所作的其他几组粒度分析，与P16-9样品结果接近的占多数，其双峰甚至多峰状态充分反映出较差的分选性，反映重力流沉积特点。

(二) 古生物群及时代讨论

巴颜喀拉山群沉积厚度巨大，在顶底多不全的情况下，剖面上地层厚就有将近一万米。由重力流作用形成的这套沉积岩石组合，化石类型非常贫乏，数量很少，化石点零星散布全区。经过分析和整理，除去因沉积混杂作用而混入的早期生物化石，巴颜喀拉山群中具有时代意义的化石见表2-4。

表2-4表明区内巴颜喀拉山群为三叠纪地层，其中的菊石属种更清晰地反映存在早三叠世地层，腕足类反映有晚三叠世地层，而放射虫样则说明可能有中—晚三叠世的成分。可见该套地层基本已包含了早、中、晚三叠世各时代的标准分子，但由于化石数量总体上偏少，并且沉积混杂也会造成早期化石混入晚期地层当中(包括早三叠世的化石混入中、晚三叠世地层的可能)，因此本次工作笼统地将巴颜喀拉山群的时代确定为三叠纪而未细分到“世”。

表 2-4　巴颜喀拉山群化石门类与时代

化石门类	采样点号	化石属种	化石时代
孢粉	P11-10	*Stereisporites* sp., *Punctatisporites* sp., *Veryhachium* sp., *Annulispora* sp., *Limatulasporites* sp., *Ginkgocycadophytus nitidus*, *Cycadopites reticulatus*, *Chasmatosporites apertus*, *Vitreisporites pallidus*, *Kraeuselisporites* sp., *Pseudopicea variabiliformis*, *Taeniaesporites* sp., *Abietineaepollenites* sp., *Pinuspollenites divulgatus*, *Podocarpidites minisculus*, *Alisporites australis*	T
放射虫	WG1144	"*Stglosphaera*"sp., *Triassocompe* sp., *Eonapora* sp.	T_{2-3}
菊石	H1250	*Ophiceras* cf. *sinense* Tien(中华蛇菊石), *Ophiceras* cf. *tingi* Tien(丁氏蛇菊石)	T_1
	H1521	*Ophiceras* sp.(蛇菊石属), *Koninckites*? sp.(康尼菊石属)	T_1
	H1523	*Pseudaspidites* cf. *lolouensis* Chao(罗楼假菊石属)	T_1
	H962	*Eogymnites* sp.(始裸齿菊石属)	T_1^2
古植物	H877-2	*Neocalamites* sp.(新芦木未定种)	T—J_2
腕足类	H1522	*Halorella* sp., *Mentzeliopsis* cf. *meridialis*	T_3

注:孢粉样和放射虫样由中国科学院南京地质古生物研究所鉴定;菊石和古植物化石由中国地质调查局古生物研究中心(宜昌地质矿产研究所)鉴定。

(三) 沉积混杂

工作区三叠纪复理石碎屑岩沉积建造中广泛存在沉积混杂现象。面上多处发现碳酸盐岩块的出露,直径小者仅几十厘米,大者可达数十米至百余米,其具以下特点:岩块均呈透镜状产出,无根;岩块以厚层块状泥晶灰岩、重结晶灰岩、生物屑灰岩为主,其中生物屑成分主要有腕足类、双壳类、海百合茎、螺、䗴及菊石等多门类化石;局部可见鸟眼灰岩、核形石灰岩。上述所采双壳类化石即在核形石灰岩中呈核产出,总体为潮坪—开阔台地相沉积。碳酸盐岩块的浅水成因与围岩(或基质)的深海—半深海成因具明显的不协调性;多处见到碳酸盐岩块与砾岩共生(图 2-9),砾岩中砾石成分以硅质岩、脉石英砾为主,次为砂岩、灰岩砾,砾径多小于 1cm,大者可达 25cm,棱角—次棱角状常见,在海底扇沉积体系中为上扇—中扇的水道砾岩相。上述特点表明碳酸盐岩块系由浅水区随重力流搬运而来。

图区南部长虹湖一带采集到了一些重要的标准化石,这些化石均产于碳酸盐岩块中,产出层位见图 2-11。在 *A* 处(N36°03.106′,E86°05.713′)浅灰色块状碳酸盐岩块中采到了菊石化石 *Ophiceras* sp., *Koninckites* sp.,其时代认定为早三叠世;在 *B* 处(N36°04.570′,E86°06.997′)的灰色块状碳酸盐岩块采到了䗴 *Schubertella simplex* Lange, *Quasifusulina* sp., *Eoparafusulina bella* 及双壳类化石 *Nuculopsis* sp.,据化石组合其时代为二叠纪;在 *C* 处(N36°05.859′,E86°06.296′)的浅灰色块状灰岩中采到了菊石化石 *Pseudospidites* cf. *lolouensis* Chao,为早三叠世标准化石。因此,在该条路线上存在二叠纪与三叠纪混杂沉积的碳酸盐岩块。

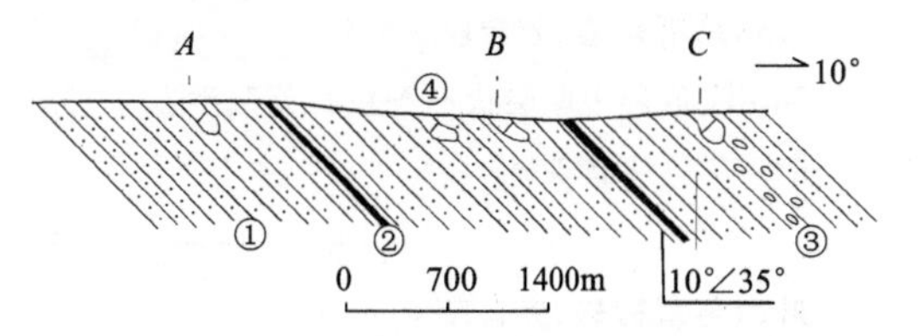

图 2-11　长虹湖 TB^5 中碳酸盐岩块产出信手剖面图
①砂岩;②板岩;③砾岩;④碳酸盐岩块

上述 *A* 处和 *C* 处的菊石化石均为早三叠世标准分子,赋存于台地相碳酸盐岩中,说明该区在早三叠世存在岩相分异作用。这种岩相分异反映三叠纪早期在该区存在具控相作用的同沉积断裂,断裂往陆一侧很可能有一近东西向展布的狭长碳酸盐岩台地或镶边陆架,发育浅水碳酸盐岩台地沉积;而在断裂带以南则为深海—半深海环境,发育有复理石沉积建造。早三叠世由于构造活动频繁,可造成碳酸盐岩破碎，并与东昆仑海西期褶皱带石炭纪—二叠纪碳酸盐岩混积在一起，然后经重力流作用搬运至深水环境形成最终的沉积混杂体。通过区域地质调查，在工作区尚未发现早三叠世碳酸盐岩台地的原地系统，说明碳酸盐岩台地可能由于古构造格局的影响而分布局限，或后期构造变动造成了缺失。

综上所述，区内可识别的沉积混杂体存在两种来源类型。第一种为早期已褶皱造山的地质体，在东昆仑南缘主要为石炭纪—二叠纪地层，表现为碳酸盐岩块，也可能存在碎屑岩混杂岩块，但与基质部分很难区分，它们为复理石建造提供大量的陆源碎屑；第二种即为三叠纪浅水碳酸盐岩台地区所提供的碳酸盐岩块。

需强调指出，由于复理石碎屑岩中发育的碳酸盐岩块多为沉积混杂体，故不能笼统地以其作为巴颜喀拉山群复理石建造的时代依据。综合前述分析，碳酸盐岩块中的三叠纪菊石总体上与重力流事件的时代基本一致或相近，可作为该复理石建造的时代依据；但二叠纪的生物化石则明显为异时异地分子，不能用以判定主体沉积的时代。

四、侏罗纪地层

（一）岩石地层

1. 一般特征

侏罗纪地层主要分布在图区中部，呈东西向宽阔带状展布，南北宽约 30km，出露面积为 1500 余平方千米，向两侧延伸出图外。根据岩性及其组合特点、岩相、盆地向上的演化特征等，将该时代地层划分为叶尔羌群($J_{1-2}Y$)和鹿角沟组(J_3l)。叶尔羌群与古生代及三叠纪海相地层多呈断层接触，局部呈角度不整合接触；鹿角沟组多与叶尔羌群呈平行不整合接触，局部见超覆于前期地层(包括叶尔羌群)之上，并与它们呈微角度不整合接触。

2. 剖面描述

在测区中部的天浒河测得早—中侏罗世叶尔羌群($J_{1-2}Y$)一条较完整的剖面，剖面号 P06，地层呈单斜产出，产状稳定，总体由南往北倾，剖面层序如下。

上覆地层：晚侏罗世鹿角沟组

56. 紫红色块状砾岩与紫红色中厚层状钙质胶结细—中粒石英砂岩构成韵律

----------- 平行不整合 -----------

叶尔羌群砾岩、砂岩段　　47.1m

55. 浅黄色中厚层状不等粒石英杂砂岩　　12.8m
54. 灰色块状砾岩　　34.3m

———— 整合接触 ————

叶尔羌群砂岩、泥岩段　　1212.2m

53. 灰绿色中层中粒岩屑石英砂岩，含少量砾石。发育平行层理，层面上偶见铁锰结核　　54.5m
52. 灰绿色厚层状细粒石英杂砂岩与钙质粉砂质泥岩互层　　35.1m
51. 灰绿色薄层状钙质泥岩与中层状含泥质钙质石英粗粉砂岩互层　　9.2m
50. 深灰绿色厚层状含陆屑粉晶含泥质石英质灰岩　　3.3m
49. 灰绿色薄层状钙质泥岩与浅黄绿色中层状粉砂—细粒杂砂岩互层　　7.2m
48. 灰绿色中—厚层状中粒岩屑石英砂岩与泥质粉砂岩、薄层状钙质泥岩构成旋回式沉积。砂岩中发育平行层理，产植物碎片，泥质粉砂岩中见水平纹理　　34.3m
47. 灰绿色中—厚层状细粒岩屑石英砂岩与薄层状泥岩构成 3 个韵律式沉积　　20.6m
46. 灰绿色薄层状粉砂质泥岩，风化后呈褐红色　　32.3m
45. 灰绿色厚层状中粒岩屑石英砂岩、泥质粉砂岩及薄层状泥岩构成旋回式沉积　　36.2m

44. 灰绿色厚层状岩屑石英细砂岩、钙质胶结细粒石英砂岩与薄层状泥岩构成3个旋回式沉积　78.8m

43. 灰绿色厚层状石英细砂岩与炭质页岩构成3个韵律式沉积　7.8m

42. 灰绿色厚层石英细砂岩、中层状钙质石英粗粉砂岩与薄层状粉砂质泥岩构成旋回式沉积　22.8m

41. 黄绿色中层状钙质粉砂岩与薄—中层状粉砂质泥岩互层　19.3m

40. 灰绿色中—厚层状钙质胶结细粒石英砂岩、中层状泥质粉砂岩与灰黑色薄层状粉砂质泥岩构成8个沉积旋回　42.5m

39. 灰绿色中层状钙质胶结石英细砂岩与黑色薄层状含炭质泥岩互层　35.0m

38. 浅灰绿色中层状岩屑石英细砂岩、泥质粉砂岩与薄层状泥岩构成旋回式沉积　62.4m

37. 深灰色厚层状含砾石英粗砂岩、灰绿色石英粗砂岩与石英细—中砂岩构成旋回式沉积　25.5m

36. 灰绿色薄—中层状细粒石英杂砂岩与炭质页岩构成4个韵律　42.5m

35. 灰黄色中层状细粒石英杂砂岩与薄层状泥岩互层　35.4m

34. 灰黄色薄层状细中粒岩屑石英砂岩与薄层状泥岩互层　58.2m

33. 灰黄色中层状细中粒石英砂岩、薄层状粉砂岩、泥岩构成旋回式沉积　46.8m

32. 黑色薄层状(含炭质)泥岩与灰黄色薄中层状岩屑石英细—粉砂岩构成韵律　65.9m

31. 黄绿色中层状细粒石英杂砂岩与粉砂质泥岩互层　23.5m

30. 由两个不对称旋回式沉积构成。第一个旋回由下往上:浅灰色块状中粒岩屑石英砂岩;灰黄色中层状岩屑石英细砂岩;浅灰绿色薄层状泥岩。第二个旋回由下往上:灰黄色中层状粉砂岩;浅灰绿色薄层状泥岩;黑色炭质页岩　37.6m

炭质页岩中产植物化石:*Neocalamites hoerensis*(Schimper)Hall

N. sp. 等

29. 灰色、灰白色块状岩屑石英中砂岩、灰黄色薄层状粉—细砂岩、浅灰色薄层状泥岩与黑色炭质页岩构成多个旋回式沉积　62.9m

28. 灰绿色中层状细粒石英杂砂岩、灰黄色长石石英粉砂岩、钙质泥岩与黑色炭质页岩构成多个旋回式沉积,单个旋回往上具变细的特点　61.6m

27. 灰黄色中—厚层状细中粒石英杂砂岩、薄—中层状泥质粉砂岩构成韵律　7.3m

26. 深灰色、灰黄色中厚层状岩屑石英中—细砂岩、深灰色薄层状细粒石英杂砂岩与(炭质)页岩构成旋回式沉积　11.4m

页岩中产较多的植物化石:*Podozamites lanceolatus* f. *latior*

P. sp.

Neocalamites sp.

N. hoerensis 等

25. 由两个旋回式沉积构成。第一旋回由下往上:灰绿色薄—中层状细粒石英杂砂岩;灰黄色薄层状泥质粉砂岩;灰黑色含炭质泥岩;灰黄色薄层泥岩。第二个旋回由下往上:灰绿色薄层状细粒石英杂砂岩;灰黄色薄层状泥质粉砂岩;页岩,富含植物碎片　6.2m

24. 灰黄色、灰绿色厚层状岩屑石英细砂岩、灰黑色薄层状细粒石英杂砂岩、泥岩及黑色炭质页岩构成一个旋回式沉积　7.8m

23. 灰黄色薄层泥质粉砂岩与含炭质页岩构成4个韵律　10.7m

22. 灰绿色薄层状铁质胶结细粒石英砂岩与微层状粉砂质泥岩互层　4.1m

产植物化石:*Equisetites* sp.

Neocalamites sp.

21. 灰绿色厚层状岩屑石英细砂岩与灰黑色(含炭质)页岩互层　7.6m

20. 灰绿色薄—中层状岩屑石英细砂岩、粉砂岩与微层状粉砂质泥岩构成多个旋回式沉积　7.6m

产植物化石:*Equisetites* sp.

19. 灰黄色薄层细粒石英杂砂岩与灰黑色薄层状炭质页岩互层　27.3m

18. 灰黄色薄层状细粒石英杂砂岩与灰绿色薄层状泥质粉砂岩互层　9.1m

17. 灰黄色、黄绿色中—厚层状岩屑石英细砂岩与中层状钙质胶结石英细砂岩构成韵律式沉积　6.6m

16. 灰色厚层状粗粒岩屑石英砂岩、岩屑石英细—粉砂岩、灰黑色薄层炭质泥岩构成旋回式沉积 47.3m
产植物化石：*Equisetites lateralis*
E. sp.

15. 灰黄色中—厚层状石英中砂岩与灰绿色中层状细粒石英杂砂岩及薄层泥岩构成旋回式沉积 36.5m

14. 灰黄色中厚层状含砾细中粒石英砂岩与薄层状粉砂质泥岩互层 61.5m

———————— 整合接触 ————————

叶尔羌群砾岩段 **292.8m**

13. 灰色、灰白色块状硅质砾岩 44.7m

12. 主体由灰黄色中层状石英中砂岩、粉砂岩及薄层状粉砂质泥岩构成旋回式沉积，顶部由块状含砾中粗粒石英砂岩与中粗粒岩屑石英砂岩构成 20.5m

11. 深灰色块状硅质砾岩与灰白色厚层状含砾岩屑石英细砂岩互层 14.9m

10. 深灰色中层状钙质胶结石英细砂岩、粉砂岩与薄层状粉砂质泥岩构成旋回 20.7m

9. 灰白色块状硅质砾岩 29.0m

8. 灰白色块状硅质砾岩、厚层状含砾粗砂岩及中层状岩屑石英细砂岩构成多个旋回式沉积 19.5m

7. 灰色中层状岩屑石英细—中砂岩与灰黄色中层状粉砂质泥岩互层 13.0m

6. 灰白色块状硅质砾岩与中厚层块状含砾粗—中细粒石英砂岩构成韵律式沉积 46.7m

5. 灰白色中层状细粒岩屑石英砂岩与粉砂质泥岩互层 5.4m

4. 灰白色块状硅质砾岩 33.1m

3. 灰黄色中—厚层状中粗粒石英砂岩与薄层状粉砂质泥岩互层 17.2m

2. 灰白色块状硅质砾岩 28.1m

~~~~~~~~ 角度不整合 ~~~~~~~~

下伏地层：巴颜喀拉山群二段

1. 灰绿色薄层状板岩

此外，在测区中部的明眉山测得晚侏罗世鹿角沟组(J_3l)一条较完整的剖面，剖面号P07，位于近东西走向的开阔向斜北翼，总体由北往南倾，产出较稳定。剖面层序如下。

鹿角沟组 **>399.9m**

11. 灰紫色块状砾岩，该层构成向斜核部。未见顶 19.3m

10. 紫红色中厚层不等粒含砾岩屑石英砂岩、细粒岩屑石英砂岩、粉砂岩构成旋回，其中含砾砂岩仅出现在第一个旋回的底部 106.0m

9. 紫红色中层状细粒钙质胶结含砾不等粒石英砂岩、粉砂岩构成韵律，其中在中部的3个连续韵律中，含有大量的钙质结核，粉砂岩中发育水平纹理 34.7m

8. 紫红色厚层状钙质胶结含砾砂岩、细粒长石石英砂岩及粉砂岩构成多个旋回式沉积，含砾砂岩局部呈透镜状产出。每个旋回往上砾石含量减少，砂质增多 29.8m

7. 紫红色薄—中层状细粒长石石英砂岩 21.9m

6. 紫红色中层状铁质胶结中细粒长石石英砂岩，铁质含量约为10%，中部夹一层厚约50cm的钙质胶结粗中粒岩屑石英砂岩 47.7m

5. 紫红色厚层状钙质胶结不等粒岩屑石英砂岩与细粒岩屑石英砂岩互层 21.1m

4. 紫红色块状砾岩与厚层块状含砾中粗粒岩屑石英砂岩互层 53.8m

3. 紫红色中层状含砾中粗粒岩屑石英砂岩与中细粒岩屑石英砂岩互层 43.3m

2. 暗紫色块状硅质细砾岩 22.3m

---------- 平行不整合 ----------

下伏地层：早—中侏罗世叶尔羌群

1. 灰绿色厚层—块状硅质砾岩与厚层状砾质中粗粒石英砂岩互层
~~~~~~~~

3. 岩石组合特征及纵横向变化

实测剖面和路线调查表明侏罗系为一套陆相碎屑岩地层。根据岩性特征，于叶尔羌群中划分出砾岩($J_{1-2}Y^{cg}$)、砂岩-泥岩($J_{1-2}Y^{ss-ms}$)、砾岩-砂岩($J_{1-2}Y^{cg-ss}$)、砂岩($J_{1-2}Y^{ss}$)和砾岩-粉砂岩($J_{1-2}Y^{cg-st}$)5种岩性体(纵向上构成岩性段)；晚侏罗世鹿角沟组为一套砾岩、砂岩综合沉积体，沉积厚度相对较薄，进一步划分出砾岩-砂岩(J_3l^{cg-ss})、砂岩(J_3l^{ss})和砂岩-粉砂岩(J_3l^{ss-st})3种岩性体。

(1) 叶尔羌群砾岩段($J_{1-2}Y^{cg}$)

该段与三叠纪巴颜喀拉山群呈角度不整合接触(图2-12)，界线处的角砾岩中角砾成分以灰绿色变质砂岩和深灰色板岩占绝对优势，棱角状、尖棱角状，混杂堆积，毫无分选，具古风化壳残坡积特点；其上的炭质泥岩水平纹层发育，相带很窄，区域上仅在一处见有发育，可能为沼积成因。炭质泥岩中采到早侏罗世的孢粉组合。

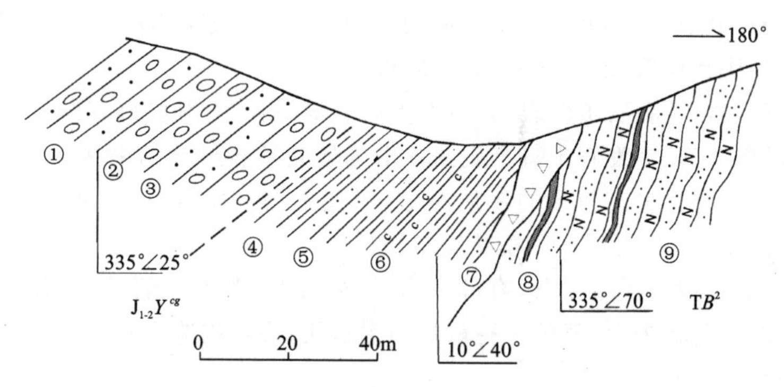

图2-12 $J_{1-2}Y^{cg}$与TB^2角度不整合接触关系示意图

①砂砾岩；②砾岩；③含砾粗砂岩；④泥岩；⑤细砂岩；⑥炭质泥岩；⑦残坡积角砾岩；⑧板岩；⑨细粒长石石英杂砂岩；TB^2三叠纪巴颜喀拉山群二段；$J_{1-2}Y^{cg}$侏罗纪叶尔羌群砾岩段

砾岩段的沉积厚度为292.8m，由灰色、灰白色厚层—块状硅质砾岩夹少量的(含砾)粗—细粒砂岩、粉砂岩及粉砂质泥岩等构成多个旋回式沉积。

砾岩中砾石成分以硅质岩及脉石英等稳定组分占绝对优势，砾径一般小于100mm，但以一定数量级的砾石为主，分选性中等，砾石基本无定向性，次圆状为主，部分为次棱角状和圆状。砂岩的岩性有(含砾)中粗—细粒石英砂岩、(含砾)中粗—细粒岩屑石英砂岩、钙质胶结石英细砂岩及粉砂岩、粉砂质泥岩等，砂岩中石英的含量一般在70%左右，岩屑含量次之，一般在20%以上，但以较为稳定的硅质岩屑占绝对优势，而长石的含量普遍很低，甚至不含长石。砂岩主要呈夹层产出，或呈透镜状产于砾岩中，常发育平行层理。

(2) 叶尔羌群砂岩-泥岩段($J_{1-2}Y^{ss-ms}$)

该段与叶尔羌群砾岩段呈整合接触，沉积厚度达1212.2m，为侏罗纪地层中厚度最大的一套岩性段。由灰色、灰黄色、灰绿色含砾石英砂岩、岩屑石英砂岩、石英(杂)砂岩与钙质粉砂质泥岩、泥质粉砂岩、钙质泥岩、泥岩及炭质页岩等不均匀互层构成多个旋回式沉积，在中部可夹煤层，偶夹含陆屑泥质灰岩。砂岩成分成熟度很高，石英(单晶石英＋多晶石英)含量以60%～75%为主，岩屑中以硅质岩屑占绝对优势，而长石的含量小于3%，总体上稳定组分含量可达90%左右，所含砾石也几乎全为硅质岩砾。砂岩中常发育平行层理，主要由砂屑色调的层状变化显示出来。

该段砂岩在下部和上部层位非常发育，泥岩则在中部相对发育。

(3) 叶尔羌群砾岩-砂岩段($J_{1-2}Y^{cg-ss}$)

该段与下伏叶尔羌群砂岩-泥岩段呈整合接触关系，厚47.1m。主要由灰色、灰绿色块状砾岩与灰绿色、浅黄色中厚层状不等粒石英杂砂岩不均匀互层构成旋回式沉积，单个旋回往上砾石减少，砾径减小，砂质含量增多。

与叶尔羌群中下部两段的稳定产出相比，该段在面上分布不很稳定，大部分地区并不发育该套砾岩、砂岩段。

由于陆相盆地的差异性，每个盆地发育的控制因素变化较大，相带也较窄，区内叶尔羌群上述岩性段横向上可相变为砂岩($J_{1-2}Y^{ss}$)和砾岩-粉砂岩($J_{1-2}Y^{cg-st}$)岩性体。

(4) 鹿角沟组(J_3l)

该组与叶尔羌群多呈平行不整合接触，局部地区见其角度不整合超覆于前期地层(主要为巴颜喀拉山群和叶尔羌群)之上，未见顶，厚度大于399.9m。其以红色外观明显区别于叶尔羌群的碎屑岩。主体岩性为紫红色、暗紫色厚层—块状砾岩和砂岩，并由砾岩与砂岩的规律性变化构成多个旋回式沉积，区内其他盆地中还有粉砂岩的广泛发育。

鹿角沟组下部由砾岩、含砾砂岩与粗—细粒砂岩的不均匀互层构成旋回式沉积，每个旋回往上砾石含量减少，砂岩增多，其中砂岩内发育有平行层理；上部由粗—细粒砂岩与粉砂岩构成主体沉积；顶部可发育一套紫红色块状砾岩，但在区域上不稳定而常缺失。

下部层位砾岩中的砾石成分以硅质岩及脉石英砾为主，还有部分的砂岩砾、灰岩砾，砾径变化较大，有的地区砾径多在1cm以内，大者可达3cm，而有的地区砾径一般在5cm左右，大者甚至可达15cm；次棱角—次圆状；一般为块状构造，混杂堆积，无定向排列。

砂岩主要有石英砂岩、长石石英砂岩、岩屑石英砂岩等，粗粒至细粒砂状结构，在上部层位还含较多的粉砂岩。砂岩中局部含砾，多发育于每个旋回中由砾岩到砂岩过渡的衔接部位。钙质胶结作用较为普遍，在中上部的局部层位里见有较多的钙质结核，风化淋滤后呈蜂窝状，钙质结核呈椭球状，轴长在1～3cm之间。砂岩中局部产平行层理和楔状交错层理。

该组顶部的砾岩砾石成分比较复杂，有硅质岩、砂岩、脉石英及灰岩等，砾径一般在1～5cm之间，最大可达20cm。以次棱角状为主，部分为棱角状和次圆状；块状构造。其分布十分局限，图区范围内仅在剖面位置见有发育。

虽然该组岩性比较简单，以碎屑岩沉积占绝对优势，但为了更细致地解剖该组，图面上仍划分出砾岩-砂岩(J_3l^{cg-ss})、砂岩(J_3l^{ss})和砂岩-粉砂岩(J_3l^{ss-st})3种岩性体。

4. 大地构造环境判别

利用碎屑岩中的石英(Q)、长石(F)、岩屑(L)三组分的含量对大地构造背景进行分析。在Q-F-L三角图解(图2-13)中，共对30个样品进行了分析，其中叶尔羌群21个样品，鹿角沟组9个样品，除叶尔羌群有1个样品落入克拉通内部构造环境外，其余29个样品全部落入再旋回造山带区域。

在印支造山运动之后，该区进入了陆相断陷、凹陷盆地沉积环境，前期形成的巨厚造山带，经风化剥蚀等作用，为陆相盆地的充填提供了丰富的碎屑物质。

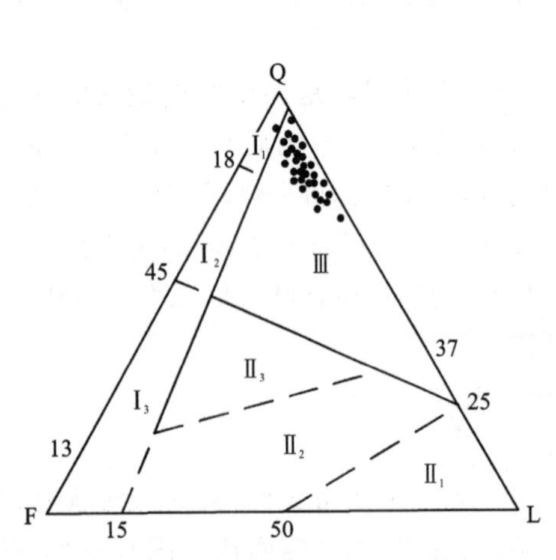

图2-13 侏罗纪砂岩Q-F-L构造背景判别图
(据迪金森，1983)
Ⅰ1. 克拉通内部；Ⅰ2. 过渡大陆区；Ⅰ3. 基底隆起；Ⅱ1. 未切割岛弧区；Ⅱ2. 岛弧过渡带；Ⅱ3. 切割岛弧区；Ⅲ. 再旋回造山带

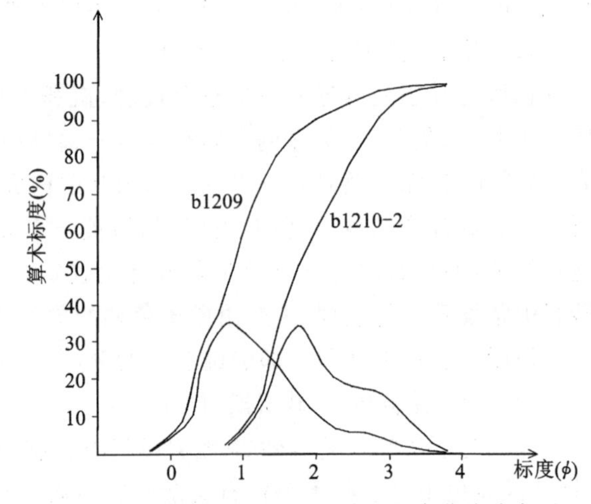

图2-14 侏罗纪地层累积曲线及频率曲线分布图

5. 粒度统计

在叶尔羌群和鹿角沟组中分别选取了一组砂岩样作粒度分析，几种主要粒度参数见表 2-5，累积曲线及频率曲线见图 2-14。

表 2-5　侏罗纪地层粒度分析数据表

样品号	地层	岩性	粒径		分级测定		累计测定			粒度参数值
			Φ	毫米值	颗粒数	比例（$\times10^{-2}$）	颗粒数	比例（$\times10^{-2}$）	减支杂基（$\times10^{-2}$）	
b1209	叶尔羌群	粗粒石英砂岩	0.00	1.00	1	0.552	1	0.552	0.475	Mz 值 0.91 σ_i值 0.71 Sk 值 0.22 K_G值 1.10
			0.50	0.71	15	8.287	16	8.839	7.602	
			1.00	0.50	62	34.255	78	43.094	37.061	
			1.50	0.35	51	28.177	129	71.271	61.293	
			2.00	0.25	29	16.022	158	87.293	75.072	
			2.50	0.18	11	6.077	169	93.370	80.298	
			3.00	0.13	8	4.420	177	97.790	84.099	
			3.50	0.09	3	1.658	180	99.448	85.525	
			4.00	0.06	1	0.552	181	100.000	86.000	
b1210-2	鹿角沟组	细中粒石英砂岩	1.00	0.50	5	2.604	5	2.604	2.265	Mz 值 1.87 σ_i值 0.68 Sk 值 0.29 K_G值 0.90
			1.50	0.35	25	13.021	30	15.625	13.594	
			2.00	0.25	67	34.896	97	50.521	43.953	
			2.50	0.18	39	20.312	136	70.833	61.625	
			3.00	0.13	33	17.188	169	88.021	76.578	
			3.50	0.09	20	10.417	189	98.438	85.641	
			4.00	0.06	3	1.562	192	100.000	87.000	

叶尔羌群样品（b1209）：粗粒石英砂岩，平均粒度（Mz）值为 0.91，标准偏差（σ_i）值为 0.71，偏度系数（Sk）值为 0.22，峰态（K_G）值为 1.10。该组砂岩分选性中等，呈较强的正偏状态，主峰偏向粗粒一侧，单峰状态，峰态值表现为中等尖度。

鹿角沟组样品（b1210-2）：细中粒石英砂岩，Mz 值为 1.87，σ_i值为 0.68，Sk 值为 0.29，K_G值为0.90。该砂岩样分选性中等—较好，呈明显的正偏状态，主峰偏向粗粒一侧，可能与较强的河流牵引作用有关，单峰状态，峰态值表现为较宽—中等尖度。

以上样品显示叶尔羌群与鹿角沟组的沉积环境非常接近。样品均表现较强的正偏状态，可能是湖相沉积物在接受搬运的过程中，已受较强的河流改造作用，造成细碎屑物质的相对缺乏，而粗粒物质相对富集。

（二）古生物群及时代讨论

由于岩性的特殊性，侏罗纪地层的生物化石总体较为贫乏，仅在叶尔羌群的砂岩、泥岩段（$J_{1-2}Y^{ss-ms}$）中产较多的植物化石 *Equisetites lateralis*，*E.* sp.，*Neocalamites hoerensis*，*N. hoerensis*（Schimper）Hall，*N.* sp.，*Podozamites* sp.，*P. lanceolatus* f. *latior* 等，其时代为早—中侏罗世。其他层位中鲜有化石保存。

此外，在该组砾岩的底部与三叠纪地层的界线处，局部产一套深灰色、灰黑色炭质泥岩，其中产孢粉 *Cyathidites minor*，*Granulatisporites parvus*，*Lycopodiacidites* sp.，*Osmundacidites wellmanii*，*Pseudopicea variabiliformis*，*Perinopollenites elatoides*，*Classipollis annulatus*，*Psophosphaera minor*，*Pinuspollenites divulgatus* 等。该套孢粉组合具早侏罗世时代的特点（中国科学院南京地质古生物研究所鉴定分析）。

综上所述，叶尔羌群的地质时代属早—中侏罗世。

其上的鹿角沟组为一套红色地层，显著区别于叶尔羌群的灰色、灰绿色、深灰色等色调，反映该时期为干热的气候条件，与早—中侏罗世的湿热气候（局部层位含煤）有较大的差异。鉴于气候变化的区域性，区域上的陆相红色地层始于晚侏罗世，以及鹿角沟组局部与早—中侏罗世叶尔羌群呈整合接触等，大致确定鹿角沟组属晚侏罗世沉积。

（三）侏罗纪沉积旋回

早—中侏罗世及晚侏罗世在区内形成了两个比较完整的沉积旋回，每个旋回的下部均以砾岩开始，往上则以砂岩、粉砂岩沉积为主，可夹泥岩或与之不均匀互层，到顶部又在局部地区发育一套相带狭窄的砾岩，与旋回下部砾岩有着明显的区别。以下就每个旋回分别进行论述。

1. 早—中侏罗世沉积旋回

该时期岩石地层单位为叶尔羌群，其底部与三叠纪地层呈角度不整合接触。根据区域上该套地层的岩性及岩石组合特点，以下分 5 个时期探讨该期陆相盆地的发育及其所控制的沉积特点。

（1）盆地产生期

在旋回早期，砾岩非常发育，砾岩的成分成熟度很高，磨圆较好，分选性中等；此外，侏罗纪陆相盆地周缘是再旋回造山带的三叠纪复理石沉积建造，但砾石成分极少有盆地近源的砂岩、板岩成分，因此，这套砾岩并不具备近源快速堆积的特点，更像是经过长距离搬运及水流改造后的堆积体。由于该套砾岩在区内大面积分布，产出十分稳定，沉积厚度也很大，一般都在 300m 左右，所以，在长距离的搬运之后，最终应是在砾质滨岸的稳定环境中沉积形成，而非窄相带河流、冲洪积扇或其他环境中的产物。

（2）盆地扩张期

砾岩段形成之后，进入了砂岩、泥岩不均匀互层的发展阶段（即叶尔羌群砂岩、泥岩段），其沉积可进一步分为上、中、下三部分。在下部的旋回性沉积中，总体表现出退积型的沉积特点，砂岩含量往上不断减少，粒径减小，泥质、炭质增多。按照陆相盆地的演化模式，此时已进入了盆地的扩张期。随着盆地沉降范围的逐渐增大，碎屑物供给速度小于盆地新增容纳空间的速度，湖相水体范围扩大，水深增加，沉积物的发育相应具退积型特点。

（3）盆地稳定期

在叶尔羌群砂岩、泥岩段的中部，泥岩、炭质泥岩等细碎屑岩大量发育，局部见有煤线。旋回式沉积总体表现出加积型的特点，反映陆相盆地的容纳空间已趋稳定，盆地的沉降速度与碎屑物质的补给速度基本相等，而悬浮沉积物和盆地内自生的有机质的发育反映沉积区离陆缘已经较远，湖底总体较为平缓，但事件性或季节性的粗碎屑仍能被带入该环境。此时的湖平面处于最大湖侵面位置。

（4）盆地萎缩期

在叶尔羌群砂岩、泥岩段的上部，碎屑物质的发育又进入了另一个时期。以砂岩的大量产出为特色，局部夹泥岩、粉砂质泥岩，不产炭质泥岩和煤线。反映陆源碎屑的过补充状态，使得水体不断变浅，湖盆不断萎缩，最终走向消亡。

（5）盆地消亡期

在剖面位置以及在区内其他几个地方见到该旋回末期产有一套灰绿色块状砾岩-砂岩的沉积体，其厚度不大，一般在 50m 以内，区域上分布很局限。这套相带很窄的砾岩-砂岩沉积体具备河流沉积的特点，其出现反映湖泊环境已经结束，地表已被充填平整，并造成河流体系可在湖泊消亡面上发育。

2. 晚侏罗世沉积旋回

早—中侏罗世的陆相湖盆演化结束之后，该区进入了次一级的构造活动时期，沉积基准面被破坏，断陷、凹陷作用又有发育，陆相湖盆再一次形成，并造成晚侏罗世湖盆在早期湖盆的基础上继承性发育。该时期岩石地层单位为鹿角沟组，在剖面处构成了一个比较完整的沉积旋回，但与早—中侏罗世沉积旋回相比，其沉积厚度明显小得多，仅有400m左右，反映该旋回持续的时间较短，规模相应较小。以下分3个时期探讨晚侏罗世陆相盆地的发育及其所控制的沉积特点。

（1）盆地产生期

鹿角沟组底部产一套分布比较稳定的砾岩，剖面上厚22.3m。砾石成分以硅质岩、脉石英为主，此外还有较多的砂岩砾、灰岩砾甚至是砾岩砾。不同地区砾径变化很大。多呈块状构造，不具定向排列，具近源快速堆积特点，因此该套粗碎屑物质很可能是湖盆产生期的沉积物。从大量的无序堆积来看，砾岩层基本没有接受滨湖波浪的改造，很可能是在冲洪积扇环境中形成。

（2）盆地发展期

这一时期包含了盆地的扩张期、稳定期和萎缩期，但由于剖面及路线资料很难将它们区分开来，因此笼统称之为发展期。

砾岩之上，由砾岩、含砾砂岩以及砂岩构成旋回式沉积，砾岩发育于每个旋回的底部，单个旋回往上，砾石含量减少，砾径减小，砂质增多。砂岩中发育平行层理和楔状交错层理，明显具流水作用，反映碎屑物质经河流、冲洪积扇等的搬运进入了滨湖环境，接受其改造后再沉积下来。

该时期粗碎屑物质非常发育，总体上反映盆地一直处于快速补偿状态；同时，湖盆基底的构造沉降与物质补给基本处于平衡状态，因此造成最大湖侵面不甚清晰，相当于饥饿段的细碎屑悬浮沉积物或者自生矿物并不发育，仅在局部层位见到钙质结核。这种局面一直延续到湖泊消亡期的来临。

（3）盆地消亡期

该时期沉积物仅在剖面处有见及。鹿角沟组的顶部发育一大套块状砾岩，处于向斜核部，未出露全，厚度大于19.3m，砾石成分复杂；分选性较差，大小混杂堆积；块状构造，总体显示出冲洪积扇沉积的特点，未接受滨湖波浪的改造。其出现表明湖泊沉积已经结束。

五、古近纪地层

（一）岩石地层

1. 一般特征

该时代地层为阿克塔什组（E_3a），以图区北部落影山—春艳河一带最为典型。该带发育有一规模较大的红色陆相盆地，其沉积主体组成一个平缓型向斜构造，地层倾角一般为5°～30°，甚至小于5°，地层走向近东西向，并可向两侧延伸出图外。此外，该套地层在全区范围内均有零星出露，分布广泛，总面积近1000km²。与下伏早期地层多呈角度不整合接触，部分呈断层接触。该套红色地层以石膏大量发育为特色，局部厚达十余米，以之与晚侏罗世鹿角沟组的红色地层形成明显区别。

2. 剖面描述

在测区北西部的新篇沟测得古近纪阿克塔什组一条较完整的剖面，剖面号P09，地层呈单斜产出，产状稳定，总体由南往北倾。剖面特征描述如下。

阿克塔什组　　**>1243.2m**

24. 纯白色块状石膏岩层，构成平缓型向斜的核部。未见顶　　8.6m

23. 褐紫红色块状含钙质粉砂质泥岩。局部发育毫米级水平纹理　44.8m
22. 褐紫色厚层—块状泥岩夹中厚层—块状石膏层　55.5m
21. 紫红色中层状粉砂岩,往上夹少量石膏层　102.9m
20. 紫红色块状云质胶结含砾细粒长石石英砂岩夹似层状、透镜状砾岩、砂砾岩　115.4m
19. 紫红色、灰紫色块状砾岩夹似层状、透镜状中细粒砂岩　55.7m
18. 紫红色中层状泥质粉砂岩夹紫灰色厚层状砾岩,二者比约为4:1　133.5m
17. 灰紫色块状石膏胶结砂质细岩块质砾岩与紫红色薄层状石膏胶结细粒长石石英砂岩、微层状泥岩构成3个向上变细的旋回式沉积　50.2m
16. 紫红色薄—中层状砾岩与薄层状中细粒岩屑石英砂岩互层　47.7m
15. 灰色、紫灰色块状细砾岩与薄—中层状砾岩及薄层状细粒岩屑石英砂岩构成3个向上变细的旋回式沉积,每个旋回的下部砾岩与中部砾岩以层厚的巨大变化形成明显差别　31.8m
14. 紫红色薄—微层状粉砂岩与微层状泥岩互层,局部夹似层状、透镜状砂砾岩　90.9m
13. 紫红色块状砾岩、似层状不等粒砂岩与紫红色微层状细砂岩及泥岩构成旋回　114.6m
12. 紫红、紫灰色厚层—块状砾岩与紫红色微层状细砂岩、泥岩构成旋回　16.5m
11. 紫红、紫灰色块状砾岩与紫红色厚层—块状中细粒砂岩互层　72.0m
10. 紫红色薄—微层状泥质粉砂岩夹似层状、透镜状砾质砂岩　26.0m
9. 紫灰色块状—厚层—中层状砾岩与紫红色薄—微层状泥质粉砂岩及微层状泥岩构成向上变细的旋回,各旋回中的砾岩厚度差别较大　128.3m
8. 底部为紫红色厚层状砂质砾岩;往上为紫红色薄层状粉砂岩夹微层状石膏层　51.0m
7. 桔黄色薄—微层状含石膏泥质粉砂岩夹微层状泥岩　7.6m
6. 紫灰色厚层状砾岩夹紫红色似层状、透镜状细—中粒砂岩　5.2m
5. 紫红色薄—微层状泥质粉砂岩夹微层状石膏层　7.6m
4. 紫红色中层状细粒长石石英杂砂岩夹灰黄色薄—中层状细砂岩　11.0m
3. 底部紫红色中层状砾岩;往上为紫红色薄—微层状泥质粉砂岩夹微层状石膏层　32.5m
2. 紫红色薄—微层状泥质粉砂岩,发育毫米级水平纹理　33.9m

══════ 断层 ══════

下伏地层:石炭纪托库孜达坂群

1. 浅灰色—灰白色块状砾岩与浅灰色厚层—块状含砾粗粒长石石英砂岩互层

3. 岩石组合特征及纵横向变化

阿克塔什组与前侏罗纪地层呈断层接触,未见顶,厚度大于1243.2m。根据剖面及路线填图所揭示的岩性及其组合特点,可将该组划分为上、下两部分,具体如下。

该组底部发育一套紫红色块状砾岩,剖面位置没有揭示,它在区内的产出也很不稳定,厚度多在几十米,砾岩明显具近源特点,且分布于陡峭的山麓前缘。砾石呈棱角—次棱角状,砾径多小于8cm,大者可达15～20cm,大小混杂堆积。砾石含量常在50%以上。

下部由紫红、灰紫色厚层块状砾岩、砂质砾岩与不等粒砂岩、中—细砂岩、粉砂岩、泥质粉砂岩等不均匀互层构成多个旋回式沉积,局部夹有泥岩及石膏层,单个旋回式沉积由下往上砾岩减少,砾径减小,砂、泥质含量增多。砾岩中砾石成分较为复杂,主要有砂岩砾、板岩砾、灰岩砾、硅质岩砾及脉石英砾等;细砾结构,砾径小于5cm常见,分选性较差至中等;以次棱角状—次圆状为主,部分呈棱角状;多不具定向排列,偶在砾岩中见叠瓦状构造和拖曳构造,反映定向性水流作用;下部砾岩中的砂岩夹层常呈似层状、透镜状产出(图2-15)。

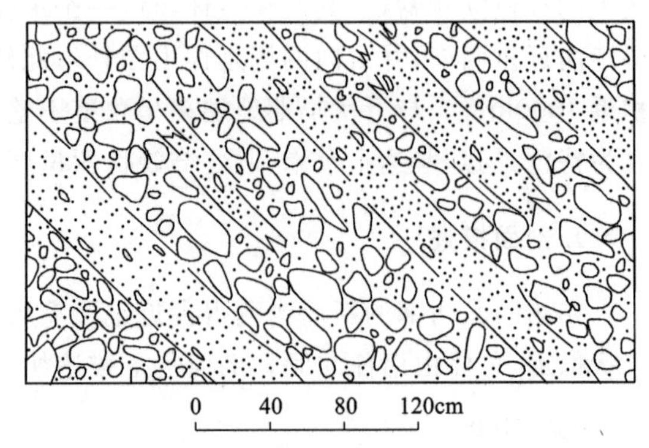

图2-15　E_3a砾岩中似层状、透镜状砂岩

往上总体具退积型沉积特征，砂岩的比重不断加大，局部砾岩仅呈透镜状、似层状产出。砂岩中局部发育平行层理及波痕构造，波痕通常具不对称性，波长3～5cm，波幅多在1cm左右，个别还见叠加波痕，反映为滨湖环境。

上部以紫红色、褐紫色厚层—块状粉砂岩、粉砂质泥岩及泥岩为主夹白色石膏层沉积。砂泥岩中水平纹层较发育，属比较稳定的盐湖相沉积。沿地层走向，偶有不稳定的透镜状砾岩产出；砾石毫无分选性，大小混杂堆积。石膏层厚度变化较大，薄者仅1～2cm，厚者可达十余米，总体往上具增厚特征。

陆相盆地的性质、发育规模、事件性因素等不同，造成了古近纪每个盆地可以有不同的地层发育特点，如有的小型山间凹陷盆地仅有砾岩发育，有的盆地演化速度很快，沉积厚度也相对较薄。因此，根据岩性组合特征，地质图上将阿克塔什组进一步划分出砾岩(E_3a^{cg})、砂岩(E_3a^{ss})、砾岩-砂岩($E_3a^{cg\text{-}ss}$)、砂岩-泥岩($E_3a^{ss\text{-}ms}$)、砂岩夹砾岩(E_3a^{ss+cg})5种岩性体。

4. 大地构造环境判别

利用碎屑岩中石英(Q)、长石(F)、岩屑(L)三组分的含量对阿克塔什组在沉积时期的大地构造背景进行分析，在Q-F-L三角图解(图2-16)上，5个样品中有4个样品落入再旋回造山带区域，另外1个样品落入克拉通盆地内部。

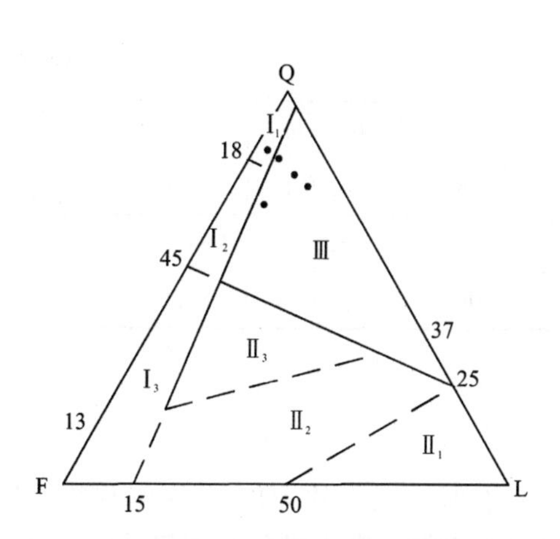

图2-16 古近纪砂岩Q-F-L构造背景判别图

(据迪金森，1983)

I₁.克拉通内部；I₂.过渡大陆区；I₃.基底隆起；II₁.未切割岛弧区；II₂.岛弧过渡带；II₃.切割岛弧区；III.再旋回造山带

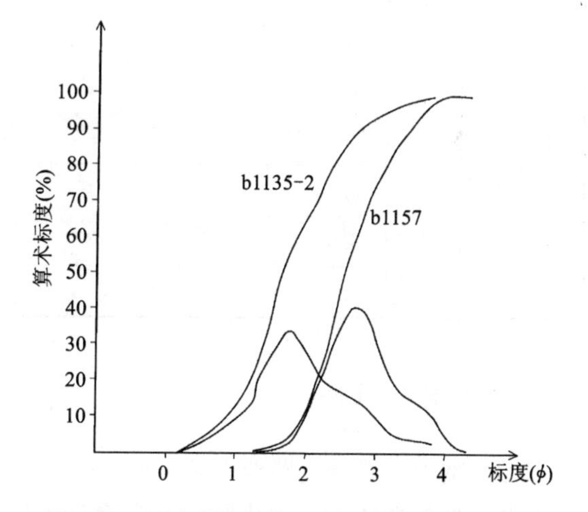

图2-17 阿克塔什组粒度累积曲线及频率曲线

5. 粒度统计

在砂岩中选取了两组具代表性的样品进行粒度分析(表2-6)，其累积曲线及频率曲线见图2-17，几种主要粒度参数结果如下。

样品一(b1135-2)：中粗粒岩屑石英砂岩，平均粒度(Mz)值为0.74，标准偏差(σ_i)值为0.73，偏度系数(Sk)值为0.22，峰态(K_G)值为1.14。总体上该砂岩样的碎屑成分分选性中等，呈单峰正偏状态，主峰偏向粗粒一方，峰态较窄，说明碎屑物质是在搬运过程中经过了河流的定向性水流改造。

但该样品岩石薄片中长石含量在4%左右，岩屑含量在10%左右，并且岩屑的成分较复杂，有花岗斑岩屑、闪长岩屑、流纹岩屑、粉砂岩屑、石英砂岩屑、硅质岩屑、板岩屑及白云母等。稳定组分的含量较高、岩屑的成分复杂等反映出碎屑物质具近源的特点，暗示其经河流短距离搬运后很快在湖泊环境中沉积下来。

样品二(b1157)：中粒长石石英砂岩，平均粒度(Mz)值为1.60，标准偏差(σ_i)值为0.56，偏度系数(Sk)值为0.23，峰态(K_G)值为0.97。总体上该砂岩样的碎屑成分分选性较好，呈单峰正偏状态，主峰偏向粗粒一方，峰态中等，近正态分布。该样品与前样品相比，除平均粒度有所不同外，其他的主要粒度参数值以及岩矿鉴定内容都很相近，在成因上当具一致性。

表 2-6 阿克塔什组粒度分析数据表

样品号	岩性	粒径		分级测定		累计测定			粒度参数值
		Φ	毫米值	颗粒数	比例 (×10⁻²)	颗粒数	比例 (×10⁻²)	减支杂基 (×10⁻²)	
b1135-2	中粗粒岩屑石英砂岩	−0.50	1.41	1	0.498	1	0.498	0.433	Mz 值 0.74 σ_i值 0.73 Sk 值 0.22 K_G值 1.14
		0.00	1.00	13	6.468	14	6.966	6.060	
		0.50	0.71	28	13.930	42	20.896	18.180	
		1.00	0.50	69	34.328	111	55.224	48.045	
		1.50	0.35	42	20.895	153	76.119	66.224	
		2.00	0.25	30	14.925	183	91.004	79.173	
		2.50	0.18	11	5.473	194	96.517	83.970	
		3.00	0.13	7	3.483	201	100.000	87.000	
b1157	中粒长石石英砂岩	0.50	0.71	2	0.971	2	0.971	0.835	Mz 值 1.60 σ_i值 0.56 Sk 值 0.23 K_G值 0.97
		1.00	0.50	1	0.485	3	1.456	12.522	
		1.50	0.35	45	21.845	48	23.301	20.039	
		2.00	0.25	87	42.233	135	65.534	56.359	
		2.50	0.18	40	19.417	175	84.951	73.058	
		3.00	0.13	27	13.107	202	98.058	84.330	
		3.50	0.09	4	1.942	206	100.000	86.000	

（二）时代讨论

无论剖面还是调查路线上都未能在阿克塔什组中采到具有时代意义的大化石，多组孢粉测试样品中也没有见到微体古生物化石。但地质产状及接触关系等可大致揭示阿克塔什组沉积时代。

在图区北西关水沟一带，出露灰白色、肉红色斑状粗中粒黑云母二长花岗岩，其南部阿克塔什组与之呈沉积接触关系（图 2-18）。阿克塔什组底部的砾岩成分中富含花岗岩砾石，砾石含量在 50%以上，次棱角—次圆状多见，砾径以 5～10cm 为主，大小混杂，无定向排列，明显属近源快速堆积的产物。通过锆石 U-Pb 法获得花岗岩的同位素模式年龄值为 38±7Ma。与此花岗岩时代相当的还有图区北部的岩碧山岩体，锆石 U-Pb 同位素模式年龄值为 48±6Ma。上述两组年龄值所落入的地质时代区间均为古近纪始新世（E_2），表明始新世区内有较强的岩浆侵入作用。

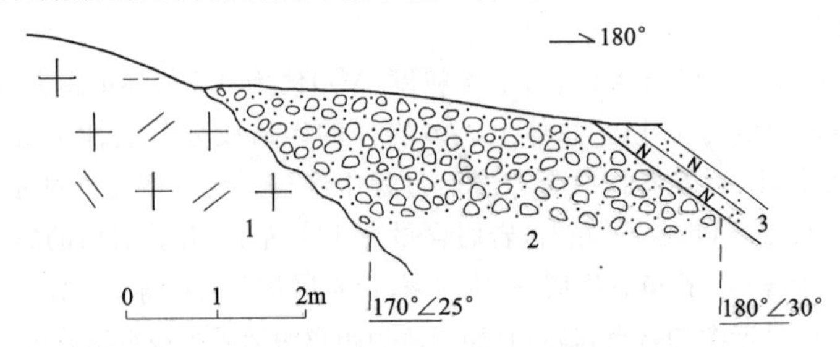

图 2-18 78 号地质点 E_3a 与花岗岩呈沉积接触关系

1. 黑云母二长花岗岩；2. 花岗质砾岩；3. 中粗粒长石石英砂岩

阿克塔什组应为紧随花岗岩侵入之后断、凹陷盆地的沉积产物，其沉积时代应落入古近纪渐新世（E_3）。此外，将该套地层定为渐新世与区域资料相符合。

（三）古近纪沉积旋回

古近纪图区陆相盆地再次发育，以断陷盆地沉积为主，凹陷盆地次之。断陷盆地主要发育在图区北部，规模较大，东西向贯穿图区并向两侧延伸出图外；凹陷盆地在区内普遍规模较小，零星分布于全区，其沉积物也较单一，多以块状砾岩为主。因此，以下只讨论断陷盆地沉积旋回的发育特点，分 4 个时期进行探讨。

（1）盆地产生期

阿克塔什组底部产一套紫红色块状砾岩，该套砾岩在区内分布很不稳定，沉积厚度多在几十米。砾岩的分选性很差，大小混杂堆积；磨圆也差，砾石呈棱角状、次棱角状；成分成熟度低，具典型的近源性特点。源区为砂岩区时，砾石以砂岩砾占绝对优势；源区为灰岩时，砾石则几乎全为灰岩砾。该套相带较窄的砾岩为冲洪积扇的产物，属盆地初期所发育的一套低水位沉积。

（2）盆地扩张期

该时期的地层中常发育有石膏层，说明已有稳定的水位，并且陆相盆地属于盐湖沉积体系，以此明显区别于侏罗纪陆相盆地。

阿克塔什组下部由紫红、灰紫色厚层—块状砾岩、砂质砾岩与砂岩、粉砂岩等不均匀互层构成多个旋回式沉积，局部夹有泥岩，单个旋回沉积由下往上砾岩减少，砾径减小，砂、泥质含量增多。砾岩中见叠瓦状构造和拖曳构造，反映定向性水流作用，可能属河流相沉积，也可能为冲洪积相的水道产物。砂岩中发育平行层理及波痕构造，反映此时已经进入稳定的滨湖环境，河流或冲洪积扇所带入的碎屑物质接受湖浪的改造作用后沉积下来。由于湖盆面积不断扩大，其沉积具备退积型特点。

（3）盆地发展期

这一时期同样也有较多的石膏层发育，它包含了陆相盆地的稳定期和萎缩期，但由于剖面及路线资料很难将这两期的产物区分开来，因此笼统称之为发展期。

阿克塔什组上部以粉砂岩、粉砂质泥岩及泥岩为主夹白色石膏沉积，砂泥岩中水平纹层比较发育。此时已进入相当稳定的盐湖相沉积时期，随河流体系携带的陆源物质以细碎屑为主，湖相的沉积速度相应放慢，与前两期相比，此时大量发育了悬浮沉积的泥岩和其他细碎屑成分，并以此形成特色沉积。沿地层走向，偶有不稳定的透镜状砾岩产出，表明在以湖相为主体的沉积体系中，仍有事件性的冲洪积扇发育。这套以细碎屑物质或化学沉积为主的沉积体，反映湖泊沉积在不断接近衰老，最终陆相盆地走向消亡。

（4）盆地消亡期

古近纪陆相盆地消亡期的产物为纯白色块状石膏层，即剖面上的第 24 层，此外区内还有 2～3 处出露该套石膏层。尽管处于向斜核部未见顶，但剖面处所见此套石膏层的厚度已达 8.6m，且基本没有了陆源碎屑物质的混入。石膏层的大套产出，反映此时已经进入沉积基准面，陆源的剥蚀、搬运作用已基本停止，而以盐湖自生的化学沉积为主。随着化学沉积的终止，陆相盆地的沉积作用也就完全结束了。

第三节 第四纪地层

第四纪地层在图区均有分布，但主要分布于中北部，面积近 2000km^2，除早更新世地层西域组已固结成岩和中更新世冲洪积地层略具固结外，其他地层基本上呈松散堆积的砂、砾层或粘土、粉质粘土层产出。图区第四纪地层按成因可分为冲洪积、冲积、洪积、残坡积、冰川堆积和湖积 6 种沉积物，结合其发育的不同时代，共划分为 10 个地层单位，即早更新世西域组（$Qp_1^{cg}x$）、中更新世冲洪积物（Qp_2^{pal}）、中更新世残坡积物（Qp_2^{esl}）、中更新世冰川堆积物（Qp_2^{gl}）、晚更新世洪积物（Qp_3^{pl}）、晚更新世—全新世冲洪积物（Qp_3—Qh^{pal}）、全新世冲洪积物（Qh^{pal}）、全新世洪积物（Qh^{pl}）、全新世冲积物（Qh^{al}）和全新世湖积物(Qh^{l})等。以下按时代及成因分别予以简介。

(一) 岩石地层

1. 早更新世西域组($Qp_1^{cg}x$)

(1) 一般特征

该组为区内出露最早的第四纪地层,零星分布于测区的东北部,并形成金水河流域的早期阶地,总面积 20km² 左右。该套砾岩岩性坚硬致密,基本已固结成岩,以此明显区别于后期的第四纪地层。

(2) 剖面及地层介绍

西域组基本呈面状水平展布,其纵向上的特点不甚明了。在图区东北角的金水河两岸测得一条第四纪路线剖面,剖面号 P15,在河岸西侧的陡岸即剖面中的点 6 处,出露的西域组厚约 18m,可划分出 4 层,并见与下伏古近纪阿克塔什组呈角度不整合接触,界面清晰平直,反映在西域组沉积之前,该处具夷平作用。其岩性及组合特征描述如下。

早更新世西域组砾岩段 **>17.7m**

5. 灰色块状中—粗砾岩。砾石成分主要为灰岩,其次为砂岩、脉石英、硅质岩等,砾径以小于 5cm 为主,大者可达 10cm,大小混杂,具块状层理的特点;多为次棱角状,少量棱角状,砾石含量约为 80%,颗粒支撑,填隙物为粗砂—粉砂。未见顶　5.2m
4. 岩性及其组合特征与 2 层相近,其中下部厚 2.5m,上部厚 1.5m　4.0m
3. 岩性及其组合特征与 2 层相近,其中下部厚 2.8m,上部厚 1.6m　4.4m
2. 下部为厚约 2.6m 的灰色块状中砾岩,砾石成分主要为灰岩,其次为砂岩和硅质岩等;砾径 2~7cm为主,少量在 0.5~2cm 和 10cm 左右,多显块状层理,而无定向性排列的特点,次棱角状和次圆状为主;砾石含量 80%以上,颗粒支撑,粗砂质充填。上部为厚约 1.5m 的中—细砾岩,砾径 2~3cm 为主,砾石含量约为 55%,粗砂含量为 45%,并见夹厚约为 5cm 的含砾粗砂岩透镜体。上、下两部分为渐变过渡关系,而无截然界线　4.1m

~~~~~~~~~~ 角度不整合接触 ~~~~~~~~~~

下伏地层:古近纪阿克塔什组

1. 红色、紫红色厚层—块状细砂岩、粉砂岩

据剖面测量,西域组分布于山麓前缘,沉积厚度大于 17.7m,以灰色块状砾岩沉积占绝对优势,砾径多为几个厘米,区域内大者可达 30cm 左右,次棱角状、次圆状为主,大小混杂,一般不具定向排列,为快速搬运、近源堆积所形成,总体显示出冲洪积作用为主的特点。此外,在测区内其他地方出露的西域组,总体亦显示出相同或者相近的特征。

由于西域组岩性的特殊性,未能获得化石和同位素年龄数据。但根据区域地层对比,可大致确定为早更新世。

2. 中更新世冲洪积物(Qp_2^{pal})

中更新世冲洪积物集中分布于图区北西角洒阳沟的两侧,角度不整合于元古代及泥盆纪地层之上,并被晚期的全新世冲洪积物所切割。呈堆积阶地的形式线状展布,面积不足 2km²。该套冲洪积物相对较为致密,已具一定的固结性,其固结程度在第四纪地层中仅次于早期的西域组。其岩性特点介绍如下。

为灰黄色块状砾石层。砾石主要有砂岩、灰岩、硅质岩及脉石英砾等,少有片岩、片麻岩砾。砾径 0.5~5cm 者为主,个别可达 10cm,由砾径向上的规律性变化和砾石的定向性排列显示出平行层理构造。砾石次棱角状、次圆状多见。颗粒支撑为主,填隙物为砂泥质。

从以上岩性特点可以看出,该套冲洪积物以冲积作用为主,平行层理构造以及一定的分选性和磨圆度,反映出较强的定向性水动力条件;但在局部地段,仍见有砾石的混杂堆积,毫无分选性,显示出块状构造,棱角状多见,具洪积作用的特点。因此,该套沉积体总体上为冲洪积作用的产物。
~~~~~~~~~~

3. 中更新世残坡积物（Qp_2^{esl}）

中更新世残坡积物为一套风化剥蚀后的原地或近地堆积物，图区内广泛分布，仅次于晚更新世—全新世冲洪积物的分布面积，在朝勃湖西侧的一处残坡积物，面积即有200余平方千米。残坡积物所涉及的原岩主要为侏罗纪地层，其次为三叠纪和古近纪地层，区域内可见被晚期的冲洪积物（Qp_3—Qh^{pal}）所切割。不同岩性的原岩，残坡积物的特点也不尽相同，现以三叠纪地层上发育的残坡积物为例，介绍如下。

为灰色、灰绿色碎块、碎片，其成分以变质砂岩、粉砂质板岩和板岩为主，与凸出地表的基岩岩性相吻合；直径以小于5cm为主，大者可达10cm，大小混杂，不显分选性，不具定向排列；磨圆性极差，棱角状、尖棱角状；松散堆积，颗粒支撑，孔隙发育，常无砂泥质充填。其为干冷气候条件下以物理风化作用为主的产物。

砂岩和板岩风化后的残坡积物具有以上特点，当基岩为砾岩时，又是另外一种景象。如侏罗纪砾岩区，地表上的堆积物基本上是砾岩中的砾石成分，因此，砾石常呈次棱角状、次圆状。此外，古近纪的泥岩由于成岩作用较差，风化后的产物常以粘土、粉质粘土为主，次为泥岩碎片。

4. 中更新世冰川堆积物（Qp_2^{gl}）

中更新世冰川堆积物在图区见有两处分布，一处位于中西部的千枝沟内，面积不足1km²；另一处位于测区北东角，出露面积更小，图面上已无法表示。现以千枝沟内的冰川堆积物为例简单介绍。

其与三叠纪巴颜喀拉山群及古近纪阿克塔什组均呈角度不整合接触，并被更晚期的晚更新统—全新统冲洪积物所切割。主体岩性为红色块状泥砾层，砾石成分为近源三叠纪巴颜喀拉山群的灰—灰绿色细粒长石石英杂砂岩、粉砂质板岩及板岩，砾石均呈尖棱角状，无磨圆；砾径5～30cm不等，大小混杂，分选性极差；基质为红色粘土和粉质粘土，含量近50%，砾石散布其中，呈泥基支撑。岩性松散，无固结作用。

5. 晚更新世洪积物（Qp_3^{pl}）

晚更新世洪积物位于图区中部东侧金水河上游的阔床河西岸，分布面积10余平方千米。其地势明显高于现代河床，地貌上呈扇形，扇体顶角方向约NW320°，显示物质来源于西侧的山区。扇体已经干涸，基本上被后期的营力作用如风力、冻土蠕动、生物活动等所改造和夷平，且其表面多为一层薄薄的风成砂、砂质粘土所覆盖。其岩性特点介绍如下。

灰色、灰绿色块状砾石层，砾石成分具近源特点，以源区三叠纪地层中的变质砂岩、粉砂质板岩和板岩为主，偶见脉石英砾。砾石大小混杂，分选性差，砾径多小于10cm，大者可达30cm以上；棱角状、次棱角状为主，少量为尖棱角状和次圆状；不具定向排列；颗粒支撑，砾石间为砂泥质充填，岩性松散，无胶结作用。

该套洪积物被晚更新世洪积物（Qp_3^{pl}）所切割，并被阔床河中的常年性的冲洪积作用（以冲积作用为主）切割和改造。

6. 晚更新世—全新世冲洪积物（Qp_3—Qh^{pal}）

晚更新世—全新世冲洪积物为图区最主要的松散堆积物，占第四纪地层分布面积的70%以上，其中在金顶山火山岩附近分布面积最大，仅此一处即有近500km²。其组成高原戈壁滩，地势较现代河床稍高，旱季时处于干涸状态；雨季时的水流作用较强，甚至洪水泛滥，从滩上清晰可见的辫状水道和局部直径可达20cm的砾石得以反映。据路线调查就其岩性特点简述如下。

灰色、灰绿色、土黄色块状砾石层，砾石成分多较杂，主要有泥岩、板岩、(变质)砂岩、硅质岩、灰岩、脉石英及火山岩等砾石。砾径多在10cm以内，大者可达20cm，大小混杂，分选性较差；磨圆较差，次棱角状为主，棱角状和次圆状次之；颗粒支撑，砂泥质充填。沉积物松散，无胶结作用。局部地段见有砾石扁平面呈叠瓦状定向排列并倾向上游。

此外，不同地区冲洪积物砾石在成分、大小、分选性、磨圆度等方面也有一定的差别。近源区，砾石成分相对较单一，砾径也普遍要大，如在图区北东角的灰岩分布区，冲洪积物的砾石成分基本上全为灰岩砾，砾径一般在10cm以下，大者可达20cm，其分选性、磨圆度也较差。远源的冲洪积物砾石成分明显复杂，砾径普遍要小，如金水河下游或金顶山一带，该套地层的砾石成分非常复杂，但砾径常在3cm以下，同时分选性、磨圆度也相对较好。

7. 全新世冲洪积物（Qh^{pal}）

全新世冲洪积物在图区主要有两处分布，即中部金水河上游的贵水河与图区北西角的洒阳沟。堆积物处于现代河床中且位于河流上游地段，呈线状分布；其中贵水河有常年性水流活动，洒阳沟为季节性水流强烈活动的地带。主要岩性介绍如下。

灰色、灰绿色块状砾石层，砾石成分具近源性，砂岩分布区的冲洪积物砾石以砂岩砾为主，灰岩分布区的堆积物以灰岩砾为主；砾径常在5cm以上，最大可达30cm，分选性较差，大小混杂；次棱角状多见；颗粒支撑，砂泥质充填，松散无胶结作用。

局部可见砾石扁平面的叠瓦状定向排列；但杂乱松散堆积的砾石随处可见，显示出洪流活动的特点。因此，冲积作用与洪积作用所带来的产物交织在一起，无法分割，在此以“冲洪积物”合并表示这两种不同的堆积物。

8. 全新世洪积物（Qh^{pl}）

全新世洪积物位于图区中部东侧，金水河上游的阔床河西岸，地貌上呈狭长的扇形。洪水期有强烈的侵蚀搬运作用。源头指示北西西向，扇体向南东东撒开，分布面积将近1.5km^2，山间的砾石经过洪积事件被带入有常年性水流的阔床河中。其岩性特点介绍如下。

灰绿色块状砾石层，砾石成分以近源的三叠纪巴颜喀拉山群变质砂岩和板岩为主；大小混杂，砾径多为5～15cm，大者可达50cm；棱角状、次棱角状为主，少量为尖棱角状；不具定向排列；颗粒支撑，砾石间部分为砂泥质所充填；松散无胶结。

该套洪积物切割先期的晚更新世洪积物（Qp_3^{pl}），又被阔床河中同期的常年冲洪积作用（以冲积作用为主）所改造。

9. 全新世冲积物（Qh^{al}）

全新世冲积物在图区集中分布于金水河流域，呈狭长的条带状沿河床展布。其形成于常年性的定向水流，水势多较平缓，洪积事件极少发生。岩性特点简介如下。

为灰色、灰黄色、灰绿色砂砾层。砾石成分在上游区相对简单，以源区三叠纪地层的变质砂岩和板岩为主。但在中下游地带，砾石成分极为复杂，基本包含了金水河流域的所有岩性，有砂岩、板岩、灰岩、硅质岩、大理岩、片岩、片麻岩、糜棱岩、花岗岩、花岗闪长岩、石英斑岩、流纹岩、辉绿岩等。砾石多呈次棱角状、次圆状；砾径以小于10cm为主，分选性中等；砾石间多为砂泥质所充填。局部砾石呈叠瓦状堆积，扁平面倾向上游。此外尚见有指示流向的拖曳构造。

河床中辫状河道发育，凸岸、边滩、心滩等河流沉积体系也随处可见。水动力的强弱对沉积物的控制作用非常明显，如凸岸处水流较快，堆积物也以粗大的砾石为主；边滩处水流较缓，以细砾或砂泥质沉积为主。由于河流堆积呈平面展布，未能见到特征的“二元结构”。

10. 全新世湖积物（Qh^{l}）

全新世湖积物在图区中西部的朝勃湖有一处分布，发育于侏罗纪地层之上。该处属封闭型凹陷湖盆，有融雪及季节性水流汇入，而没有出水径流，外貌上呈一钝角三角形，分布面积约10km^2。从其不断萎缩的汇水面积来看，朝勃湖为一个衰老型的湖盆，其容纳空间已经过了最大的时期，季节性水流所带入的碎屑物质已将其基本填平，水体已经很浅，湖积物也显得开阔而平坦。所出露的岩性较为简单，为灰色、灰黄色松散砂质粘土、粘土层。湖泊四周植被贫乏，因此炭质并不发育。由于年注入量小于年蒸发量，水体已经很咸，暴露的湖积物表面常为一层薄薄的白色盐碱所覆盖。

（二）时代讨论

对第四纪地层分析了4个光释光年龄样(OSL)和3个石英电子自旋共振年龄样(ESR)。其结果见表2-7。

表2-7　第四纪地层测试年龄

样品编号	取样位置	地层代号	测年方法	年龄值(万年)	吻合程度
508	晚更新世—全新世冲洪积物	$Qp_3—Qh^{pal}$	OSL	3.7±0.2	好
P15-3-2	晚更新世洪积物	Qp_3^{pl}	OSL	2.2±0.1	好
521	中更新世冲洪积物	Qp_2^{pal}	OSL	17.8±1.7	好
507	中更新世残坡积物	Qp_2^{esl}	OSL	36.5±5.7	好
995	中更新世残坡积物	Qp_2^{esl}	ESR	63.97	好
1066	中更新世冰川堆积物	Qp_2^{gl}	ESR	42.89	好
1213	中更新世冰川堆积物	Qp_2^{gl}	ESR	72.36	好

以上7个年龄样品的测试结果表明，上述不同成因第四纪松散堆积物的时代划分总体上比较合理。其中晚更新世洪积物(Qp_3^{pl})由于分布面积过小，在图面上未予表示。有的地层由于取样困难，没有获得年龄值，但通过对第四纪地层的固结程度、上下层位、切割关系、地势高低等因素进行比较，基本可以确定其时代。

第四节　晚古生代—早中生代盆地分析

区内包括地层、岩浆岩、地质构造等在内的多方面地质特征，表明晚古生代—早中生代是图区古特提斯发育演化时期，也是造山演化的主要阶段，其不同时期具有不同的构造古地理格局(详见第五章第五节)。因此，对晚古生代—早中生代的沉积盆地进行分析无疑是有益和必要的。

结合区内构造演化背景，根据沉积盆地在空间上的分布及盆地构造属性特征等，可将区内晚古生代—早中生代沉积盆地总体分为4个，即：早石炭世飞云山弧后盆地、晚石炭世—中二叠世托库孜达坂—飞云山弧后陆缘海盆地、石炭纪—二叠纪笔石山—可支塔格弧前盆地、三叠纪巴颜喀拉盆地。顺便指出，区内石炭纪和二叠纪均同时发育有两个沉积盆地，按一般要求同期不同盆地中的沉积地层应建立不同的地层单位，但由于受新建地层单位的诸多条件限制，并考虑到造山带地层复杂的变化性等因素，本书对石炭纪和二叠纪地层分别统一沿用传统地层单位名称，即托库孜达坂群($C_1 TK$)和树维门科组($P_{1-2}s$)。上述4个盆地的构造属性特征在第五章有较系统的综述，相关的沉积结构构造特征等已在第二节地层部分阐述，本节重点从沉积物的岩石地球化学特征、砂岩碎屑组分及粒度统计分析结果等方面分析沉积盆地的构造环境，其他盆地分析依据在论述时从简。

一、早石炭世飞云山弧后盆地

该盆地沉积为出露于图区北西角飞云山一带的早石炭世托库孜达坂群。

（一）岩石地球化学特征

砂岩的地球化学值能够较好地反映陆源碎屑的物质来源及大地构造背景，而硅质岩的一些地球化学值则能说明沉积盆地内部的特性，如硅质岩是属于热水成因抑或是生物化学成因。在托库孜达坂群中分别选取几组砂岩和硅质岩样品作了岩石化学全分析、微量元素分析和岩石稀土分量分析，结果见表2-8～表2-13。

表 2-8　石炭纪砂岩岩石化学全分析(%)

送样编号	Na_2O	MgO	Al_2O_3	SiO_2	P_2O_5	K_2O	CaO	TiO_2	MnO	Fe_2O_3	FeO	H_2O^+	CO_2
P2-60	1.55	3.31	18.07	59.70	0.12	3.65	0.70	0.75	0.31	1.52	5.27	4.27	0.52
P2-36	1.40	1.80	9.97	65.94	0.16	2.03	6.09	0.51	0.09	0.91	3.67	2.33	4.91
P2-29	2.44	1.44	8.65	61.63	0.11	0.96	10.63	0.48	0.19	0.37	2.90	1.85	8.22
P10-1	3.14	1.36	10.42	48.59	0.15	0.86	15.66	0.54	0.27	0.59	3.30	1.99	12.93
P10-19	2.23	1.42	14.42	65.78	0.20	2.56	2.30	0.71	0.06	2.01	2.63	2.18	3.31
平均值	2.15	1.87	12.31	60.33	0.15	2.01	7.08	0.60	0.18	1.08	3.55	2.52	5.98

表 2-9　石炭纪砂岩微量元素($\times 10^{-6}$)

送样编号	U	Th	Co	Cr	Ni	Cu	Zn	Pb	Ga	Sc	Zr	Ba	Rb	V	Sr	Nb	B	Ta
P2-60	2.3	12.3	21.5	105.1	66.6	40.0	129	17.9	26.7	16.0	144	591	171	164	63.0	14.6	133	1.1
P2-29	1.8	4.7	8.1		27.7	22.7	46.3	8.6	9.1	7.9	165	223		55.8	206	6.2	45.4	1.1
P2-36	2.5	6.8	15.0		46.0	44.7	72.5	12.7	13.6	9.2	125	440		96.0	169	9.0	60.2	<0.5
P10-1	1.4	8.6	11.4	124.0	29.2	96.1	54.8	44.3	8.1	8.4	169	179	31.0	68.3	664	11.8	13.3	1.0
P10-19	1.8	9.4	11.7	128.0	29.6	82.5	66.8	13.5	15.7	10.3	263	492	114.9	102.0	125	14.3	55.7	1.4

表 2-10　石炭纪砂岩岩石稀土分量分析报告($\times 10^{-6}$)

送样编号	La	Ce	Pr	Nd	Sm	Eu	Gd	Tb	Dy	Ho	Er	Tm	Yb	Lu	δEu	LREE	HREE	L/H	ΣREE
P2-60	36.47	88.00	8.44	31.41	5.65	1.18	5.00	0.77	4.34	0.90	2.54	0.41	2.76	0.41	0.73	171.15	17.13	9.99	188.28
P10-1	29.97	57.41	7.09	25.80	5.20	1.19	4.44	0.69	4.28	0.80	2.45	0.37	2.38	0.35	0.81	126.66	15.76	8.04	142.42
P10-19	31.73	66.20	8.13	30.50	6.01	1.34	4.91	0.77	4.60	0.95	2.72	0.42	2.73	0.41	0.80	143.91	17.51	8.22	161.42
平均值	32.72	70.54	7.89	29.24	5.62	1.24	4.78	0.74	4.41	0.88	2.57	0.40	2.62	0.39	0.78	147.24	16.8	8.75	164.04

注:没计算 Y 值。

表 2-11　石炭纪硅质岩岩石化学全分析(%)

送样编号	Na_2O	MgO	Al_2O_3	SiO_2	P_2O_5	K_2O	CaO	TiO_2	MnO	Fe_2O_3	FeO	H_2O^+	CO_2
P2-21	0.08	0.10	0.92	95.09	0.02	0.16	0.15	0.04	0.01	0.51	1.92	0.73	0.07
P2-24	0.11	0.25	2.84	91.69	0.02	0.68	0.18	0.12	0.01	1.57	1.15	1.17	0.04
平均值	0.10	0.18	1.88	93.39	0.02	0.42	0.17	0.08	0.01	1.04	1.54	0.95	0.06

表 2-12　石炭纪硅质岩微量元素($\times 10^{-6}$)

送样编号	U	Th	Co	Ni	Cu	Zn	Pb	Ag	Sb	As	Ga	Sc	Zr	Ba	V	Sr	B
P2-21	1.95	1.0	5.07	20.8	48.3	13.4	7.7	0.827	2.60	7.81	1.4	2.2	18.2	303	113	30.4	28.7
P2-24	1.41	1.1	4.45	22.3	42.5	13.2	6.8	0.304	3.34	7.45	6.2	3.6	33.4	288	41.4	37.0	66.4
平均值	1.68	1.1	4.76	21.6	45.4	13.3	7.3	0.566	2.97	7.63	3.8	2.9	25.8	296	77.2	33.7	47.6

表 2-13　石炭纪硅质岩岩石稀土分量分析报告($\times 10^{-6}$)

送样编号	La	Ce	Pr	Nd	Sm	Eu	Gd	Tb	Dy	Ho	Er	Tm	Yb	Lu	Y	δCe	LREE	HREE	L/H	ΣREE
P2-21	3.28	7.51	0.86	3.41	0.73	0.17	0.68	0.10	0.49	0.10	0.29	0.05	0.29	0.05	2.42	0.97	15.96	4.47	3.57	20.43
P2-24	3.23	6.96	0.67	2.33	0.36	0.08	0.33	0.07	0.41	0.11	0.35	0.06	0.44	0.07	2.76	1.03	13.63	4.60	2.96	18.23

（二）大地构造环境判别及盆地分析

1. 砂岩地球化学特征反映构造背景分析

早石炭世托库孜达坂群一段砂岩微量元素含量见表2-9。利用图解对微量元素进行研究：①在La-Th-Sc图解(图2-19)中，3个样品点均投于大陆岛弧环境的区域；②在Ti/Zr-La/Sc图解(图2-20)中，3个样品点中有2个落入活动大陆边缘构造环境区域，另1个样品点落入判别环境有效区之外；③在Th-Co-Zr/10图解(图2-21)中共5个样品点，其中4个样品点落入大陆岛弧构造环境中，另1个样品点落在判别环境有效区之外；④在Th-Sc-Zr/10图解(图2-22)中，5个样品点均落入大陆岛弧构造环境区域。砂岩稀土元素含量见表2-10，其稀土元素配分模式图(图2-23)显示为大陆岛弧型构造环境。表2-14中砂岩稀土元素参数值亦反映大陆岛弧构造背景，源区为切割的岩浆弧类型。

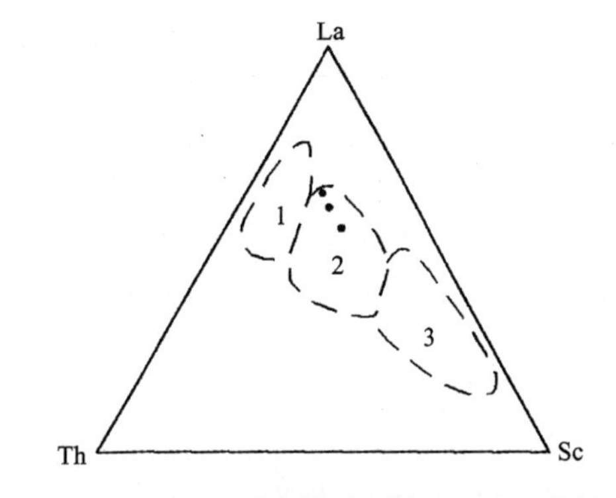

图2-19　石炭纪砂岩构造环境La-Th-Sc图解

(据Bhatia，1986)

1. 活动大陆边缘＋被动大陆边缘；2. 大陆岛弧；3. 大洋岛弧

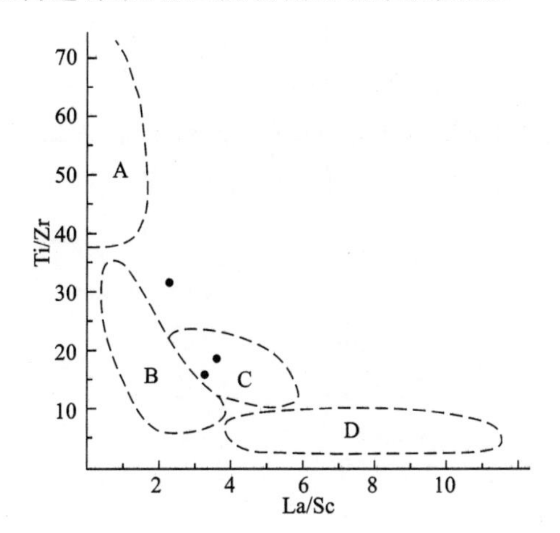

图2-20　石炭纪砂岩构造环境Ti/Zr-La/Sc图解

(据Bhatia，1986)

A. 大洋岛弧；B. 大陆岛弧；C. 活动大陆边缘；D. 被动大陆边缘

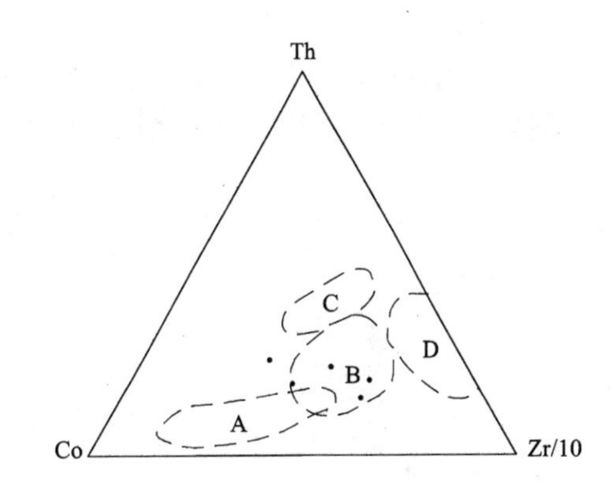

图2-21　石炭纪砂岩构造环境Th-Co-Zr/10图解

(据Bhatia，1986)

A. 大洋岛弧；B. 大陆岛弧；C. 活动大陆边缘；D. 被动大陆边缘

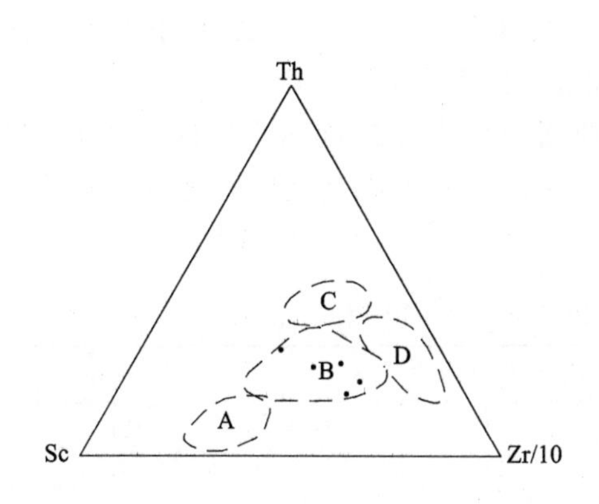

图2-22　石炭纪砂岩构造环境Th-Sc-Zr/10图解

(据Bhatia，1986)

A. 大洋岛弧；B. 大陆岛弧；C. 活动大陆边缘；D. 被动大陆边缘

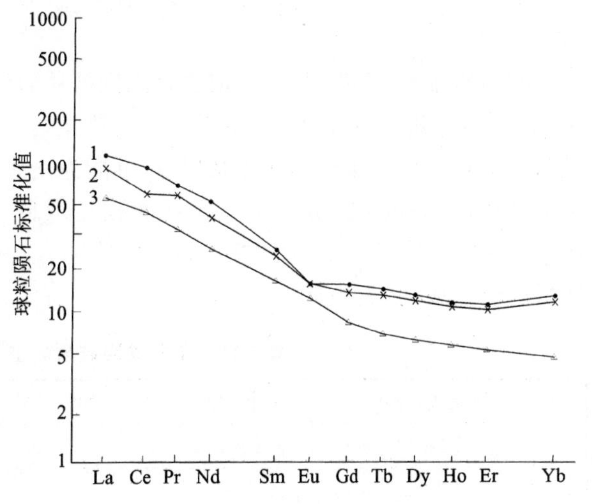

图2-23　石炭纪砂岩稀土元素配分模式图

(据Bhatia，1985)

1. P2-60号样品；2. P10-1号样品；3. 大陆岛弧型

表 2-14 不同沉积盆地构造背景下杂砂岩的 REE 参数(Bhatia,1985)

构造环境	源区类型	REE 参数						
		La	Ce	ΣREE	La/Yb	La_N/Yb_N	LREE/HREE	δEu
大洋岛弧	未切割岩浆弧	8±1.7	19±3.7	58±10	4.2±1.3	2.8±0.9	3.8±0.9	1.04±0.11
大陆岛弧	切割岩浆弧	27±4.5	59±8.2	146±20	11.0±3.6	7.5±2.5	7.7±1.7	0.79±0.13
活动大陆边缘	基底隆起	37	78	186	12.5	8.5	9.1	0.60
被动大陆边缘	克拉通内构造高地	39	85	210	15.9	10.8	8.5	0.56
泥盆纪(3 个样品)平均值		32.72	70.54	164.04	12.5	7.41	8.75	0.78

注:Y 值没有计算在内。

鉴于砂岩化学成分的特征主要取决于其原岩,上述图解可能更多地反映出一段砂岩的原岩具大陆岛弧构造背景。

2. 硅质岩地球化学特征反映构造环境分析

早石炭世硅质岩位于托库孜达坂群一段,其稀土元素含量见表 2-13,经北美页岩标准化后配分模式见图 2-24。其 REE 值总量较小,在 18.23×10^{-6}~20.43×10^{-6}之间,平均为 19.33×10^{-6};δCe 值在 0.97~1.03 之间,没有表现出明显的正负异常;LREE 相对 HREE 富集,LREE / HREE 值为 2.96 和 3.57。总体说明该套硅质岩是接近大陆边缘的浅海环境沉积物,而非深水洋盆中的沉积体。

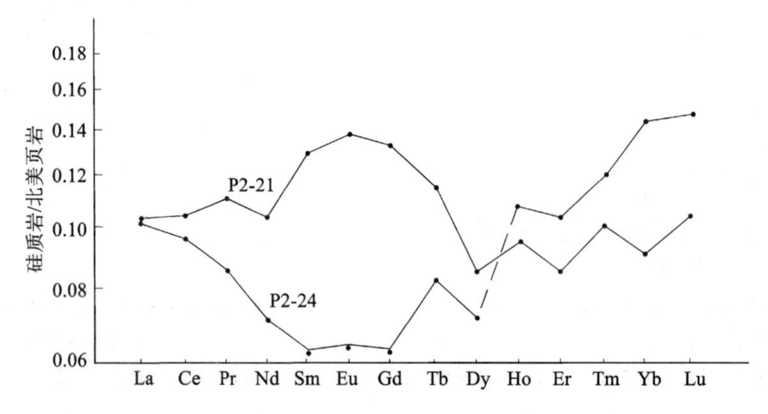

图 2-24 石炭纪硅质岩经北美页岩标准化的 REE 配分模式图

硅质岩中的 MnO/TiO_2 比值也是判别硅质岩沉积环境的重要指标,MnO 可作为来自大洋深部的标志,TiO_2 多与陆源物质的介入有关。上述硅质岩中 MnO/TiO_2 比值在 0.08~0.25 之间,小于 0.5,同样说明其沉积环境更接近大陆边缘环境,可能为浅海陆棚相,而非开阔大洋的深水产物。

此外,有关化学成分特征显示托库孜达坂群一段的硅质岩总体上更接近热水成因。在 Fe-Mn-(Cu+Co+Ni)×10 三角图(图 2-25)中,样品落入热水成因区中。几种主要氧化物的比值也显示出硅质岩的热水成因(表 2-15)。

表 2-15 不同成因硅质岩主要氧化物比值(Watanabe,1970)

氧化物比值	Fe_2O_3/FeO	SiO_2/Al_2O_3	$SiO_2/(Na_2O+K_2O)$	SiO_2/MgO
P2-21	0.27	103	396	951
P2-24	1.37	32	116	367
热水沉积硅质岩	0.51	32	106	97
生物化学沉积硅质岩	5.38	135	872	4798

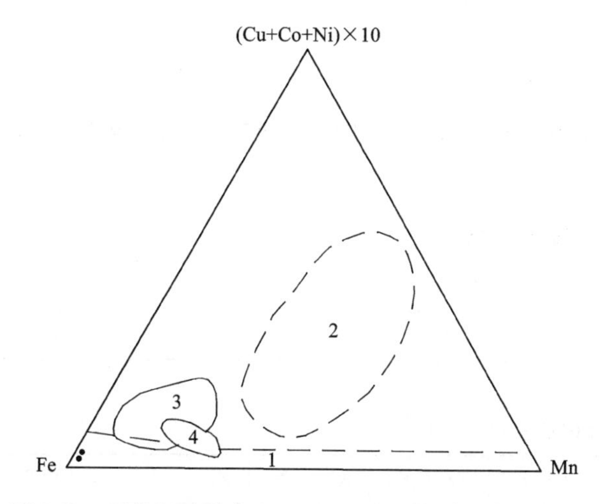

图 2-25　石炭纪硅质岩 Fe-Mn-(Cu＋Co＋Ni)×10 三角图
(据 Bastrom,1983)
1. 热水区;2. 水成区;3. 红海热卤水沉积物区;4. 太平洋锰结核区

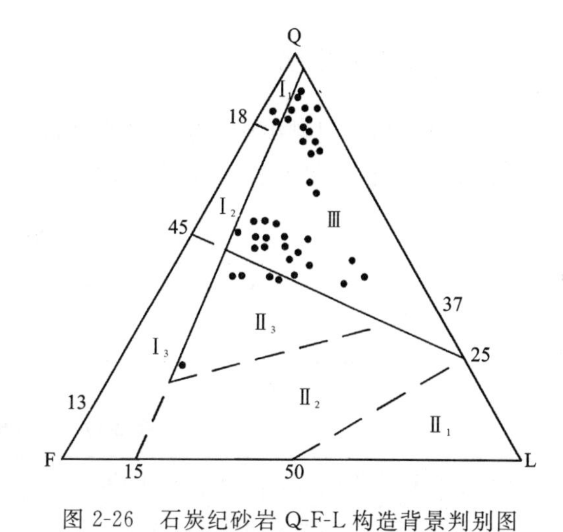

图 2-26　石炭纪砂岩 Q-F-L 构造背景判别图
(据迪金森,1983)
Ⅰ1. 克拉通内部;Ⅰ2. 过渡大陆区;Ⅰ3. 基底隆起;
Ⅱ1. 未切割岛弧区;Ⅱ2. 岛弧过渡带;
Ⅱ3. 切割岛弧区;Ⅲ. 再旋回造山带

3. 砂岩碎屑组分特征反映构造环境分析

利用砂岩中石英(Q)、长石(F)、岩屑(L)三组分的含量对托库孜达坂群一段大地构造背景进行分析:在 Q-F-L 三角图解(图 2-26)中,一段和三段共 13 个样品中的 10 个落入再旋回造山带区域,2 个落在克拉通内部环境中,还有 1 个落在切割岛弧构造环境中;对四段共 30 个样品进行分析,其中 26 个落在再旋回造山带区域,另外 4 个投入了切割岛弧构造区域。上述结果显示,托库孜达坂群碎屑岩的物质来源主要为再旋回造山带环境,占碎屑岩总量的 80%以上,但在再旋回造山带区中的投点明显又分成两个亚区,其中第四段的长石和岩屑的含量明显高于一段、三段的含量,在投点上甚至可与切割岛弧构造背景呈过渡关系,反映陆源碎屑在不断的风化剥蚀过程中,随时间的推移,已经揭露到了基底的岩浆岩区。总之,托库孜达坂群砂岩碎屑组分表明晚古生代以前已发生过造山作用,晚古生代再次裂陷成盆并沉积了托库孜达坂群。

4. 盆地综合分析

托库孜达坂群一段以粉砂岩、粉砂质板岩、板岩等为主,夹硅质岩、砂岩及极少量灰岩,根据此岩性组合结合前述构造背景的判别,盆地性质应属陆内或弧后拉张性质,其中硅质岩的地球化学特征显示为热水成因,可能与拉张裂谷环境下较高的地热梯度有关。托库孜达坂群二段灰岩、三段板岩与砂岩等岩石组合总体反映出盆地的收缩过程,结合该期岛弧玄武岩、花岗岩、蛇绿岩等的发育及构造古地理综合分析(详见第三章、第五章),盆地应属弧后盆地。

二、晚石炭世—中二叠世托库孜达坂—飞云山弧后陆缘海盆地

早石炭世末随着华道山—横条山弧后盆地(图区内称飞云山弧后盆地)洋壳因弧-弧碰撞对接而消亡,飞云山岛弧变为陆缘弧。晚石炭世开始至晚二叠世,托库孜达坂至飞云山间为弧后陆缘浅海环境,盆地沉积在图区内为早—中二叠世树维门科组,北面且末县一级电站幅中局部出露有晚石炭世地层喀拉米兰河群。本小节只讨论区内树维门科组,喀拉米兰河群总体为一套碳酸盐岩沉积,反映浅海陆棚环境,有关其详细特征参见且末县一级电站幅报告。

(一)岩石地球化学特征

在二叠纪树维门科组中分别就砂岩和硅质岩选取几组样作了岩石化学全分析、微量元素分析和岩石稀土分量分析,结果见表 2-16～表 2-21。

表 2-16 二叠纪砂岩岩石化学全分析(%)

送样编号	Na_2O	MgO	Al_2O_3	SiO_2	P_2O_5	K_2O	CaO	TiO_2	MnO	Fe_2O_3	FeO	H_2O^+	CO_2
P1-23	0.98	0.79	4.36	74.61	0.13	0.68	8.17	0.40	0.07	0.41	1.32	0.91	6.99

表 2-17 二叠纪砂岩微量元素($\times10^{-6}$)

送样编号	U	Th	Co	Cr	Ni	Cu	Zn	Pb	Ga	Sc	Zr	Ba	Rb	V	Sr	Nb	B	Ta
P1-23	1.6	3.14	7.8	95.2	18.5	20.5	28.2	8.0	4.0	4.71	186	188	26.0	39.3	176	5.3	31.5	<0.5
P1-17	1.9	5.92	22.5	88.6	56.5	109	58.8	4.7	11.1	11.2	114	595	89.4	114	153	8.4	117	<0.5
平均值	1.75	4.53	15.2	91.9	37.5	64.8	43.5	6.4	7.6	7.96	150	392	57.7	76.7	165	6.9	74.3	<0.5

表 2-18 二叠纪砂岩岩石稀土分量分析报告($\times10^{-6}$)

送样编号	La	Ce	Pr	Nd	Sm	Eu	Gd	Tb	Dy	Ho	Er	Tm	Yb	Lu	δEu	LREE	HREE	L/H	ΣREE
P1-23	13.04	26.42	2.73	11.30	2.36	0.58	2.22	0.35	1.86	0.42	1.16	0.19	1.25	0.19	0.84	56.43	7.64	7.39	64.07

注:没计算 Y 值。

表 2-19 二叠纪硅质岩岩石化学全分析(%)

送样编号	Na_2O	MgO	Al_2O_3	SiO_2	P_2O_5	K_2O	CaO	TiO_2	MnO	Fe_2O_3	FeO	H_2O^+	CO_2
P1-14	0.16	0.23	1.45	92.37	0.03	0.29	0.45	0.07	0.02	0.70	2.98	0.87	0.22

表 2-20 二叠纪硅质岩微量元素($\times10^{-6}$)

送样编号	U	Th	Co	Ni	Cu	Zn	Pb	Ag	Sb	As	Ga	Sc	Zr	Ba	V	Sr	B
P1-14	1.90	1.0	8.04	35.8	43.6	15.3	4.0	0.051	0.69	4.88	2.8	2.0	24.6	179	15.9	32.2	25.0

表 2-21 二叠纪硅质岩岩石稀土分量分析报告($\times10^{-6}$)

送样编号	La	Ce	Pr	Nd	Sm	Eu	Gd	Tb	Dy	Ho	Er	Tm	Yb	Lu	Y	δEu	LREE	HREE	L/H	ΣREE
P1-14	2.52	5.43	0.62	2.36	0.46	0.11	0.43	0.06	0.34	0.07	0.22	0.04	0.25	0.04	1.85	0.95	11.50	3.30	3.48	14.80

(二)大地构造环境判别

1. 砂岩地球化学特征反映构造背景分析

二叠纪砂岩微量元素含量见表 2-17。利用图解对微量元素进行研究:①在 La-Th-Sc 图解(图2-27)中,仅有的 1 个样品点投入大陆岛弧环境;②在 Ti/Zr-La/Sc 图解(图 2-28)中,仅有的 1 个样品点落入大陆岛弧构造环境中;③在 Th-Sc-Zr/10 图解(图 2-29)中,2 个样品点中的 1 个投入大陆岛弧构造环境区域,另 1 个落在判别环境有效区之外。砂岩稀土元素含量见表 2-18,其稀土元素配分模式图(图 2-30)及 REE 参数值(表 2-22)总体显示为大陆岛弧型构造环境。

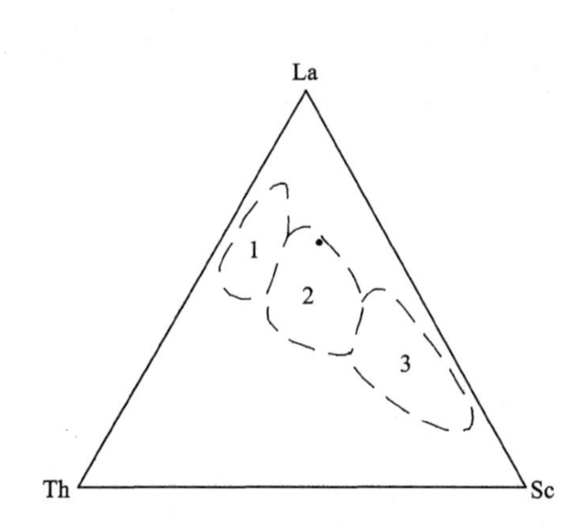

图 2-27 二叠纪砂岩构造环境 La-Th-Sc 图解

（据 Bhatia，1986）

1. 活动大陆边缘＋被动大陆边缘；2. 大陆岛弧；3. 大洋岛弧

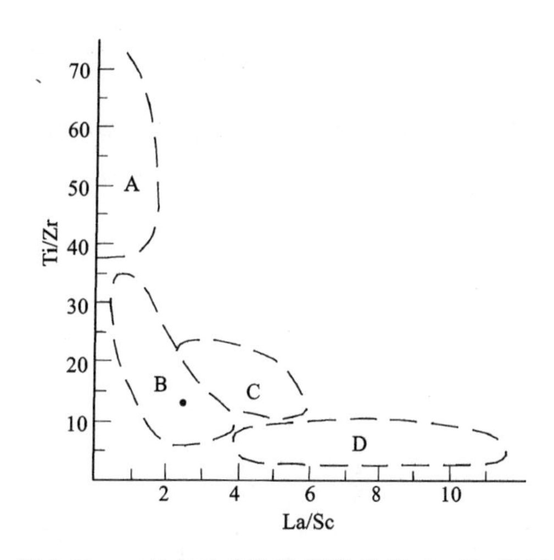

图 2-28 二叠纪砂岩构造环境 Ti/Zr-La/Sc 图解

（据 Bhatia，1986）

A. 大洋岛弧；B. 大陆岛弧；C. 活动大陆边缘；D. 被动大陆边缘

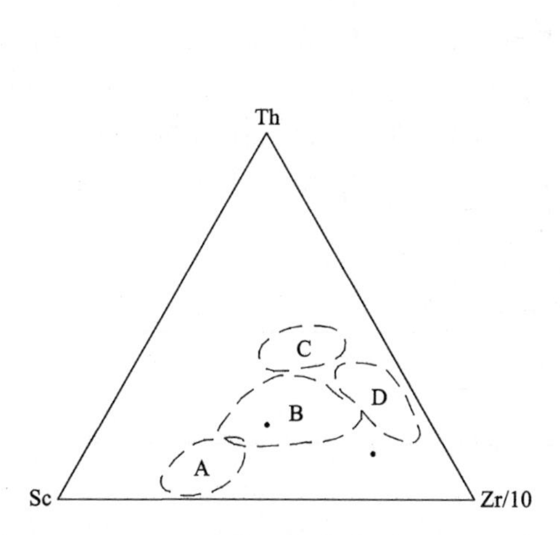

图 2-29 二叠纪砂岩构造环境的 Th-Sc-Zr/10 图解

（据 Bhatia，1986）

A. 大洋岛弧；B. 大陆岛弧；C. 活动大陆边缘；D. 被动大陆边缘

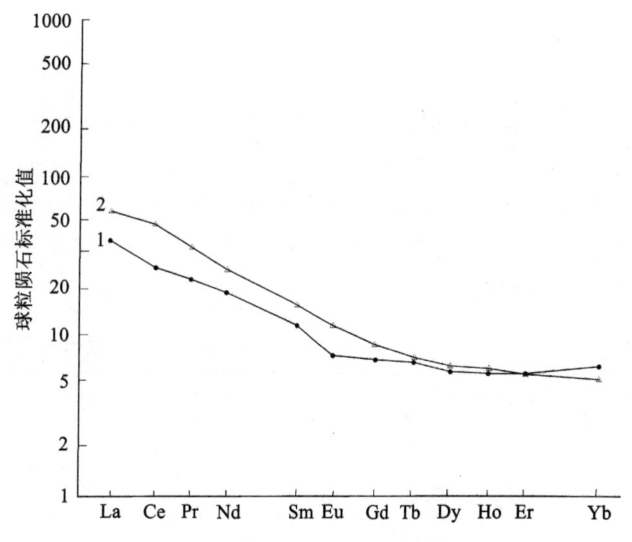

图 2-30 二叠纪砂岩稀土元素配分模式图

（据 Bhatia，1985）

1. P1-23 号样品；2. 大陆岛弧型

表 2-22 不同沉积盆地构造背景下杂砂岩的 REE 参数（Bhatia，1985）

构造环境	源区类型	REE 参数						
		La	Ce	ΣREE	La/Yb	La_N/Yb_N	LREE/HREE	δEu
大洋岛弧	未切割岩浆弧	8±1.7	19±3.7	58±10	4.2±1.3	2.8±0.9	3.8±0.9	1.04±0.11
大陆岛弧	切割岩浆弧	27±4.5	59±8.2	146±20	11.0±3.6	7.5±2.5	7.7±1.7	0.79±0.13
活动大陆边缘	基底隆起	37	78	186	12.5	8.5	9.1	0.60
被动大陆边缘	克拉通内构造高地	39	85	210	15.9	10.8	8.5	0.56
二叠纪（1 个样品）平均值		13.04	26.42	64.07	10.4	6.19	7.39	0.84

注：Y 值没有计算在内。

结合沉积相与构造演化背景，二叠纪本区为弧后陆表海环境（第五章），上述图解及参数显然指示砂岩原岩形成于大陆岛弧构造环境，表明源区为切割的岩浆弧类型。

2. 硅质岩地球化学特征反映构造环境分析

二叠纪硅质岩稀土元素含量见表 2-21，经北美页岩标准化后配分模式见图 2-31。其 REE 值总量较小，仅为 14.80×10^{-6}；δCe 值为 0.95，表现为弱的负异常，说明是接近大陆边缘的浅海环境中沉积体。

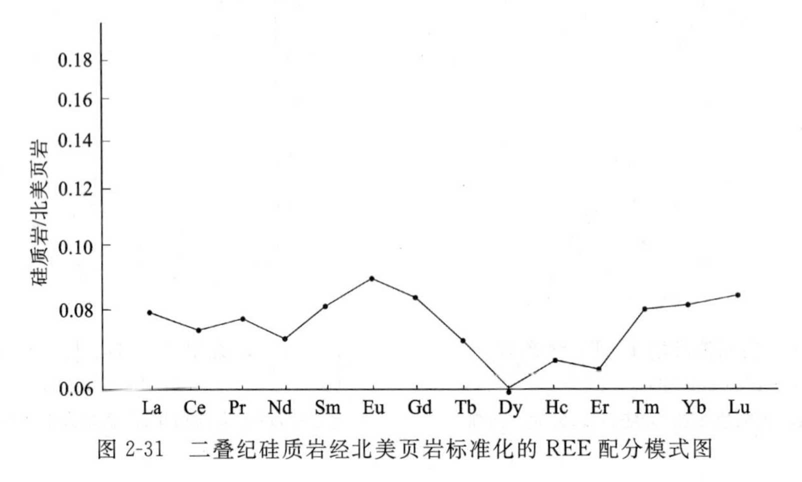

图 2-31　二叠纪硅质岩经北美页岩标准化的 REE 配分模式图

此外，硅质岩 MnO/TiO_2 比值为 0.29，小于 0.5，说明其沉积环境更接近大陆边缘环境，而非开阔大洋的产物。

区内二叠纪地层中的硅质岩色调较为鲜艳，有暗绿色、暗红色、黑色等色调，部分呈中层状产出，局部甚至呈厚层状(50～60cm)，与生物化学成因的硅质岩在外表上有一定的区别。有关化学成分特征表明其更接近热水成因：在硅质岩 Fe-Mn-(Cu＋Co＋Ni)×10 三角图(图 2-32)中，样品落入热水成因区中；几个主要氧化物比值也显示为热水成因(表 2-23)(Watanabe，1970)。显然，热水成因与二叠纪时主体造山环境有关。

表 2-23　不同成因硅质岩主要氧化物比值

氧化物比值	Fe_2O_3/FeO	SiO_2/Al_2O_3	$SiO_2/(Na_2O+K_2O)$	SiO_2/MgO
P1-14	0.23	64	205	402
热水沉积硅质岩	0.51	32	106	97
生物化学沉积硅质岩	5.38	135	872	4798

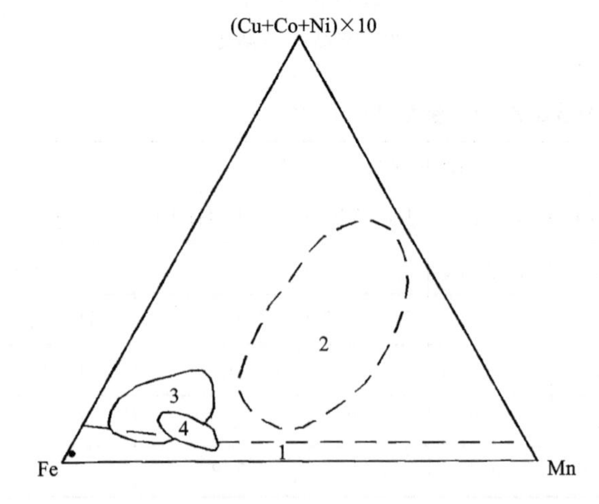

图 2-32　二叠纪硅质岩 Fe-Mn-(Cu＋Co＋Ni)×10 三角图

(据 Bastrom，1983)

1. 热水区；2. 水成区；3. 红海热卤水沉积物区；4. 太平洋锰结核区

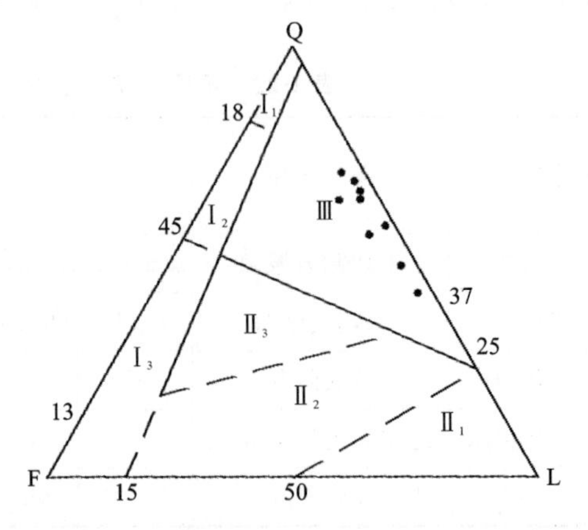

图 2-33　二叠纪砂岩 Q-F-L 构造背景判别图

(据迪金森，1983)

Ⅰ1. 克拉通内部；Ⅰ2. 过渡大陆区；Ⅰ3. 基底隆起；Ⅱ1. 未切割岛弧区；Ⅱ2. 岛弧过渡带；Ⅱ3. 切割岛弧区；Ⅲ. 再旋回造山带

3. 砂岩碎屑组分反映构造环境分析

树维门科组下段的碎屑岩非常发育。利用砂岩中石英(Q)、长石(F)、岩屑(L)三组分的含量对其大地构造背景进行分析:在Q-F-L三角图解(图2-33)中,9个样品全部落入再旋回造山带区域,暗示早二叠世砂岩是前二叠纪地层中的物质成分经过风化剥蚀和搬运后再次沉积而成。

4. 早—中二叠世沉积旋回

虽然区内二叠纪地层顶底不全,但其发展演化过程很具特色,能够进行较好的沉积旋回分析。

所建立的䗴化石带以及剖面资料反映区内早—中二叠世发育一套连续沉积的海相地层,其下段以碎屑岩沉积为主,上段以碳酸盐岩沉积为特色。引用青海省岩石地层单位——树维门科组表示该套地层。

在早二叠世的绝大部分时间里,该区是以陆源碎屑物质的大量补充为特点,它为栖霞期、茅口期的台地相碳酸盐岩的发育起了垫底作用。树维门科组下段的下部层位碎屑岩极为发育,不仅有细砾岩、含砾粗砂岩,且在砂岩中局部产有鲍马序列粒序层理段和平行层理段,显示出活动沉积类型特点,应为一套斜坡相或继承石炭纪弧前斜坡复理石、类复理石沉积。上部仍以碎屑岩沉积为主,夹有灰岩及硅质岩沉积,其中生物屑灰岩局部见丘状交错层理及滑塌构造,为典型的风暴成因,与瘤状灰岩及热水成因硅质岩可共同反映属浅海陆棚相沉积环境。而热水成因硅质岩的存在,仍反映出沉积基底构造的相对活动性。

早二叠世末期—中二叠世(早二叠世 *Eoparafusulina* 带延伸到了上段块状灰岩中),以碳酸盐岩沉积为特色,地层沉积厚度巨大,多在1000m以上。单层厚度也较大,常可达数米甚至数十米,使得层理不清。常见岩石类型有泥晶灰岩、生物屑灰岩、白云质灰岩等。这套开阔台地相的碳酸盐岩沉积体,已属典型稳定沉积组合类型,反映盆地基底构造活动稳定性。

在气候适宜、水体能量较高、水质清澈等条件均能满足的局部地区,一些格架生物开始建礁作用,如在五泉包南部地区,该组上部发育有砾屑灰岩、䗴灰岩及生物格架灰岩等高能带环境沉积体,具有生物礁相的特点。

综上所述,在早二叠世海盆形成之后,由于陆源碎屑物质长时期处于过补偿状态,充填海盆的容纳空间不断减小,相对海平面不断降低,沉积相也由斜坡相、浅海陆棚相向开阔台地相发展,至中二叠世茅口期,局部条件适合的浅水区已开始发育生物礁。与此同时,盆地基底的构造活动性也由活动类型走向稳定类型,而沉积建造与之相适应,也由活动沉积类型向稳定沉积类型演化。

(三) 盆地性质

综合前述,晚石炭世哈拉米兰河群与二叠纪树维门科组总体为一套陆缘碎屑岩与碳酸盐岩沉积,岩石组合及沉积物有关特征表明其形成环境主要为浅海陆棚与开阔台地,早二叠世早期存在斜坡环境。沉积物中无火山物质,表明盆地性质总体较为稳定。结合横向上有该期岛弧玄武岩、花岗岩、蛇绿岩等的发育及构造古地理综合分析(详见第三章、第五章),盆地应属弧后陆缘海盆地。

三、石炭纪—二叠纪茸石山—可支塔格弧前盆地

岩浆作用与沉积作用特征及构造古地理格局和构造演化背景综合分析等(详见第五章第五节),表明古特提斯(或昆仑洋)于石炭纪早期开始拉张形成,其后洋壳开始向北消减,于二叠纪末洋盆闭合。大洋对应于区内耸石山—可支塔格蛇绿构造混杂岩带。区内地层主要属于盆地的北缘沉积,具体部位属于飞云山岛弧的弧前盆地。由于相关地层大多呈岩片产出,时态、位态、相序等已难以恢复,因此本小节主要分析其构造环境的总体特征。

(一)岩石地球化学特征

对牟石山—可支塔格蛇绿构造混杂岩带内砂岩和硅质岩选取几组样作了岩石化学全分析、微量元素分析和岩石稀土分量分析,分析结果见表2-24~表2-29。

表2-24　砂岩岩石化学全分析(%)

送样编号	Na_2O	MgO	Al_2O_3	SiO_2	P_2O_5	K_2O	CaO	TiO_2	MnO	Fe_2O_3	FeO	H_2O^+	CO_2
P3-6	2.59	2.90	18.43	60.78	0.21	3.20	0.38	0.80	0.06	1.15	5.43	3.82	0.02
P3-12	2.77	1.28	8.76	62.30	0.15	0.91	10.26	0.47	0.41	0.73	2.57	1.50	7.69
平均值	2.68	2.09	13.60	61.54	0.18	2.06	5.32	0.64	0.24	0.94	4.00	2.66	3.86

表2-25　砂岩微量元素($\times10^{-6}$)

送样编号	U	Th	Co	Cr	Ni	Cu	Zn	Pb	Ga	Sc	Zr	Ba	Rb	V	Sr	Nb	B	Ta
P3-6	3.8	9.86	18.2	116	45.4	34.8	108	11.0	22.3	18.5	155	555	117	126	87.0	12.0	71.0	0.7
P3-12	1.9	10.3	9.4	75.9	21.6	38.4	52.2	21.5	9.1	6.92	142	232	34.1	64.5	448	7.9	18.2	<0.5
平均值	2.85	10.1	13.8	96.0	33.5	36.6	80.1	16.3	15.7	12.7	149	394	75.6	95.3	268	10.0	44.6	0.6

表2-26　砂岩岩石稀土分量分析报告($\times10^{-6}$)

送样编号	La	Ce	Pr	Nd	Sm	Eu	Gd	Tb	Dy	Ho	Er	Tm	Yb	Lu	δEu	LREE	HREE	L/H	ΣREE
P3-6	28.31	67.03	7.22	28.45	5.78	1.21	5.29	0.84	4.54	0.95	2.69	0.44	2.96	0.44	0.72	138.00	18.15	7.60	156.15
P3-12	29.21	61.50	6.34	23.88	4.52	0.94	4.20	0.66	3.73	0.80	2.29	0.36	2.47	0.37	0.71	126.39	14.88	8.49	141.27
平均值	28.76	64.27	6.78	26.17	5.15	1.08	4.75	0.75	4.14	0.88	2.49	0.40	2.72	0.41	0.72	132.20	16.52	8.05	148.71

注:未计算Y值。

表2-27　硅质岩岩石化学全分析(%)

送样编号	Na_2O	MgO	Al_2O_3	SiO_2	P_2O_5	K_2O	CaO	TiO_2	MnO	Fe_2O_3	FeO	H_2O^+	CO_2
P3-17	0.07	0.58	1.96	92.41	0.06	0.30	0.25	0.06	0.03	0.71	2.73	0.60	0.09

表2-28　硅质岩微量元素($\times10^{-6}$)

送样编号	U	Th	Co	Ni	Cu	Zn	Pb	Ag	Sb	As	Ga	Sc	Zr	Ba	V	Sr	B
P3-17	0.70	1.1	7.15	32.2	73.7	23.9	8.0	0.127	0.70	28.03	2.5	2.8	16.4	183	25.6	109	19.7

表2-29　硅质岩岩石稀土分量分析报告($\times10^{-6}$)

送样编号	La	Ce	Pr	Nd	Sm	Eu	Gd	Tb	Dy	Ho	Er	Tm	Yb	Lu	Y	δEu	LREE	HREE	L/H	ΣREE
P3-17	3.96	6.35	0.94	3.57	0.76	0.22	0.73	0.10	0.64	0.13	0.34	0.05	0.36	0.06	3.36	0.72	15.8	5.77	2.74	21.57

(二)大地构造环境判别及盆地分析

1. 砂岩地球化学特征反映构造背景分析

砂岩微量元素含量见表2-25。利用图解对微量元素进行研究:①在La-Th-Sc图解(图2-34)中,2

个样品的构造环境均为大陆岛弧环境;②在 Ti/Zr-La/Sc 图解(图 2-35)中,2 个样品中的 1 个投在了活动大陆边缘构造环境中,另 1 个落入判别环境有效区之外;③在 Th-Co-Zr/10 图解(图 2-36)中,2 个样品点均落入大陆岛弧构造环境中;④在 Th-Sc-Zr/10 图解(图 2-37)中,2 个样品均落入大陆岛弧构造环境。以上图解显示砂岩具有大陆岛弧或活动大陆边缘构造环境特征。

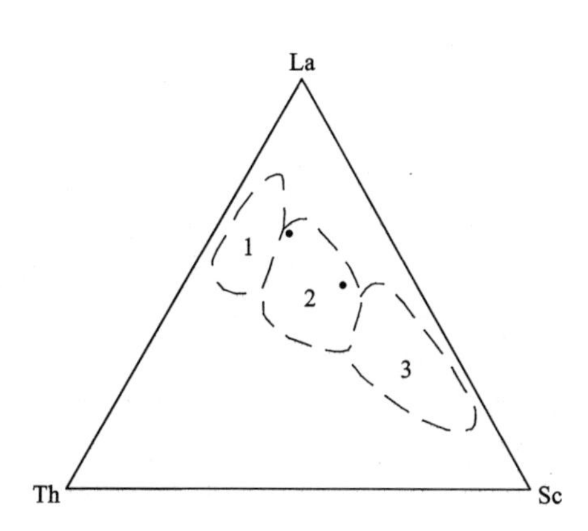

图 2-34 砂岩夹板岩岩性体中砂岩构造环境 La-Th-Sc 图解

(据 Bhatia,1986)

1. 活动大陆边缘+被动大陆边缘;2. 大陆岛弧;3. 大洋岛弧

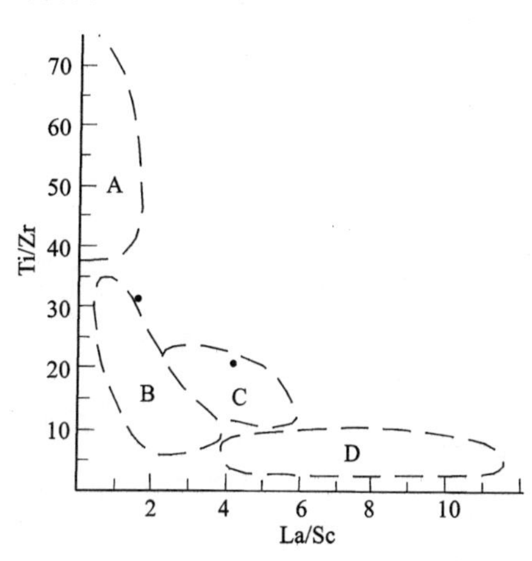

图 2-35 砂岩夹板岩岩性体中砂岩构造环境 Ti/Zr-La/Sc 图解

(据 Bhatia,1986)

A. 大洋岛弧;B. 大陆岛弧;C. 活动大陆边缘;D. 被动大陆边缘

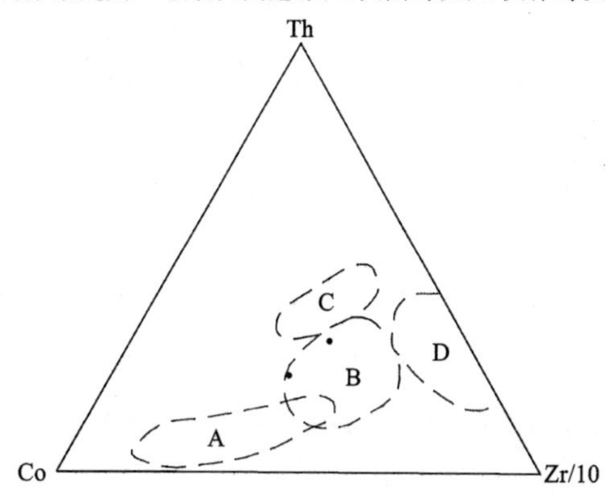

图 2-36 砂岩夹板岩岩性体中砂岩构造环境 Th-Co-Zr/10 图解

(据 Bhatia,1986)

A. 大洋岛弧;B. 大陆岛弧;C. 活动大陆边缘;D. 被动大陆边缘

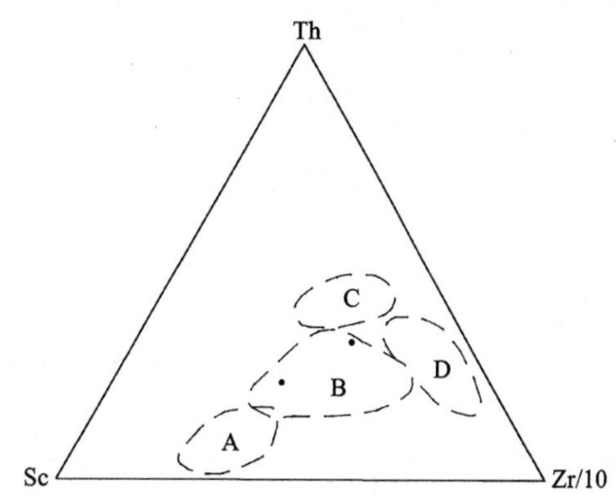

图 2-37 砂岩夹板岩岩性体中砂岩构造环境 Th-Sc-Zr/10 图解

(据 Bhatia,1986)

A. 大洋岛弧;B. 大陆岛弧;C. 活动大陆边缘;D. 被动大陆边缘

砂岩稀土元素含量见表 2-26。砂岩稀土元素配分模式图(图 2-38)显示出活动大陆边缘型构造环境。表 2-30 中砂岩稀土元素参数值,反映出大陆岛弧构造背景,说明源区为切割的岩浆弧类型。

表 2-30 不同沉积盆地构造背景下杂砂岩的 REE 参数(Bhatia,1985)

构造环境	源区类型	REE 参数						
		La	Ce	ΣREE	La/Yb	La_N/Yb_N	LREE/HREE	δEu
大洋岛弧	未切割岩浆弧	8±1.7	19±3.7	58±10	4.2±1.3	2.8±0.9	3.8±0.9	1.04±0.11
大陆岛弧	切割岩浆弧	27±4.5	59±8.2	146±20	11.0±3.6	7.5±2.5	7.7±1.7	0.79±0.13
活动大陆边缘	基底隆起	37	78	186	12.5	8.5	9.1	0.60
被动大陆边缘	克拉通内构造高地	39	85	210	15.9	10.8	8.5	0.56
晚古生代(2 个样品)平均值		28.76	64.27	148.71	10.6	6.28	8.05	0.72

注:Y 值没有计算在内。

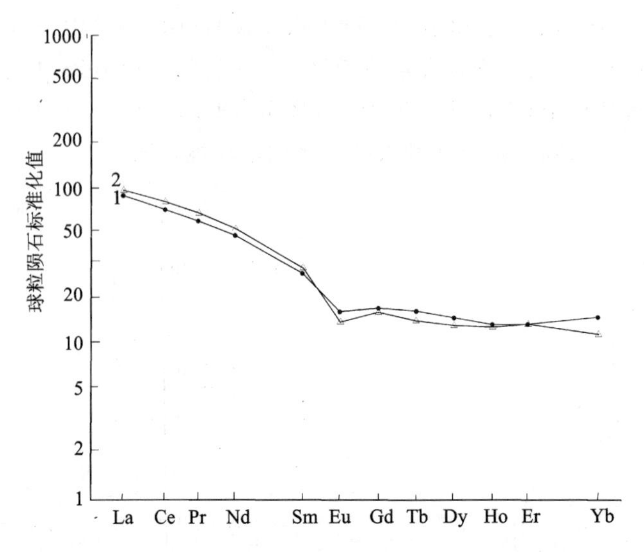

图 2-38　砂岩夹板岩岩性体中砂岩稀土元素配分模式图

(据 Bhatia,1985)

1. P3-6 号样品;2. 活动大陆边缘型

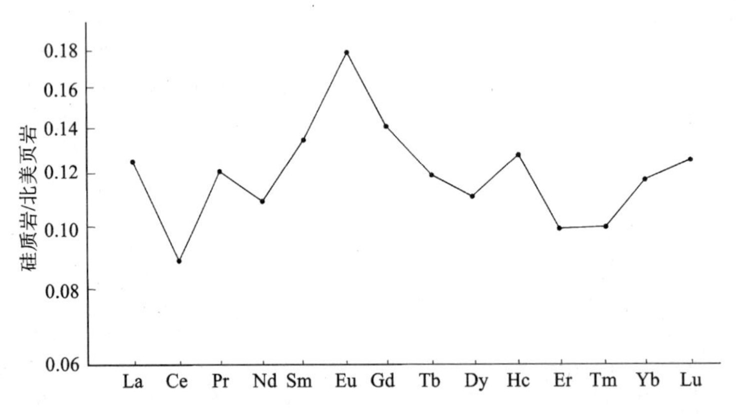

图2-39　火山岩岩性体中硅质岩经北美页岩标准化的 REE 配分模式图

2. 硅质岩地球化学特征反映构造背景分析

硅质岩稀土元素含量见表 2-29,经北美页岩标准化后配分模式见图 2-39。硅质岩稀土元素值总量较小,仅为 21.57×10^{-6};δCe 值 0.72,表现出较明显的负异常,说明是近大陆边缘的浅海环境沉积,同时有可能为热水成因。

岩片中硅质岩 MnO/TiO_2 比值为 0.5,说明其沉积环境为大陆边缘与开阔大洋的交界部位。

本区非史密斯地层中的硅质岩产于碎屑岩或火山岩都非常发育的岩片中,从沉积环境上看,并不利于生物化学硅质岩的形成。有关地球化学特征显示其具热水成因的特点:在 Fe-Mn-(Cu+Co+Ni)×10 三角图(图 2-40)中,样品落入热水成因区中;几个主要氧化物比值反映出硅质岩更接近热水成因(表 2-31)。

结合区内构造古地理背景分析,上述砂岩与硅质岩的有关地球化学特征总体反映出沉积盆地为弧前盆地。

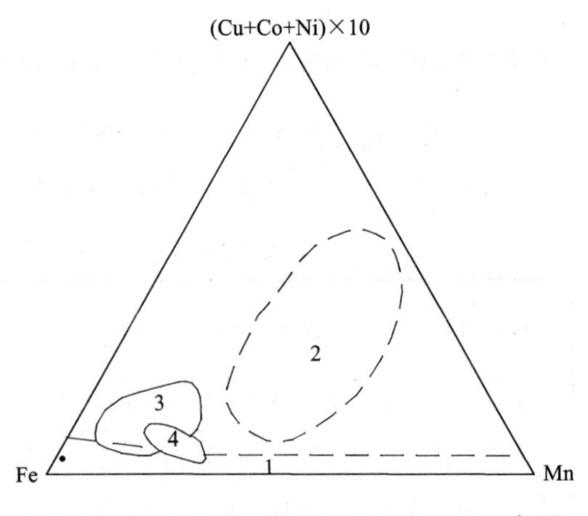

图 2-40 硅质岩 Fe-Mn-(Cu+Co+Ni)×10 三角图

(据 Bastrom,1983)

1. 热水区;2. 水成区;3. 红海热卤水沉积物区;4. 太平洋锰结核区

表 2-31　不同成因硅质岩主要氧化物比值(Watanabe,1970)

氧化物比值	Fe_2O_3/FeO	SiO_2/Al_2O_3	$SiO_2/(Na_2O+K_2O)$	SiO_2/MgO
P3-17	0.26	47	250	159
热水沉积硅质岩	0.51	32	106	97
生物化学沉积硅质岩	5.38	135	872	4798

四、三叠纪巴颜喀拉盆地

图区南部分布大面积巴颜喀拉山群,其为三叠纪巴颜喀拉盆地沉积。

(一) 岩石地球化学特征

三叠纪巴颜喀拉山群是以复理石碎屑岩沉积占绝对优势的一套地层。就砂岩选取几组样作了岩石化学全分析、微量元素分析和岩石稀土分量分析,其分析结果见表 2-32～表 2-34。

表 2-32　三叠纪砂岩岩石化学全分析(%)

送样编号	Na_2O	MgO	Al_2O_3	SiO_2	P_2O_5	K_2O	CaO	TiO_2	MnO	Fe_2O_3	FeO	H_2O^+	CO_2
P14-4	2.40	1.21	11.51	73.24	0.11	1.70	0.46	0.47	0.16	1.31	4.32	2.24	0.70
P14-8	2.70	1.97	12.92	63.58	0.16	2.11	2.02	0.70	0.12	0.94	6.12	1.67	4.78
P14-12	1.17	2.77	16.28	55.07	0.17	3.49	1.80	0.73	0.22	0.64	6.82	2.91	7.69
P11-12	2.55	1.63	12.27	71.46	0.18	1.79	1.53	0.76	0.06	1.85	2.72	2.27	0.75
P13-5	3.15	1.28	13.05	73.24	0.12	1.67	0.54	0.50	0.03	0.74	3.05	2.21	0.26
P13-22	2.54	1.41	11.78	69.21	0.14	1.67	3.05	0.51	0.16	0.97	3.65	2.25	2.51
P16-12	2.37	1.27	10.46	60.80	0.13	1.41	9.15	0.65	0.25	0.27	3.40	2.03	7.63
平均值	2.41	1.65	12.61	66.66	0.14	1.98	2.65	0.62	0.14	0.96	4.30	2.23	3.47

表 2-33　三叠纪砂岩微量元素($\times10^{-6}$)

送样编号	U	Th	Co	Cr	Ni	Cu	Zn	Pb	Ga	Sc	Zr	Ba	Rb	V	Sr	Nb	B	Ta
P14-4	2.4	6.76	13.0	202	34.2	26.5	93.2	13.8	11.2	8.36	135	202	71.8	63.6	73.8	8.0	55.6	0.5
P14-8	2.8	9.96	13.4	361	45.4	36.7	54.3	5.6	14.1	10.8	287	253	91.2	82.8	106	12.7	97.0	<0.5
P14-12	3.4	11.6	18.1	114	46.9	36.4	99.1	33.1	20.3	15.1	153	491	159	123	122	12.9	157.7	0.7
P14-11	2.9	8.02	13.0	80.5	30.5	23.9	72.1	14.4	12.4	9.11	213	235	67.8	70.4	145	9.5	42.4	0.7
P14-18	2.3	10.0	16.3	84.8	64.4	54.3	95.6	17.0	19.4	15.5	115	391	194	116	64.6	9.1	106	<0.5
P11-12	2.2	11.6	12.1	84.9	28.1	47.4	68.2	12.7	12.9	10.1	276	514	67.0	106.3	115	13.7	40.5	1.6
P13-5	1.7	7.4	11.2	58.4	25.4	35.3	40.1	20.1	12.4	7.7	135	310	73.4	64.7	89	12.6	51.6	0.7
P13-22	1.4	7.4	13.6	63.4	28.5	37.2	78.3	22.8	11.5	7.3	144	285	67.0	62.4	165	13.5	51.0	0.7
P16-12	2.0	10.6	9.3	70.1	20.7	59.4	60.4	16.0	9.5	8.5	257	297	61.3	79.2	418	14.4	30.7	1.1
平均值	2.3	9.26	13.3	124.3	36.0	39.7	73.5	17.3	13.7	10.3	191	331	94.7	85.4	144	11.8	70.3	0.8

表 2-34　三叠纪砂岩岩石稀土分量分析报告($\times 10^{-6}$)

送样编号	La	Ce	Pr	Nd	Sm	Eu	Gd	Tb	Dy	Ho	Er	Tm	Yb	Lu	δEu	LREE	HREE	L/H	ΣREE
P14-4	20.23	41.69	4.61	18.36	3.59	0.81	3.23	0.52	3.06	0.64	1.87	0.30	2.04	0.31	0.78	89.29	11.97	7.46	101.26
P14-8	36.72	75.89	8.14	31.13	5.76	1.18	5.06	0.77	3.99	0.87	2.46	0.40	2.73	0.42	0.72	158.82	16.70	9.51	175.52
P14-12	35.62	73.05	7.89	29.99	5.33	1.06	4.46	0.72	4.16	0.88	2.54	0.41	2.74	0.41	0.71	152.94	16.32	9.37	169.26
P11-12	31.82	65.41	7.57	28.55	5.71	1.14	4.68	0.75	4.27	0.88	2.44	0.39	2.55	0.38	0.72	140.20	16.14	8.69	156.54
P13-5	24.05	49.15	6.07	22.38	4.27	0.92	3.55	0.59	3.23	0.65	1.83	0.28	1.84	0.27	0.77	106.84	12.24	8.73	119.08
P13-22	23.84	46.19	5.53	20.78	4.24	0.96	3.67	0.59	3.30	0.60	1.81	0.28	1.74	0.25	0.80	101.54	12.24	8.30	113.78
P16-12	30.85	62.72	7.28	26.40	5.24	1.03	4.28	0.68	4.00	0.76	2.36	0.38	2.45	0.37	0.70	133.52	15.28	8.74	148.80
平均值	29.02	59.16	6.73	25.37	4.88	1.01	4.13	0.66	3.72	0.76	2.19	0.35	2.30	0.34	0.74	126.16	14.41	8.69	140.61

(二)大地构造环境判别

1. 砂岩地球化学特征反映构造背景分析

三叠纪砂岩微量元素含量见表 2-33。利用图解对微量元素进行研究:①在 La-Th-Sc 图解(图2-41)中,7 个样品点均投入大陆岛弧环境中;②在 Ti/Zr-La/Sc 图解(图 2-42)中,6 个样品点落入活动大陆边缘构造环境区域,1 个样品点落入判别环境有效区之外;③在 Th-Co-Zr/10 图解(图 2-43)中,9 个样品中有 7 个落入了大陆岛弧构造环境中,另外 2 个落在判别环境的有效区之外;④在 Th-Sc-Zr/10 图解(图 2-44)中,9 个样品点全部投在大陆岛弧构造环境区域。砂岩稀土元素含量见表 2-34,其配分模式图(图 2-45)及 REE 参数值(表 2-35)显示为大陆岛弧型构造环境。

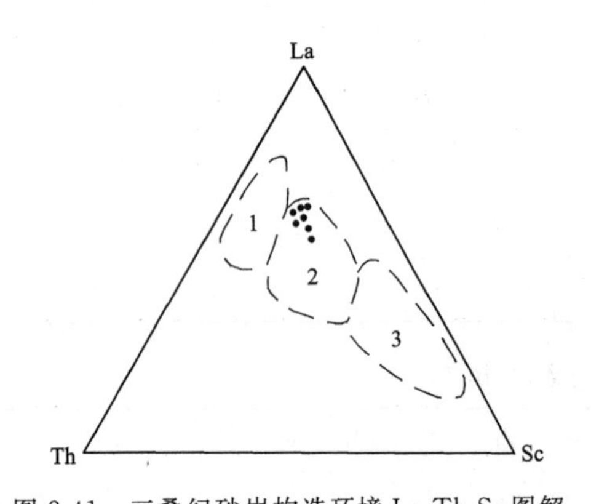

图 2-41　三叠纪砂岩构造环境 La-Th-Sc 图解

(据 Bhatia,1986)

1. 活动大陆边缘+被动大陆边缘;2. 大陆岛弧;3. 大洋岛弧

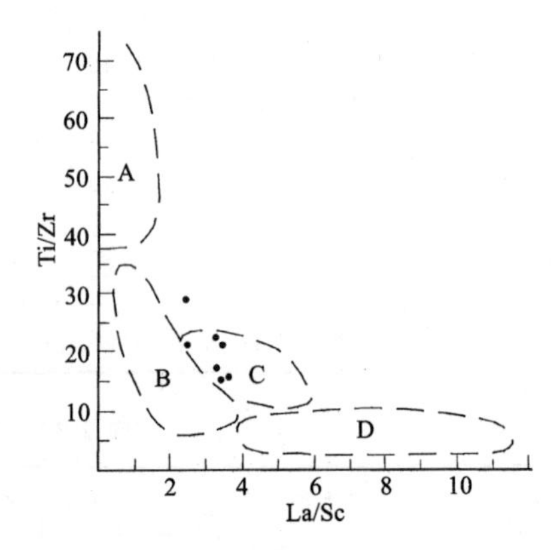

图 2-42　三叠纪砂岩构造环境 Ti/Zr-La/Sc 图解

(据 Bhatia,1986)

A. 大洋岛弧;B. 大陆岛弧;C. 活动大陆边缘;D. 被动大陆边缘

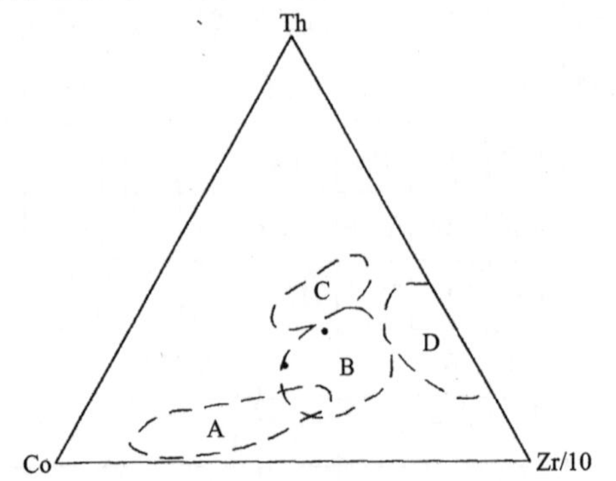

图 2-43　三叠纪砂岩构造环境 Th-Co-Zr/10 图解

(据 Bhatia,1986)

A. 大洋岛弧;B. 大陆岛弧;C. 活动大陆边缘;D. 被动大陆边缘

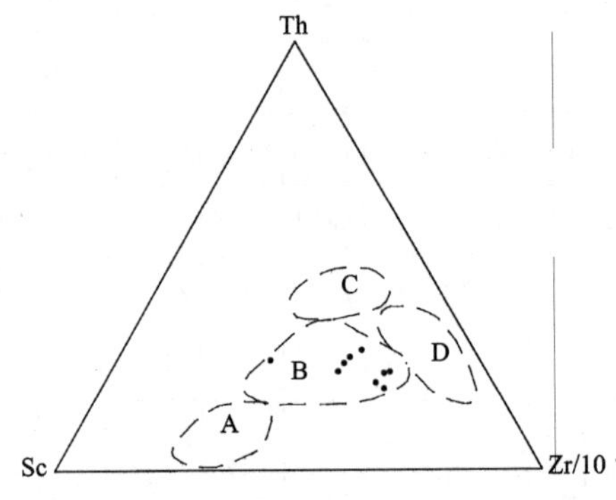

图 2-44　三叠纪砂岩构造环境 Th-Sc-Zr/10 图解

(据 Bhatia,1986)

A. 大洋岛弧;B. 大陆岛弧;C. 活动大陆边缘;D. 被动大陆边缘

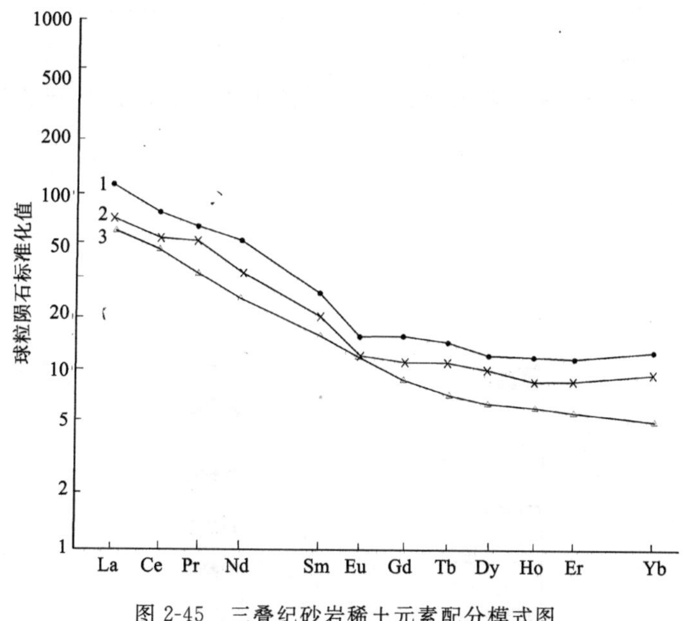

图 2-45　三叠纪砂岩稀土元素配分模式图

(据 Bhatia,1985)

1. P14-8 号样品;2. P13-5 号样品;3. 大陆岛弧型

表 2-35　不同沉积盆地构造背景下杂砂岩的 REE 参数(Bhatia,1985)

构造环境	源区类型	REE 参数						
		La	Ce	ΣREE	La/Yb	La_N/Yb_N	LREE/HREE	δEu
大洋岛弧	未切割岩浆弧	8±1.7	19±3.7	58±10	4.2±1.3	2.8±0.9	3.8±0.9	1.04±0.11
大陆岛弧	切割岩浆弧	27±4.5	59±8.2	146±20	11.0±3.6	7.5±2.5	7.7±1.7	0.79±0.13
活动大陆边缘	基底隆起	37	78	186	12.5	8.5	9.1	0.60
被动大陆边缘	克拉通内构造高地	39	85	210	15.9	10.8	8.5	0.56
三叠纪(7 个样品)平均值		29.02	59.16	140.61	12.6	7.49	8.69	0.74

注:Y 值没有计算在内。

根据区域地质特征及区内构造演化背景(见第五章),三叠纪时巴颜喀拉板块无疑为晚古生代主造山期后的前陆盆地或裂陷海槽。上述图解及有关参数显示反映出砂岩原岩为大陆岛弧型构造环境,此与区域构造背景相吻合。

2. 砂岩碎屑组分反映构造背景分析

利用碎屑岩中的石英(Q)、长石(F)、岩屑(L)三组分含量对巴颜喀拉山群沉积时期的大地构造背景进行分析。在Q-F-L三角图解(图 2-46)中,巴颜喀拉山群一段 16 个样品,二段 14 个样品,三段 7 个样品,四段 9 个样品,五段 6 个样品全部落入再旋回造山带区域,表明巴颜喀拉山群的碎屑成分是经过对早期地层的风化剥蚀和搬运后的再沉积体。

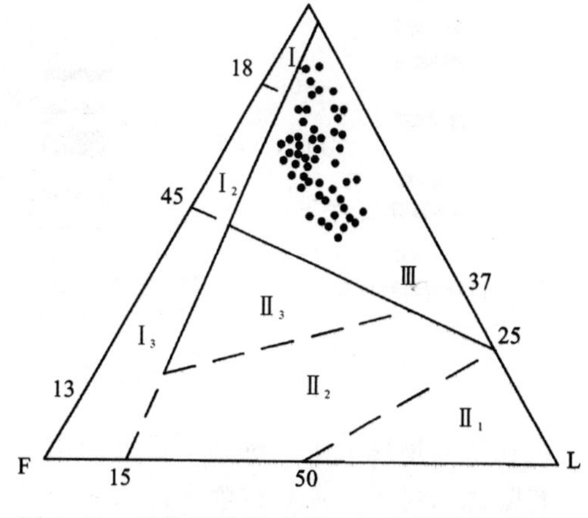

图 2-46　三叠纪砂岩 Q-F-L 构造背景判别图

(据迪金森,1983)

I_1. 克拉通内部;I_2. 过渡大陆区;I_3. 基底隆起;II_1. 未切割岛弧区;II_2. 岛弧过渡带;II_3. 切割岛弧区;III. 再旋回造山带

(三) 浊积岩相的相组合分析

1. 巴颜喀拉山群一组

该岩性组沉积厚度巨大,剖面处未完全揭示,部面厚度近 3000m,主要由砂岩夹板岩组成(图2-47),

砂板比多在4∶1左右。砂岩具有复成分的特点,长石、岩屑的含量普遍较高,而泥质基质的含量也常在15%以上,具杂砂岩特点。地层中发育有鲍马序列ABE、ABDE、BDE等不同组合类型(图2-8),属于经典浊积岩相,在重力流的分类中属浊流成因,在海底扇模式中属中扇的平滑(叠覆)扇叶相沉积。

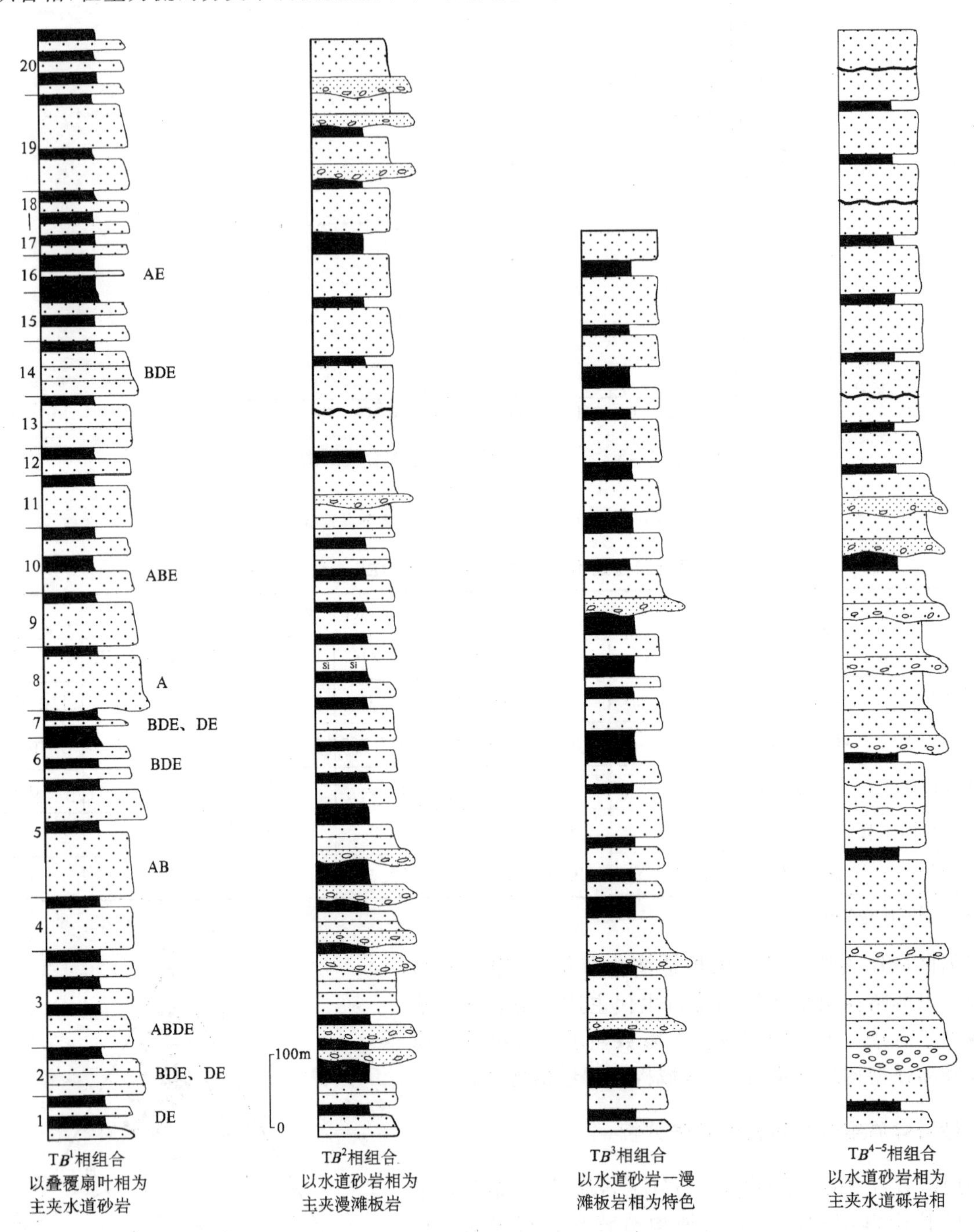

图2-47　巴颜喀拉山群各岩性组海底扇相组合

在该套地层的中上部如剖面处的第16层,发育以大套板岩为主夹少量砂岩的沉积体,板岩很纯,极少有陆源云母类等片状矿物。砂岩夹层较薄,单层厚常在几个厘米,最大也不过20cm。区域上该层位可产出微层状硅质岩、硅质板岩,其中发育有纹层状条带,硅质岩中并产有海绵骨针等深水微体化石(重结晶作用明显,无法鉴定),总体上具有下扇—非补偿滞留盆地相特点。以上表明该套地层沉积期,存在一个相对海平面上升期,并造成陆源碎屑补给的匮乏。

2. 巴颜喀拉山群二组

该组以砂岩构成主体，偶夹板岩(图 2-47)，砂板比常可达 10∶1左右，沉积厚度很大，剖面处即有 2700 余米。砂岩中长石、岩屑的含量均可达 5%～20%，具复成分特点。下部层位砂岩中泥基含量很低，一般在 5%左右，可能属碎屑流成因；上部层位的泥基含量常在 20%左右，具有浊流沉积特点。砂岩中所含硅质岩、脉石英砾，是由浊流、碎屑流携带至深水中沉积的陆源碎屑物质；而具撕裂构造的板岩砾，为重力流在快速运动时卷入基底中尚未固结的早期细碎屑悬浮沉积物所形成。与一组相比，该组明显缺乏经典浊积岩相的鲍马序列组合，总体上看，在海底扇模式该段为中扇相，并以水道砂岩(包括主水道砂岩和分支水道砂岩)沉积占优势，夹有少量的漫滩板岩。由一组到二组，总体上沉积区不断向物源区接近，或者水体在逐渐变浅，具向上变粗的反旋回沉积特点。

3. 巴颜喀拉山群三组

剖面处未见顶，揭示厚度 1500m 左右，由砂岩与板岩不均匀互层构成多个沉积旋回(图 2-47)，砂板比多在 1∶2～4∶1之间。砂岩具复成分特点，长石和岩屑含量常在 10%以上。其泥质基质含量很高，一般在 20%左右，且普遍富含云母片状矿物。砂岩、板岩单层厚度变化极大，从 20cm 至数米厚不等，可能与每次浊流事件所携带陆源碎屑物质的规模相关。该套地层总体上在海底扇模式中仍位于中扇相，以水道砂岩相与漫滩板岩相不均匀互层为特征。与第二组相比较，该段板岩比例显著增高，其沉积区应处于更接近外扇的位置。因此，在次一级的相对海平面变化上，三组相对二组具水体变深的特点。

4. 巴颜喀拉山群四—五组

剖面处顶底均不全，地层出露厚度虽只 2000 多米，但应是巴颜喀拉山群中最厚的地质体。这两组均以砂岩沉积占绝对优势，局部夹砾岩、含砾砂岩，偶见板岩，砂板比常大于 10∶1。发育有鲍马序列的 AB、ABC、BCD 等组合，组成鲍马序列的岩性普遍较粗，常为粗砂岩、含砾砂岩甚至细砾岩，与一组经典浊积岩相比较，更可能属于砂质高密度浊流的产物。此外，该段中常有碳酸盐岩块产出，系随浊流、碎屑流等重力流搬运至深水环境的沉积混杂体。以上表明该段在海底扇模式中具中扇—上扇相，并以中扇的水道砂岩相沉积为主，其中还发育了主水道砾岩相沉积。该套地层在巴颜喀拉山群体系中无疑是相对海平面最低时期形成的地质体，表明盆地沉积已经走向晚期。

(四) 浊积岩相的物源分析

区内三叠纪巴颜喀拉山群属巴颜喀拉—可可西里巨型海槽沉积的一部分，对其物源简单探讨如下。

首先，区内该套地层紧邻昆仑海西期褶皱带，褶皱带的走向与三叠纪地层的走向一致，均沿东西向展布并延伸出图外。海西期地质体主要为石炭纪、二叠纪地层，并有少量的岛弧花岗岩出露。沉积岩性以碎屑岩为主，次有灰岩、海相火山岩。在巴颜喀拉山群的碎屑岩中，Q-F-L 图解内的投点主要落入再旋回造山带构造背景；砂岩中长石、岩屑的含量普遍较高，成分成熟度很低，说明由河流携带至滨海环境中的这些碎屑具有近源性；局部层位含有较高的火山碎屑物质，如四段中有的砂岩中火山岩屑的含量可达 16%，为切割岛弧花岗岩所形成；另外，四段中含有大量的沉积混杂碳酸盐岩块。上述特征表明重力流的源区最有可能来自北部的海西期褶皱带。

其次，图区巴颜喀拉山群第三组中多处见到砂岩底面的槽模构造，其为古水流向的最好记录。共量得 5 组古水流方向：220°、207°、202°、196°和 195°，其平均值为 204°。虽然数量较少，但古水流方向的稳定产出清楚说明了物源来自北部风化剥蚀区。

(五) 盆地分析

综上所述，巴颜喀拉山群一组总体为一套中扇扇页相环境沉积，二组则以浊积扇中扇水道沉积为主，反映出随沉积补偿的发展，盆地逐渐萎缩、海平面也逐渐升高的演化特征。结合二叠纪末昆南微陆块与巴颜喀拉板块碰撞造山考虑，巴颜喀拉山群一组与二组沉积及其层序特征显然反映出三叠纪早期前陆盆地特征。

巴颜喀拉山群三组总体属中扇相之水道砂岩相与漫滩板岩相，反映盆地相对海平面较二组沉积时明显变深。三组中夹较多的安山岩夹层，其岩石、地球化学特征反映出伸展拉张构造环境。据此可确认三叠纪中期巴颜喀拉盆地已转化为陆内裂陷海槽。

巴颜喀拉山群四组与五组总体属中扇—上扇相沉积，并以中扇的水道砂岩相沉积为主，间以主水道砾岩相，反映相对海平面较三组沉积时明显下降、盆地收缩。表明三叠纪中晚期巴颜喀拉板块与昆仑地块间开始陆-陆汇聚，裂陷海槽抬升回返，盆地重具前陆盆地性质。

总之，测区三叠纪巴颜喀拉盆地经历了由早期碰撞造山前陆盆地→中期裂陷海槽→晚期陆内汇聚回返前陆盆地的演化过程。

第三章　岩浆岩

图区内岩浆岩较发育，涉及濞沱纪至第四纪的多阶段岩浆活动。出露较大的各类岩体共102处，总面积约为672.5km²，占图区面积的4.8%左右，分布在飞云山—嵩华山、耸石山—可支塔格、黑山—昆仑山3条近东西向构造-岩浆带内（图3-1）。岩石类型较齐全，以中酸性岩类为主，基性—超基性岩类次之。其中火山岩分布面积最广，占岩浆岩面积的68.7%，各类侵入岩面积占31.3%。以往图区岩浆岩研究程度极低，仅圈定了个别岩体的大致分布范围，测试资料贫乏。本次调查基本查明了图区岩浆岩时空分布概况（表3-1，图3-1）。

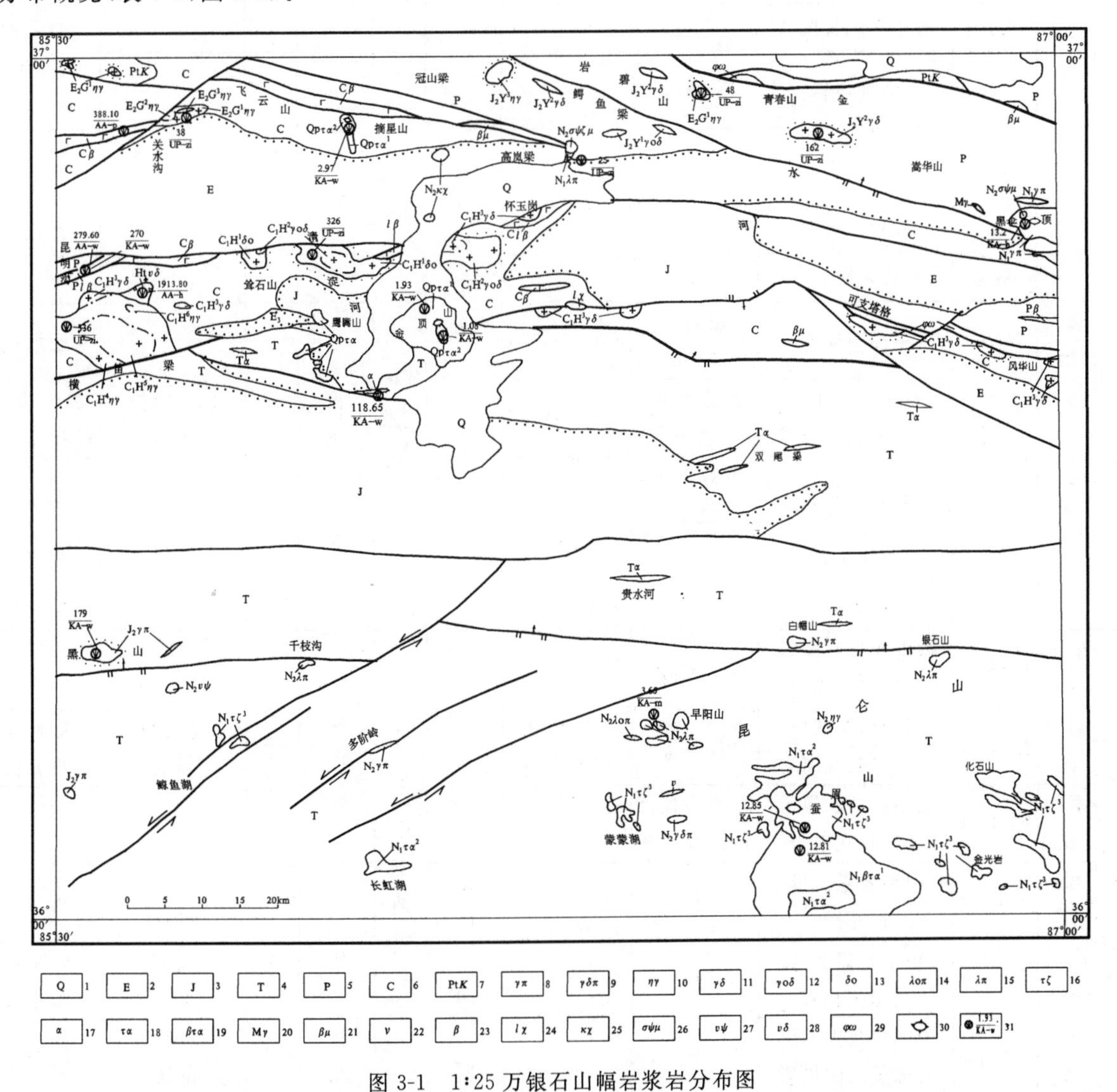

图3-1　1∶25万银石山幅岩浆岩分布图

1.第四系；2.古近系；3.侏罗系；4.三叠系；5.二叠系；6.石炭系；7.元古代苦海岩群；8.花岗斑岩；9.花岗闪长斑岩；10.二长花岗岩；11.花岗闪长岩；12.英云闪长岩；13.石英闪长岩；14.石英斑岩；15.流纹斑岩；16.粗面英安岩；17.安山岩；18.粗安岩；19.玄武粗安岩；20.细粒花岗岩；21.辉长岩；22.辉绿岩；23.玄武岩；24.拉辉煌斑岩；25.碱煌岩；26.橄辉玢岩；27.玻基辉岩；28.变辉长闪长岩；29.蛇绿岩；30.火山锥；31.同位素年龄、采样位置及分析方法(物性)。其他说明见表3-1

表 3-1 1:25 万银石山幅岩浆岩一览表

时代	序列	次或单元	代号	岩性	侵入最新围岩	同位素年龄值(Ma)	构造岩浆旋回	物质来源	动力学背景	构造环境	构造单元	代表性岩体
Q		第二次	$Qp\tau\alpha^2$	角闪石安粗岩	覆盖于$Qp\tau\alpha^1$之上	KA-ω 1.08	喜马拉雅期	壳幔过渡带	拉张	板内	昆南微陆块、耸石山—可支塔格构造混杂岩带	摘星山、金顶山
		第一次	$Qp\tau\alpha^1$	角闪石安粗岩	覆盖于E_3之上	KA-ω 1.93、2.97						鹰咀山、绕云山
N			$N_2\lambda\pi$	流纹斑岩		KA-m 3.65		地壳		板内	巴颜喀拉板块	晓岚山、银石山
			$N_2\eta\gamma$	潜黑云母二长花岗岩								畅车川
			$N_2\gamma\pi$	潜花岗斑岩								白帽山
			$N_2\gamma\delta\pi$	潜花岗闪长斑岩								蒙蒙湖
			$N_2\delta\psi\mu$	橄榄玢岩	E_3、$N_1\gamma\pi$			上地幔	拉张	板内	三大构造单元均有	黑伞顶、高岚梁
			$N_2\kappa\chi$	碱煌岩	E_3							怀玉岗、黑伞顶
			$N_2\iota\chi$	拉辉煌斑岩	C							怀玉岗
			$N_2\upsilon\psi$	玻基辉岩	T							黑山
		第三次	$N_1\tau\zeta^3$	粗面英安岩	覆盖于$N_1\tau\alpha$	KA-ω 14.51		壳幔过渡带	拉张	板内	巴颜喀拉板块	蚕眉山
		第二次	$N_1\tau\alpha^2$	辉石、角闪石安粗岩	覆盖于E_3之上	KA-ω 12.85						鲸鱼湖、蚕眉山、化石山
		第一次	$N_1\beta\tau\alpha^1$	玄武安粗岩	覆盖于T_1之上	KA-ω 12.81						蚕眉山
			$N_1\lambda\pi$	流纹斑岩		UP-Zi 23						高岚梁
			$N_1\gamma\pi$	花岗斑岩		KA-bl 3.2						黑伞顶
E	关水沟	第三次	$E_2G^3\eta\gamma$	微细粒斑状黑云母二长花岗岩	$E_2G^2\eta\gamma$			中下地壳	挤压	陆缘弧	昆南微陆块	关水沟
		第二次	$E_2G^2\eta\gamma$	粗中粒斑状黑云母二长花岗岩	$E_3G^1\eta$	UP-Zi 38 UP-Zi 48						关水沟、青春山
		第一次	$E_2G^1\eta\gamma$	细中粒斑状黑云母二长花岗岩	C与E_3呈沉积接触关系							
J	岩碧山	第三次	$J_2Y^3\eta\gamma$	中细粒黑云母二长花岗岩	P		燕山—印支期		挤压		昆南微陆块	冠山梁
		第二次	$J_2Y^2\gamma\delta$	粗中粒黑云母花岗闪长岩	P	UP-Zi 162						鳄鱼梁、金水沟
		第一次	$J_2Y^1\gamma o\delta$	中细粒角闪石黑云母英云闪长岩	P				挤压		昆南微陆块	鳄鱼梁
	黑山		$J_2H\gamma\pi$	花岗斑岩	T	KA-ω 179	燕山—印支期		挤压		巴音喀拉陆块	黑山
T			$T\alpha$	安山岩	呈层夹于T_1中	KA-ω 118.65					巴颜喀拉陆块	双尾梁、贵水河、绕云山
P			$P\beta$	拉斑玄武岩	呈层产于P地层	KA-ω 227, AA-ω 279.6		上地幔	拉张	岛弧	耸石山—可支塔格构造混杂岩带	昆明沟、怀玉岗

续表 3-1

<table>
<tr><th>时代</th><th>序列</th><th>次或单元</th><th>代号</th><th>岩性</th><th>侵入最新围岩</th><th>同位素年龄值(Ma)</th><th>构造岩浆旋回</th><th>物质来源</th><th>动力学背景</th><th>构造环境</th><th>构造单元</th><th>代表性岩体</th></tr>
<tr><td rowspan="8">C</td><td rowspan="6">横笛梁</td><td>第六次</td><td>$C_1H^6\eta\gamma$</td><td>微细粒斑状黑云母二长花岗岩</td><td>$C_1H^4\eta\gamma$</td><td></td><td rowspan="8">海西期</td><td rowspan="6">下地壳壳幔混熔</td><td rowspan="6">挤压</td><td rowspan="6">同碰撞</td><td rowspan="6">耸石山—可支塔格构造混杂岩带</td><td>横笛梁</td></tr>
<tr><td>第五次</td><td>$C_1H^5\eta\gamma$</td><td>粗中粒黑云母二长花岗岩</td><td>$C_1H^4\eta\gamma$</td><td></td><td>横笛梁</td></tr>
<tr><td>第四次</td><td>$C_1H^4\eta\gamma$</td><td>细中粒黑云母二长花岗岩</td><td>C</td><td>UP-Zi 336</td><td>横笛梁</td></tr>
<tr><td>第三次</td><td>$C_1H^3\gamma\delta$</td><td>中细粒角闪石黑云母花岗闪长岩</td><td>C</td><td></td><td>横笛梁、怀玉岗、风华山</td></tr>
<tr><td>第二次</td><td>$C_1H^2\gamma o\delta$</td><td>细粒角闪石黑云母英云闪长岩</td><td>C</td><td></td><td>怀玉岗、清淀沟</td></tr>
<tr><td>第一次</td><td>$C_1H^1\delta o$</td><td>(微)细粒黑云母角闪石石英闪长岩</td><td>C</td><td>UP-Zi 326</td><td>清淀沟</td></tr>
<tr><td></td><td></td><td>$C_1\beta$</td><td>拉斑玄武岩</td><td>呈层状夹于C中</td><td>AA-p 388.10</td><td rowspan="3">上地幔</td><td rowspan="3">拉张</td><td rowspan="3">蛇绿混杂岩</td><td>昆南微陆块</td><td>关水沟飞云山</td></tr>
<tr><td></td><td></td><td>$o\rho C_1$</td><td>蛇纹岩(蛇绿岩套)</td><td>Ch、C</td><td></td><td>昆南微陆块、耸石山—可支塔格构造混杂岩带</td><td>青春山、风华山、可支塔格</td></tr>
<tr><td>Ht</td><td></td><td></td><td>$Ht\upsilon\delta\phi$</td><td>杂岩体</td><td>Ch、C</td><td>AA-h 1913.80</td><td></td><td>耸石山—可支塔格构造混杂岩带</td><td>横笛梁</td></tr>
</table>

注:UP为铀-铅模式年龄值(Ma);KA为钾-氩法年龄值(Ma);AA为氩-氩法坪年龄值(Ma);测定物:ω为全岩;Zi为锆石;b为黑云母;m为白云母;h为角闪石;p为辉石。

第一节　蛇绿混杂岩及基性—超基性侵入岩

图区基性—超基性岩规模较小,中生代以前形成者多以蛇绿混杂岩残片的形式产出,分布于关水沟、飞云山、青春山、昆明沟、可支塔格等地。新生代及以后形成者多呈岩管、岩脉产出,主要分布于怀玉岗、黑伞顶、黑山附近。

一、横笛梁杂岩体

(一) 地质特征

横笛梁杂岩体($Ht\upsilon\delta\phi$)位于横笛梁花岗岩体北部,出露面积约5km²。通过1∶2000剖面测量(图3-2),查明岩体主要由变辉长辉绿岩、闪长岩、石英闪长岩及斜长花岗岩类组成,各岩类呈厚度不等的层状、似层状(图3-3),其中辉长-辉绿岩类主要分布于岩体的中下部,斜长花岗岩类主要分布在岩体的中上部。各岩性体之间界线大部分较清楚,有的呈渐变关系(图3-4),很少见冷凝边及烘烤边。岩体与围岩呈断层接触(图3-5)。闪长岩角闪石Ar-Ar法测试结果见表3-2,等时线年龄及坪年龄分别为1303.30±28.28Ma、1913.80±3.24Ma(图3-6、图3-7),属滹沱纪产物。

表 3-2　横笛梁闪长岩$^{40}Ar/^{39}Ar$阶段升温测年分析数据表

温度(℃)	$Ar^{(40/36)}$	$Ar^{(39/36)}$	$Ar^{(37/39)}$	$(^{40}Ar_{放}/^{39}Ar_{K})_{校}$	$^{39}Ar(\times 10^{-12}mol)$	$^{39}Ar(\%)$	$^{40}Ar_{放}/^{40}Ar_{总}(\%)$	年龄(Ma)	误差(Ma)
750	808.040 8	35.448 406	5.673 08	20.865 3	0.002	4.25	63.41	372.66	384.61
900	804.310 4	9.538 205	3.073 52	56.448 4	0.005	9.04	63.25	871.15	168.21
1000	919.035 4	4.045 635	1.260 33	155.7611	0.011	22.55	67.84	1800.44	75.38
1100	865.184 7	3.423 834	1.216 94	167.8630	0.015	29.53	65.84	1886.84	56.37
1170	904.562 2	3.656 745	1.802 92	168.8804	0.012	23.18	67.33	1893.91	75.40
1250	935.993 0	3.934 390	2.368 43	165.9806	0.005	10.18	68.43	1873.67	181.56
1320	956.620 3	4.058 916	4.221 80	168.7821	0.001	2.23	69.11	1893.23	1109.22

样号:P21-9　物性:角闪石　样重 :0.2879g　J=0.010 997 1　分析日期:2002-10-06

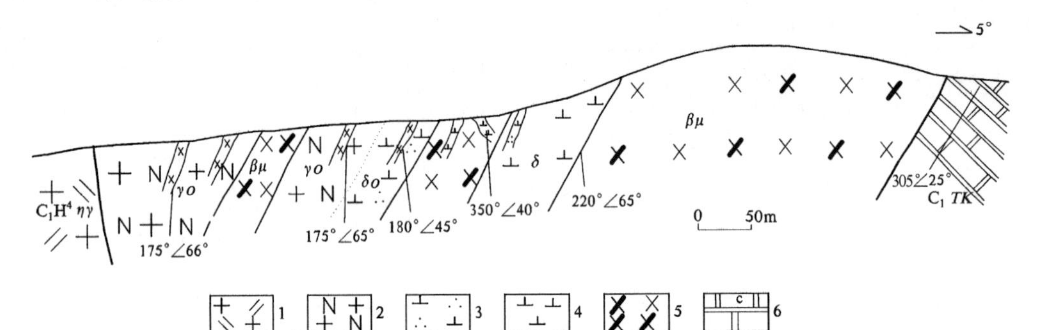

图 3-2　横笛梁杂岩体(辉长-斜长花岗岩岩体)剖面简图

1.二长花岗岩;2.斜长花岗岩;3.石英闪长岩;4.闪长岩;5.辉长辉绿岩;6.大理岩

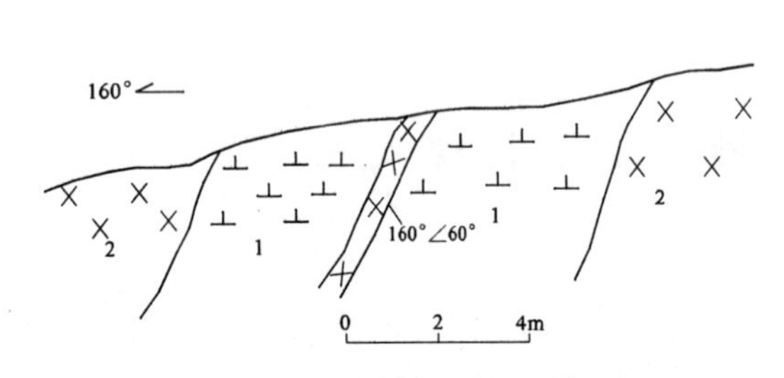

图 3-3　辉长辉绿岩与闪长岩互层

1.闪长岩;2.辉长辉绿岩

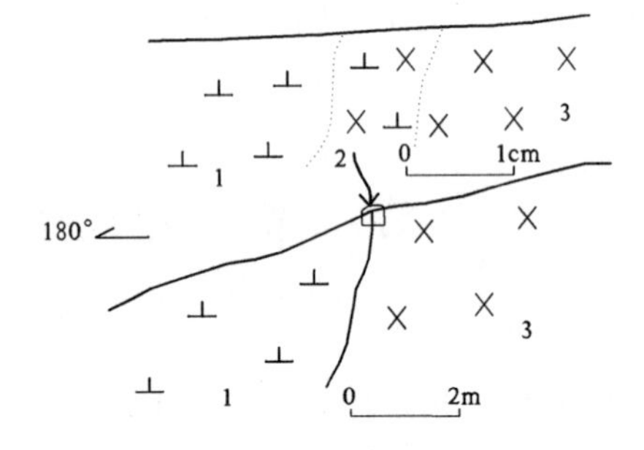

图 3-4　辉长辉绿岩与闪长岩接触关系

1.闪长岩;2.辉长闪长岩;3.辉长辉绿岩

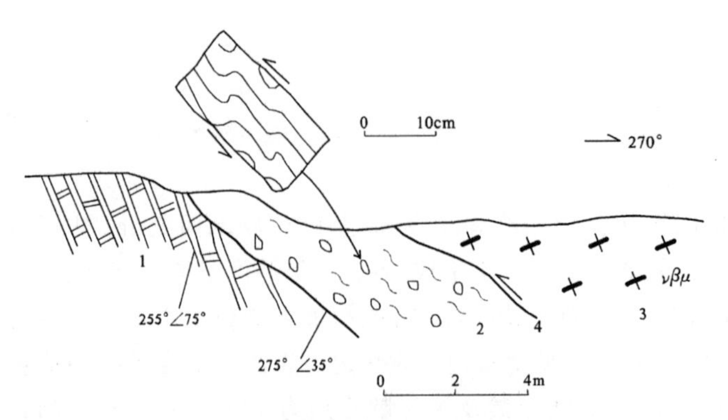

图 3-5　横笛梁杂岩体与围岩接触关系

1.大理岩;2.糜棱岩;3.辉长辉绿岩;4.断层

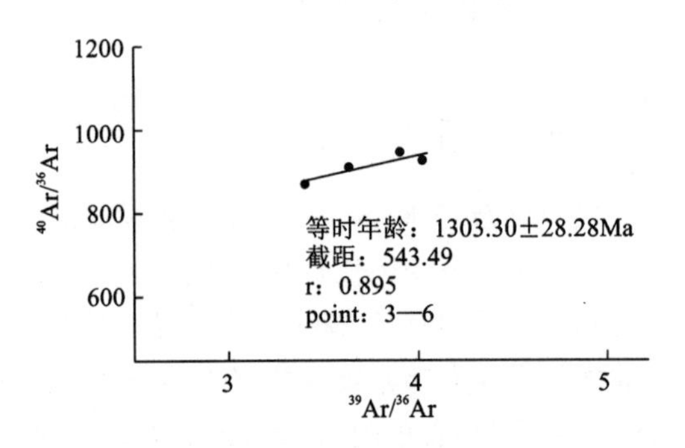

图 3-6　横笛梁杂岩体角闪石 Ar-Ar 法等时线图

（二）岩石学特征

该岩体岩性特征较清楚，分布较有规律（图 3-2）。

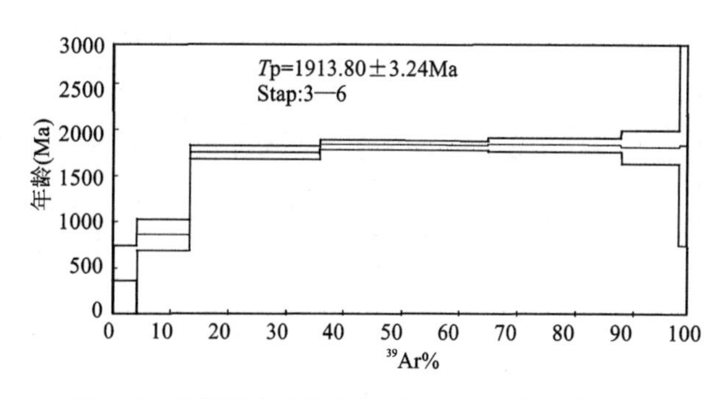

图 3-7 横笛梁杂岩体角闪石 Ar-Ar 法坪年龄图

1. 辉长辉绿岩类

该类岩石主要分布于岩体中下部，往上厚度变小。岩石为黑色、灰黑色、暗绿色，块状构造，变余辉绿结构，部分为变余辉长辉绿结构。矿物粒度大小为0.05mm×0.15mm～1.4mm×2.8mm。岩石由蚀变的斜长石（49%～55%）及蚀变的辉石（38%～50%）组成，少量磁铁矿、磷灰石。

2. 闪长岩类

该类岩石为暗绿色、灰—深灰色，部分为暗色闪长岩。岩石呈半自形粒状结构。主要由斜长石（38%～65%）、角闪石（32%～60%）及少量石英（0%～5%）和黑云母（0%～18%）组成。副矿物主要有磷灰石、磁铁矿、榍石等。其中斜长石多已黝帘石化、绿帘石化、绢云母化。角闪石无蚀变者，Ng′为褐色，Nm′为浅褐，Np′为淡褐，有些呈绿色，C∧Ng′=15°～18°。

3. 石英闪长岩类

该类岩石主要分布于岩体的中上部。其岩石特征介于闪长岩与斜长花岗岩之间，其中石英含量7%～17%。岩石呈块状构造，微细粒花岗结构，少量为斑状结构。矿物粒径一般为0.1～0.2mm，少量达1.5～2.5mm。石英一般呈他形粒状，个别呈浑圆状或港湾状。

4. 斜长花岗岩类

该类岩石由斜长花岗岩及英云闪长岩组成。主要分布于岩体的上部。浅灰—灰色，细—微细粒花岗结构，变余斑状结构。块状构造，局部见矿物具较明显的定向排列。主要由蚀变的斜长石（55%～75%）、石英（20%～25%）和角闪石（0%～15%）及黑云母（0%～8%）组成，钾长石微量（<2%）。矿物粒径为0.1～2mm。

5. 花岗闪长岩类

该类岩石出露较少，主要分布于岩体的顶部，与斜长花岗岩多呈渐变关系，二者特征相似，但该类岩石有少量的钾长石（2%～10%）出现，颜色稍浅。变余斑状结构及微晶结构，矿物粒径很小（0.01～0.2 mm）。

以上岩石蚀变较强烈，其中斜长石多已蚀变成黝帘石，次为绿泥石、绿帘石。辉石多已蚀变成绿泥石、纤维状角闪石。部分角闪石蚀变为阳起石及绿泥石。黑云母多已绿泥石化，但仍保留原有矿物的假象。

（三）岩石化学特征

岩石化学成分（表 3-3）变化较有规律，从下往上，辉长辉绿岩—闪长岩—石英闪长岩—斜长花岗岩 SiO_2 平均含量分别为48.49%、48.72%、59.78%、65.48%递增；MgO 平均为6.33%、4.81%、2.29%、1.62%、1.79%递减。在 CIPW 计算值中，Q、Or 均呈递增趋势，其中辉长辉绿岩 Q 值为0。岩石参数特征值更为明显，如 SI 值递减，DI 值递增，反映了岩浆从基性向酸性的演化特点。除分异晚期的斜长花岗岩、花岗闪长岩个别为铝过饱和型外，其余岩石均为正常型。所有样品 $Na_2O>K_2O$，且由早至晚 K_2O/Na_2O 增大。辉绿岩成分与三江蛇绿岩中辉绿岩十分接近，斜长花岗岩与塞浦路斯特罗多斯斜长花岗岩大部分成分也很相近，反映了幔源分异的特点。

表 3-3 横笛梁杂岩体岩石化学成分(%)及 CIPW 标准矿物计算表

序号	岩性	SiO_2	TiO_2	Al_2O_3	Fe_2O_3	FeO	MnO	MgO	CaO	Na_2O	K_2O	P_2O_5	H_2O^+	灼失量
1	斜长花岗岩类	66.72	0.30	15.95	0.84	2.60	0.07	1.62	3.98	4.49	1.22	0.10	1.58	1.88
2	斜长花岗岩类	64.24	0.36	15.87	1.01	3.70	0.10	1.95	4.46	4.16	1.37	0.11	1.80	2.07
3	石英闪长岩	59.78	0.79	16.31	2.31	4.57	0.16	2.29	5.68	3.96	1.44	0.19	2.11	1.74
4	闪长岩	48.72	3.68	11.78	4.57	11.25	0.22	4.81	9.21	2.43	0.52	0.49	1.93	1.07
5	辉长辉绿岩	50.66	1.06	15.13	1.46	6.63	0.16	3.86	8.22	4.22	0.84	0.17	3.16	7.75
6	辉长辉绿岩	46.31	2.83	11.28	3.31	11.97	0.23	8.79	8.44	2.42	0.33	0.36	3.47	2.06

序号	Ap	Il	Mt	Or	Ab	An	Q	C	Di	Hy	Ol	DI	A/CNK	SI	σ	AR
1	0.22	0.58	1.24	7.36	38.81	19.57	24.06	0.23	0.00	7.92	0.00	70.24	1.00	15.04	1.35	1.8
2	0.25	0.70	1.50	8.32	36.16	21.15	20.84	0.00	0.76	10.31	0.00	65.32	0.97	16.00	1.40	1.75
3	0.43	1.54	3.44	8.73	34.37	23.06	15.01	0.00	3.89	9.55	0.00	58.11	0.89	15.72	1.67	1.65
4	1.10	7.16	6.78	3.15	21.05	20.17	6.98	0.00	19.53	14.09	0.00	31.18	0.55	20.4	1.33	1.33
5	0.40	2.18	2.29	5.37	38.64	21.49	0.00	0.00	17.83	11.61	0.20	44.01	0.66	22.69	2.54	1.55
6	0.82	5.58	4.99	2.03	21.27	19.67	0.00	0.00	17.67	23.39	4.59	23.29	0.57	32.77	1.60	1.32

(四) 微量元素特征

微量元素分析结果(表 3-4)表明,各类岩石微量元素丰度与三江堆晶岩相应岩石相比,大部分有色金属成矿元素相近,而 Cr、Ni、Co、V 等过渡族元素却为其$\frac{1}{6}\sim\frac{1}{2}$。在微量元素标准化蛛网图(图 3-8)上,各类岩石微量元素标准化模式十分相似,之间近平行分布,与美国地幔成因玄武岩相同。总体上大离子亲石元素(强不相容元素)富集,高场强非活动性元素亏损,其中 Rb、Ba、Th 强烈富集,而 Ti、Y、Yb 亏损明显,而且从基性到酸性岩,富集与亏损程度逐渐增大,从而说明了各类岩石属同源岩浆(上地幔)结晶分异的产物,同时也说明岩石具蚀变变质作用,与野外观察相一致。

表 3-4 横笛梁杂岩体微量元素含量表($\times10^{-6}$,Au:$\times10^{-9}$)

序号	岩性	Be	Li	Cu	Pb	Zn	Ag	Au	As	F	S
1	斜长花岗岩类	1.4	14.6	8.7	12.7	47.2	0.063	1.1	1.2	265	0.061
2	斜长花岗岩类	1.4	17.8	29.3	12.4	60.6	0.084	1.5	2.0	298	0.090
3	石英闪长岩	1.8	10.7	32.1	12.3	82.8	0.055	1.2	1.8	393	0.075
4	闪长岩	4.2	9.7	64.6	4.0	138.0	0.060	0.9	1.8	578	0.038
5	辉长辉绿岩	1.8	13.6	43.6	6.1	90.6	0.039	1.9	8.0	328	0.010
6	辉长辉绿岩	3.2	15.8	61.9	2.5	134.0	0.060	0.8	1.8	467	0.029

序号	Cr	Ni	Co	V	Sr	Ba	Cs	Sc	Ga	Zr	Hf	Nb	Ta	Th	U
1	46.8	18.4	11.5	63.2	35.5	398	516	6.0	7.1	18.4	77.0	2.9	4.6	0.5	1.7
2	92.2	24.8	13.1	72.6	36.4	385	629	6.0	7.8	20.0	79.4	2.8	5.6	0.6	2.1
3	69.9	15.0	14.9	110	392	432	6	13.6	22.0	125	4.1	14.3	1.6	4.0	1.7
4	65.0	38.0	54.2	535	260	170	11	35.5	29.4	184	6.5	21.6	1.0	2.3	1.4
5	40.6	22.3	23.1	194	278	400	11	21.4	14.1	85.4	3.2	9.6	0.5	2.7	1.6
6	84.8	141.0	66.6	390	288	204	12	28.2	21.1	134	4.9	16.4	1.1	1.9	1.4

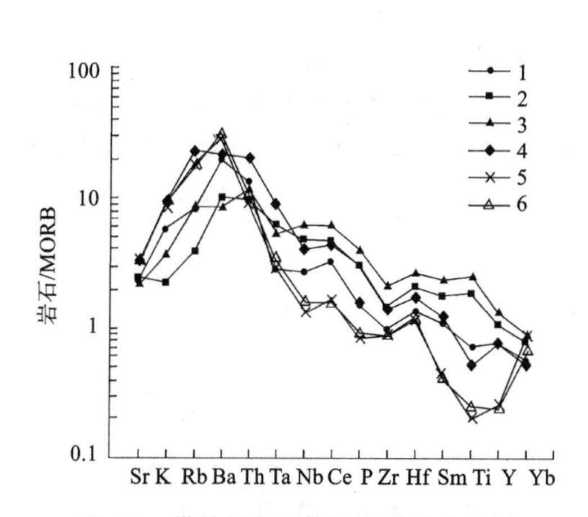

图 3-8　横笛梁杂岩体微量元素蛛网图

1、2. 辉绿岩；3. 闪长岩；4. 石英闪长岩；5、6. 斜长花岗岩

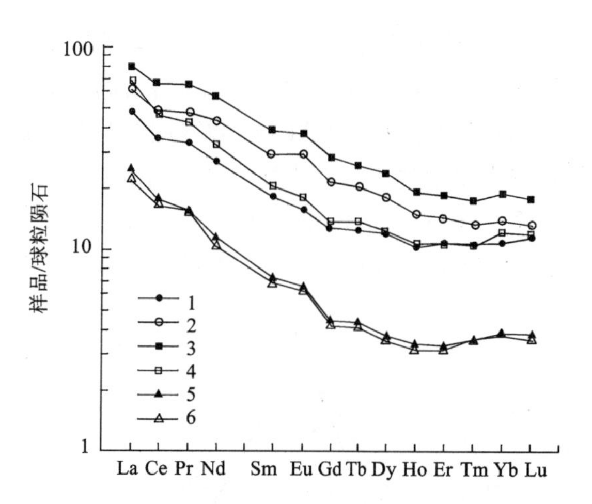

图 3-9　横笛梁杂岩体稀土元素配分模式图

1、2. 辉绿岩；3. 闪长岩；4. 石英闪长岩；5、6. 斜长花岗岩

（五）稀土元素特征

从稀土元素分析结果（表 3-5）可知，各岩石类型既有相同处，又有各自特征。

表 3-5　横笛梁杂岩体稀土元素含量表（$\times10^{-6}$）

岩性	La	Ce	Pr	Nd	Sm	Eu	Gd	Tb	Dy	Ho	Er	Tm	Yb	Lu	Y	ΣREE	LREE/HREE	δEu	δCe
斜长花岗岩类	8.02	16.82	1.87	7.03	1.43	0.49	1.41	0.22	1.16	0.25	0.70	0.12	0.74	0.12	7.34	47.72	7.56	1.15	0.88
斜长花岗岩类	7.18	15.85	1.85	6.41	1.35	0.46	1.31	0.21	1.12	0.23	0.67	0.12	0.74	0.11	7.20	44.82	7.34	1.15	0.89
石英闪长岩	21.11	43.44	5.03	19.64	4.07	1.28	4.18	0.69	3.78	0.77	2.24	0.35	2.32	0.37	22.82	132.08	6.43	1.04	0.86
闪长岩	25.03	61.05	7.71	33.97	7.75	2.68	8.72	1.31	7.29	1.40	3.88	0.57	3.59	0.55	40.77	206.28	5.06	1.10	0.91
辉长辉绿岩	15.00	32.55	3.98	16.20	3.59	1.14	3.89	0.61	3.66	0.75	2.21	0.35	2.30	0.35	22.44	109.01	5.13	1.02	0.87
辉长辉绿岩	19.73	45.30	5.66	25.90	5.89	2.15	6.54	1.02	5.59	1.09	2.96	0.44	2.71	0.41	31.32	156.73	5.04	1.17	0.89

稀土元素总量总体特征是中间高、两头低，斜长花岗岩比辉长辉绿岩低；而 LREE/HREE 则由下往上递增，反映岩浆轻重稀土元素分异增强；δEu＞1，说明岩浆具有斜长石晶出，这与岩矿鉴定中有较多斜长石相一致。上述表明，在岩浆结晶分异初期，富集稀土元素的重矿物如钛铁矿、独居石、磷灰石、榍石等，开始从岩浆中分离出来，造成辉长辉绿岩ΣREE 中等富集，LREE/HREE 值相对最低；进入结晶分异中期，富集稀土重矿物开始大量从岩浆中分异出来进入固相，所以闪长岩类ΣREE 最高，分异作用加强，故 LREE/HREE 居中；δEu 值因早期斜长石矿物大量进入固相，所以出现相对较低值。进入结晶分异作用晚期，由于之前大量富集稀土的重矿物析出，于是出现总量最低，而分异最强，故 LREE/HREE 值最大，同时由于大量斜长石的晶出，使 δEu 值达到最高。在稀土元素分布型式图（图 3-9）上，各岩石间呈互为平行的左高右低的斜线，说明上述岩石为同源岩浆分异演化产物。

（六）岩石成因及大地构造环境探讨

基于以下特征探讨横笛梁杂岩体形成的构造环境。

(1) 岩体由下往上，辉长辉绿岩、闪长岩、石英闪长岩、斜长花岗岩呈层状、似层状交替出现。其中基性岩类主要分布于中下部，中酸性岩类主要分布于中上部，之间界线有的清楚，有的呈过渡关系，局部见矿物分层定向排列，显示出较明显的结晶分异作用。

(2) 岩石化学、微量元素、稀土元素等特征表明，各岩石地球化学特征相近，在微量元素蛛网图(图3-8)及稀土元素分布图(图3-9)上，各岩石型式图很相似，表现出同源岩浆演化特点。

(3) 在 $MgO-CaO-Al_2O_3$图解(图3-10)中，辉长辉绿岩及闪长岩位于杂岩体中上部，石英闪长岩及斜长花岗岩则位于杂岩体的上部及斯凯尔加得岩浆流趋势线附近，反映其间具同源岩浆结晶分异的内在联系。在 An-Ab-Or 图解(图3-11)上，各岩石均落于大洋斜长岩区。在 $FeO^*-MgO-Al_2O_3$图解(图3-12)及 $TiO_2-10MnO-10P_2O_5$图解(图3-13)上，大部分为大洋岛屿环境。

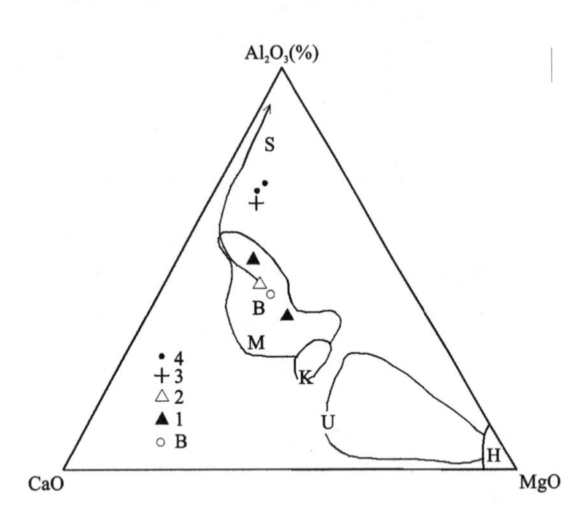

图3-10 横笛梁杂岩体的 $MgO-CaO-Al_2O_3$图解
(转自张旋等，1992)
B大洋中脊玄武岩平均成分；M. 铁镁质堆晶岩；K. 科马提岩；H. 平均变质橄榄岩；U. 超镁铁质岩堆晶岩；S. 斯凯尔加得岩浆流趋势线；1. 辉长辉绿岩；2. 角闪石闪长岩；3. 角闪石石英闪长岩；4. 斜长花岗岩

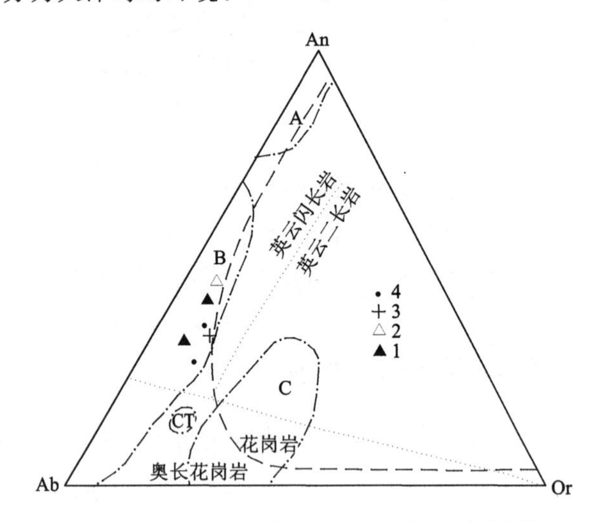

图3-11 横笛梁杂岩体 An-Ab-Or 标准矿物图解
(据 O'Conner，1965)
A. 堆晶辉长岩区；B. 大洋斜长岩区；C. 大陆花岗斑岩区；CT. 大陆奥长花岗岩区；点线. 以斜长石比例划分的岩石类型；虚线. 以 Ab 为顶的弧形区：低压斜长石区(<5千巴)；其他同图3-10

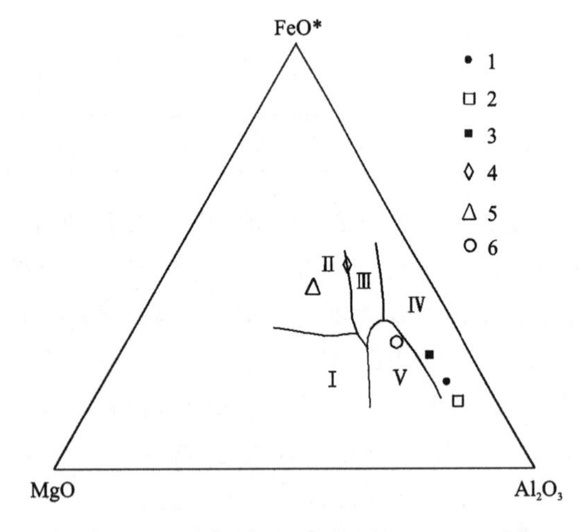

图3-12 横笛梁杂岩体 $FeO^*-MgO-Al_2O_3$图解
(据 Pearce T H，1977)
Ⅰ. 洋中脊及洋底；Ⅱ. 大洋岛屿；Ⅲ. 大陆板块内部；Ⅳ. 扩张中心岛屿(冰岛)；Ⅴ. 造山带。1、2. 斜长花岗岩；3. 石英闪长岩；4. 闪长岩；5、6. 辉绿岩

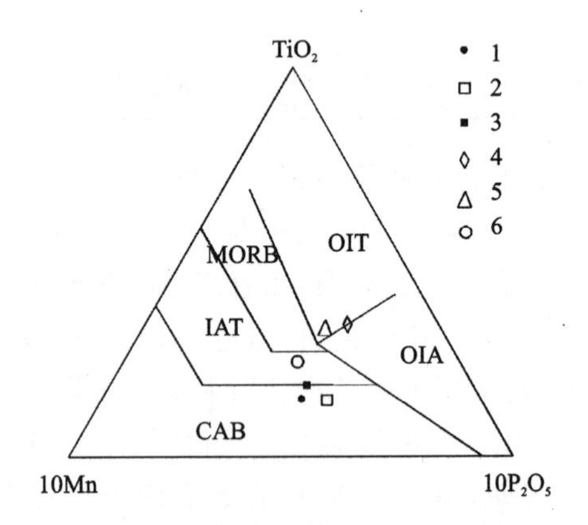

图3-13 横笛梁杂岩体 $TiO_2-10MnO-10P_2O_5$图解
(据(Mullen E D，1983)
OIT. 大洋岛屿拉斑玄武岩；OIA. 大洋岛屿碱性玄武岩；MORB. 洋中脊玄武岩；IAT. 岛弧拉斑玄武岩；CAB. 钙碱性玄武岩。图例说明同图3-12

(4) 由闪长岩角闪石 Ar-Ar 法坪年龄可知，岩石形成于滹沱纪。

综上所述，横笛梁杂岩体可能形成于滹沱纪拉张洋岛环境，为上地幔分异演化的产物。暗示古特提斯洋中存在由中元古代大洋物质变质而来的基底残片，甚至暗示早期大洋岛弧的存在。

二、青春山蛇绿混杂岩

（一）地质剖面及岩石学特征

在图区北东角的东西向断裂混杂岩带上（往外延伸至且末县一级电站幅），断续分布着大小不等的蛇绿混杂岩残留体，青春山蛇绿混杂岩是其中的一部分。该岩体出露宽约300m，长约2000m，岩石类型发育齐全，特征较明显，近东西向呈透镜状夹于断裂带内。各岩石类型呈微构造岩片产出，岩石变形变质强烈。其剖面特征如下（图3-14）。

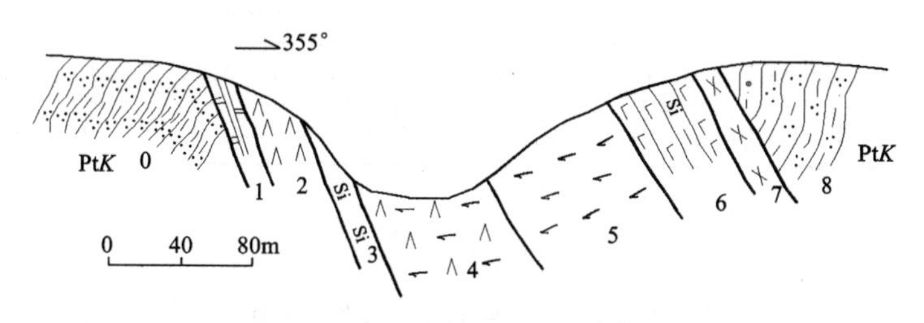

图3-14　青春山蛇绿混杂岩剖面图

0.黑云母石英片岩；1.方解石质片岩；2.橄榄岩；3.硅质岩；4.辉石橄榄岩；5.橄榄辉石岩；6.玄武岩夹硅泥质岩；7.条带状辉长岩（堆晶岩）；8.石榴石黑云片麻岩、黑云母石英片岩

0. 灰黑色黑云母石英片岩夹石英岩：岩石片理发育，经区域对比，其地层时代可能对应元古代苦海岩群（Pt*K*）

1. 方解石质片岩岩片：宽20余米。岩石片理发育，柱状变晶结构，方解石75%，石英24%，偶含少量的白云母、钾长石等。与黑云母片岩呈断层接触

2. 橄榄岩岩片：出露宽约50m。黑色，致密块状。镜下观察，主要由叶蛇纹石（95%）组成，少量磁铁矿、方解石（5%），网状交代结构。其原岩可能为橄榄岩或橄辉岩类

3. 硅质岩岩片：宽约30m。岩石为致密块状构造，呈微晶质—隐晶质结构，石英粒径0.04～0.2mm，镜下定向排列明显

4. 辉橄岩岩片：出露宽约70m。岩石为致密块状构造，鳞片变晶结构，以蛇纹石为主（80%），其次为磁铁矿（15%）、方解石（5%）。蛇纹石呈叶片状，少部分呈纤维状，矿物定向明显，形成明显的片状构造。根据镜下鉴定和岩石化学分析，其原岩很可能为辉橄岩或橄榄岩等超基性岩类

5. 橄榄辉石岩岩片：宽30余米。黑色，致密块状构造，主要矿物成分为角闪石（99%），偶见粒状石英和磁铁矿。角闪石呈半自形柱状，大小0.5～1.2mm左右，$Ng' \wedge C=18°$，具强多色性。据岩石残余结构构造及相关图解，其原岩可能为橄榄辉石岩

6. 玄武岩夹硅泥质岩岩片：出露宽度约50m。其中阳起石岩主要由透闪石及阳起石（96%）组成，另有少量斜长石（3%）、石英等。阳起石透闪石细长柱状、纤维状，定向排列较明显，其原岩可能为玄武岩类

7. 条带状辉长岩（堆晶岩）岩片：宽约30m。岩石为致密块状构造、条带状构造，粒状变晶结构，由近等量的辉石（51%）和斜长石（48%）组成，另有少量石英、透闪石等。矿物定向排列明显，条带宽0.5～3mm，由深浅相间矿物条带组成，其原岩可能为辉长-闪长岩类

8. 石榴石黑云母斜长片麻岩、黑云石英片岩岩片：与下伏斜长角闪片岩呈断层接触。其中石榴石黑云母斜长片麻岩片麻状构造发育，具花岗变晶结构，石英含量38%，斜长石31%，黑云母30%，钙铝榴石1%

由上可见，青春山蛇绿混杂岩岩石组合较齐全，变形变质强烈，但仍反映了该地区蛇绿混杂岩的组合特点。

（二）岩石化学

对青春山蛇绿混杂岩代表性岩石采集新鲜样品进行岩矿鉴定，在此基础上分别作岩石化学分析（表

3-6)。结果显示岩石虽然变形变质强烈，但仍反映岩石化学特征的一些重要信息。

表 3-6 青春山蛇绿混杂岩岩石化学成分(%)及 CIPW 标准矿物计算表

岩性	SiO_2	TiO_2	Al_2O_3	Fe_2O_3	FeO	MnO	MgO	CaO	Na_2O	K_2O	P_2O_5	H_2O^+	灼失量
玄武岩	50.32	0.75	16.12	1.62	7.30	0.16	6.47	10.02	4.04	0.19	0.07	1.75	1.80
橄辉岩	36.96	4.98	12.18	3.70	17.80	0.45	6.47	10.11	3.32	0.37	1.37	1.94	0.20
辉橄岩	40.18	0.10	2.74	2.65	4.28	0.10	35.24	1.55	0.03	0.02	0.02	10.63	12.63

岩性	Ap	Il	Mt	Or	Ab	An	Di	Hy	Ol	Ne	DI	A/CNK	SI	σ	AR
玄武岩	0.16	1.47	2.42	1.16	35.22	26.05	20.22	0.16	13.15	0.00	36.38	0.64	32.98	2.15	1.39
橄辉岩	3.06	9.68	5.49	2.24	8.31	17.64	21.28	0.00	21.22	11.07	21.62	0.50	20.44	−2.76	1.40
辉橄岩	0.05	0.22	4.42	0.14	0.29	8.38	0.26	35.61	50.64	0.00	0.43	0.95	83.47	0.00	1.02

1. 辉橄岩

其特点是 SiO_2、TiO_2、Al_2O_3、TFe、全碱 (Na_2O+K_2O)较低，氧化镁高(MgO 35.24%)，属镁质火山岩，M/F 为 9.28，MgO/(MgO+TFe)为 83.57，DI 为 0.3721，Ol 为 44%，在 TAS 图上分别为副长石岩类。

2. 橄辉岩

除 SiO_2、MgO 较地幔岩低外，其他岩石化学成分均较高，M/F 为 0.53，MgO/(MgO+TFe)为 23.13，DI 值为 21.13，Ol 为 20.74%，在 TAS 图上介于副长石岩和苦橄玄武岩之间。

3. 玄武岩

该类岩石与大洋拉斑玄武岩大部分岩石化学成分较接近，但 TiO_2、K_2O、P_2O_5 等偏低，Na_2O 偏高，反映源岩来源较深或为熔融程度更低的上地幔。M/F 及镁质指数分别为 1.29、42.04，DI 值及 Ol 值分别为 35.31、13.67，在 TAS 图解中为玄武岩类。

（三）微量元素特征

青春山蛇绿混杂岩代表性微量元素(表 3-7)中，大部分成矿大离子亲石元素含量较低，过渡族元素含量较高，其中 Cr、Ni 最高达 2850×10^{-6}、1590×10^{-6}，个别样品如 Ni 接近工业边界品位。在微量元素蛛网图上，元素分异不明显。

表 3-7 青春山蛇绿混杂岩微量元素表($\times10^{-6}$，Au：$\times10^{-9}$)

岩性	序号	W	Sn	Bi	Mo	Be	Li	Cu	Pb	Zn	Sb	Hg	Ag	Au	Pt	As	F
玄武岩	1	0.6	1.4	0.05	2.9	1.2	8.8	21.8	14.9	50.0	0.47	0.01	0.015	1.9	0.3	1.1	109
橄辉岩	2	0.8	5.4	0.05	2.5	9.6	11.5	24.4	23.4	138.5	0.34	0.01	0.065	2.7	0.6	2.0	280
辉橄岩	3	0.4	0.7	0.05	0.5	0.3	3.3	13.4	6.6	52.0	0.38	0.01	0.034	2.8	6.6	0.9	139

序号	Cr	Ni	Co	V	Rb	Sr	Ba	Cs	Sc	Cd	Ga	Zr	Hf	Nb	Ta	Th	U
1	42	50.8	33.1	209.5	3.0	175	66.0	12	38.8	0.07	11.4	41.0	2.3	5.9	0.5	1.0	0.5
2	76	162.1	65.5	389.7	3.0	105	67.0	22	41.3	0.26	7.1	524.0	13.4	21.1	0.8	1.0	2.3
3	2850	1590.0	79.6	66.8	3.0	33	25.0	8	12.0	0.06	1.4	8.0	0.5	4.5	0.5	1.0	0.5

（四）稀土元素特征

青春山蛇绿混杂岩稀土元素总量(表 3-8)不尽一致，一般较低，仅$(7.29\sim47.36)\times10^{-6}$，个别达

475.55×10^{-6}；轻重稀土分异不明显，LREE/HREE 为 1.70～2.64；铕较富集或无亏损，δEu 0.87～1.76。在稀土元素配分模式图(图 3-15)上为互相平行，Eu 向上突起的近平坦型曲线，表明它们为同源(上地幔)分异产物。

表 3-8　青春山蛇绿混杂岩稀土元素表（×10^{-6}）

岩性	La	Ce	Pr	Nd	Sm	Eu	Gd	Tb	Dy	Ho	Er	Tm	Yb	Lu	Y	ΣREE	LREE/HREE	δEu	δCe
玄武岩	2.44	6.92	1.12	5.58	1.82	0.96	2.59	0.51	3.08	0.64	1.87	0.29	1.82	0.27	17.47	47.36	1.70	1.51	0.87
橄辉岩	31.59	92.06	14.40	72.01	21.00	12.30	26.90	4.30	26.50	4.89	14.40	2.00	11.70	1.67	139.9	475.55	2.64	1.76	0.90
辉橄岩	0.59	1.37	0.19	0.88	0.25	0.09	0.49	0.07	0.43	0.10	0.28	0.05	0.28	0.05	2.27	7.29	2.03	0.87	0.85

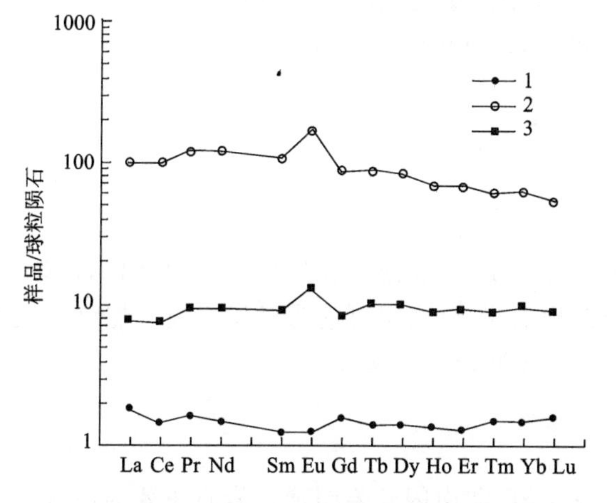

图 3-15　青春山蛇绿混杂岩稀土元素配分模式图

1. 玄武岩；2. 橄辉岩；3. 辉橄岩

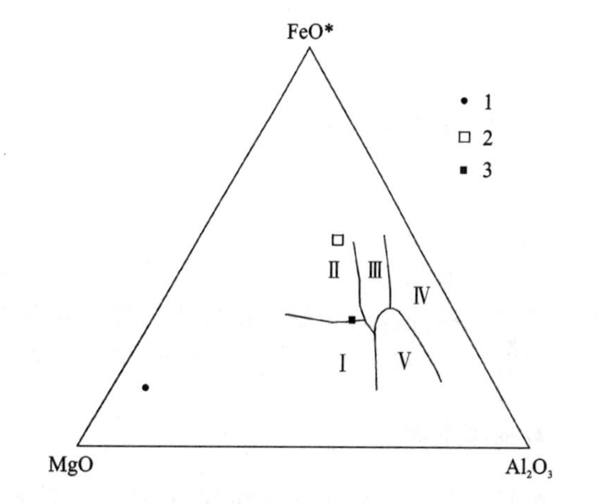

图 3-16　青春山蛇绿混杂岩 FeO*-MgO-Al_2O_3图

(据 Pearce T H,1977)

Ⅰ. 洋中脊及洋底；Ⅱ. 大洋岛屿；Ⅲ. 大陆板块内部；Ⅳ. 扩张中心岛屿(冰岛)；Ⅴ. 造山带；1. 玄武岩；2. 橄辉岩；3. 辉橄岩

(五) 蛇绿混杂岩属性及构造环境探讨

由上述可知，青春山蛇绿混杂岩尽管经历了较强的构造改造和蚀变变质，但根据岩石组合、原岩构造、交代残余结构、岩石地球化学特征分析及恢复，仍能反映该地区蛇绿岩套的基本特征，即由下往上分别为上地幔辉石橄榄岩、橄辉岩、(堆晶)辉长岩、玄武岩、硅质岩等。在 FeO*-MgO-Al_2O_3图(图 3-16)上，岩石均落入洋中脊及洋底或大洋岛屿构造区，表明上述岩石属于大洋残片。

需指出，上述有关地球化学值与北面华道山-横条山构造混杂岩带中蛇绿岩(早石炭世末期形成)不同，结合产状，可大致确认青春山蛇绿岩为晚古生代前形成。往东进入木孜塔格幅后该蛇绿混杂岩带又有出露，称为黑顶山结合带北侧蛇绿混杂岩带，新疆区调所对其作角闪石 Sm-Nd 等时线年龄为1138±43Ma，辉石 Sm-Nd 等时线年龄为 982±45Ma。结合蛇绿岩产于元古代苦海岩群片岩、片麻岩中，蛇绿岩形成时代可能为中—晚元古代。如此则指示元古代洋壳和造山带结晶基底的存在。

三、可支塔格—风华山夭折蛇绿岩

(一) 地质特征

可支塔格—风华山蛇绿混杂岩位于耸石山—可支塔格混杂岩带东段，呈层状沿可支塔格—风华山东西向山脊分布，往东伸出图外。图内出露长约 31km，宽 300～1100m。后期多次构造运动使原蛇绿岩残缺不全，成为“夭折式”蛇绿混杂岩。但沿走向仍能见到蛇绿岩不同部分的残片。风华山一带露头较好，主要岩石组合有变辉橄岩（蛇纹岩）、变堆晶岩（变辉长岩、辉绿岩、闪长岩、斜长花岗岩、花岗闪长岩等）、变基性熔岩（阳起石片岩）等。蛇绿混杂岩北部地层为二叠系含砾岩屑杂砂岩、灰岩，蛇绿混杂岩南部为石炭系灰岩夹岩屑杂砂岩，蛇绿岩内各岩性体及其与围岩之间均呈断层接触（图 3-17）。

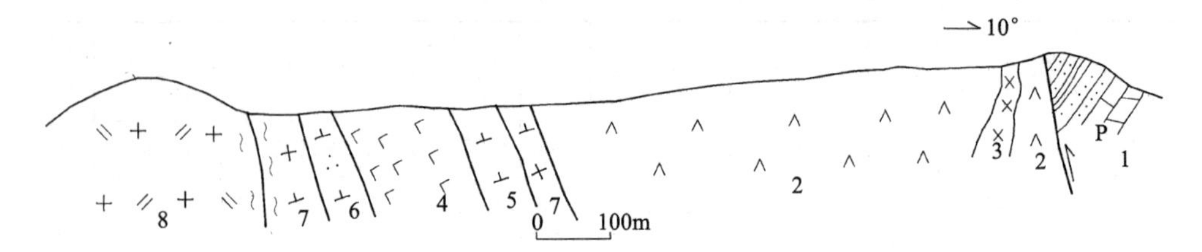

图 3-17　风华山蛇绿混杂岩剖面简图

1. 二叠系砂岩与灰岩；2. 变橄辉岩（蛇纹岩）；3. 变辉绿岩；4. 变玄武岩（阳起石片岩）；5. 变闪长岩；6. 变石英闪长岩；7. 变花岗闪长岩；8. 片麻状二长花岗岩

（二）岩石学特征

1. 变辉橄岩

变辉橄岩呈灰黑—黑色，块状构造，变晶变余结构。岩石蚀变较强烈，原岩矿物成分（橄榄石、辉石）基本被纤维状蛇纹石和磁铁矿取代。根据残余结构和矿物推测，原岩很可能为辉橄岩类。蛇纹石呈纤维状集合体，一级灰白—黄色干涉色，平行消光，正延性，属 α 型纤维蛇纹石。

2. 变堆晶岩

变堆晶岩呈主要由闪长玢岩、石英闪长玢岩、斜长花岗岩、花岗闪长岩组成。岩石主要为浅灰—灰色，变质较强烈。变余斑状结构或微细粒结构。堆晶构造较发育，表现为矿物成分的分层及定向排列，分层厚几毫米至几厘米或更大。其中，闪长玢岩中角闪石 65%左右，斜长石 32%，石英约 3%。石英闪长玢岩中角闪石 32%～42%，斜长石 20%～49%，石英 17%左右，偶见黑云母。花岗闪长岩中斜长石 58%～66%，钾长石 5%～8%，石英 22%～25%，少量黑云母。

3. 变基性熔岩（阳起石片岩、变玄武岩）

原岩矿物成分及结构基本被交代改造。根据交代残余矿物和结构，原岩可能为玄武岩类。变质矿物主要为阳起石，少量石英、黝帘石、绿帘石等。

（三）岩石化学特征

风华山蛇绿混杂岩岩石化学成分如表 3-9 所列，由表可得出以下结论。

表 3-9　风华山蛇绿混杂岩岩石化学成分（%）及 CIPW 标准矿物计算表

岩性	SiO_2	TiO_2	Al_2O_3	Fe_2O_3	FeO	MnO	MgO	CaO	Na_2O	K_2O	P_2O_5	H_2O^+	灼失量
变辉橄岩	39.40	0.01	0.72	4.61	1.93	0.08	37.97	1.93	0.01	0.02	0.02	10.20	13.63
变斜长花岗岩	69.80	0.24	15.22	0.59	1.72	0.01	2.85	0.34	3.39	2.66	0.10	2.82	2.43
变闪长岩	54.67	0.82	16.17	1.74	4.75	0.12	6.07	8.09	4.07	1.11	0.16	1.99	1.28

岩性	Ap	Il	Mt	Hm	Or	Ab	An	Q	C	Di	Hy	Ol	DI	A/CNK	SI	σ	AR
变辉橄岩	0.05	0.02	7.44	0.18	0.14	0.10	2.15	0.00	0.00	6.82	5.70	77.40	0.23	0.20	85.25	0.00	1.02
变斜长花岗岩	0.23	0.47	0.88	0.00	16.22	29.59	1.13	35.22	6.56	0.00	9.69	0.00	81.03	1.68	25.42	1.34	2.27
变闪长岩	0.36	1.59	2.58	0.00	6.71	35.22	23.09	1.60	0.00	13.69	15.17	0.00	43.53	0.72	34.22	2.17	1.54

变辉橄岩：SiO_2、TiO_2、Al_2O_3、Na_2O、K_2O 很低，MgO 很高，达 37.97%。在 CIPW 计算中，Hy 为 5.7%，Ol 为 77.40%，无 Q，属高镁超基性岩类，与三江地区蛇绿岩中的方辉橄榄岩相似。在易熔组分-M 图解（图略）上，接近亏损地幔岩。

变闪长岩：SiO_2、K_2O 成分较低，仅 MgO、CaO、Na_2O 含量较高，$Na_2O>K_2O$，与我国三江地区、西藏日喀则，国外塞浦路斯特罗多斯等斜长花岗岩差异较大，而更接近石英辉长岩的范围，介于橄辉岩与斜长花岗岩之间，可能为二者之间结晶分异的过渡产物。

变斜长花岗岩：SiO_2 较高，属酸性岩类，MgO 较同类岩石高，达 2.85%，是三江地区大洋斜长花岗岩的一至几倍。$Na_2O>K_2O$，说明岩浆来源较深，与上地幔有一定联系。CIPW 计算中，Hy 为 9.69%，Q 为 35.22%。A/CNK 为 1.68，属强铝过饱和型，为岩浆强烈分异产物。

（四）微量元素特征

微量元素分析结果（表 3-10）和标准化蛛网图（图 3-18）表明元素丰度差异较大，但变化较有规律，反映出洋中脊同源分异演化特征。

变辉橄岩中有色金属成矿元素丰度较低，但 Cr、Ni、Co 含量很高，分别达 1528×10^{-6}、1822×10^{-6}、88.9×10^{-6}，其中 Ni 近工业边界品位。微量元素标准化蛛网图上，除 Rb、Ba、Th、Ta 略有富集外，其余均有不同程度的亏损，其中 Ti 亏损最为强烈。

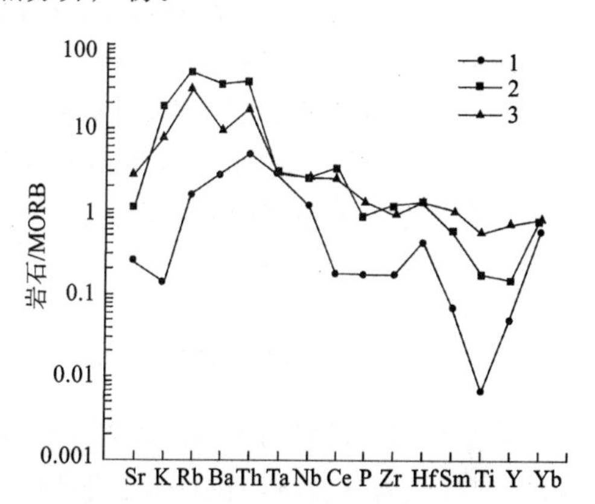

图 3-18　风华山蛇绿混杂岩微量元素蛛网图

1. 变辉橄岩；2. 变斜长花岗岩；3. 变闪长岩

闪长岩、斜长花岗岩特征很相似，但后者分异更为强烈，即 Rb、Ba、Th 等大离子亲石元素丰度更高，而高场强元素却分异不明显，标准化值接近 1。其微量元素标准化蛛网图与洋中脊花岗岩相似。

表 3-10　风华山蛇绿混杂岩微量元素表（$\times10^{-6}$，Au：$\times10^{-9}$）

岩性	W	Sn	Bi	Mo	Be	Li	Cu	Pb	Zn	Sb	Hg	Ag	Au	Pt	As	F
变辉橄岩	0.4	0.6	0.05	0.3	0.2	2.2	21.5	6.7	38.5	0.55	0.01	0.014	2.4	6.2	7.2	68
变斜长花岗岩	1.0	0.9	0.06	0.4	1.1	6.7	18.2	14.4	41.4	0.23	0.01	0.020	2.2		0.7	209
变闪长岩	1.0	1.4	0.05	0.3	2.0	16.4	21.2	14.8	49.8	0.33	0.01	0.025	1.4		1.6	567

岩性	Cr	Ni	Co	V	Rb	Sr	Ba	Cs	Sc	Cd	Ga	Zr	Hf	Nb	Ta	Th	U
变辉橄岩	47	20.6	6.4	33.6	94.2	128	637.0	10	3.4	0.05	16.6	101.0	2.9	8.7	0.5	7.4	1.4
变斜长花岗岩	98	35.4	25.5	213.6	61.9	330	188.0	16	32.6	0.09	14.4	87.0	3.3	9.4	0.5	3.6	1.1
变闪长岩	1528	1822.0	88.9	23.1	3.0	30	54.0	7	5.9	0.04	0.3	15.0	1.0	3.9	0.5	1.0	0.5

注：空白表示该元素未分析。

（五）稀土元素

从稀土元素分析结果（表 3-11）可知：

表 3-11　风华山蛇绿混杂岩稀土元素（$\times10^{-6}$）及有关参数表

岩性	La	Ce	Pr	Nd	Sm	Eu	Gd	Tb	Dy	Ho	Er	Tm	Yb	Lu	Y	ΣREE	LREE/HREE	δEu	δCe
变辉橄岩	0.89	1.73	0.22	0.78	0.22	0.06	0.21	0.04	0.22	0.05	0.13	0.02	0.11	0.02	1.46	6.13	4.91	0.92	0.80
变斜长花岗岩	18.14	33.18	3.61	10.83	1.86	0.49	1.33	0.20	1.03	0.17	0.40	0.06	0.35	0.05	4.10	75.89	18.96	0.99	0.81
变闪长岩	10.66	24.12	3.42	12.87	3.29	1.05	3.44	0.60	3.77	0.75	2.30	0.40	2.43	0.37	21.49	90.95	3.94	1.04	0.83

变辉橄岩∑REE 很低，仅 6.13×10^{-6}，LREE/HREE 值 4.91，轻重稀土略有分异。

闪长岩∑REE 及 δEu 相对较高，分别为 90.95×10^{-6}、1.04，说明岩浆在结晶分异中有较多斜长石晶出，而 LREE/HREE 最低，表明岩浆结晶分异成岩过程中在斜长石、角闪石晶出的同时，还有较多的锆石、独居石等副矿物晶出。

斜长花岗岩∑REE 为 75.89×10^{-6}，丰度较高；LREE/HREE 为 18.96，表明轻重稀土分异较明显。

在稀土元素配分模式图（图 3-19）上，变辉橄岩及闪长岩呈平行度较好的近水平直线，而斜长花岗岩则为向右倾斜的直线。上述现象暗示着风华山蛇绿混杂岩三类型岩石为同源于上地幔结晶分异的产物。但进入斜长花岗岩，轻重稀土分异更为明显。

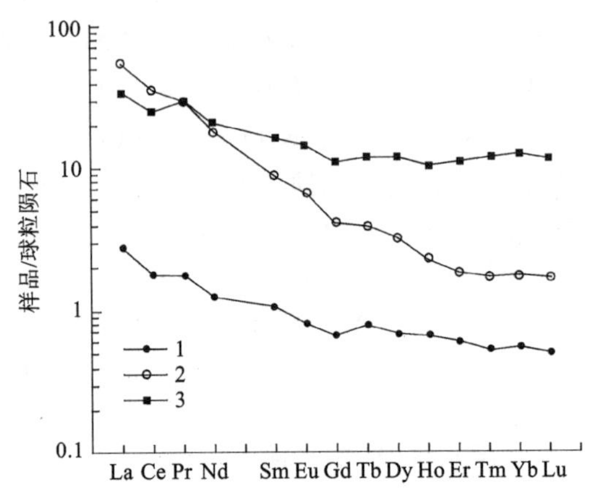

图 3-19　风华山蛇绿混杂岩稀土元素配分模式图

1. 变辉橄岩；2. 变斜长花岗岩；3. 变闪长岩

（六）形成时代及构造环境分析

可支塔格—风华山蛇绿混杂岩的中酸性岩在 TiO_2-10MnO-$10P_2O_5$ 分解图（图略）上位于大洋岛屿环境，变辉橄岩（蛇纹岩）在易熔组分-M 图解（图略）中靠近亏损地幔岩。An-Ab-Or 图解中主要位于大洋斜长花岗岩区，少量位于大陆奥长花岗岩区。蛇绿混杂岩虽被构造肢解成残缺不全的岩片，但仍能恢复其基本层序，由下往上依次为变辉橄岩（蛇纹岩）、变堆晶岩（辉绿岩、闪长岩、斜长闪长岩、花岗闪长岩）、变玄武岩（阳起石片岩）等。

综上所述，可支塔格—风华山蛇绿岩应形成于弧后拉张产生的有限洋盆环境，为构造破坏较强的夭折式蛇绿混杂岩。

可支塔格—风华山蛇绿混杂岩呈岩片产于石炭纪、二叠纪地层中，位于耸石山—可支塔格构造混杂岩带的东端，而混杂岩带西端昆明沟玄武岩全岩 K-Ar 法年龄值为 297.71±37.8Ma，全岩 Ar-Ar 法坪年龄值为 279.60±2.34Ma；赵子允 1986 年在测区东面相邻的木孜塔格北坡一带于该蛇绿混杂岩带硅质岩中获得放射虫化石，经中科院王乃文鉴定时代为晚二叠世—早三叠世。根据上述年龄并结合区域上该带为晚古生代造山带及测区构造演化背景（见第五章）等综合分析，基本可确定蛇绿混杂岩形成于石炭纪—二叠纪。喀拉米兰河西面尚见小块蛇纹岩产于早石炭世地层中，从而进一步认定其为早石炭世产物。

四、其他基性—超基性岩

其他基性—超基性岩不发育，呈星散状分布于图区各地，一般为规模较小的岩脉、岩管，宽几米至 300m。主要岩石类型有辉长岩、碱煌岩、橄辉玢岩、玻基辉岩等。

1. 辉绿玢岩

规模较大者见于飞云山—摘星山一带，岩石呈脉状沿断裂侵入于石炭纪托库孜达坂群变质碎屑岩中，宽约 30m，长约 150m，岩石蚀变较强烈。根据附近花岗岩主要形成于早石炭世晚期，推测其形成时代大致相近。

2. 辉长岩

辉长岩见于图区南部蒙蒙湖，呈脉状侵入于三叠系巴颜喀拉山群碎屑岩中（图 3-20）。岩脉宽约

80m，长约 2000m，岩脉两侧见宽 0.5～2m 的过渡带，围岩具轻微的热接触变质作用。岩石具块状构造，辉长结构、含长结构。主要由斜长石（49%～52%）和辉石（44%～48%）组成，少量钛铁矿（3%～4%），具轻微的蛇纹石化。岩石化学成分（表 3-12）SiO_2、K_2O 较低，分别为 45.19%、0.21%，MgO、CaO 较高，分别为 7.47%、12.06%，Na_2O 大于 K_2O，岩石化学类型属正常型。在 CIPW 计算中 Ol 为 11.31%。微量元素（表 3-13）除 Cu（135.6×10^{-6}）和 V（313.7×10^{-6}）较高外，其余均较低。在微量元素标准化蛛网图（图3-21）上，Rb、Ba、Th、Ta、Nb 相对富集，其他接近 1，未产生明显亏损与富集。稀土元素（表 3-14）总量较低，ΣREE 为 68.81×10^{-6}，轻重稀土略有分异，LREE/HREE 为 3.90；Eu 为正异常，δEu 值为 1.10。稀土元素标准化分布型式图为稍向右倾斜的直线（图 3-22）。根据和该岩脉位于同一构造单元和同一层位的黑山石英斑岩全岩 K-Ar 法年龄 179Ma，同时该岩脉具弱的蛇纹石化蚀变等分析，其形成时代应属中侏罗世，为上地幔分异的产物。

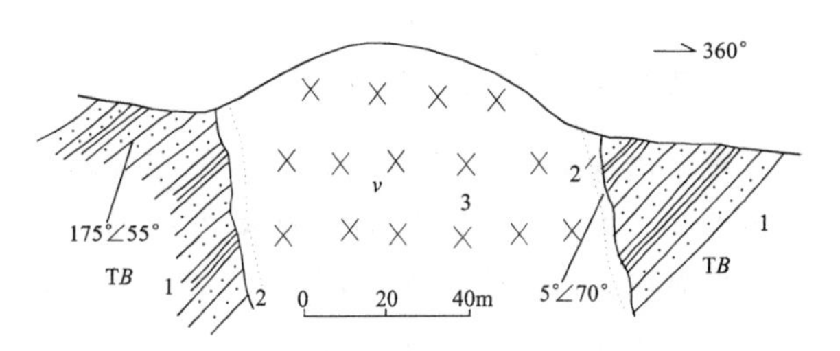

图 3-20　蒙蒙湖（178 点）辉长岩脉与围岩接触关系
1. 三叠系巴颜喀拉山群；2. 冷凝边；3. 辉长岩

表 3-12　辉长岩岩石化学成分（%）及 CIPW 标准矿物计算表

SiO_2	TiO_2	Al_2O_3	Fe_2O_3	FeO	MnO	MgO	CaO	Na_2O	K_2O	P_2O_5	H_2O^+	灼失量
45.19	1.15	13.91	2.82	9.1	0.21	7.47	12.06	2.16	0.21	0.09	4.35	4.70

Ap	Il	Mt	Or	Ab	An	Di	Hy	Ol	Ne	Lc	DI	A/CNK	SI	σ	AR
0.21	2.31	4.33	1.31	19.37	29.29	27.42	4.44	11.31	0.00	0.00	20.68	0.54	34.33	1.29	1.2

表 3-13　辉长岩微量元素表（$\times10^{-6}$，Au：$\times10^{-9}$）

W	Sn	Bi	Mo	Be	Li	Cu	Pb	Zn	Sb	Hg	Ag	Au	As	F
0.7	0.6	0.05	2.2	2.0	63.7	135.6	15.6	91.9	0.41	0.01	0.062	3.7	3.4	289

Cr	Ni	Co	V	Rb	Sr	Ba	Cs	Sc	Cd	Ga	Zr	Hf	Nb	Ta	Th	U
26	101.9	48.4	313.7	4.0	122	161.0	15	30.5	0.11	16.2	60.0	2.3	11.5	0.5	2.0	1.1

表 3-14　辉长岩稀土元素（$\times10^{-6}$）及参数表

La	Ce	Pr	Nd	Sm	Eu	Gd	Tb	Dy	Ho	Er	Tm	Yb	Lu	Y	ΣREE	LREE/HREE	δEu	δCe
7.97	18.56	2.35	9.69	2.68	0.92	2.96	0.49	2.93	0.60	1.70	0.26	1.63	0.23	15.84	68.81	3.90	1.10	0.89

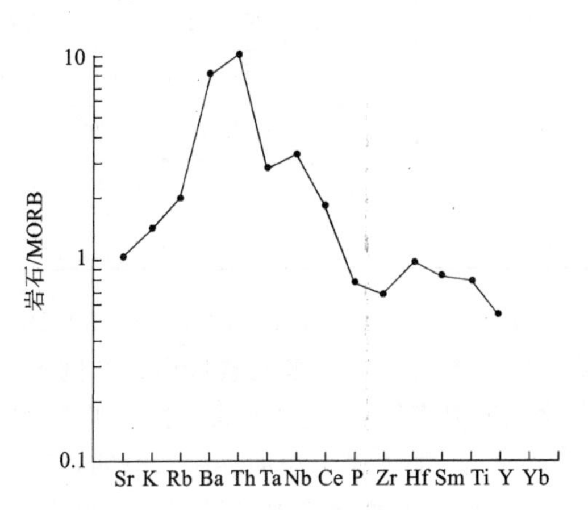

图 3-21　蒙蒙湖辉长岩微量元素蛛网图

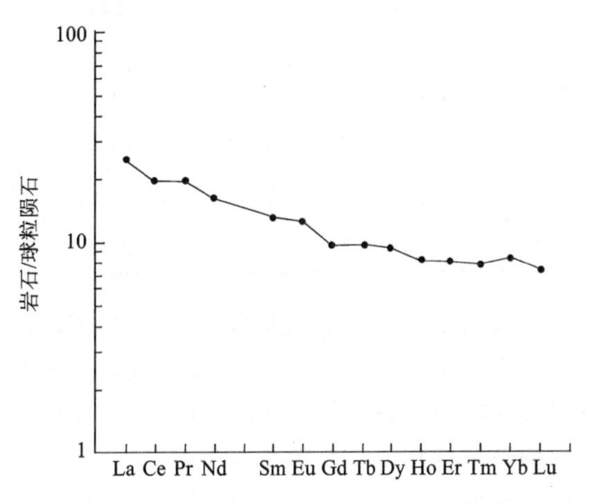

图 3-22　蒙蒙湖辉长岩稀土元素配分模式图

3. 橄辉玢岩、煌斑岩及玻基辉岩

图区出露十余处，岩石类型较复杂，呈管状、锥状产出，一般呈孤立高耸的黑色锥状山包，野外标志十分明显。由于三者矿物组成、地球化学性质及形成时代相近，故归并一起论述如下。

橄辉玢岩主要见于高岚梁等地。黑伞顶橄辉玢岩侵入于花岗斑岩内，直径 30～50m，高出地面约 30m。岩石为斑状结构，基质为微晶结构。斑晶由橄榄石(13%)和斜方辉石(19%)组成，分别为自形粒状和短柱状。基质由斜长石(15%～20%)、辉石和橄榄石(47%～52%)组成。岩石中可见少量玄武岩和辉长岩捕虏体及石英捕虏晶。高岚梁橄辉玢岩侵入于 E_3 地层及渐新世潜流纹斑岩($E_3\lambda$)中，呈椭圆状，为 1200m×800m。岩石呈黑色，致密块状，斑状结构。斑晶中由较自形的单斜辉石(25%)、橄榄石(20%)组成；基质由单斜辉石(30%)、黑云母(10%)、斜长石(15%)组成，粒径一般小于 0.2mm。

碱煌岩图区见 2 处，出露于怀玉岗西约 10km 棉丝河东侧，地表呈黑色的锥柱状山包立于戈壁滩之中，大小分别为 800m×700m、300m×400m，高 30～80m，侵入于 E_3 和 C_1 地层中。岩石呈黑色，块状构造，斑状结构。斑晶由自形的橄榄石(9%)和钛辉石(7%)组成，基质由钛辉石(54%)、斜长石(15%)、方沸石或玻璃(10%)、磁铁矿(3%)、黑云母(2%)等组成。钛辉石的大量出现表明岩石碱性程度较高。

玻基辉岩出露于黑山东南部，地貌上呈黑色孤立的锥柱状山包，出露面积为 300m×400m，高约 70m，侵入于三叠系巴颜喀拉群中。岩石为黑色，致密块状，玻基斑状结构。斑晶由自形晶单斜辉石(5%)组成，基质由玻璃质(55%)、单斜辉石(38%)、黑云母(2%)组成。见少量细粒砂岩捕虏体和石英捕虏晶。

拉辉煌斑岩出露于怀玉岗，呈脉状沿东西向断裂侵入于 C_1TK 地层中。岩石为煌斑结构。斑晶由自形晶单斜辉石(14%)和假象长石(4%)组成。基质由单斜辉石(37%)、角闪石(25%)、斜长石(20%)组成。其中斜长石多被黝帘石交代。角闪石为褐色，$Ng \wedge C=0°\sim30°$，属玄武闪石。

岩石化学成分(表 3-15)中，SiO_2 为 42.25%～48.92%。辉长岩和橄辉玢岩为钙碱性系列，煌斑岩及玻基辉岩均属碱性系列。利用 CIPW 计算值细分，黑山玻基辉岩、怀玉岗碱煌岩属碧玄岩，黑伞顶橄辉玢岩则属苦橄拉斑玄武岩，蒙蒙湖辉长岩属橄榄拉斑玄武岩类。

表 3-15　基性—超基性侵入岩岩石化学成分(%)及 CIPW 标准矿物计算表

岩性	SiO_2	TiO_2	Al_2O_3	Fe_2O_3	FeO	MnO	MgO	CaO	Na_2O	K_2O	P_2O_5	H_2O^+	灼失量
玻基辉岩	48.92	0.96	12.48	2.89	4.90	0.14	7.12	9.92	2.98	4.46	2.07	1.72	1.70
碱煌岩	42.25	1.49	12.36	3.54	5.22	0.15	9.42	11.62	3.39	5.01	2.69	1.59	1.38
橄辉玢岩	47.57	1.47	12.98	1.59	6.70	0.15	9.18	8.16	3.40	2.80	0.96	1.44	4.18
橄辉玢岩	44.83	0.67	5.55	3.26	3.98	0.09	26.05	4.30	1.27	1.73	0.51	6.88	7.23

岩性	Ap	Il	Mt	Or	Ab	An	Di	Hy	Ol	Ne	Lc	DI	A/CNK	SI	σ	AR
玻基辉岩	4.67	1.88	4.33	27.21	15.22	7.75	24.38	0.00	8.70	5.86	0.00	48.30	0.45	31.86	7.85	1.99
碱煌岩	6.05	2.91	5.28	4.31	0.00	3.82	31.11	0.00	10.00	16.00	20.52	40.82	0.38	35.44	151.39	2.08
橄辉玢岩	2.21	2.94	2.43	17.42	20.31	12.52	19.43	0.00	17.33	5.41	0.00	43.14	0.55	38.78	6.01	1.83
橄辉玢岩	1.21	1.38	5.12	11.08	11.65	4.70	11.88	15.27	37.70	0.00	0.00	22.73	0.47	71.78	1.89	1.88

微量元素(表 3-16)除玻基辉岩 Cu、Pb、Zn 较高，分别达 357.7×10^{-6}、183.1×10^{-6}、125.8×10^{-6}，高出同类岩石平均值几至几十倍外，其他岩石较低或丰度一般。各岩石在微量元素标准化蛛网图(图 3-23)上总体相似，如大离子亲石元素除 Sr、K 相对较低，其余均明显富集；高场强元素分异不明显，显示出板内构造环境特征。但随着岩性的变化，其模式曲线也有所差异，如煌斑岩类曲线平行分布，辉长岩曲线位置最低，玻基辉岩 Zr 强烈亏损，橄辉玢岩 Ba 强烈亏损，反映了它们各自的分异程度及形成环境的差异。

表 3-16　基性—超基性侵入岩微量元素表(×10^{-6},Au:×10^{-9})

岩性	W	Sn	Bi	Mo	Be	Li	Cu	Pb	Zn	Sb	Hg	Ag	Au	Pt	As	F
玻基辉岩	4.7	26.4	0.76	6.9	7.5	59.0	357.7	183.1	125.8	0.32	0.01	0.197	2.2	0.5	18.1	1972
碱煌岩	0.6	3.9	0.19	5.8	5.3	21.8	54.4	61.0	94.6	0.22	0.01	0.094	2.3	0.3	3.7	2748
橄辉玢岩	1.1	2.2	0.13	6.7	4.8	26.6	59.7	40.8	101.1	0.50	0.01	0.071	3.2	0.8	107.4	1557
橄辉玢岩	3.5	2.8	0.17	1.5	2.5	15.8	29.2	22.5	62.1	0.26	0.01	0.127	1.6	0.0	11.6	1380

岩性	Cr	Ni	Co	V	Rb	Sr	Ba	Cs	Sc	Cd	Ga	Zr	Hf	Nb	Ta	Th	U
玻基辉岩	98	105.7	30.6	143.9	126.5	3451	5056.0	27	16.8	0.12	12.7	46.0	3.0	25.8	0.9	69.3	10.4
碱煌岩	109	131.2	35.5	133.2	120.9	3551	3928.0	23	15.4	0.12	11.9	17.0	1.6	63.9	3.2	17.5	3.4
橄辉玢岩	230	210.2	37.7	161.3	43.6	1998	1786.0	315	17.5	0.10	12.4	266.0	7.4	35.7	2.0	13.3	2.5
橄辉玢岩	1597	1241.0	70.6	85.1	49.9	958	1241.0	15	9.9	0.11	6.2	115.0	3.4	21.1	0.8	6.1	2.0

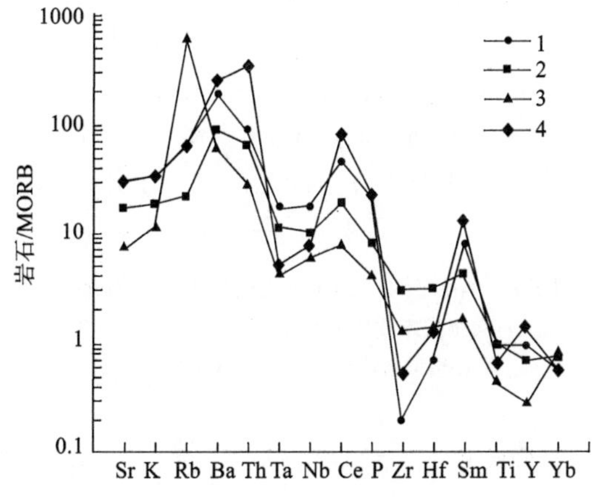

图 3-23　基性—超基性岩微量元素蛛网图

1. 碱煌岩;2、3. 橄辉玢岩;4. 玻璃辉岩

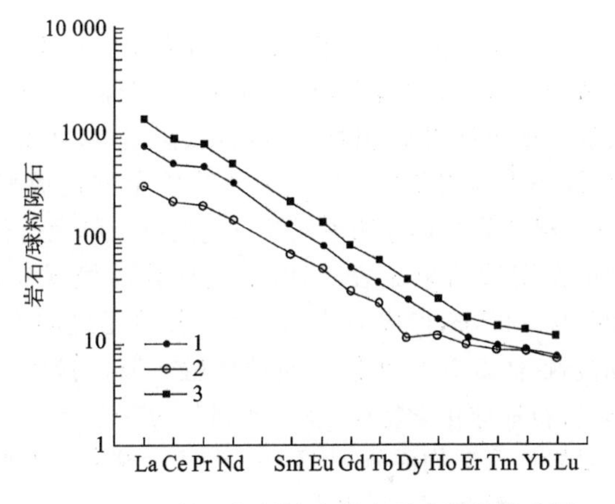

图 3-24　基性—超基性岩稀土元素配分模式图

1. 碱煌岩;2. 橄辉玢岩;3. 玻璃辉岩

稀土元素分析(表 3-17)表明,各岩石∑REE 和 LREE/HREE 差别很大,变化范围分别为(194.31～1723.69)×10^{-6}、20.66～33.48,从橄辉玢岩—碱煌岩依次增大,其中玻基辉岩达图区岩浆岩之最,∑REE接近工业品位。同时,各岩石 δEu 值≤1 且相近。在稀土元素分布型式图(图 3-24)上,为互相平行的向右倾斜的直线。

表 3-17　基性—超基性侵入岩稀土元素含量表(×10^{-6})

岩性	La	Ce	Pr	Nd	Sm	Eu	Gd	Tb	Dy	Ho	Er	Tm	Yb	Lu	Y	∑REE	LREE/HREE	δEu	δCe
玻基辉岩	416.1	783.3	87.45	292.9	43.68	10.12	25.36	2.95	11.97	1.79	3.49	0.46	2.43	0.34	41.35	1723.69	33.48	0.92	0.82
碱煌岩	231.0	462.0	56.00	192.00	26.9	6.00	16.30	2.00	7.62	1.00	2.31	0.00	1.59	0.00	27.87	1033.09	31.00	0.91	0.83
橄辉玢岩	94.4	202.5	24.40	87.44	14.00	3.64	9.05	1.13	3.28	0.87	1.96	0.28	1.61	0.23	20.53	466.96	20.88	1.01	0.87
橄辉玢岩	41.5	81.85	10.04	36.22	5.81	1.50	3.70	0.50	2.25	0.37	0.85	0.12	0.68	0.094	8.83	194.31	20.66	1.00	0.82

由上述可知,图区煌斑岩与玻基辉岩及橄辉玢岩,均属碱性基性—超基性岩类。大离子亲石元素和轻稀土元素强烈富集,微量元素标准化蛛网图及稀土元素型式图极为相似,表明岩浆岩均来源于上地幔部分熔融的产物,形成于拉张构造环境。根据岩体侵位于 E_3 地层及 N_1 花岗斑岩内,同时又被第四纪冲

洪积物部分覆盖，推测形成时代为上新世。

第二节　中酸性—酸性侵入岩

图区中酸性—酸性侵入岩较发育，活动时间较长，大小岩体 21 处，出露面积 211.3km²，占图区岩浆岩面积的 31.4%，由北而南有规律地分布于飞云山—嵩华山、耸石山—可支塔格、黑山—昆仑山 3 个构造岩浆带上。划分 3 个序列，13 个单元，1 个独立单元（表 3-1）。

一、各时代中酸性—酸性岩的基本特征

（一）早石炭世晚期横笛梁序列

1. 基本特征

横笛梁序列分布于图区中部耸石山—可支塔格东西向构造岩浆带上，出露面积约 193km²，岩体 10 余处，规模较大的有横笛梁岩基，其次有耸石山、清淀沟、怀玉岗、可支塔格、风华山等岩株，侵入于石炭系托库孜达坂群中（图 3-25）。横笛梁岩体第四单元及清淀沟第一单元锆石 U-Pb 法同位素测试结果见表 3-18，由此计算的模式年龄分别为 326Ma、336Ma，形成于早石炭世。各单元之间大部分呈脉动接触（图 3-26），部分呈涌动接触。根据接触关系、岩石学、岩石地球化学特征，该序列划分为 6 个单元。6 个单元主要岩性及矿物成分（表 3-19，图3-27）规律变化明显。从早单元到晚单元，暗色矿物及斜长石由多渐少，钾长石由少增多，An 值由大变小。

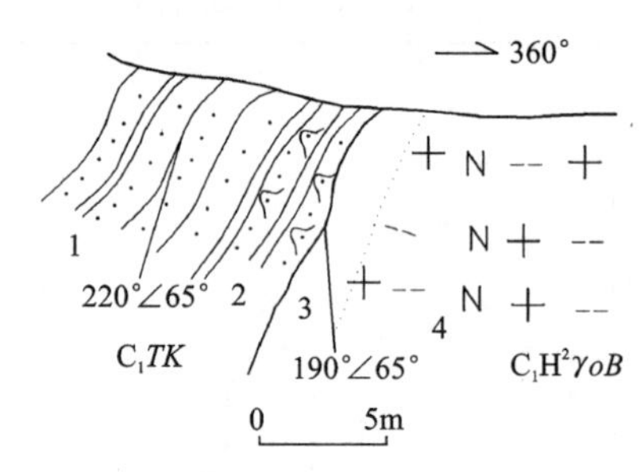

图 3-25　清淀沟（226 点）花岗岩与围岩接触关系
1. 下石炭统托库孜达坂群；2. 堇青石角岩；3. 冷凝边；4. 早石炭世横笛梁序列第二单元英云闪长岩

表 3-18　银石山花岗岩类锆石铀铅年龄测试结果表

样品信息			含量（×10⁻⁶）		普通铅含量（ng）	同位素原子比及误差（2σ）				表面年龄及误差（Ma）		
岩体	单元	岩性	U	Pb		$^{206}Pb/^{204}Pb$	$^{207}Pb/^{235}U$	$^{207}Pb/^{235}U$	$^{207}Pb/^{206}Pb$	$^{206}Pb/^{238}U$	$^{207}Pb/^{235}U$	$^{207}Pb/^{206}Pb$
高岚梁	$N_1\lambda\pi$	流纹斑岩	435.2	11.9	0.968	28.9	0.003 72	0.027 63	0.053 81	23	27	363
							0.000 15	0.012 01	0.023 51	0.9	12	158.7
岩碧山	$E_2G^1\eta\gamma$	细中粒斑状黑云母二长花岗岩	2200.2	35.3	1.891	72.3	0.007 58	0.049 51	0.047 37	48	49	68
							0.000 09	0.014 24	0.013 63	0.6	14.1	19.5
关水沟	$E_2G^1\eta\gamma$	细中粒斑状黑云母二长花岗岩	1320.7	11.7	0.232	223.2	0.005 92	0.092 88	0.113 67	38	90	1858
							0.000 11	0.013 76	0.016 99	0.7	13.3	277.9
金水河	$J_2\gamma\delta$	中细粒黑云母花岗闪长斑岩	2695.4	135.7	6.255	85.3	0.025 57	0.266 59	0.075 61	162	239	1084
							0.000 32	0.033 77	0.009 62	2	30.3	138
横笛梁	$C_1H^5\eta\gamma$	细中粒黑云母二长花岗岩	664.4	46.9	1.186	199.2	0.053 50	0.399 58	0.054 16	336	341	377
							0.000 17	0.016 87	0.002 29	1.1	14.4	16

续表 3-18

样品信息			含量（$\times10^{-6}$）		普通铅含量（ng）	同位素原子比及误差（2σ）				表面年龄及误差（Ma）		
岩体	单元	岩性	U	Pb		$^{206}Pb/^{204}Pb$	$^{207}Pb/^{235}U$	$^{207}Pb/^{235}U$	$^{207}Pb/^{206}Pb$	$^{206}Pb/^{238}U$	$^{207}Pb/^{235}U$	$^{207}Pb/^{206}Pb$
清淀沟	$C_1H^1\delta o$	细粒黑云母石英闪长岩	177	26.1	1.527	54.6	0.051 91	0.405 81	0.056 69	326	345	479
							0.000 74	0.072 71	0.010 19	4.7	61.9	86.2

表 3-19　横笛梁序列矿物成分表（%）

单元	岩石名称	辉石	角闪石	黑云母	斜长石	钾长石	石英	斜长石 An 值
$C_1H^6\eta\gamma$	微细粒斑状黑云母二长花岗岩			5.5	50	19	25.5	
$C_1H^5\eta\gamma$	粗中粒黑云母二长花岗岩			6	38	21	34	18
	粗中粒黑云母二长花岗岩			6	43	22	29	21
$C_1H^4\eta\gamma$	中粒黑云母二长花岗岩			5	42	25	28	19
	细中粒斑状黑云母二长花岗岩			6	29	38	27	23
	细中粒黑云母二长花岗岩			6	41	25	28	
$C_1H^3\gamma\delta$	细粒黑云母角闪石花岗闪长岩		12	9	48	10	21	31
	细粒黑云母角闪石花岗闪长岩		8	6	48	13	25	
	中细粒角闪石黑云母花岗闪长岩		12	21	49	10	21	48
$C_1H^2\gamma oB$	细粒角闪石黑云母英云闪长岩		8	15	57		20	46
	细粒英云闪长岩	2	14	18	59	1	6	46
	细粒英云闪长岩		12	16	63	2	35	
$C_1H^1\delta o$	细粒角闪石石英闪长岩	1	40	2	54		4	43

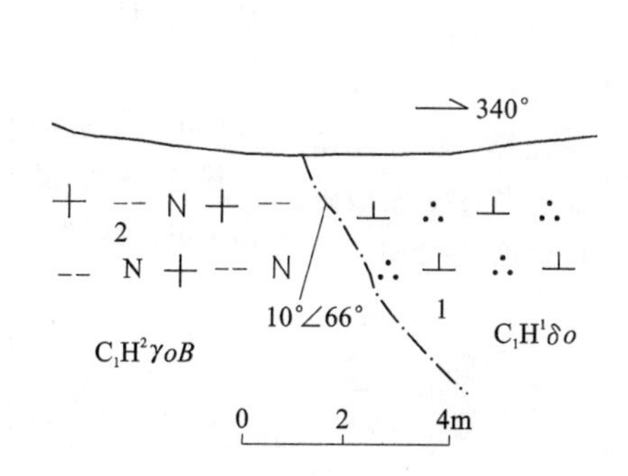

图 3-26　清淀沟花岗岩两个单元接触关系

1. 早石炭世横笛梁序列第一单元石英闪长岩；
2. 早石炭世横笛梁序列第二单元英云闪长岩

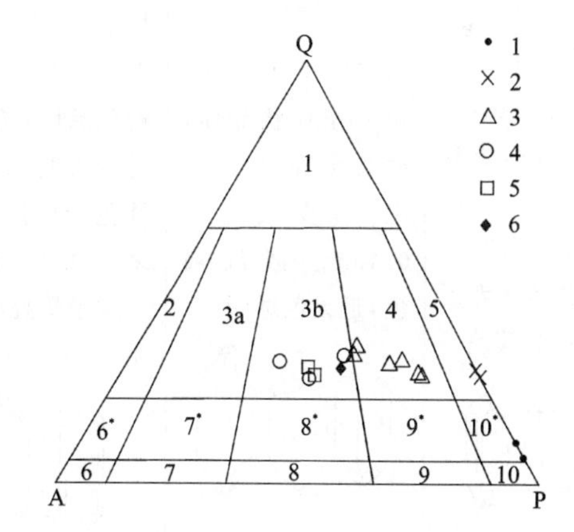

图 3-27　横笛梁序列 Q-A-P 图解

（据 GB/T 17412.1—1998）

图解中岩石类型：1. 石英岩；2. 富石英花岗岩类；3a. 正长花岗岩；3b. 二长花岗岩；4. 花岗闪长岩；5. 英云闪长岩、斜长花岗岩；6*. 碱长石英正长岩；6. 碱长正长岩；7*. 石英正长岩；7. 正长岩；8*. 二长岩；8. 含似长石二长岩；9*. 二长闪长岩、二长辉长岩；9. 含似长石二长闪长岩、含似长石二长辉长岩；10*. 闪长岩、辉长岩、斜长岩；10. 含似长石闪长岩、含似长石辉长岩、含似长石斜长岩。岩石单元：1—第一单元；2—第二单元；3—第三单元；4—第四单元；5—第五单元；6—第六单元

岩石人工重砂（新鲜基岩）分析结果见表 3-20，其组合是磁铁矿-褐帘石-榍石型，另有少量石榴石、钛铁矿、宇宙尘等，成矿副矿物较贫乏。锆石晶形特征见图 3-28。

时代					
上新世花岗岩	银石山($N_2\lambda\pi$) 细柱状、长柱状、针状，长度≤0.2mm，淡褐色至近无色，透明，可见到少量气液包体 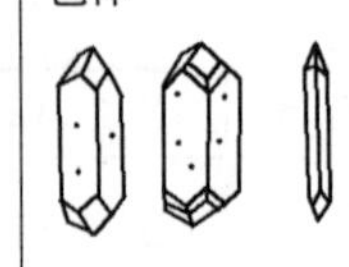	旱阳山($N_2\lambda\pi$) 自形晶，晶体呈柱状，柱长≤0.2mm，淡褐黄色近无色，透明，少量气液包体。陆源型磨蚀形锆石，呈半浑圆的柱状、卵形颗粒，大小≤0.2mm；红褐色，半透明 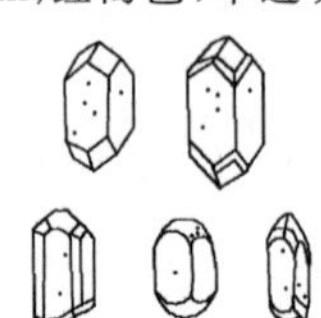	白帽山($N_2\gamma\pi$) 短柱状晶体，柱长0.2～0.5mm。无色透明，柱状晶体，个别针状，柱长≤0.5mm。淡褐色近无色，透明。个别变种锆石呈淡褐色，不透明。 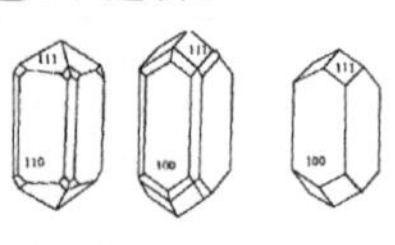	畅车川($N_2\eta\gamma$) 个别自形晶，淡褐色，透明，晶体长0.2mm。其余为陆源型锆石，呈次棱角及圆形。淡红褐色，半透明，粒度≤0.2mm 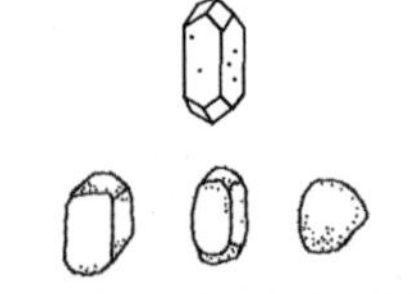	高岚梁阳山($N_2\lambda$) 锥柱状、针状，柱长0.2mm，淡褐色至近无色，透明及半透明 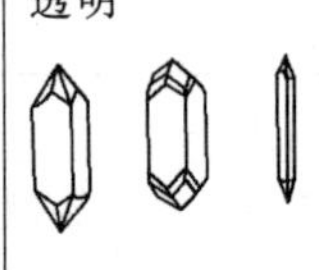
始新世花岗岩	关水沟($E_2G^2\eta\gamma$) 短柱状至长柱状，晶体长大者可达0.5mm，一般长≤0.3mm。无色至淡褐色，透明至半透明，包体多者则透明度差。主要是气液包体，固相包体则是细晶磷灰石 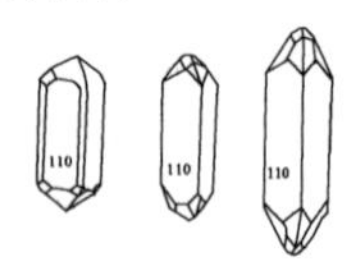		庆丰山($E_2G^2\eta\gamma$) 据形态差异锆石可分为两种：一种具熔蚀而呈浑圆状，晶体长可达0.5mm，淡黄色，透明，可见少量气液包体，应属早期晶出的锆石。另一种不具熔蚀，晶体棱角清晰；粒状至短柱状，晶体长0.1～0.4mm；淡黄色，无色，透明，少见包体，应属第二世代锆石 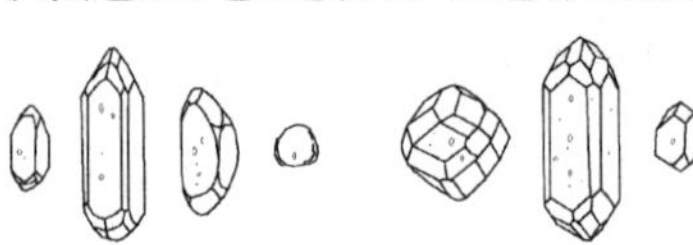		
中侏罗世花岗岩	金水河($J_2\gamma\delta$) 以柱状及长柱状晶形为主，少数短柱状。晶体长度多<0.2mm。淡褐色近无色，透明至半透明，包体多者则透明度差 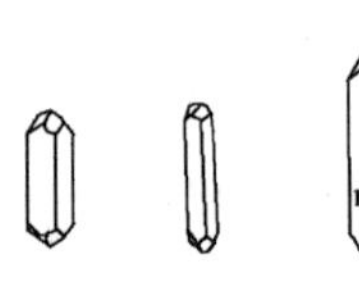				
早石炭世花岗岩	横笛梁($C_1H^5\eta\gamma$) 短柱状至柱状，柱长≤0.2mm，少数可达0.3～0.4mm。红褐色，半透明至透明。包体多者则透明度相对较差 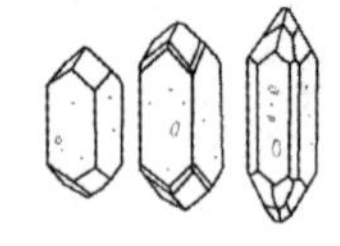	风华山($C_1H^3\gamma\delta$) 短柱至柱状晶体，柱长多在0.2mm以下，少数可达0.4mm。淡红褐色，近无色透明 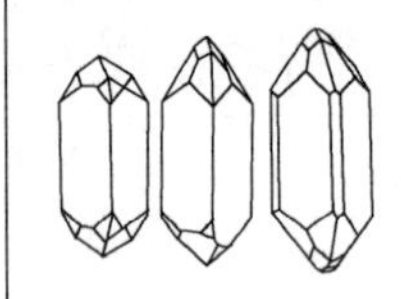	怀玉岗($C_1H^3\gamma\delta$) 以柱状为主，次为短柱状及粒状晶体，晶形多发育完好。可分为两类：一类为带紫的红色，透明，粒度较粗，柱长多在0.2～0.4mm之间；另一类呈短柱状，淡褐色，半透明，<0.2mm 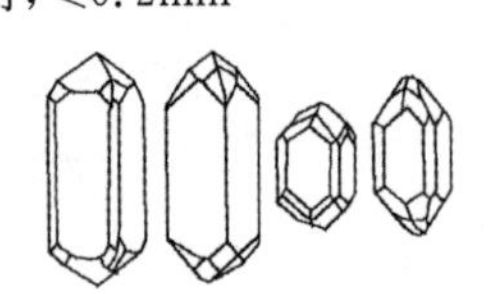	清淀沟($C_1H^2\gamma o\delta$) 柱状至长柱状，长可达0.6mm，一般<0.3mm。晶形发育不完整，多呈歪晶。晶体多裂纹，易破碎。淡褐色，半透明 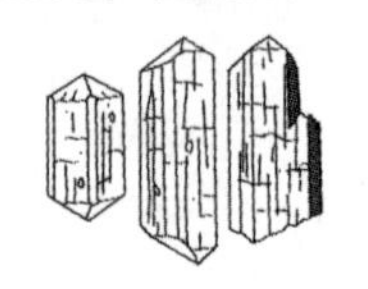	清淀沟($C_1H^1\delta o$) 呈柱状、短柱状、粒柱、锥状，大者长可达0.6～0.8mm，带紫的红褐色，透明，晶面平滑，包体少 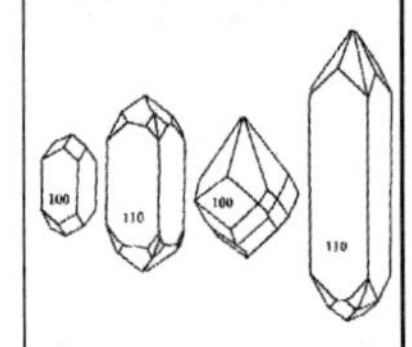
玄武岩	怀玉岗($P\beta$) 晶体细小，长度≤0.2mm。据形态和颜色差异可分为以下四类：①浅紫褐色锆石，透明，晶体较细长；②无色透明锆石；③淡褐色透明锆石；④浅紫红色，磨圆形锆石 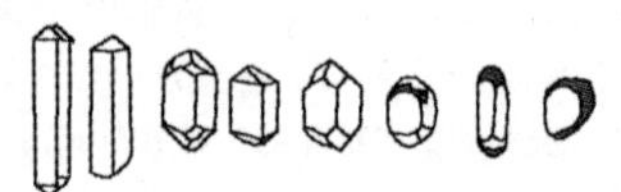		摘星山($D\beta$) 锆石仅见几粒，可分为自形晶锆石及陆源型的次棱角至浑圆形锆石。①自形晶，柱状，淡黄色，透明，柱长>0.2mm。②自形晶，柱状，淡褐色，不透明，柱长0.2mm左右。③次棱角至浑圆形，淡红色、褐色，粒度≤0.2mm 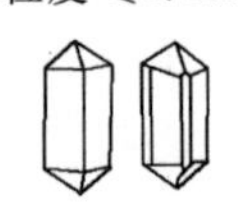  		

图3-28　银石山地区岩浆岩中锆石晶形特征及对比图

表 3-20 岩浆岩人工重砂统计表($\times 10^{-6}$)

岩性	玄武岩		横笛梁序列					金水河序列	关水沟序列		上新世花岗斑岩				
	$C\beta$	$P\beta$	$H^1\delta o$	$H^2\gamma o\delta$	$H^3\gamma\delta$	$H^3\gamma\delta$	$H^5\eta\gamma$	$J_2Y^2\gamma\delta\pi$	$E_2G^2\eta\gamma$	$E_2G^2\eta\gamma$	$N_1\lambda$	$N_2\eta\gamma$	$N_2\gamma\pi$	$N_2\lambda\pi$	$N_2\lambda\pi$
	摘星山	怀玉岗	清淀沟	清淀沟	怀玉岗	风华山	横笛梁	金水河	庆丰山	关水沟	高岚梁	畅车川	白帽山	早阳山	银石山
铁铝榴石				0.02	0.007	6.7		5	1.4			0.008	15	0.5	
磁黄铁矿			0.007											1	
磁铁矿		0.000 8	0.003	0.03	670	366.7	350	0.2	0.000 9	0.3	0.01	0.025		0.003	
钛铁矿		0.03	0.03	0.03				0.05		45				0.003	
金红石					0.001			0.02	0.45		0.01	0.008		0.005	
锐钛矿							0.001	0.1							
宇宙尘			0.002	0.01					0.000 5	0.000 3	0.001	0.03	0.05	0.1	
褐帘石				0.04	0.1	0.4	0.1	0.5		0.5	3	2.5			
绿帘石			0.07		0.01	0.03	160		0.002		0.003	0.005			
榍石				0.033	0.1	16.7	0.01	2.5	0.003						
黑电气石					0.01		0.02		0.005		0.01		16	800	0.4
毒砂									0.005	0.01	0.002		0.05	0.004	0.02
黄铁矿	1.7	0.2	0.7	10	0.1	0.007	0.01	1	0.005	0.01	0.5	0.01	0.01	0.3	0.02
独居石										2			0.05		
磷灰石	0.6	0.000 3	0.1	0.8	1	13	10	15		8	0.02	0.001	0.08	20	64
锆石	0.000 06	0.000 5	0.3	13	0.6	1.3	0.5	2.5	0.27	5	0.2	0.008	0.005	0.004	0.002
黄铜矿					0.006									0.008	
刚玉									0.007		0.02				

各单元岩石化学成分及有关计算值见表 3-21。岩石中 SiO_2 为 55.08%～72.93%，Na_2O+K_2O 为 3.72%～7.34%，里特曼指数(σ)1～3，属钙碱性系列。其中，早中单元岩石化学属正常型，中晚单元岩石化学属铝过饱和型(A/CNK>1)。所有样品 $K_2O<Na_2O$，二者比值(K_2O/Na_2O)为 0.49～0.99，从早次单元到晚次单元呈有规律的变化。

表 3-21 横笛梁序列岩石化学成分(%)及 CIPW 标准矿物计算表

单元	侵入体	样品号	SiO_2	TiO_2	Al_2O_3	Fe_2O_3	FeO	MnO	MgO	CaO	Na_2O	K_2O	P_2O_5	H_2O^+	灼失量	CO_2
$C_1H^6\eta\gamma$	横笛梁	812	69.41	0.27	14.64	1.13	2.00	0.04	0.91	2.15	4.27	2.38	0.10	1.59	2.17	0.89
$C_1H^5\eta\gamma$	横笛梁	昆-1	72.93	0.28	13.89	0.82	1.17	0.03	0.69	2.33	4.05	2.68	0.09	0.73	0.57	0.09
	横笛梁	817	71.17	0.35	13.72	1.31	1.33	0.05	0.87	1.87	3.85	3.49	0.14	1.07	1.58	0.56
$C_1H^4\eta\gamma$	横笛梁	815-3	70.18	0.36	14.21	0.89	1.90	0.05	1.14	2.42	3.89	3.04	0.13	1.23	1.31	0.33
$C_1H^3\gamma\delta$	风华山	133-1	66.40	0.49	14.87	1.01	2.67	0.07	2.20	3.86	3.26	3.07	0.18	1.55	1.18	0.00
	怀玉岗	665	67.12	0.32	14.54	1.35	2.48	0.07	2.12	4.09	3.10	2.93	0.13	1.34	1.18	0.00
	横笛梁	P3-45	64.96	0.53	14.93	1.44	3.02	0.06	2.84	4.07	3.58	2.86	0.13	1.27	0.64	0.04
$C_1H^2\gamma oB$	清淀沟	225-3	62.83	0.77	15.07	0.99	4.72	0.08	2.68	4.29	3.20	3.17	0.16	1.58	0.95	0.00
	清淀沟	664	61.40	0.4	16.53	1.87	3.77	0.10	2.85	6.21	2.92	1.76	0.20	1.56	1.18	0.00

续表 3-21

单元	侵入体	样品号	SiO_2	TiO_2	Al_2O_3	Fe_2O_3	FeO	MnO	MgO	CaO	Na_2O	K_2O	P_2O_5	H_2O^+	灼失量	CO_2
$C_1H^1\delta o$	清淀沟	225-2	55.16	0.63	11.78	0.90	6.48	0.14	9.53	8.85	2.23	1.49	0.15	1.97	1.40	0.00
	清淀沟	1368	55.08	0.87	16.52	2.00	6.25	0.13	3.89	7.92	3.24	1.66	0.07	1.88	1.30	0.00
包体	横笛梁	812-1	58.03	0.50	15.40	2.77	3.35	0.15	5.60	4.82	5.34	1.64	0.14	1.85	1.45	0.16

单元	侵入体	样品号	Ap	Il	Mt	Or	Ab	An	Qz	C	Di	Hy	DI	A/CNK	SI	σ	AR
$C_1H^6\eta\gamma$	横笛梁	812	0.22	0.53	1.68	14.45	37.13	10.36	29.48	1.38	0.00	4.76	81.06	1.08	8.51	1.65	2.31
$C_1H^5\eta\gamma$	横笛梁	昆-1	0.20	0.54	1.20	16.00	34.63	11.15	33.19	0.29	0.00	2.81	83.82	1.01	7.33	1.51	2.42
	横笛梁	817	0.31	0.68	1.94	21.01	33.19	8.61	30.64	0.52	0.00	3.10	84.84	1.02	8.02	1.90	2.78
$C_1H^4\eta\gamma$	横笛梁	815-3	0.29	0.70	1.31	18.29	33.51	11.45	28.86	0.41	0.00	5.18	80.66	1.01	10.50	1.75	2.43
$C_1H^3\gamma\delta$	风华山	133-1	0.40	0.95	1.49	18.50	28.12	17.20	23.77	0.00	1.01	8.55	70.39	0.95	18.02	1.69	2.02
	怀玉岗	665	0.29	0.62	1.99	17.62	26.70	17.41	25.87	0.00	2.00	7.49	70.19	0.93	17.70	1.49	1.96
	横笛梁	P3-45	0.29	1.02	2.12	17.17	30.78	16.48	19.94	0.00	2.64	9.56	67.89	0.91	20.67	1.86	2.03
$C_1H^2\gamma oB$	清淀沟	225-3	0.36	1.49	1.47	19.12	27.64	17.76	17.23	0.00	2.49	12.45	63.99	0.91	18.16	2.00	1.98
	清淀沟	664	0.45	0.78	2.77	10.61	25.21	27.34	19.40	0.00	2.36	11.09	55.22	0.92	21.64	1.16	1.52
$C_1H^1\delta o$	清淀沟	225-2	0.34	1.23	1.34	9.05	19.38	18.22	4.56	0.00	20.96	24.94	32.99	0.55	46.19	1.07	1.44
	清淀沟	1368	0.16	1.69	2.97	10.05	28.08	26.25	6.37	0.00	11.18	13.24	44.50	0.77	22.83	1.88	1.50
包体	横笛梁	812-1	0.31	0.97	4.11	9.92	46.23	13.51	3.07	0.00	8.04	13.84	59.21	0.80	29.95	3.12	2.05

岩石微量元素及有关参数(表 3-22)表明,第一、第二单元 Cu 丰度较高,达 176.5×10^{-6}、73.9×10^{-6},其他元素一般或较低。在微量元素标准化蛛网图上(图 3-29),为大离子亲石元素富集,高场强元素亏损的曲线,反映了岛弧花岗岩的特点。

表 3-22　横笛梁序列微量元素表($\times10^{-6}$,Au:$\times10^{-9}$)

单元	侵入体	样品号	W	Sn	Bi	Mo	Be	Li	Cu	Pb	Zn	Sb	Hg	Ag	Au	As	F
$C_1H^6\eta\gamma$	横笛梁	812	1.6	5.5	0.16	1.3	1.53	20.8	14.6	8.3	49.7	0.25	0.03	0.060	2.0	3.5	359
$C_1H^5\eta\gamma$	横笛梁	昆-1	0.6	3.1	0.12	0.7	1.41	19.2	7.5	13.2	40.1	0.27	0.01	0.040	0.7	27.5	336
	横笛梁	817	1.5	10.5	0.30	1.0	1.82	15.2	63.0	33.6	56.9	0.15	0.01	0.060	0.8	0.9	342
$C_1H^4\eta\gamma$	横笛梁	815-3	0.7	6.6	0.61	0.6	1.57	27.8	16.9	31.1	61.2	0.07	0.01	0.030	2.5	1.4	359
$C_1H^3\gamma\delta$	风华山	133-1	0.5	1.6	0.11	0.8	1.50	24.7	14.4	30.0	57.3	0.45	0.01	0.022	1.4	3.5	437
	怀玉岗	665	0.5	2.0	0.13	0.9	1.40	27.9	22.9	23.7	48.9	0.30	0.01	0.039	2.1	3.2	412
	横笛梁	P3-45	0.9	1.0	0.14	1.2	1.70	18.0	31.5	26.2	78.1	0.23	0.01	0.070	3.6	23.8	474
$C_1H^2\gamma oB$	清淀沟	225-3	0.6	4.5	0.10	5.8	1.60	22.1	73.9	14.7	35.2	0.45	0.01	0.021	2.9	5.4	668
	清淀沟	664	0.4	1.1	0.06	1.9	1.50	25.0	17.2	16.7	54.0	0.28	0.01	0.028	1.5	5.3	382
$C_1H^1\delta o$	清淀沟	225-2	0.8	20.1	0.10	0.8	1.10	12.5	176.5	23.4	65.0	0.48	0.01	0.021	2.8	10.2	469
	清淀沟	1368	0.8	2.7	0.05	2.0	2.10	14.6	71.8	22.5	81.6	0.48	0.01	0.018	1.2	4.2	544
包体	横笛梁	812-1	0.8	6.2	0.17	0.6	1.79	30.4	8.4	12.2	70.9	0.19	0.01	0.04	2.5	1.7	461

单元	侵入体	样品号	Cr	Ni	Co	V	Rb	Sr	Ba	Cs	Sc	Cd	Ga	Zr	Hf	Nb	Ta	Th	U
$C_1H^6\eta\gamma$	横笛梁	812	140	18.0	6.84	34.1	88.3	279	492	9	4.8	0.33	16.9	129	3.5	3.6	0.5	10.6	2.0
$C_1H^5\eta\gamma$	横笛梁	昆-1	49	7.6	4.15	27.9	63.3	278	766	16	3.4	0.08	19.7	128	3.9	4.9	0.5	7.3	0.9
	横笛梁	817	64	10.7	6.32	35.4	126.8	175	581	11	5.2	0.18	18.2	209	5.9	11.6	1.0	18.8	1.5

续表 3-22

单元	侵入体	样品号	Cr	Ni	Co	V	Rb	Sr	Ba	Cs	Sc	Cd	Ga	Zr	Hf	Nb	Ta	Th	U
$C_1H^4\eta\gamma$	横笛梁	815-3	48	13.0	8.02	42.7	95.2	326	729	6	5.3	0.15	21.2	143	4.4	9.5	1.1	16.9	2.2
$C_1H^3\gamma\delta$	风华山	133-1	82	25.8	13.4	78.9	97.7	397	888	10	8.9	0.08	15.6	279	8.7	12.8	0.9	9.6	5.8
	怀玉岗	665	70	20.3	11.6	82.1	95.5	253	758	12	12.4	0.05	13.7	207	6.6	12.5	1.0	16.4	1.8
	横笛梁	P3-45	194	45.6	15.5	102.0	114.0	376	649	15	11.7	0.15	23.1	184	5.5	9.1	0.7	8.8	0.8
$C_1H^2\gamma oB$	清淀沟	225-3	52	24.4	17.0	158.0	111.7	280	753	13	15.6	0.05	15.8	189	6.0	16.1	0.6	8.3	2.1
	清淀沟	664	51	19.8	16.2	119.2	54.5	335	535	14	18.2	0.07	15.2	188	5.6	10.4	1.0	6.9	1.8
$C_1H^1\delta o$	清淀沟	225-2	302	48.8	33.5	237.7	34.8	217	459	14	38.9	0.06	12.5	93	3.7	9.9	1.0	4.1	0.9
	清淀沟	1368	69	26.5	26.2	244.2	69.1	314	287	14	26.4	0.08	15.6	63	2.8	13.4	1.1	5.2	1.7
包体	横笛梁	812-1	272	82.5	25.4	145.0	80.3	392	373	11	18.3	0.12	21.7	96	3.7	2.9	0.5	4.8	1.2

稀土元素(表 3-23)中,∑REE 为 $89.85\times10^{-6}\sim139.62\times10^{-6}$,LREE/HREE 为 4.42~8.84,反映轻重稀土有一定分异。δEu 值为 0.77~0.88,各单元之间差异不大,在稀土元素分布型式图上(图 3-30),呈左陡右缓、Eu 无明显下降的曲线。

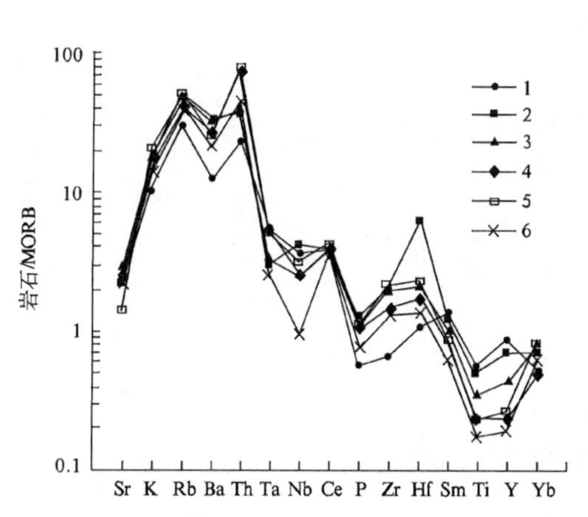

图 3-29 横笛梁序列微量元素蛛网图

1. 第一单元;2. 第二单元;3. 第三单元;
4. 第四单元;5. 第五单元;6. 第六单元

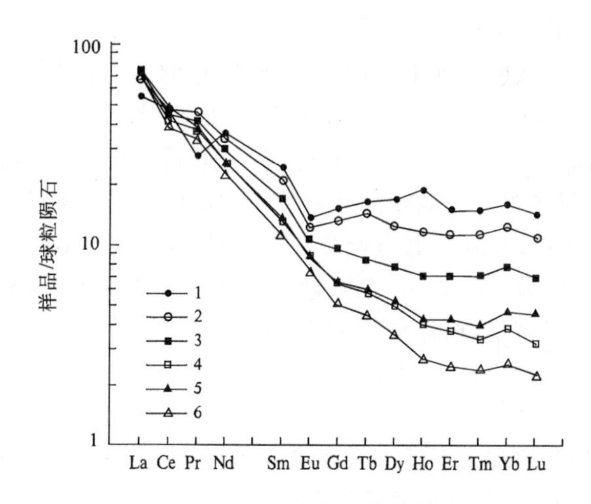

图 3-30 横笛梁序列稀土元素配分模式图

1. 第一单元;2. 第二单元;3. 第三单元;
4. 第四单元;5. 第五单元;6. 第六单元

表 3-23 横笛梁序列稀土元素及有关参数表($\times10^{-6}$)

单元	侵入体	样品号	La	Ce	Pr	Nd	Sm	Eu	Gd	Tb	Dy	Ho	Er	Tm	Yb	Lu	Y	ΣREE	LREE/HREE	δEu	δCe
第六单元	横笛梁	812	22.93	36.73	4.02	13.28	2.20	0.54	1.54	0.22	1.09	0.20	0.52	0.08	0.49	0.070	5.94	89.85	18.93	0.93	0.74
第五单元	横笛梁	昆-1	20.81	32.12	3.35	10.98	1.55	0.49	1.05	0.13	0.64	0.12	0.20	0.04	0.25	0.040	3.38	75.15	28.06	1.21	0.74
	横笛梁	817	23.36	44.98	4.69	14.79	2.69	0.63	1.97	0.30	1.63	0.31	0.88	0.13	0.87	0.140	8.35	105.72	14.63	0.87	0.85
第四单元	横笛梁	815-3	23.80	39.73	4.45	15.20	2.61	0.63	2.01	0.29	1.55	0.29	0.77	0.11	0.71	0.100	7.35	99.60	14.82	0.88	0.76
第三单元	风华山	133-1	16.95	35.99	3.72	15.44	3.01	0.75	2.56	0.42	2.34	0.48	1.33	0.22	1.44	0.229	12.75	97.63	8.41	0.88	0.91
	怀玉岗	665	18.94	36.54	4.33	13.10	3.23	0.7	2.82	0.44	2.44	0.51	1.56	0.256	1.70	0.265	14.56	101.39	7.69	0.76	0.82
	横笛梁	P3-45	22.44	41.33	4.89	17.63	3.35	0.76	2.93	0.42	2.40	0.51	1.47	0.23	1.50	0.210	13.85	113.92	9.35	0.79	0.79

续表 3-23

单元	侵入体	样品号	La	Ce	Pr	Nd	Sm	Eu	Gd	Tb	Dy	Ho	Er	Tm	Yb	Lu	Y	ΣREE	LREE/HREE	δEu	δCe
第二单元	清淀沟	225-3	21.01	43.33	5.45	19.86	4.14	0.89	4.07	0.70	3.85	0.83	2.33	0.365	2.31	0.339	21.72	131.19	6.40	0.72	0.83
	清淀沟	664	16.87	38.68	4.77	16.52	3.58	0.88	3.03	0.46	2.71	0.54	1.67	0.275	1.76	0.273	15.63	107.65	7.58	0.87	0.89
第一单元	清淀沟	225-2	10.97	20.22	3.70	13.92	3.09	0.76	3.50	0.61	3.50	0.75	2.14	0.352	2.18	0.319	19.32	85.33	3.94	0.78	0.66
	清淀沟	1368	17.50	42.38	3.32	21.28	4.84	1.00	4.63	0.81	5.20	1.36	3.12	0.49	3.02	0.442	28.34	137.73	4.74	0.70	1.09
包体	横笛梁	812-1	19.32	32.74	3.73	12.61	2.52	0.70	2.03	0.32	1.80	0.35	0.94	0.15	0.97	0.140	8.92	87.24	10.69	1.00	0.76

横笛梁岩体第六单元微细粒斑状黑云母二长花岗岩和第三单元细粒黑云母角闪石花岗闪长岩的全岩氧同位素($\delta^{18}O$)分别为 9.85‰、8.72‰，为正常 $\delta^{18}O$ 花岗岩。第四单元细中粒黑云母二长花岗岩全岩 Rb-Sr 等时线初始值为 0.711 483，为中锶花岗岩。由此可知，横笛梁序列花岗岩主要物质来源于下地壳，并有少量地幔物质的加入。

2. 成因

如前所述，横笛梁序列从早到晚单元，为石英闪长岩→英云闪长岩→花岗闪长岩→二长花岗岩组合。其中早单元含有少量的辉石，第四单元二长花岗岩中见较多的闪长质包体和少量的辉长岩包体，形成一个从中性到中酸性、酸性较完整的岩石演化序列，SiO_2 为 55.08%～72.93%；Na_2O 均大于 K_2O；A/CNK 除中晚单元略大于 1(1.01～1.08)外，早中单元均小于 1。微量元素中，早中单元上地幔相容元素 Cr、Ni、Co、V 较高，其中 Cr 最高达 302×10^{-6}，接近幔源花岗岩(304×10^{-6})；Rb/Sr 均小于 1，一般为0.1～0.5。在微量元素标准化蛛网图上，不相容元素明显富集，相容元素亏损明显，显示出岛弧花岗岩的特点。稀土元素为75.24×10^{-6}～291.89×10^{-6}，LREE/HREE 为 4.42～28.06；δEu 为 0.77～1.21，介于 S 型花岗岩与 M 型花岗岩之间。在稀土元素型式图上为平行度较好的向右倾斜的直线，与华南同融型花岗岩相似。第四单元黑云母二长花岗岩$^{87}Sr/^{86}Sr$ 初始值为 0.711 483。第三单元花岗闪长岩 $\delta^{18}O$ 为 8.72‰，最晚单元微细粒斑状黑云母二长花岗岩$\delta^{18}O$ 为 9.85‰，第四单元黑云母二长花岗岩的闪长质包体 $\delta^{18}O$ 为 8.62‰～9.16‰，均小于 10‰，与同熔型花岗岩相符。

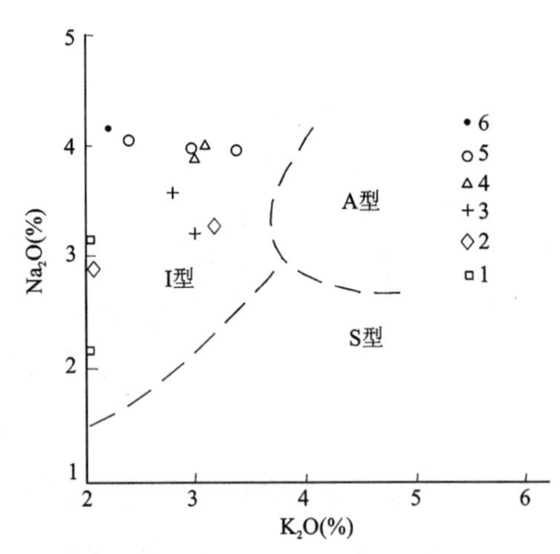

图 3-31　横笛梁序列 Na_2O-K_2O 图解
(据 Collins W J,1982)
1.第一单元石英闪长岩；2.第二单元英云闪长岩；3.第三单元花岗闪长岩；4.第四单元细中粒二长花岗岩；5.第五单元粗中粒二长花岗岩；6.第六单元微细粒斑状二长花岗岩

由上可知，横笛梁序列花岗岩源于上地幔或下地壳物质部分熔融，并同化混染了部分上地壳物质，为多次分异演化的产物，相当于 I 型或同熔型花岗岩(图 3-31)。

3. 构造环境

横笛梁序列花岗岩位于耸石山—可支塔格构造混杂岩带、昆南微陆块与巴颜喀拉陆块的结合部位。早石炭世晚期，巴颜喀拉洋壳向北俯冲于昆南微陆块之下，古特提斯洋盆进入关闭期，并伴随大量的花岗岩浆活动。该序列花岗岩出露区，即为大陆弧部位。在岩石化学 R_1-R_2图解(图 3-32)中，早中单元为消减的活动大陆边缘花岗岩，中晚单元则为同碰撞花岗岩，反映了构造-岩浆活动的一个连续过程。在微量元素图解(图 3-33、图 3-34)中，均属火山弧花岗岩。综上所述，横笛梁序列花岗岩形成于大陆弧(火山弧)构造环境。

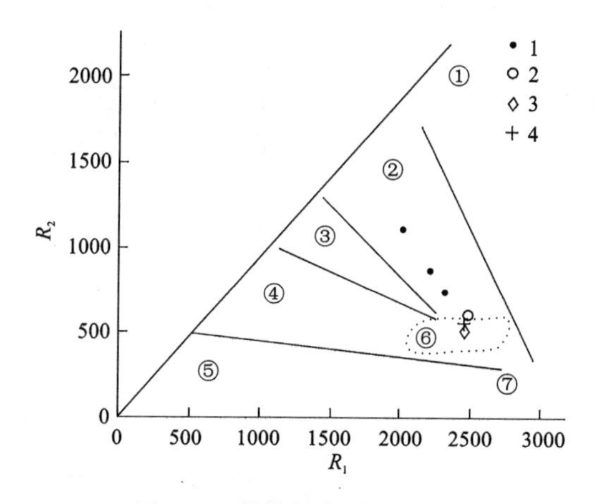

图 3-32 横笛梁序列 R_1-R_2 图解

①地幔分离；②板块碰撞前的；③碰撞后的抬升；④造山晚期的；⑤非造山的；⑥同碰撞期的；⑦造山期后的；1. 第三单元花岗闪长岩；2. 第四单元细中粒二长花岗岩；3. 第五单元粗中粒二长花岗岩；4. 第六单元微细粒斑状二长花岗岩

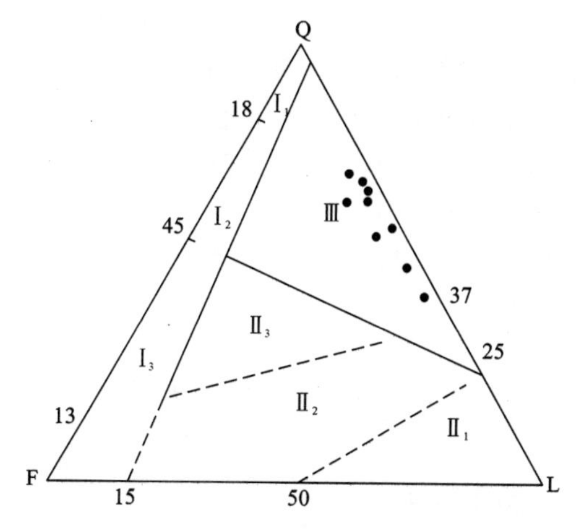

图 3-33 横笛梁序列构造环境 Q-F-L 图

（图例同图 2-46）

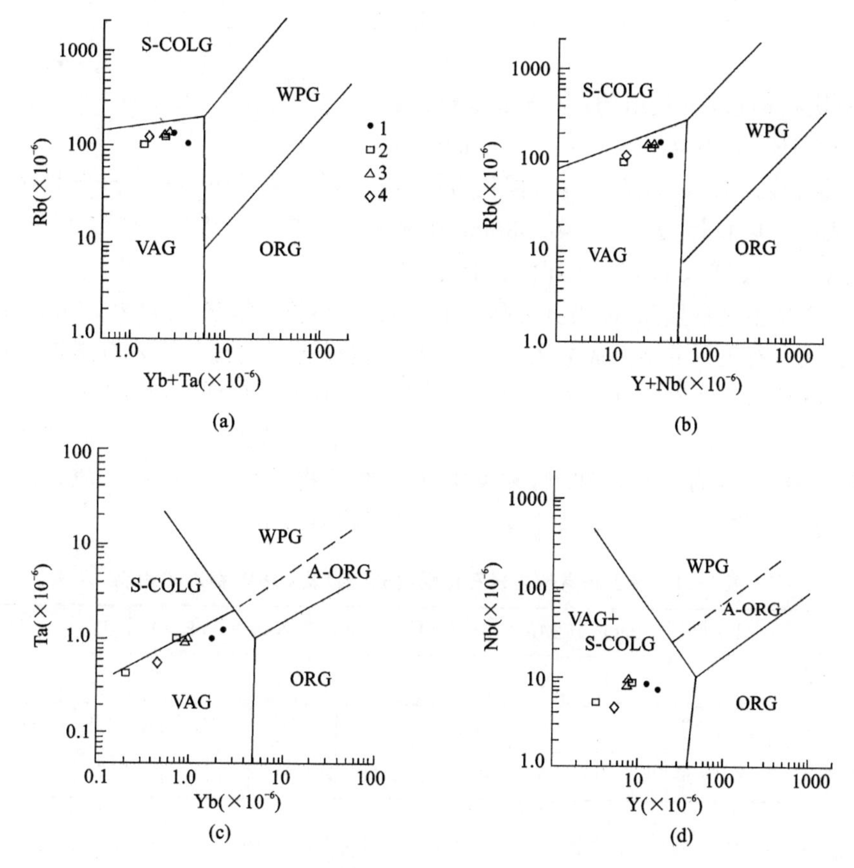

图 3-34 横笛梁序列不同构造环境非活动性元素判别图

（据 Pearce 等，1984）

VAG. 火山弧花岗岩；WPG. 板内花岗岩；S-COLG. 同碰撞花岗岩；

ORG. 洋中脊花岗岩；A-ORG. 异常洋中脊花岗岩；1. 第三单元花岗闪长岩；

2. 第四单元细中粒二长花岗岩；3. 第五单元粗中粒二长花岗岩；4. 第六单元微细粒斑状二长花岗岩

4. 就位机制

横笛梁岩体是图区出露规模最大的岩体，地表形态呈不规则的椭圆状。南东面与地层呈断层接触。

侵入于石炭系地层中，近接触带 200m～1km 范围内，地层产状与岩体接触带产状近一致。岩体近接触带附近叶理较发育，黑云母、长石等矿物较明显定向排列，与接触带产状平行。

岩体内包体呈椭圆状、条状，大部分具定向排列，大致平行接触带分布。岩体由 4 个单元组成，由外向内，时代由老变新，呈同心环状产出(第三单元呈不连续的岩石残片分布于岩体的接触带附近)，构造变形从外到内由强变弱。

综上所述，横笛梁序列具主动侵位特征，为热气球膨胀就位机制，可能与巴颜喀拉地块向昆南微陆块挤压俯冲有关。

(二) 中侏罗世黑山独立单元

1. 基本特征

中侏罗世黑山花岗斑岩($J_2\gamma\pi$)在图区出露两处，位于图区南西部黑山一带。黑山岩体呈不规则状、椭圆状，面积约 9km²，出露标高 5100～5651m，高出地面约 500m，地表多为黑色冻裂滚石覆盖。岩体侵入于三叠系巴颜喀拉群碎屑岩中(图 3-35)，全岩 K-Ar 同位素年龄 179Ma，形成于早中侏罗世。

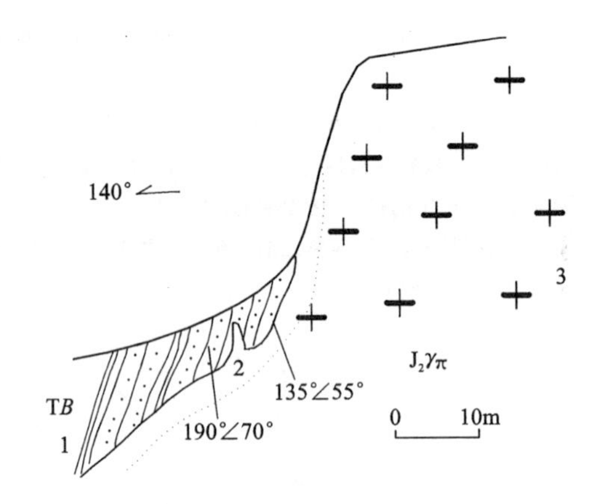

图 3-35　黑山(140 点)花岗斑岩与围岩接触关系

1. 巴颜喀拉山群；2. 冷凝边；3. 中侏罗世花岗斑岩

岩石为致密块状构造，斑状结构，基质呈微粒结构。斑晶含量为 5%～10%，大小为 0.3 mm×0.4 mm～0.9 mm×1.2mm，由钠长石(3%)、石英(2%)、钾长石(5%)、黑云母(2%)组成。基质粒径为 0.02～0.03mm，由钠长石(66%)、石英(15%)、钾长石(5%)、白云母(次生?)(3%)组成。其中斑晶多呈自形晶，钾长石斑晶具卡氏双晶；斜长石板状、板柱状，An 值 7～8，有不同程度的绢云母化(交代)；石英有的熔融成港湾状；黑云母多被绿泥石交代。从岩石结构特征分析，黑山岩体应为浅成—超浅成相，岩体刚遭受剥蚀。岩石内多数矿物具不同程度的蚀变变质。

化学成分及有关参数(表 3-24)表明，岩石 SiO_2 含量较高，属酸性钙碱性系列；TiO_2、MgO 等较低，$K_2O>Na_2O$；A/CNK>1，为铝过饱和型；在 CIPW 标准矿物计算中，出现 C 值(3.28%)。DI 值为 87.75，说明岩浆分异演化程度较高，岩浆主要来源于地壳物质重熔。

表 3-24　黑山花岗斑岩岩石化学成分(%)及 CIPW 标准矿物表

SiO_2	TiO_2	Al_2O_3	Fe_2O_3	FeO	MnO	MgO	CaO	Na_2O	K_2O	P_2O_5	H_2O^+	灼失量
72.94	0.02	14.71	0.32	2.07	0.05	0.19	0.7	3.45	4.3	0.06	1.03	0.65

Ap	Il	Mt	Or	Ab	An	Qz	C	Hy	DI	A/CNK	SI	σ	AR
0.13	0.04	0.47	25.72	29.54	3.16	33.55	3.28	4.12	88.81	1.27	1.84	2	3.02

微量元素(表 3-25)中，Sn(27.7×10^{-6})、Li(344.5×10^{-6})、F(2012×10^{-6})、Rb(450.2×10^{-6})等较高，其他元素较低。微量元素标准化蛛网图(图 3-36)显示，大离子亲石元素富集，相对而言 Ba 略有亏损，而高场强元素亏损较明显，表现出同碰撞花岗岩的特点。该岩体 Cr 丰度较高，达 166×10^{-6}，为分析误差还是其他原因尚不清楚。

表 3-25　黑山花岗斑岩微量元素表($\times10^{-6}$，Au：$\times10^{-9}$)

W	Sn	Bi	Mo	Be	Li	Cu	Pb	Zn	Sb	Hg	Ag	Au	As	F
9.6	27.7	2.88	2.3	6.5	344.5	26.2	46.7	63.5	1.03	0.04	0.110	1.1	15.6	2012

续表 3-25

Cr	Ni	Co	V	Rb	Sr	Ba	Cs	Sc	Cd	Ga	Zr	Hf	Nb	Ta	Th	U
166	17.2	4.3	6.0	450.2	27	76.0	67	3.2	0.11	28.7	32.0	2.3	50.1	7.6	10.0	15.1

稀土元素(表 3-26)总量较低,仅 60.25×10^{-6};轻重稀土分异较明显,LREE/HREE 为 6.87;Eu 亏损明显,为图区岩浆岩之最,δEu 值为 0.09;稀土元素分布型式图(图 3-37)呈左高右低,中间急剧下凹的不对称“V”字形曲线,反映原始岩浆具较强的斜长石结晶分异作用。

表 3-26 黑山花岗斑岩稀土元素及有关参数表($\times10^{-6}$)

La	Ce	Pr	Nd	Sm	Eu	Gd	Tb	Dy	Ho	Er	Tm	Yb	Lu	Y	ΣREE	LREE/HREE	δEu	δCe
8.75	21.06	2.41	9.32	3.3	0.08	2.61	0.39	1.88	0.28	0.67	0.093	0.54	0.08	8.79	60.25	6.87	0.09	0.94

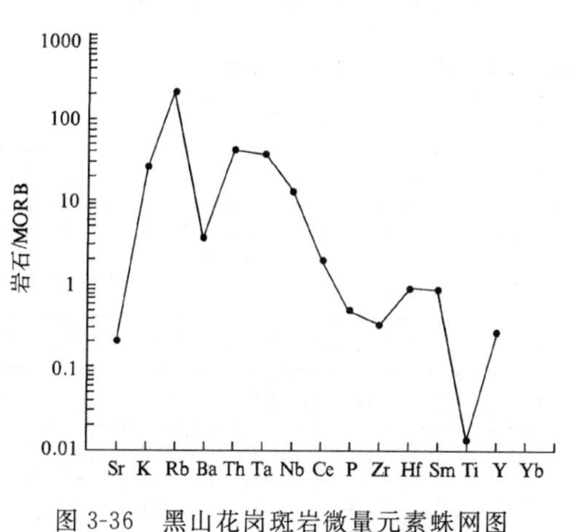

图 3-36 黑山花岗斑岩微量元素蛛网图

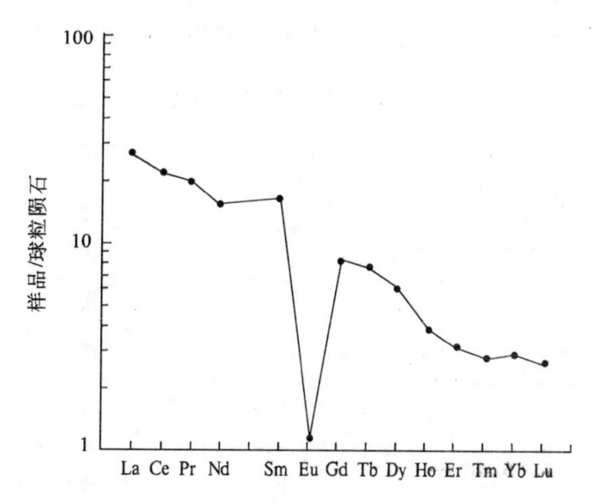

图 3-37 黑山花岗斑岩稀土元素配分模式图

2. 成因

黑山岩体主要由花岗斑岩及分布在岩体边缘的石英斑岩组成,矿物成分中有少量的钾长石(10%±)。SiO_2较高,达 72.94%,$K_2O>Na_2O$,二者比值为 1.25,A/CNK 为 1.27,DI 值为 88.81,是一种分异演化较强的钙碱性铝过饱和岩石。相容元素 Cr 较高,达 166×10^{-6},Ni 为 17.2×10^{-6},说明有幔源物质加入。ΣREE 为 60.25×10^{-6},LREE/HREE 为 6.87,δEu 为 0.09,稀土元素模式图为左高右低、Eu 形成深谷的曲线。在 Na_2O-K_2O 图解中 ,位于 A 型花岗岩区内(图略)。

(三) 中侏罗世岩碧山序列

1. 基本特征

岩碧山序列位于图区北东部,昆南微陆块内,由冠山梁、鳄鱼梁、岩碧山、金水河等岩体组成。岩体规模较小,一般呈岩株或岩脉产出,其中金水河及冠山梁岩体较大,分别为 $5km^2$、$8km^2$,其余为 $0.12\sim2km^2$。岩体侵入于二叠系灰岩中(图 3-38),局部与围岩呈断层接触。金水河花岗闪长岩的锆石 U-Pb法模式年龄为 162±2Ma,为中侏罗世的产物。根据岩体岩性、地球化学特征以及产出状况,该序列可划分为 3 个单元。

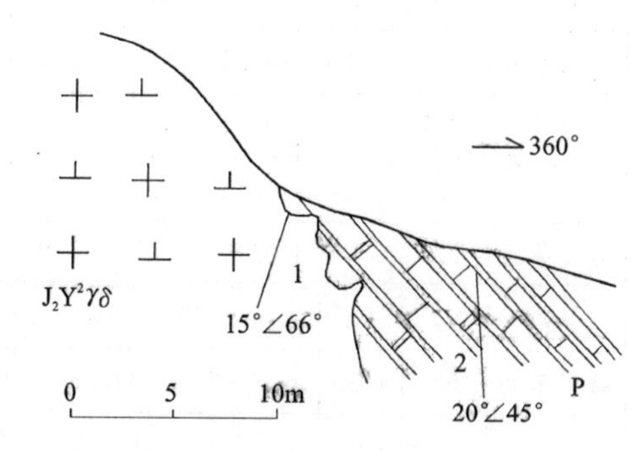

图 3-38 金水河花岗闪长岩与围岩接触关系
1. 中侏罗世岩碧山序列第二单元花岗闪长岩;2. 二叠系大理岩化灰岩

从表3-27可以看出，从早单元到晚单元，岩性为英云闪长岩→花岗闪长岩→二长花岗岩，钾长石、石英由少变多，斜长石、黑云母由多变少，反映了岩石从中酸性向酸性演化的趋势。

表3-27　岩碧山序列矿物成分统计表(%)

单元	岩性	钾长石	斜长石	石英	黑云母	角闪石	斜长石An值
第三单元	细中粒黑云母二长花岗岩	18	46	28	8		11
第二单元	中细粒黑云母花岗闪长岩	12	48	26	14		
第一单元	细粒斑状英云闪长岩		70	20	9.5	0.5	

部分岩石呈斑状结构，矿物自形程度较好，局部具定向排列。有的斜长石具较明显的环带状构造，最多可达20余环。个别自形晶石英因融蚀作用呈港湾状，反映了岩石形成深度较浅的特点。

从早单元到晚单元，岩石化学成分(表3-28)SiO_2、全碱(Na_2O+K_2O)有规律地递增，TiO_2、FFM(TFeO+MgO)、FMC(TFeO+MgO+CaO)等有规律地下降。$Na_2O>K_2O$(个别Na_2O略小于K_2O)，σ值为1.23～1.97，A/CNK>1。在CIPW标准矿物计算中，均出现C、Hy值，属钙碱性铝过饱和钠质花岗岩。

表3-28　岩碧山序列花岗岩岩石化学成分(%)及CIPW标准矿物计算表

单元	SiO_2	TiO_2	Al_2O_3	Fe_2O_3	FeO	MnO	MgO	CaO	Na_2O	K_2O	P_2O_5	H_2O^+	灼失量	CO_2
第三单元	69.45	0.32	15.14	1.04	2.28	0.03	0.95	1.46	3.97	3.16	0.09	1.63	1.40	0.00
第二单元	67.88	0.35	15.33	0.56	3.37	0.05	1.15	2.38	3.48	3.56	0.09	1.26	1.10	0.00
	65.09	0.36	17.37	0.79	3.03	0.07	1.42	2.22	4.99	1.47	0.13	2.06	2.55	0.00
第一单元	62.30	0.68	15.26	1.40	5.27	0.08	2.36	4.70	2.48	2.48	0.15	2.41	1.52	0.18

单元	Ap	Il	Mt	Or	Ab	An	Qz	C	Hy	DI	A/CNK	SI	σ	AR
第三单元	0.20	0.62	1.54	19.08	34.31	6.86	29.27	2.79	5.33	82.66	1.20	8.33	1.90	2.51
第二单元	0.20	0.68	0.83	21.42	29.98	11.48	25.50	1.65	8.25	76.91	1.10	9.49	1.97	2.32
	0.29	0.71	1.18	8.96	43.55	10.57	22.56	3.93	8.24	75.08	1.26	12.14	1.84	1.98
第一单元	0.34	1.33	2.09	15.08	21.60	23.09	22.38	0.28	13.82	59.06	1.00	16.87	1.23	1.66

微量元素(表3-29)中，成矿元素中、晚次单元的Cu丰度较高，为$(41.5～174.3)\times10^{-6}$，高出同类岩石几倍至十几倍，显示出与铜成矿有密切的关系。在微量元素标准化蛛网图(图3-39)上，各单元之间为平行度较好的曲线，大离子亲石元素Rb、Ba、Th强烈富集，高场强元素亏损明显，显示同碰撞花岗岩的特点。

表3-29　岩碧山序列花岗岩微量元素表($\times10^{-6}$，Au：$\times10^{-9}$)

单元	W	Sn	Bi	Mo	Be	Li	Cu	Pb	Zn	Sb	Hg	Ag	Au	As	F
第三单元	1.5	14.0	0.25	1.4	2.4	58.7	174.3	44.1	120.8	0.48	0.08	0.064	1.0	3.2	193
第二单元	0.7	5.3	0.21	5.9	2.4	26.7	48.8	31.1	45.9	0.60	0.01	0.037	2.0	12.6	392
	0.6	4.3	0.12	3.2	1.7	42.8	51.9	16.8	45.6	0.81	0.02	0.028	2.4	3.7	198
第一单元	2.1	3.0	0.10	1.9	1.9	35.7	23.7	9.5	39.1	2.05	0.03	0.030	11.2	215.0	453

单元	Cr	Ni	Co	V	Rb	Sr	Ba	Cs	Sc	Cd	Ga	Zr	Hf	Nb	Ta	Th	U
第三单元	68	10.9	6.8	22.3	107.8	371	333	15	2.9	0.10	19.3	126	4.1	16.7	1.4	9.2	3.4
第二单元	17	13.9	9.5	28.4	146.0	160	516	20	5.4	0.07	16.3	93	3.4	14.6	1.1	8.3	4.6
	28	14.1	9.7	31.3	43.1	544	824	12	5.0	0.05	16.9	124	4.2	9.3	0.5	6.8	3.0
第一单元	275	25.8	12.8	70.3	105.1	241	609	13	15,3	0.12	18.3	168	5.4	7.6	0.7	10.3	2.2

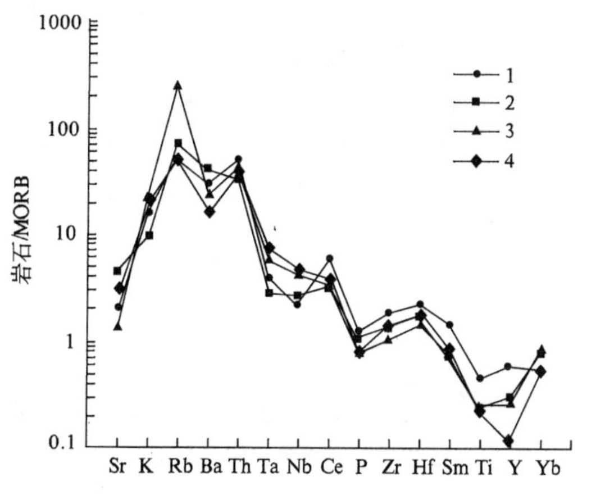

图 3-39　岩碧山单元微量元素蛛网图

1.第一单元(英云闪长岩);2、3.第二单元(黑云母二长花岗岩);4.第三单元(二长花岗岩)

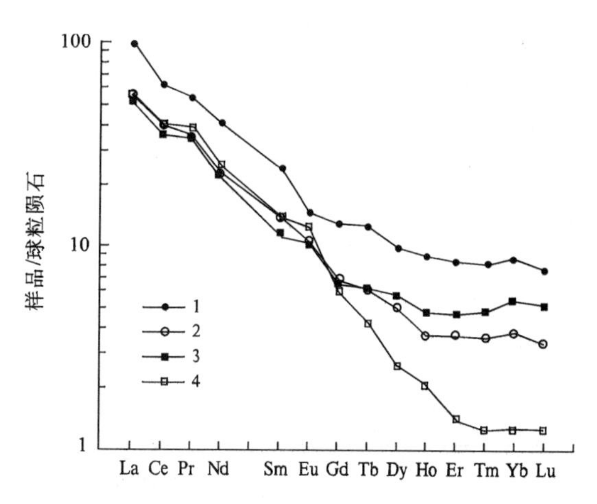

图 3-40　岩碧山单元稀土元素配分模式图

1.第一单元(英云闪长岩);2、3.第二单元(黑云母二长花岗岩);4.第三单元(二长花岗岩)

稀土元素(表 3-30)早单元∑REE 较高,达 157.49×10^{-6},其余都在 85×10^{-6} 左右;轻重稀土分异较强,LREE/HREE 10～20;Eu 早次单元略有亏损,其他单元 δEu 值均大于 1。在稀土元素配分模式图(图 3-40)上,为平行度较好的向右倾斜的曲线。以上表明早单元具有斜长石的结晶分异,而中晚次单元则不明显。

表 3-30　岩碧山序列花岗岩稀土元素及有关参数表($\times10^{-6}$)

单元	La	Ce	Pr	Nd	Sm	Eu	Gd	Tb	Dy	Ho	Er	Tm	Yb	Lu	Y	ΣREE	LREE/HREE	δEu	δCe
第三单元	17.66	37.13	4.56	14.91	2.82	0.91	1.87	0.21	0.81	0.15	0.29	0.04	0.24	0.04	3.21	84.85	21.37	1.24	0.85
第二单元	17.90	33.84	4.08	13.40	2.78	0.77	2.18	0.31	1.55	0.27	0.77	0.12	0.71	0.10	7.68	86.46	12.11	1.01	0.80
	16.08	33.14	4.06	13.14	2.32	0.75	2.03	0.31	1.78	0.35	0.98	0.16	1.04	0.16	8.96	85.26	10.20	1.13	0.84
第一单元	31.62	58.46	6.58	24.66	4.81	1.06	3.98	0.63	3.11	0.65	1.79	0.27	1.67	0.24	17.96	157.49	10.31	0.79	0.81

2. 成因

该序列从早单元到晚单元为英云闪长岩、黑云母花岗闪长岩、黑云母二长花岗岩组合,早单元很少或无钾长石矿物,副矿物为磁铁矿、钛铁矿、锆石、磷灰石、石榴石组合。SiO_2 为 62.3%～69.45%,$Na_2O>K_2O$,A/CNK 值为 1～1.26,δ 值为 1.23～1.97,为钙碱性正常型岩石。早单元 Cr(275×10^{-6})、V(70.3×10^{-6})等相容元素特高,部分接近基性岩的平均值,是酸性岩类的十几倍(维诺格拉夫,1962)。稀土元素总量(84.85×10^{-6}～157.49×10^{-6})较低,轻重稀土分异较明显,LREE/HREE 为 10.20～21.37,δEu 为 0.79～1.24,各稀土元素型式图为左高右低的倾斜直线,与华南同熔型花岗岩相似。在 Na_2O-K_2O 图解(图 3-41)上,所有点均落在 I 型花岗岩区。据上所述,岩碧山序列应为下地壳部分熔融的岩浆同化混染上地壳物质后,经结晶分异演化而成,属同熔型或 I 型花岗岩类。

3. 构造环境

岩碧山序列属 I 型花岗岩,位于昆南微陆块与巴颜喀拉陆块结合带的北缘。早中二叠世—晚三叠世,巴颜喀拉板块向昆南微陆块俯冲,结束了巴颜喀拉海槽的海相沉积历史。在岩石化学 R_1-R_2 图解(图略)与微量元素图解(图 3-42、图 3-43)上,大部分为火山弧花岗岩,部分为同碰撞花岗岩。结合测区构造演化背景综合考虑,将岩碧山序列花岗岩构造环境定为同碰撞—后碰撞较为合理。某些化学指标显示火山弧花岗岩特征可能与俯冲造山期深部物质的后期影响有关。

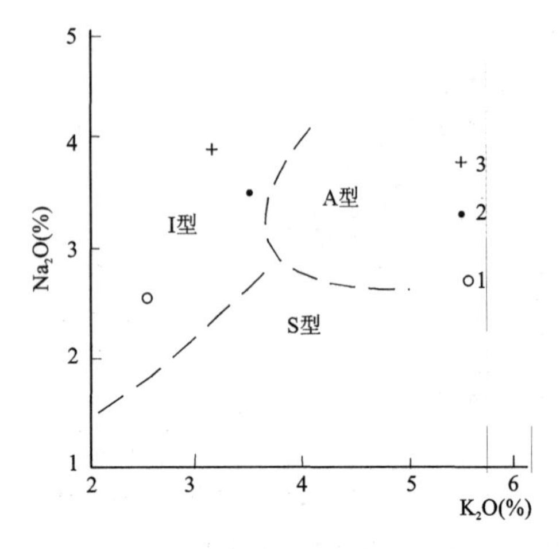

图 3-41　岩碧山序列 Na_2O-K_2O 图解

(据 Collins W J 等,1982)

1. 第一单元;2. 第二单;3. 第三单元

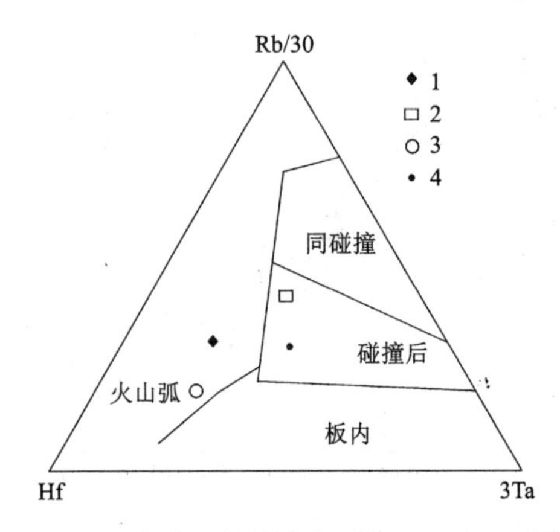

图 3-42　岩碧山序列构造环境 Rb-Hf-3Ta 图

1. 第一单元英云闪长岩;2、3. 第二单元黑云母二长花岗岩;4. 第三单元二长花岗岩

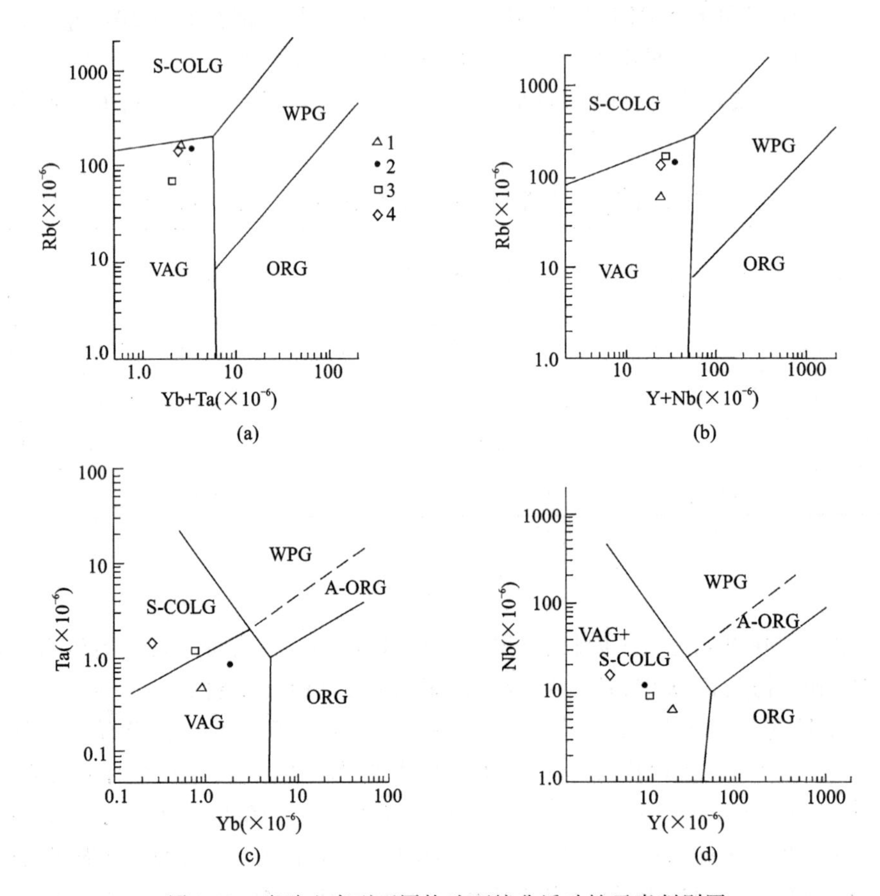

图 3-43　岩碧山序列不同构造环境非活动性元素判别图

(据 Pearce 等,1984)

VAG. 火山弧花岗岩;WPG. 板内花岗岩;S-COLG. 同碰撞花岗岩;ORG. 洋中脊花岗岩;A-ORG. 异常洋中脊花岗岩;

1. 第一单元英云闪长岩;2、3. 第二单元黑云母二长花岗岩;4. 第三单元二长花岗岩

4. 就位机制

如前所述,该序列各岩体一般呈规模较小的岩株、岩脉产出,部分岩石具斑状结构,显示出浅成岩相的特点。岩体接触面不规则,多呈锯齿状或不规则状,局部见岩体呈小岩枝或岩脉伸入围岩中。围岩除见微弱的热接触变质和蚀变外,构造变形不强烈,局部地层产状与接触带产状相交或相顶。岩体内矿物

定向不明显。诸特征表明岩碧山序列应为被动侵位机制中的岩墙扩张兼岩浆顶蚀就位机制。

（四）始新世关水沟序列

1. 基本特征

关水沟序列分布于图区北西角关水沟一带，此外青春山、洒阳沟也有少量分布，由 4 个岩体组成。一般呈小岩株产出，其中规模较大的关水沟岩体，出露面积达 $11km^2$。岩体侵入于石炭纪、二叠纪地层中（图 3-44），与古近纪纪阿克塔什组（E_3a）呈沉积接触关系（图 3-45）。

该序列由 3 个单元组成，各单元之间呈脉动和涌动接触。关水沟岩体第一单元细中粒斑状黑云母二长花岗岩的锆石 U-Pb 法模式年龄值为 38±7Ma，岩碧山岩体的锆石 U-Pb 法模式年龄值为 48±6Ma，相当于古近纪渐新世的产物。

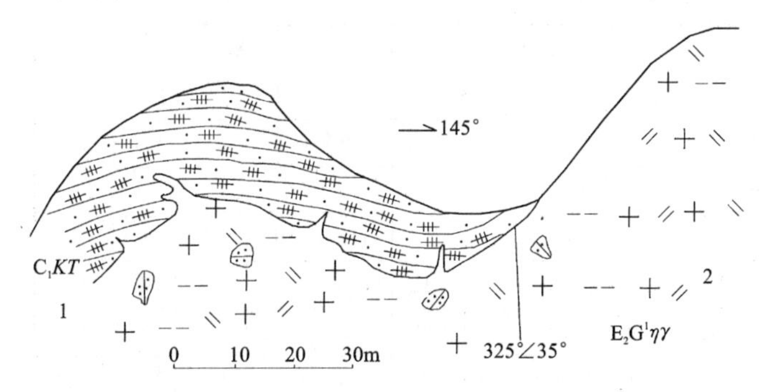

图 3-44　关水沟序列（1040 点）侵入围岩素描图

1. 石炭系托库孜达坂群；2. 关水沟序列第一单元黑云母二长花岗岩

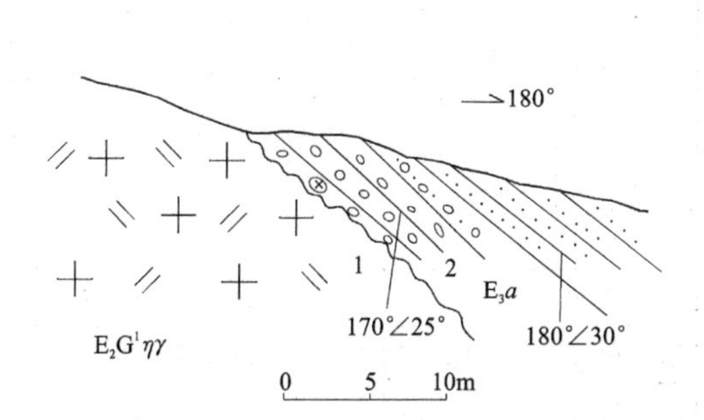

图 3-45　关水沟序列（78 点）与围岩沉积接触关系

1. 古近纪始新世关水沟序列第一单元细中粒斑状二长花岗岩；2. 新近系阿克塔什组砾岩、砂岩

各单元的平均矿物成分见表 3-31。岩石均属二长花岗岩类，只出现一期结构和二期结构，未见微细粒花岗结构。早中单元从早到晚钾长石、石英递增，斜长石、黑云母递减；晚单元出现回返现象，其原因尚不清楚。

表 3-31　关水沟序列矿物成分表（%）

单元	岩性	钾长石	斜长石	石英	黑云母	斜长石 An 值
第三单元	微细粒斑状二长花岗岩	30	39	23	17	
第二单元	粗中粒斑状黑云母二长花岗岩	41	24	28	6	19
第一单元	细中粒斑状黑云母二长花岗岩	32	36	23	7	31

岩石副矿物组成见表 3-20，属磁铁矿-锆石组合，含少量钛铁矿、刚玉、独居石、白钨矿等。其中刚玉的出现，印证了关水沟序列属铝过饱和特性。锆石晶形特征见图 3-28。

岩石化学成分见表 3-32，与中国同类花岗岩（黎彤，1962）很接近，里特曼指数（σ）介于 1～2 之间，A/CNK>1。在 AFM 图解（图略）中均落入钙碱性系列区。在 CIPW 标准矿物计算中，均出现 C、Hy 值，各种特征值均显示属钙碱性铝过饱和岩石。岩石 $K_2O>Na_2O$，K_2O/Na_2O 为 1.34～1.49，明显区别于横笛梁序列及岩碧山序列。

表 3-32　关水沟序列岩石化学成分（%）及 CIPW 标准矿物计算表

单元	SiO_2	TiO_2	Al_2O_3	Fe_2O_3	FeO	MnO	MgO	CaO	Na_2O	K_2O	P_2O_5	H_2O^+	灼失量
第三单元	67.98	0.42	13.91	0.82	2.48	0.05	1.13	2.72	2.70	4.01	0.15	1.6	3.23
第二单元	73.20	0.30	13.09	1.05	1.60	0.03	0.64	1.63	3.18	4.25	0.15	0.67	0.38
第一单元	70.46	0.44	14.13	0.61	2.80	0.05	0.87	2.14	2.97	4.19	0.11	1.00	0.68

续表 3-32

单元	Ap	Il	Mt	Or	Ab	An	Qz	C	Hy	DI	A/CNK	SI	σ	AR
第三单元	0.34	0.83	1.23	24.59	23.71	13.09	29.37	0.53	6.32	77.67	1.01	10.14	1.76	2.35
第二单元	0.33	0.57	1.54	25.34	27.15	7.27	33.93	0.62	3.25	86.41	1.02	5.97	1.82	3.04
第一单元	0.24	0.85	0.90	25.07	25.44	10.09	30.10	1.07	6.25	80.61	1.06	7.60	1.85	2.57

微量元素(表 3-33)中,早、晚次单元 Cu 丰度较高,分别为 90.6×10^{-6} 和 40.6×10^{-6},高出同类岩石 2～4 倍,其他成矿元素丰度一般。在微量元素标准化蛛网图(图 3-46)上,除 Sr 外大离子亲石元素明显富集,高场强元素相对亏损,各单元表现出平行度较好的曲线,与板内花岗岩相吻合。上述反映了各单元具相同的岩浆来源。

表 3-33　关水沟序列微量元素表($\times10^{-6}$,Au:$\times10^{-9}$)

单元	W	Sn	Bi	Mo	Be	Li	Cu	Pb	Zn	Sb	Hg	Ag	Au	As	F
第三单元	2.3	7.2	0.17	1.9	3.8	77.2	40.60	36.3	56.1	0.58	0.01	0.031	1.1	31.7	676
第二单元	3.1	6.6	0.34	1.1	4.4	69.1	9.45	26.8	36.1	0.65	0.01	0.070	0.7	64.7	548
第一单元	2.0	9.3	0.27	3.2	2.8	35.8	90.60	18.8	51.0	0.99	0.01	0.044	1.2	12.5	591

单元	Cr	Ni	Co	V	Rb	Sr	Ba	Cs	Sc	Cd	Ga	Zr	Hf	Nb	Ta	Th	U
第三单元	20.0	9.7	8.00	31.9	210.8	106	370	23	8.0	0.06	16.5	142	4.9	15.7	1.0	16.2	2.5
第二单元	82.2	11.3	4.19	28.6	246.2	101	260	484	6.9	0.13	19.6	228	7.0	7.8	1.6	28.2	2.4
第一单元	21.0	16.7	9.10	37.9	183.1	105	339	15	7.2	0.06	14.7	126	4.4	13.3	1.3	14.4	2.9

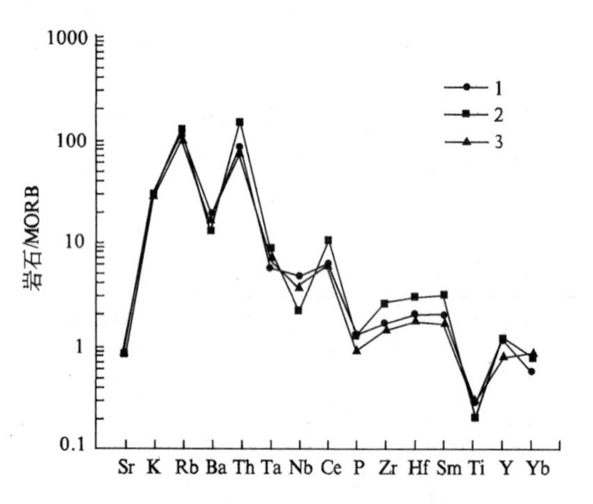

图 3-46　关水沟序列微量元素蛛网图

1. 第一单元;2. 第二单元;3. 第三单元

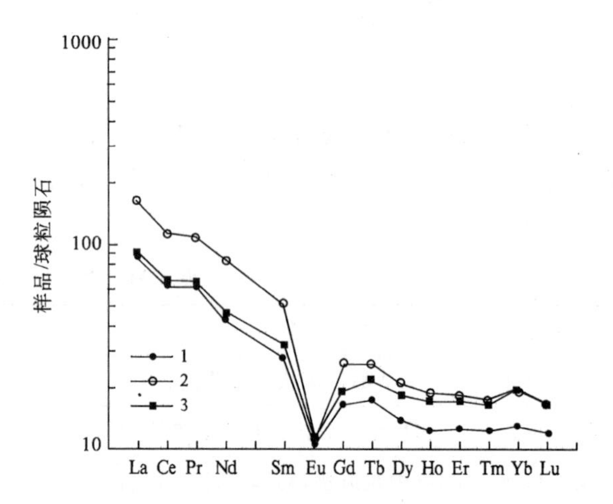

图 3-47　关水沟序列稀土元素配分模式图

1. 第一单元;2. 第二单元;3. 第三单元

稀土元素(表 3-34)中,ΣREE 为 166.73×10^{-6}～291.89×10^{-6},LREE/HREE 为 6.09～8.84,δEu 为 0.27～0.48,说明稀土总量一般,且中间单元较高,早晚单元较低,轻重稀土分异较强烈,Eu 强烈亏损。在稀土元素配分模式图(图 3-47)上,各单元之间平行度较好,轻稀土向右陡倾斜,重稀土平缓,Eu 处形成低谷的曲线,表明岩石为上地壳物质重熔的同岩浆源分异的产物。

表 3-34　关水沟序列稀土元素及有关参数表($\times10^{-6}$)

单元	La	Ce	Pr	Nd	Sm	Eu	Gd	Tb	Dy	Ho	Er	Tm	Yb	Lu	Y	ΣREE	LREE/HREE	δEu	δCe
第三单元	29.51	62.3	7.97	27.67	6.39	0.86	5.85	1.10	5.65	1.23	3.63	0.54	3.60	0.51	35.09	191.91	6.09	0.46	0.84
第二单元	51.85	103.7	12.94	49.96	10.01	0.76	8.11	1.31	6.52	1.36	3.82	0.57	3.73	0.52	36.73	291.89	8.84	0.27	0.82
第一单元	27.76	57.9	7.36	25.65	5.53	0.77	5.01	0.86	4.27	0.88	2.58	0.40	2.43	0.37	24.89	166.73	7.44	0.48	0.83

2. 成因

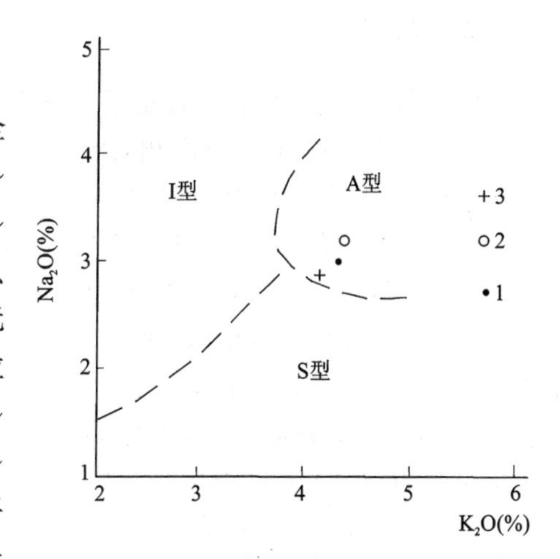

图 3-48　关水沟序列 Na_2O-K_2O 图解

1. 第一单元细中粒二长花岗岩；2. 第二单元粗中粒二长花岗岩；3. 第三单元微细粒斑状二长花岗岩

关水沟序列全为黑云母二长花岗岩。SiO_2、Al_2O_3、全碱(Na_2O+K_2O)含量分别为 67.98%～73.20%、13.09%～13.91%、6.71%～7.43%，A/CNK 均大于 1，δ 为 1.76～1.85，属钙碱性铝过饱和岩石。大离子亲石元素(K、Rb、Th)相对富集，高场强元素(P、Ti 等)相对贫乏，但第二单元相容元素特别富集，其中 Cr、Ni 分别是同类岩石(维诺格拉夫，1962)的 33、13 倍。稀土元素 $\sum$REE 为 166.73×10^{-6}～291.89×10^{-6}，LREE/HRE 为 6.09～8.84，δEu 为 0.27～0.48。稀土元素配分模式图为左陡右缓、中间急剧下凹的平行曲线，反映了上地壳物质部分熔融的特点。第二单元黑云母二长花岗岩全岩 $\delta^{18}O$ 为 11.6‰。在 Na_2O-K_2O 图解(图 3-48)上落入 A 型花岗岩区。综合分析之，其物质来源主要为中上地壳，但有少量地幔物质的混入(第二单元)。

3. 构造环境

图区三叠纪末便结束了海相沉积历史，随后进入陆陆碰撞造山阶段，始新世青藏高原开始隆升。关水沟序列花岗岩同位素年龄(38～48Ma)资料表明，岩体形成时代与青藏高原的开始隆升时代相近。在岩石化学和微量元素图解(图略)中，既有火山弧花岗岩，又有同碰撞花岗岩，还有后碰撞花岗岩，出现不尽一致的结果，反映了岩体的形成经历了较复杂的构造环境。结合区域构造演化特点，初步认为关水沟序列花岗岩主要形成于后造山构造环境，相当于 Maniar 和 Piccoli(1989)划分的造山花岗岩的后碰撞花岗岩(POG)类(图 3-49)。

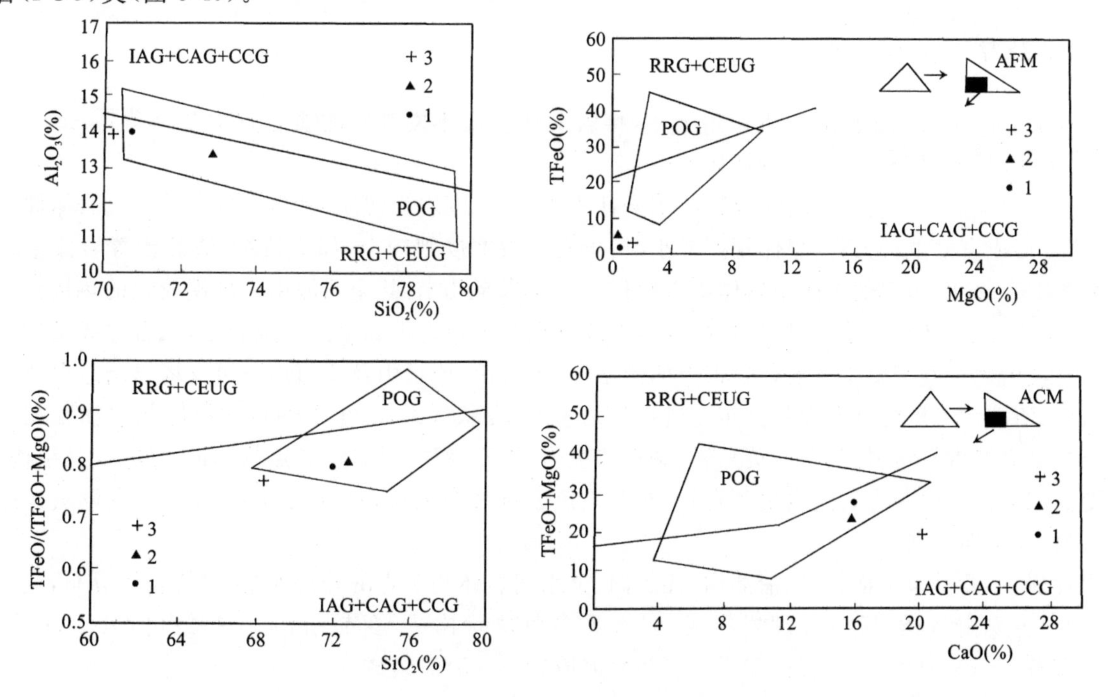

图 3-49　关水沟序列花岗岩形成的构造环境主元素判别图

(据 Maniar，Piccoli，1989)

IAG. 岛弧花岗岩类；CAG. 大陆弧花岗岩类；CCG. 大陆碰撞花岗岩类；POG. 后造山花岗岩类；RRG. 与裂谷有关的花岗岩类；CEUG. 与大陆的造陆抬升有关的花岗岩类；1. 第一单元；2. 第二单元；3. 第三单元

4.就位机制

该序列各岩体侵入于二叠纪以前各地层内，规模较小，一般呈岩株或岩瘤产出，地表形态不规则状。接触带附近，围岩形变不明显，部分地层产状与接触带斜交，接触界线呈波折状，局部见岩枝或岩脉伸入围岩中（图 3-44）。岩体内，围岩包体和深源闪长质包体较发育，形态不规则（图 3-50），大小几厘米至几十厘米不等，无定向排列。矿物或斑晶定向亦不明显。以上现象表明，关水沟序列可能主要为被动侵位机制中顶蚀就位机制。

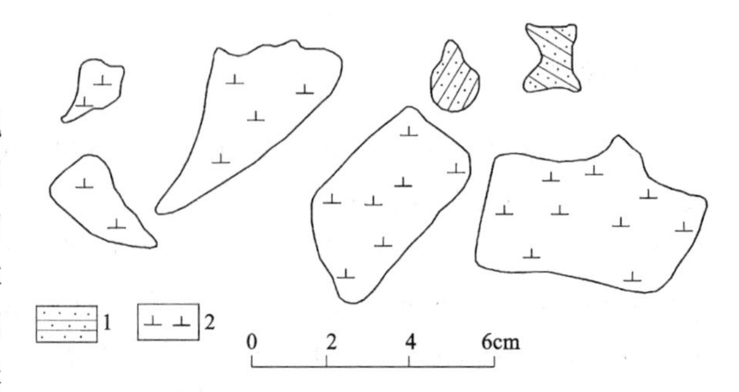

图 3-50 关水沟第一单元内包体形态素描图

1.云母石英角岩；2.微细粒闪长质包体

二、中酸性—酸性侵入岩的内蚀变作用和外接触变质作用

（一）内蚀变作用

图区岩体内蚀变作用总体上不太发育，但不同形成时代或不同序列的岩体蚀变程度有所不同。总体上时代较早的蚀变较强，时代较晚的蚀变较弱或基本未蚀变。

横笛梁序列岩石内蚀变作用较普遍，但较微弱。蚀变类型有绢云母化、绿泥石化、绿帘石化、黝帘石化、白云母化、透闪石化、硅化、方解石化等。其中前 4 种最常见，通常是斜长石被绢云母、绿帘石等交代，黑云母被绿泥石交代，有的仅保留其晶形轮廓。

金水河序列、关水沟序列内蚀变不明显，仅部分斜长石具轻微绢云母化、黑云母具轻微的绿泥石化，大部分保留了原矿物的结构，能恢复原矿物成分。钾长石化、硅化、方解石化一般发生在断裂附近，沿断裂带呈带状或串珠状分布，局部硅化强烈者可变成为硅化石英岩。

（二）外接触变质作用

外接触变质作用以热接触变质作用为主，接触交代变质不发育。变质岩石主要为角岩、斑点状板岩，其次为片岩、大理岩。其主要特征如下。

角岩、斑点状板岩：明显受岩体规模和围岩性质影响，当围岩为泥质、砂质等碎屑岩类且岩体规模较大时，角岩形成宽度也较大；当岩体规模较小时，角岩形成宽度则较小，如横笛梁、清淀沟等岩体角岩宽度一般为 100～300m，其他一些小岩体或岩脉仅几十厘米至几米，甚至几厘米。规模较大的热接触变质带，根据变质程度、结构构造、变质矿物组合等大致可划分出角岩带和斑点状板岩带，二者界线呈过渡关系。另在飞云山—嵩华山构造混杂岩带上的洒阳沟、飞云山、摘星山及耸石山—可支塔格构造混杂带上的耸石山、清淀沟等地还见有面状分布的斑点状角岩、斑点状板岩，暗示下面可能有隐伏岩体存在。主要岩石类型有堇青石角岩、长石石英角岩、斑点状板岩，岩石为块状构造、斑点状构造，筛状变晶结构、鳞片状变晶结构。其中堇青石角岩由堇青石（60%）、黑云母及白云母（18%）、石英（22%）、少量磁铁矿等组成，矿物无定向排列。

大理岩：主要分布于横笛梁、清淀沟、怀玉岗、金水河岩体与灰岩的外接触带，围绕岩体分布，宽几米至百余米，主要由灰质、云质大理岩组成，岩石为白色块状构造，变晶结构。主要由白云石（60%～95%）、方解石（40%～95%）、石英（0%～30%）、泥质（2%～5%）组成。

三、中酸性—酸性侵入岩的演化特征

图区花岗岩无论是不同序列，还是同序列不同单元，从早到晚，具有较明显的演化趋势和演化规律。

（一）同序列不同单元间的演化特点

岩石结构上，部分序列由一期结构向二期结构演化。如横笛梁序列第一至第五单元为一期结构，第六单元为微细粒斑状花岗结构；关水沟序列 1—2 单元为一期结构，3 单元为微细粒斑状花岗结构。

岩石类型上，从中性向中酸性、酸性演化，如横笛梁序列从石英闪长岩→英云闪长岩→花岗闪长岩→二长花岗斑岩演化。岩碧山序列从英云闪长岩→花岗闪长岩→二长花岗岩演化。

矿物成分上，从表 3-17、表 3-25、表 3-29 可知，从早单元到晚单元，总体上是钾长石、石英含量增多，斜长石、黑云母、角闪石减少，斜长石 An 值降低。岩石化学成分上，从图 3-51、图 3-52 可以看出，SiO_2、Na_2O+K_2O、DI 有规律的递增，TiO_2、MgO、TFe、CaO、SI 有规律地递减。但个别晚单元出现异常情况。

微量元素方面，从表 3-22、表 3-29、表 3-33 可知，总体上出现相容元素减少，不相容元素(ICE)或活动性元素(ME)及有色金属成矿元素增加的趋势。

稀土元素从表 3-23、表 3-30、表 3-34 可以看出，∑REE 中间单元较高、两头单元较低，但轻重稀土分异程度及 Eu 的亏损是从早单元到晚单元逐渐增强。

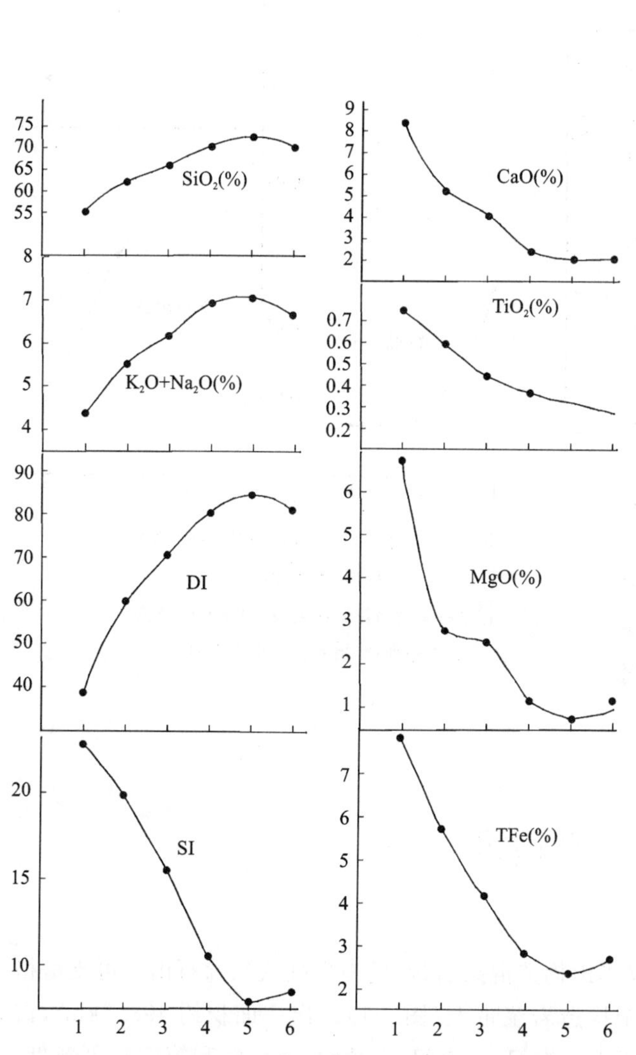

图 3-51　横笛梁序列岩石化学成分及参数演化曲线图

1.第一单元石英闪长岩；2.第二单元英云闪长岩；3.第三单元花岗闪长岩；4.第四单元细中粒二长花岗岩；5.第五单元粗中粒二长花岗岩；6.第六单元微细粒斑状二长花岗岩

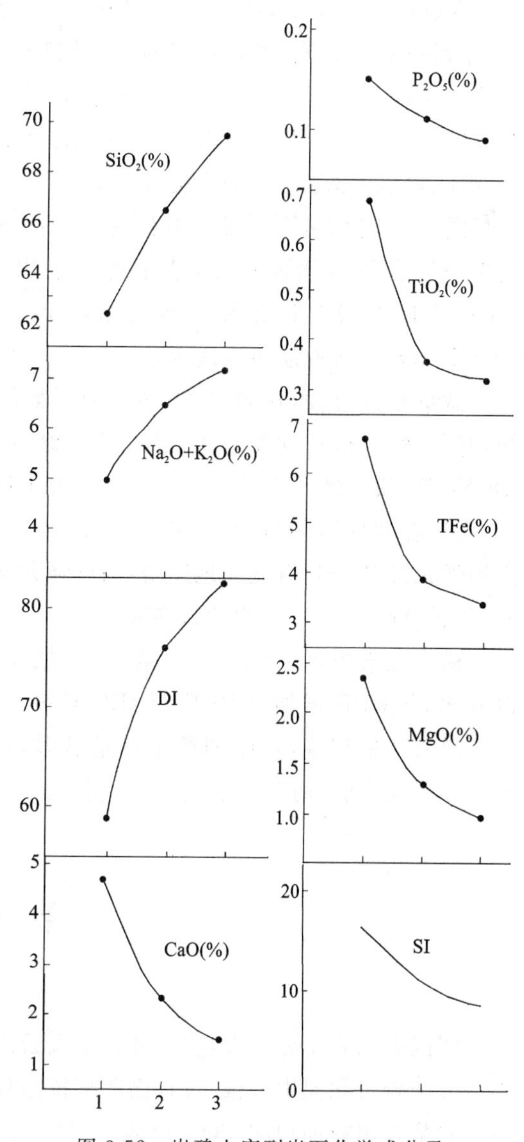

图 3-52　岩碧山序列岩石化学成分及参数演化曲线图

1.第一单元英云闪长岩；2.第二单元花岗闪长岩；3.第三单元二长花岗岩

（二）不同时代序列间的演化特征

图区 3 个序列虽不形成于同一时代，但属于同一昆南微陆块构造单元内，纵观上述各序列特征，仍有较明显的演化规律。

岩性上，它们总是遵循上半部与下半部重叠式演化。如早石炭世横笛梁序列从早单元到晚单元，分别由石英闪长岩—英云闪长岩—花岗闪长岩—二长花岗岩组成。至中侏罗世岩碧山序列从早单元到晚单元，却是从英云闪长岩—花岗闪长岩—二长花岗岩演化。到古近纪渐新世则都是二长花岗岩，不过其内部还是存有差异。

在副矿物组成上，从表 3-18 及图 3-25 可以看出，序列间从早到晚，磁铁矿等减少，钛铁矿、褐帘石等增加，锆石晶形由短柱状变为长柱状、针状，透明度增加，由微透明—半透明—透明，颜色由深变浅，由红褐色—淡褐色—淡褐色至无色。

图 3-53 是图区不同形成时代的 3 个序列岩石化学平均含量对比演化图，清楚地显示出 SiO_2、Na_2O+K_2O、DI 等有规律地递增，TFe、MgO、CaO、MnO、SI 等有规律地递减。

微量元素方面，从表 3-19、表 3-26、表 3-30 可知，有色、稀有成矿元素及 Cr、Ni、V 过渡族元素，Rb、Sr、Ba 活动性元素等是中侏罗世岩碧山序列最高，而早晚两序列最低；但分散元素 Sc、Cd、Ga 及高场强元素 Zr、Hf 有规律地递增，高场强元素 Nb、Ta 及放射性元素 U 有规律地递减。

稀土元素方面，从表 3-23、表 3-30、表 3-34 可以看出，$\sum$REE 增加，LREE/HREE 减少，δEu 变小。说明从早到晚，各序列稀土总量增多，轻重稀土分异程度变弱，而 Eu 的亏损更为明显。

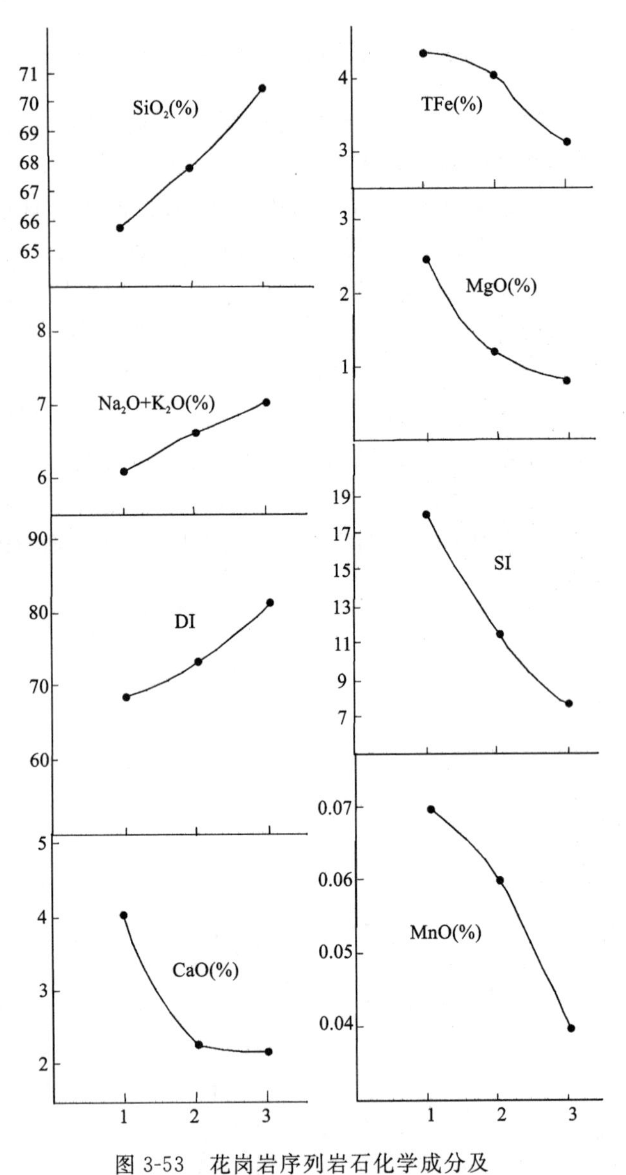

图 3-53　花岗岩序列岩石化学成分及参数演化曲线图

1. 早石炭世横笛梁序列；2. 中侏罗世岩碧山序列；3. 始新世关水沟序列

第三节　火山岩

图区火山岩十分发育，主要分布于飞云山—嵩华山构造混杂岩带(昆南微陆块)、耸石山—可支塔格构造混杂岩带和黑山—银石山(巴颜喀拉陆块)3 个构造岩浆带上(图 3-1)。出露面积约 493.8km^2，占图区岩浆岩出露面积的 73.5%(表 3-1)。主要形成于石炭纪、二叠纪、三叠纪、第三纪和第四纪更新世。其中晚古生代以海相玄武质火山岩为主，新生代以安山质陆相火山岩为主，并包括部分超浅成相花岗斑岩和潜火山岩。

一、石炭纪火山岩

（一）地质特征

石炭纪火山岩分布于图区北西角关水沟、飞云山一带，沿东西向山脊分布，出露长约38km，宽500～3000m，海拔标高一般为5000～5800m，部分终年积雪覆盖，地貌标志及航卫片解译标志十分明显。关水沟北东向左旋断裂使之切割成东、西两段，错距约10km。火山岩主要呈构造岩片产于石炭纪托库孜达坂群浅变质碎屑岩夹灰岩中。在关水沟剖面上（图3-54），火山岩至少存在3次以上火山喷发活动，每次均以爆发开始，喷溢结束。粗玄岩中单矿物辉石Ar-Ar法测试结果见表3-35，等时线年龄（图3-55）及坪年龄（图3-56）分别为352.72±7.50Ma、388.10±3.45Ma，结合区域构造特征及测区构造演化背景等综合考虑，大致确定其为早石炭世早期火山活动的产物。

表3-35　关水沟玄武岩$^{40}Ar/^{39}Ar$阶段升温测年数据表

温度(℃)	$Ar^{(40/36)}$	$Ar^{(39/36)}$	$Ar^{(37/39)}$	$(^{40}Ar_{放}/^{39}Ar_{K})_{校}$	$^{39}Ar(\times10^{-12}mol)$	$^{39}Ar(\%)$	$^{40}Ar_{放}/^{40}Ar_{总}(\%)$	年龄(Ma)	误差(Ma)
750	1022.9731	36.974 337	0.672 54	20.5978	0.024	3.86	71.09	368.34	35.03
900	998.1380	35.581 996	0.898 79	20.9487	0.057	9.21	70.37	374.00	15.22
1000	1076.4419	37.237 898	0.440 45	21.6138	0.142	23.74	72.53	384.70	6.48
1100	1043.7048	35.203 434	0.542 42	22.0145	0.175	28.21	71.67	391.11	5.67
1170	1131.8179	40.514 342	0.860 35	22.0134	0.144	23.16	73.87	391.09	7.16
1250	1168.9621	43.645 676	1.111 90	21.8892	0.059	9.48	74.70	389.11	19.54
1320	1057.6804	35.118 245	0.246 41	22.0509	0.020	3.26	72.04	391.69	65.59

样号：2-66　物性：单斜辉石　样重：0.4142g　J＝0.010 997 1　分析日期：2002-10-06

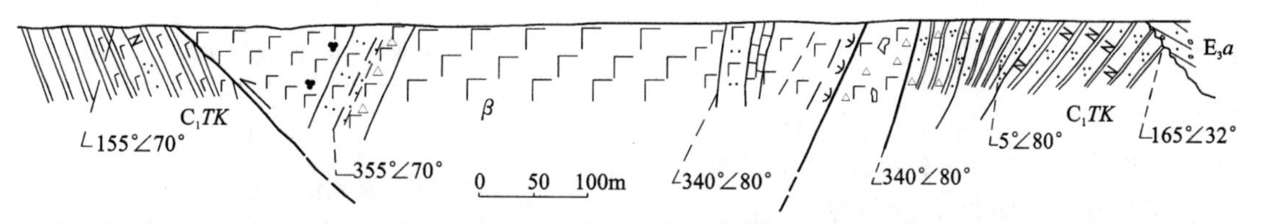

图3-54　关水沟玄武岩剖面图

1.含砾砂岩；2.粒屑泥晶灰岩；3.浅变质岩屑石英砂岩；4.浅变质长石石英砂岩；5.钙质板岩；6.浅变质粉砂岩；7.板岩；8.球颗玄武岩；9.玄武质凝灰岩；10.蛇纹岩；11.玄武岩；12.玄武质火山角砾岩；13.石炭系托库孜达坂群；14.阿克塔什组

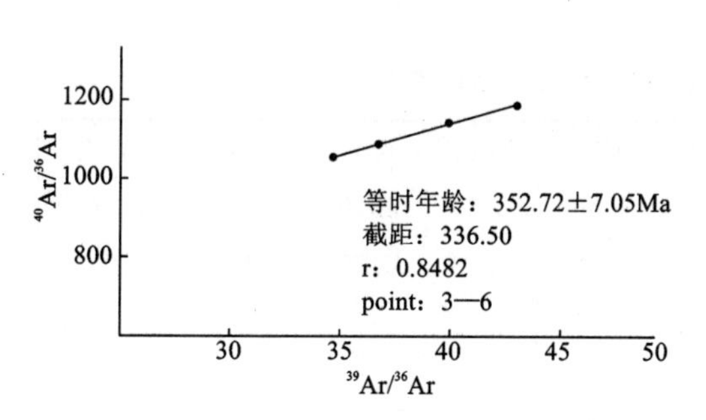

图3-55　关水沟火山岩辉石Ar-Ar法等时线图

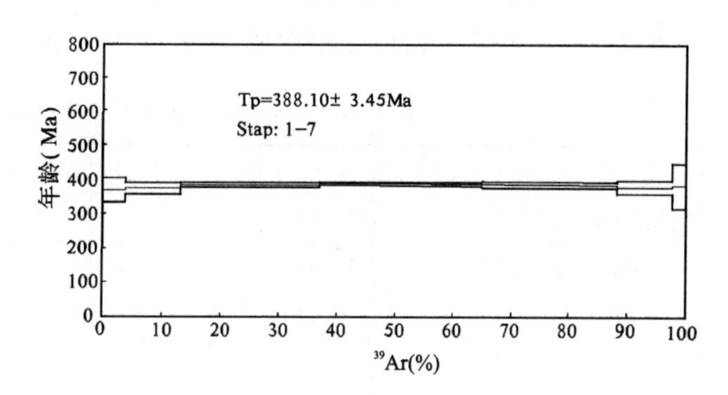

图3-56　关水沟火山岩辉石Ar-Ar坪年龄图

（二）火山岩相及岩石学特征

根据火山作用及成岩方式，分为两个火山岩相。

1. 爆发相火山岩

爆发相火山岩分布于每次喷发火山岩的底部，主要由玄武质凝灰岩及玄武质火山角砾岩组成。

玄武质凝灰岩在剖面上见有两层，厚度一般为15～30m。岩石呈深灰—灰黑色、暗紫色，块状构造，变余熔结凝灰结构。由晶屑和玻屑两部分组成。晶屑含量35%，其中以辉石为主，斜长石次之；粒径为0.06～0.2mm，棱角状—尖棱角状。玻屑约55%，大部分具脱玻化作用。凝灰岩中，局部夹下伏地层粒屑泥晶灰岩角砾。

火山角砾岩在剖面上见两套，出露厚度不一，下部火山角砾岩厚约44m，上部火山角砾岩厚仅1m左右。岩石为灰绿色，火山角砾结构。角砾含量为65%～95%，部分向火山角砾熔岩过渡。角砾主要成分为玄武岩，直径为2～20mm，棱角状—次棱角状，定向排列不明显。由脱玻化的玻璃质和晶屑及外来砂屑胶结。

2. 溢流相火山岩

剖面上出露3层溢流相火山岩，总厚度580.6m，其中第一层211.6m，第二层244.7m，第三层124.3m。主要岩性为玄武岩，深灰色、暗绿色，以间粒结构为主。火山岩顶底部结构较细，为玻璃质结构，中间矿物颗粒较粗，为粗玄结构，甚至为辉长辉绿结构。其中第三层玄武岩底部可见厚0.5m左右的球颗玄武岩，球颗呈圆形，部分呈次圆状，粒径1～3mm。其表明火山岩于岩浆急剧冷凝的条件下（水下）形成。岩石主要由斜长石（43%～53%）和辉石（42%～58%）组成，少量磁铁矿。其中斜长石An值为58～61，为拉长石。岩石蚀变较强烈，常见有绢云母化、绿泥石化、绿帘石化、透闪石化，近断层处蚀变更强，出现蛇纹石岩。

（三）岩石化学特征

从表3-36可以看出，除凝灰岩因混染有较大差异外，玄武岩岩石化学成分较接近，从早到晚，部分岩石成分表现出较明显的演化规律，如SiO_2、K_2O、P_2O_5成分由低到高，Al_2O_3、MgO则由高到低。Na_2O/K_2O均大于1，K_2O含量很低，均小于1%。在TAS图解（图3-57）上，除凝灰岩落入安山岩区和第二层有一个样品落入玄武安山岩区外，其余均落在玄武岩区。在硅-碱图解（图3-58）和FAM图解（图3-59）中，岩石属亚碱性钙碱性系列。

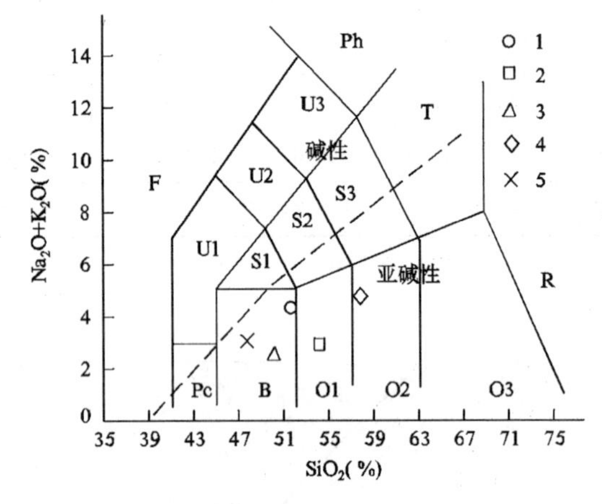

图3-57　关水沟火山岩TAS图

Pc. 苦橄玄武岩；B. 玄武岩；O1. 玄武安山岩；O2. 安山岩；O3. 英安岩；R. 流纹岩；S1. 粗面玄武岩；S2. 玄武质粗面安山岩；S3. 粗面安山岩；T. 粗面英安岩；U1. 碧玄岩；U2. 响岩质碱玄岩；U3. 碱玄质响岩；Ph. 响岩；R. 流纹岩；F. 副长石岩；1～4. 玄武岩；5. 玄武质凝灰岩

表3-36　石炭纪火山岩岩石化学成分（%）及CIPW标准矿物计算表

岩性	SiO_2	TiO_2	Al_2O_3	Fe_2O_3	FeO	MnO	MgO	CaO	Na_2O	K_2O	P_2O_5	灼失量
熔结凝灰岩	57.76	0.56	13.58	0.53	4.12	0.05	2.45	8.66	3.59	1.10	0.09	7.08
玄武岩	51.77	0.93	14.38	1.57	5.67	0.12	5.99	8.24	3.48	0.77	0.11	6.08
玄武岩	50.19	1.30	15.11	1.66	8.02	0.16	6.94	10.77	2.31	0.54	0.13	1.80
玄武岩	50.07	0.96	15.77	0.80	7.70	0.14	7.82	11.41	2.23	0.29	0.10	1.59
玄武岩	47.90	0.95	15.87	2.28	6.32	0.14	9.99	9.22	2.75	0.34	0.08	3.14

续表 3-36

岩性	Ap	Il	Mt	Or	Ab	An	Qz	Di	Hy	Ol	DI	A/CNK	SI	σ	AR
熔结凝灰岩	0.21	1.15	0.83	7.03	32.84	19.13	14.24	22.15	2.42	0.00	54.11	0.59	20.78	1.32	1.53
玄武岩	0.26	1.90	2.45	4.89	31.65	22.94	3.01	16.46	16.44	0.00	39.56	0.67	34.27	1.65	1.46
玄武岩	0.29	2.54	2.48	3.29	20.12	30.13	1.45	19.67	20.03	0.00	24.86	0.63	35.64	0.99	1.25
玄武岩	0.22	1.87	1.19	1.76	19.39	33.06	0.00	19.98	21.85	0.67	21.16	0.64	41.51	0.79	1.20
玄武岩	0.18	1.88	3.45	2.10	24.28	31.25	0.00	12.81	12.41	11.64	26.37	0.73	46.08	1.49	1.28

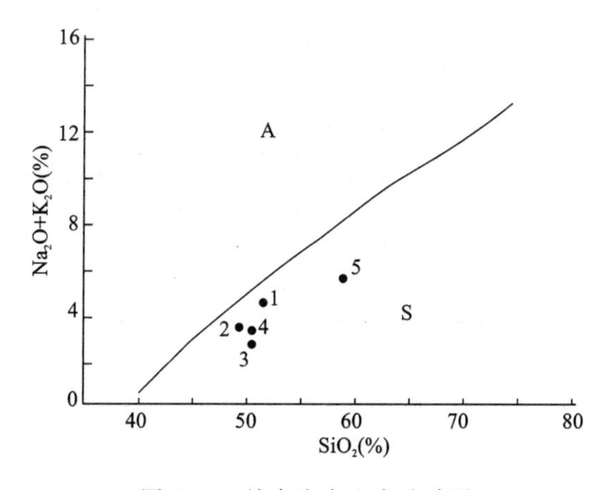

图 3-58　关水沟火山岩硅碱图

(据 Irvine T N,1971)

A. 碱性系列;S. 亚碱性系列;1～4. 玄武岩;5. 玄武质凝灰岩

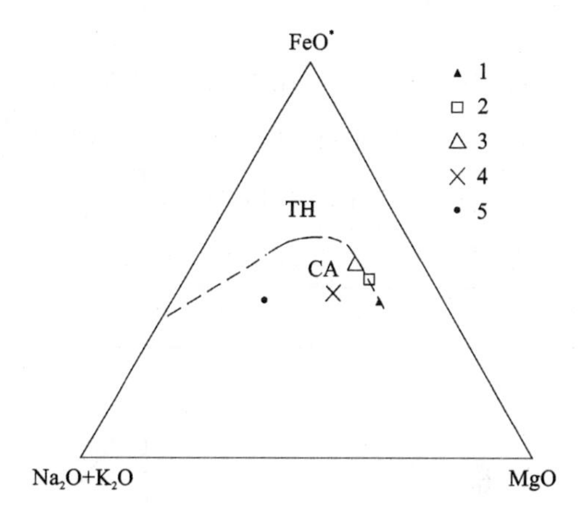

图 3-59　关水沟火山岩 FAM 图解

TH. 拉斑玄武岩系列;CA. 钙碱性系列;

1～4. 玄武岩;5. 玄武质凝灰岩

(四) 微量元素特征

微量元素分析结果(表 3-37)表明,有色金属成矿元素及过渡族元素与中国同类岩石平均值较接近,个别略低于平均值。在微量元素标准化模式图上(图略),总体表现 K、Rb、Ba、Th 明显富集,Sr 及高场强元素变化不大(接近 1),反映岩浆可能来源于上地幔部分熔融。

表 3-37　石炭纪火山岩微量元素表($\times10^{-6}$,Au:$\times10^{-9}$)

岩性	Bi	Be	Li	Cu	Pb	Zn	Ag	Au	F
熔结凝灰岩	0.17	2.4	21.9	15.6	18.4	63.0	0.045	2.9	392
玄武岩	0.10	1.8	30.5	47.5	8.8	73.6	0.020	1.8	246
玄武岩	0.10	1.9	16.3	53.9	10.3	89.5	0.037	1.3	226
玄武岩	0.13	1.6	18.1	114	3.9	81.2	0.077	1.6	152
玄武岩	0.10	1.7	25.2	70.7	6.4	67.2	0.028	1.4	242

岩性	Cr	Ni	Co	V	Rb	Sr	Ba	Cs	Sc	Ga	Zr	Hf	Nb	Ta	Th	U
熔结凝灰岩	55	24.6	11.0	75	39.4	186	272.0	10	11.1	14.7	150	5.0	7.2	0.5	8.60	2.54
玄武岩	286	86.1	30.6	169	22.0	156	108.0	12	30.0	13.1	99.5	3.3	4.5	0.5	2.70	1.64
玄武岩	236	90.0	37.3	253	24.0	152	105.0	11	38.5	15.9	104.0	3.9	3.5	0.5	2.00	0.83
玄武岩	372	117.0	37.2	250	9.1	141	74.6	11	40.7	18.8	59.1	2.2	1.4	0.5	0.32	0.42
玄武岩	338	125.0	38.4	249	12.0	192	79.8	10	41.6	14.5	59.8	2.3	1.3	0.5	0.02	0.53

（五）稀土元素特征

凝灰岩稀土元素（表 3-38）较特殊，总量较高，轻重稀土分异较强。而玄武岩 3 项参数均较接近。∑REE 中等偏低，轻重稀土元素略有分异，而 δEu 值接近 1。在稀土元素配分模式图（图 3-60）上，除凝灰岩为较明显的右倾斜线外，玄武岩均为近水平的直线。以上表明岩浆可能来源于深度较大的上地幔。

表 3-38 石炭纪火山岩稀土元素及有关参数表（$\times 10^{-6}$）

岩性	La	Ce	Pr	Nd	Sm	Eu	Gd	Tb	Dy	Ho	Er	Tm	Yb	Lu	Y	ΣREE	LREE/HREE	δEu	δCe
熔结凝灰岩	21.71	42.83	4.64	16.94	3.15	0.82	2.89	0.40	2.44	0.49	1.45	0.23	1.55	0.24	14.47	114.25	9.30	0.90	0.86
玄武岩	8.50	21.95	2.46	10.78	2.83	0.88	3.35	0.61	3.56	0.78	2.24	0.36	2.35	0.35	22.35	83.35	3.49	0.97	0.99
玄武岩	6.73	15.33	2.18	10.89	3.34	1.14	4.47	0.78	5.23	1.07	3.30	0.50	3.25	0.49	31.28	89.98	2.07	1.00	0.83
玄武岩	2.43	5.82	1.11	5.21	1.84	0.75	2.78	0.48	3.51	0.69	2.17	0.33	2.11	0.30	20.08	49.61	1.39	1.13	0.74
玄武岩	2.20	5.80	1.08	5.12	1.75	0.71	2.74	0.49	3.46	0.68	2.17	0.33	2.11	0.32	19.72	48.68	1.35	1.11	0.78

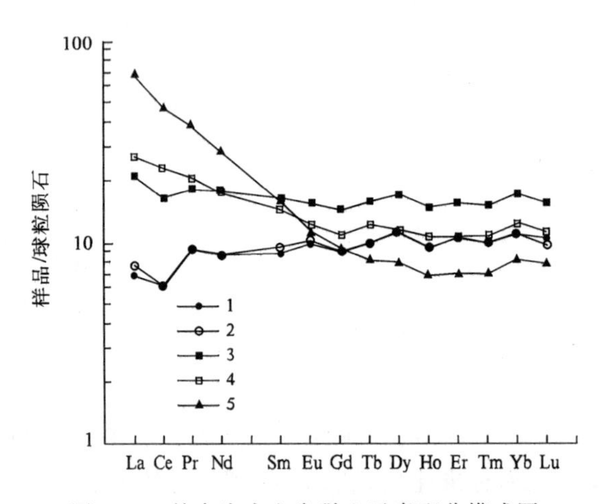

图 3-60 关水沟火山岩稀土元素配分模式图

1～4. 玄武岩；5. 玄武质凝灰岩

（六）火山物质来源及构造环境探讨

1. 物质来源

关水沟玄武岩 K_2O 含量很低，仅 0.29%～0.77%，低于大陆拉斑玄武岩（1.0%），而比大洋拉斑玄武岩（0.24%）略高。微量元素标准化后，高场强元素大部分接近 1。轻重稀土元素分异不明显，Eu 无明显亏损与富集，δEu 值接近 1，为地幔岩来源所独有。另外，δEu 值接近 1，暗示了在较基性岩石部分熔融形成岩浆后，未出现熔体-斜长石的平衡，固相残余物中无斜长石相。斜长石相的缺失，反映了岩浆起源于较高的压力条件，而具备这种条件的只有上地幔或下地壳。综上所述，关水沟玄武岩岩浆主要来源于上地幔部分熔融（＞5%）。

2. 形成构造背景

火山岩作为地层的组成部分，其形成的大地构造背景须从二者综合分析入手，才能得出符合实际的结论。从关水沟整个剖面看，地层总体趋势是从深海相向浅海相方向演化（中下部见少量石英角斑岩，类科马提岩及深水硅质岩），至该玄武岩产出位置，地层主要由岩屑杂砂岩夹少量灰岩组成，相当于浅海台盆相沉积环境。关水沟火山岩由玄武岩火山角砾岩组成，为典型的岛弧火山岩组合。在 Pearce (1976)F_1-F_2、F_2-F_3图解(图 3-61、图 3-62)上，绝大部分落入岛弧拉斑玄武岩区内。因此，关水沟火山岩应形成于岛弧构造环境。

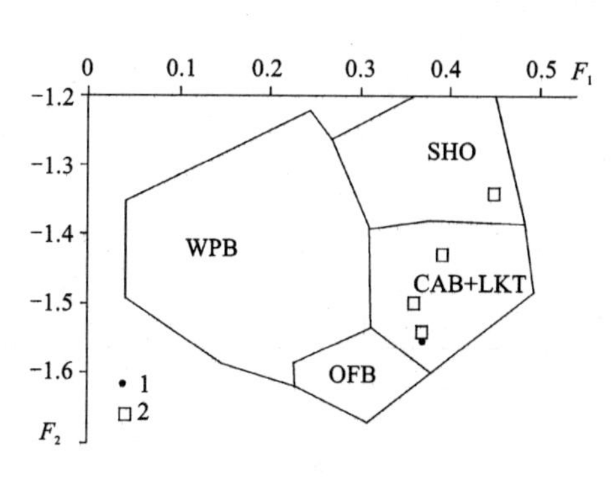

图 3-61　F_1-F_2 与关水沟玄武岩类关系图

(据 Pearce J A,1976)

WPB. 板块内部玄武岩；SHO. 钾玄岩；CAB+LKT. 钙碱性及岛弧拉斑玄武岩；OFB. 大洋底部玄武岩；1. 玄武质凝灰岩；2. 玄武岩

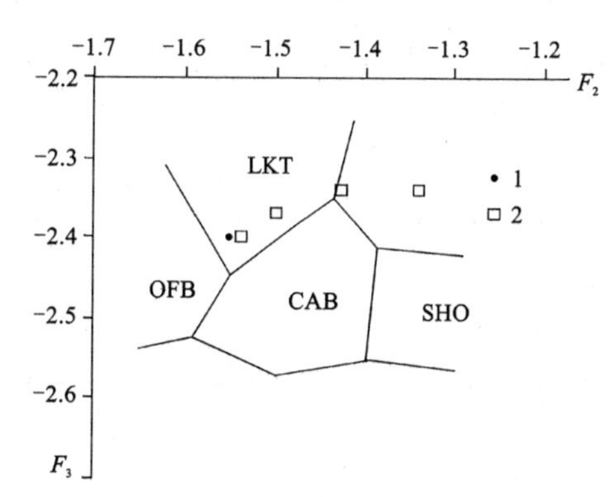

图 3-62　F_2-F_3 与玄武岩类关系图

(据 Pearce J A,1976)

OFB. 大洋底部玄武岩；LKT. 岛弧拉斑玄武岩；CAB. 钙碱性玄武岩；SHO. 钾玄岩；1. 玄武质凝灰岩；2. 玄武岩

二、二叠纪火山岩

(一) 地质特征

二叠纪火山岩呈构造岩片断续分布于耸石山—可支塔格构造混杂岩带内。根据路线观察及昆明沟 3 号剖面实测资料(图 3-63)，火山岩下部为两层中—中酸性火山岩夹薄层硅质岩，中部为 3 套玄武质火山岩，夹浅变质陆源碎屑岩、灰岩、沉火山角砾岩、沉凝灰岩。其中，中—中酸性火山岩出露厚 168.5m，玄武质火山岩(熔岩、火山角砾岩、凝灰岩)出露厚度共 316m。下部玄武岩全岩 K-Ar 法模式年龄270.71±37.80Ma，全岩 Ar-Ar 法坪年龄为 279.60±2.34Ma(表 3-39，图 3-64)，属早二叠世火山活动的产物。

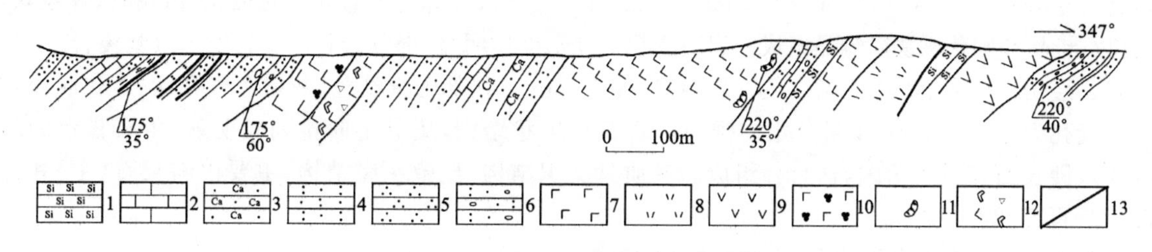

图 3-63　昆明沟二叠纪火山岩剖面图

1. 硅质岩；2. 灰岩；3. 钙质砂岩；4. 凝灰质砂岩；5. 石英砂岩；6. 砾质凝灰质砂岩；7. 安山岩；8. 流纹英安岩；9. 玄武岩；10. 球颗玄武岩；11. 玄武质火山角砾岩；12 枕状玄武岩；13. 断层

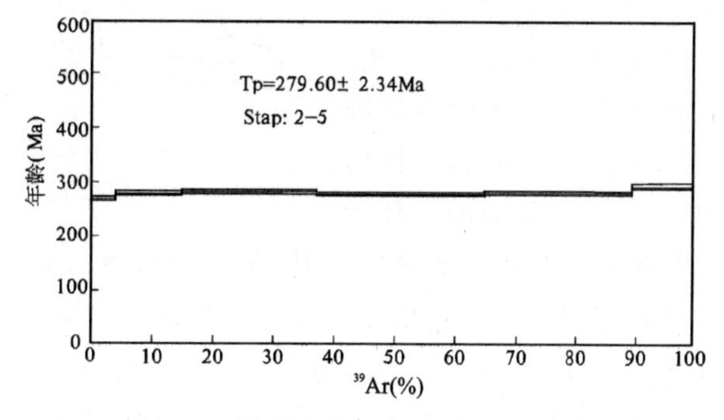

图 3-64　昆明沟火山岩 Ar-Ar 坪年龄图

表 3-39　昆明沟二叠纪玄武岩$^{40}Ar/^{39}Ar$阶段升温测年数据表

温度(℃)	$Ar^{(40/36)}$	$Ar^{(39/36)}$	$Ar^{(37/39)}$	$(^{40}Ar_{放}/^{39}Ar_K)_{校}$	$^{39}Ar(\times 10^{-12}mol)$	$^{39}Ar(\%)$	$^{40}Ar_{放}/^{40}Ar_{总}(\%)$	年龄(Ma)	误差(Ma)
400	505.743 1	14.970 591	1.662 93	14.718 9	0.535	3.99	41.56	269.92	4.16
600	513.847 0	15.245 370	2.246 56	15.279 3	1.456	10.86	42.48	279.44	3.28
800	601.999 0	23.655 699	3.862 62	15.374 5	2.875	22.34	50.90	281.06	2.97
952	662.511 1	29.816 039	3.820 39	15.215 3	3.718	27.74	55.38	278.36	2.35
1 100	766.734 7	72.278 829	7.499 48	15.295 1	3.289	24.54	61.44	279.71	2.35
1 300	631.248 9	96.223 291	13.824 36	16.087 9	1.513	11.42	53.17	293.09	4.09

样号:P21-9　　物性:玄武岩　　样重:0.1777g　　J=0.010 965 5

(二) 火山岩相与岩石学特征

根据火山岩的喷发成岩特点,可分为3个火山岩相。

1. 爆发相火山岩

爆发相火山岩主要出露于第三次玄武质火山岩的底部,出露厚度十余米,由玄武质角砾熔岩、火山角砾岩、凝灰岩组成。其中角砾熔岩角砾含量约75%,主要成分为玄武岩,棱角状至次圆状,砾径2~18mm,个别大于2cm。胶结物为玄武质熔岩及凝灰质等。火山角砾岩中角砾含量大于95%,主要成分为玄武岩,极少量浅变质岩屑砂岩、安山岩;直径大小不一,一般为2~15cm;次棱角状—棱角状;成层性较差。

2. 溢流相火山岩

溢流相火山岩为主体岩石。底部由两层中性—中酸性火山岩组成,之间夹一套黑色、紫红色薄层状硅质岩,厚约11.1m。其中,第一层火山岩为紫红色、暗紫色安山岩,厚116.2m。岩石具杏仁状构造,玻基斑状结构。杏仁体含量30%~50%,由石英、方解石、绿泥石等充填。斑晶含量10%~15%,由较自形的斜长石和黑云母组成,大小为0.04mm×0.1mm~0.2mm×1.2mm。基质大部分具脱玻化,由羽状、球粒状、纤维状长石雏晶和圆状磁铁矿雏晶组成。岩石受构造变形变质明显,部分岩石已变为安山质糜棱岩。

第二层由砖红色、紫红色流纹英安岩组成,厚52.3m。顶部为紫红色、灰紫色气孔状、杏仁状流纹英安岩。气孔大小1~5mm,少量具定向排列。岩石具斑状结构,斑晶定向排列较明显,由较自形的斜长石(7%)、钾长石(3%)、角闪石(4%)组成。基质具交织结构、显微花岗结构,主要由斜长石(主)和钾长石(次)及石英(23%)组成。

中上部由3套玄武岩组成,其中第一套厚43.9m,第二套厚212.7m,第三套厚59.2m。之间夹浅变质碎屑岩、灰岩及沉火山岩。各套玄武岩底部见几十厘米至几米厚的气孔状玄武岩,气孔大小2~3mm,圆—椭圆形,略具定向排列。第二套玄武岩底部由5~8m厚的枕状玄武岩组成。枕状体为下平上凸的不规则次圆状、椭球状,大小为20~50cm,从外向内,结构由玻璃质向微细晶过渡,并可见不十分明显的同心环状和放射状收缩裂纹。裂纹所限的枕状体呈紧密镶嵌堆积(图3-65),指示玄武岩于水下快速冷凝成岩。第三套底部发育有2~5m的球颗玄武岩。球颗粒径一般小于2cm,次圆状—椭圆状。玄武岩主要为块状构造,其次为杏仁状构造;斑状结构、间粒结构、间隐结构等;主要由斜长石、辉石组成,另有少量磁铁矿、角闪石、黑云母。玄武岩中局部夹辉石岩包体,大小为2~6cm,椭圆状。

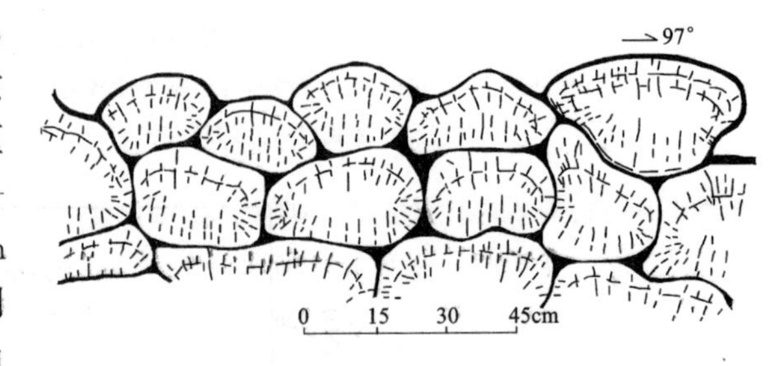

图 3-65　昆明沟玄武岩枕状构造

3. 沉火山岩相火山岩

沉火山岩相火山岩在剖面上很发育，主要由沉集块岩、沉火山角砾岩、沉凝灰岩组成。火山碎屑50%～80%，主要成分为玄武岩、安山岩，其次为岩屑砂岩、灰岩及少量花岗岩；次圆状，成层性较好；胶结物除火山物质外，还有泥质、钙质、硅质、砂屑等。

剖面上除上述火山岩外，另见少量辉绿岩、安山玢岩呈脉状侵入于地层与火山岩中。

（三）岩石化学特征

岩石化学成分如表3-40所列。由表可知，安山岩与中国安山岩平均值（黎彤，1963）相比，SiO_2、Fe_2O_3、FeO、Na_2O、K_2O等偏低，MgO等偏高。玄武岩与中国玄武岩平均值（黎彤，1963）相比，SiO_2、TiO_2、Al_2O_3、MgO、K_2O等偏低，CaO、Na_2O等偏高。在TAS图解（图略）上分别落入安山岩区及玄武岩区，在硅-碱图解（图3-66）和FAM图解（图3-67）上为亚碱性系列中的钙碱性系列。

表3-40 二叠纪火山岩岩石化学成分（%）及CIPW标准矿物计算表

岩性	SiO_2	TiO_2	Al_2O_3	Fe_2O_3	FeO	MnO	MgO	CaO	Na_2O	K_2O	P_2O_5	灼失量
玄武质凝灰岩	58.01	0.78	17.01	1.14	7.08	0.11	4.92	2.76	2.22	2.21	0.17	2.33
安山玢岩	59.52	0.58	15.64	2.29	4.02	0.13	4.36	6.47	3.45	0.91	0.12	1.53
玄武安山岩	56.28	0.96	10.24	4.17	3.32	0.16	4.16	8.30	3.47	0.18	0.14	7.89
玄武岩	46.72	3.25	8.24	11.81	0.30	0.13	4.61	14.26	4.85	0.10	0.35	4.97

岩性	Ap	Il	Tn	Mt	Hm	Or	Ab	An	Qz	C	Di	Hy	Ne	Lc	DI	A/CNK	SI	σ	AR
玄武质凝灰岩	0.39	1.54	0.00	1.71	0.00	13.55	19.48	13.16	19.5	6.55	0	24.09	0.00	0	52.56	1.54	28.0	1.23	1.58
安山玢岩	0.27	1.13	0.00	3.41	0.00	5.52	29.94	25.13	15.6	0.00	5.7	13.29	0.00	0	51.08	0.85	29.0	1.11	1.49
玄武安山岩	0.33	2.00	0.00	6.62	0.00	1.16	32.13	12.95	18.9	0.00	24.61	1.25	0.00	0	52.24	0.49	27.2	0.86	1.49
玄武岩	0.81	0.96	7.18	1.47	11.47	0.62	34.91	0.44	0	0.00	38	0	4.58	0	40.12	0.24	21.3	4.29	1.56

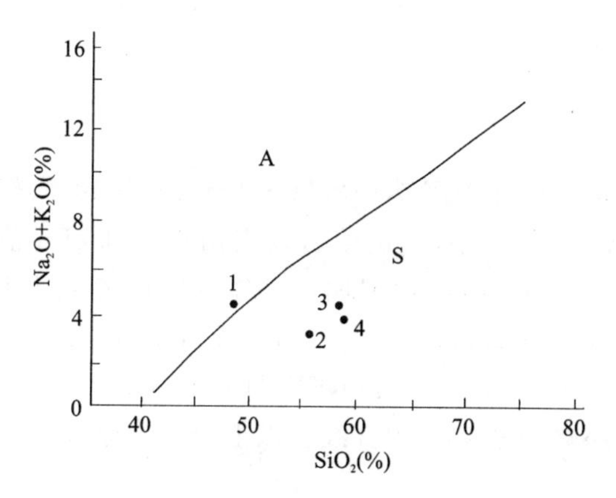

图3-66 昆明沟火山岩硅-碱图

A.碱性系列；S.亚碱性系列；1.玄武岩；2.玄武安山岩；3.安山岩；4.玄武质凝矿岩

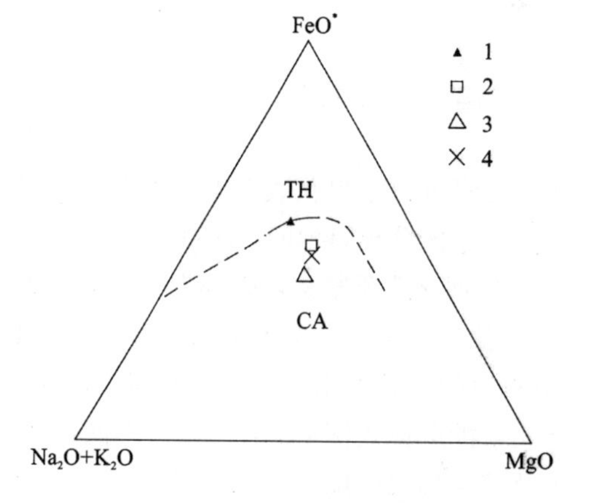

图3-67 昆明沟火山岩FAM图解

TH.拉斑玄武岩系列；CA.钙碱性系列；1.玄武岩；2.玄武安山岩；3.安山岩；4.玄武质凝矿岩

（四）微量元素特征

微量元素丰度（表3-41）与同类基性—中基性岩（维诺格拉夫，1962）相比偏低或较接近。在标准化模式图上（图3-68），玄武岩Ba、Th、Nb、Ta、Ce相对富集，Sr及高场强元素变化不大，而K却明显亏损，显示板内玄武岩或上地幔源特点。玄武安山岩及闪长玢岩二者具有相似的分布，同时Rb、Ba、Th强烈富集，而 Sr、K 及高场强元素富集程度向右逐渐降低，反映出岛弧火山岩的特点。

表 3-41　二叠纪火山岩微量元素表（$\times10^{-6}$，Au：$\times10^{-9}$）

岩性	Bi	Be	Li	Cu	Pb	Zn	Ag	Au	F
玄武质凝灰岩	0.40	2.6	49.1	64.5	31.2	109.0	0.015	4.8	698
安山玢岩	0.13	1.7	18.5	40.2	16.5	83.7	0.046	3.5	390
玄武安山岩	0.14	1.6	23.1	37.3	5.8	74.5	0.019	1.6	304
玄武岩	0.49	4.2	8.3	129.0	8.7	98.5	0.032	0.9	736

岩性	Cr	Ni	Co	V	Rb	Sr	Ba	Cs	Sc	Ga	Zr	Hf	Nb	Ta	Th	U
玄武质凝灰岩	174	52.6	22.7	164	95.3	157	429	13	28.8	25.8	154	5.5	11.6	1.3	12.2	3.25
安山玢岩	284	52.2	18.6	145	30.7	345	326	18	24.0	19.6	102	3.8	6.1	0.5	3.9	1.15
玄武安山岩	268	91.7	26.1	168	5.0	111	257	10	21.7	11.3	107	3.9	9.7	0.5	3.2	0.87
玄武岩	639	197.0	48.2	374	1.0	254	130	16	32.9	12.2	193	6.6	38.5	2.8	2.6	0.95

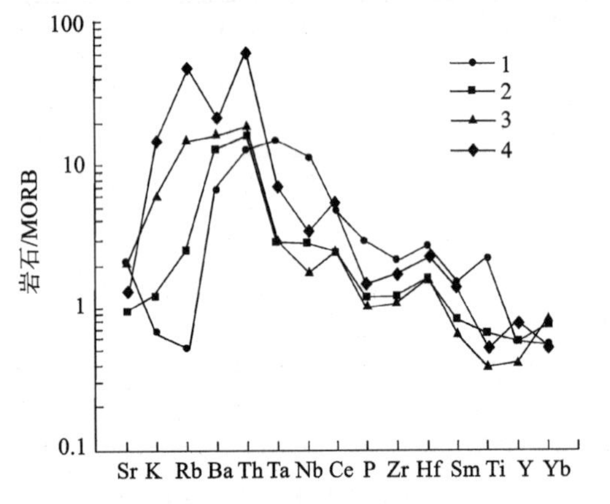

图 3-68　昆明沟火山岩微量元素蛛网图

1. 玄武岩；2. 玄武安山岩；3. 安山岩；4. 玄武质凝矿岩

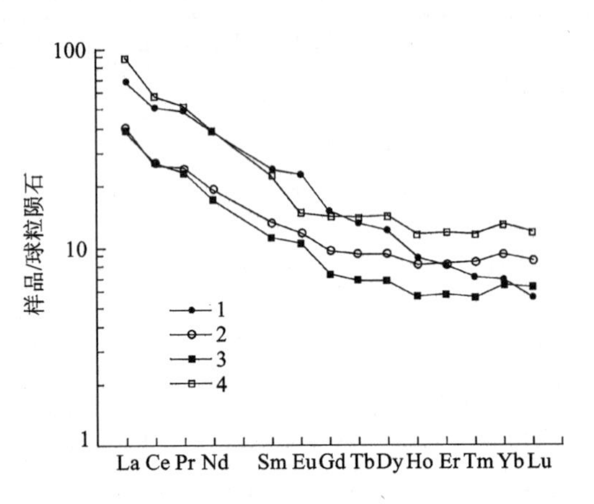

图 3-69　昆明沟火山岩稀土元素配分模式图

1. 玄武岩；2. 玄武安山岩；3. 安山岩；4. 玄武质凝矿岩

（五）稀土元素特征

稀土元素分析结果见表 3-42。总体上稀土元素总量中等，ΣREE 为（72.76～154.24）$\times10^{-6}$；轻重稀土元素有一定分异，LREE/HREE 为 5.15～7.98；Eu 变化较小，火山熔岩及安山玢岩脉 δEu 值为 0.80～1.16，而玄武质凝灰岩因外来物质混染 δEu 值为 0.8。由于岩性差异明显可分为两组，玄武质火山岩（玄武岩及玄武质凝灰岩）特征更为相近，ΣREE 为（132.7～154.24）$\times10^{-6}$，LREE/HREE 为 7.18～7.98；中酸性的玄武安山岩及安山玢岩 ΣREE 为（72.76～83.41）$\times10^{-6}$，LREE/HREE 为 5.15～6.73。在稀土元素配分模式图（图 3-69）上，为两组平行度较好，略向右倾斜的直线。以上暗示岩浆具有相似的来源及较大形成深度。

表 3-42　二叠纪火山岩稀土元素及有关参数表（$\times10^{-6}$）

岩性	La	Ce	Pr	Nd	Sm	Eu	Gd	Tb	Dy	Ho	Er	Tm	Yb	Lu	Y	ΣREE	LREE/HREE	δEu	δCe
玄武质凝灰岩	27.70	52.94	6.12	22.62	4.55	1.08	4.42	0.69	4.41	0.83	2.45	0.38	2.47	0.36	23.23	154.25	7.18	0.80	0.82
安山玢岩	12.22	24.56	2.78	10.46	2.21	0.74	2.24	0.34	2.10	0.41	1.19	0.18	1.22	0.19	11.91	72.75	6.73	1.11	0.85
玄武安山岩	12.70	24.83	2.96	11.68	2.62	0.87	2.93	0.46	2.89	0.59	1.70	0.27	1.71	0.26	16.93	83.40	5.15	1.06	0.82
玄武岩	21.61	46.51	5.65	22.91	4.81	1.65	4.66	0.65	3.68	0.63	1.62	0.23	1.29	0.17	16.63	132.70	7.98	1.16	0.86

（六）火山物质来源及构造环境探讨

1. 岩浆物质来源

从表 3-40 可知，岩石除凝灰岩因混染 K_2O 为 2.2%外，其余 K_2O 含量较低，均小于 1%，其中玄武岩及安山岩 K_2O 仅为 0.1%～0.18%；$Na_2O>K_2O$，高于同类岩石（黎彤，1963）近 10 倍，暗示岩浆物质可能来自于形成深度较大的上地幔岩的部分熔融。微量元素及标准化模式图显示，Ba、Th、Nb、Ta、Ce 相对富集，Sr 及高场强元素变化不大，而 K 却明显亏损，亦反映了上地幔部分熔融的特点。稀土元素的轻重稀土元素分异中等，而 δEu 值除凝灰岩外，均大于 1，反映上地幔或下地壳部分熔融的特征。

由上可知，二叠纪昆明沟火山岩应来源于上地幔部分熔融。

2. 形成的大地构造环境

火山岩与二叠纪地层（图 3-63）呈互层产出。主要为岩屑杂砂岩、夹硅质岩及少量灰岩，代表了一套由深至浅的台盆相或边坡相沉积组合，至火山岩产出层位，相当于浅海陆棚相沉积。岩性上为爆发相火山岩到溢流相火山岩、沉火山岩组合。其中玄武岩底部发育的枕状玄武岩及球颗玄武岩，代表水下火山喷溢快速冷却成岩环境。尤其爆发相玄武质火山碎屑岩的出现，说明岩浆富含挥发分组分，可作为火山弧或活动大陆边缘的标志性火山岩。结合岩石化学、微量元素、构造环境图解，昆明沟二叠纪火山岩应属形成于岛弧或弧后盆地构造环境（总体为挤压，局部为拉张）。

三、三叠纪火山岩

（一）地质特征

该火山岩分布于耸石山—可支塔格构造混杂岩带以南、黑山—昆仑山以北三叠系巴颜喀拉山群内，主要呈层状、似层状、脉状产出，个别呈不规则的小岩株产出。一般宽 10～80m，长 50～3000m，与地层呈侵入接触关系（图 3-70）。一般见宽 5～100cm 的冷凝边，围岩局部见较明显的宽 1～5cm 角岩化。与下侏罗统呈沉积接触关系（图 3-71）。金顶山南西约 10km 的安山岩内（49 号地质点）全岩 K-Ar 法年龄为 118.65±2.27Ma。此年龄值因岩石较强蚀变而偏低。根据火山岩接触关系，其形成时代大致应在早中侏罗世以前及早中三叠世之后，即晚三叠世。

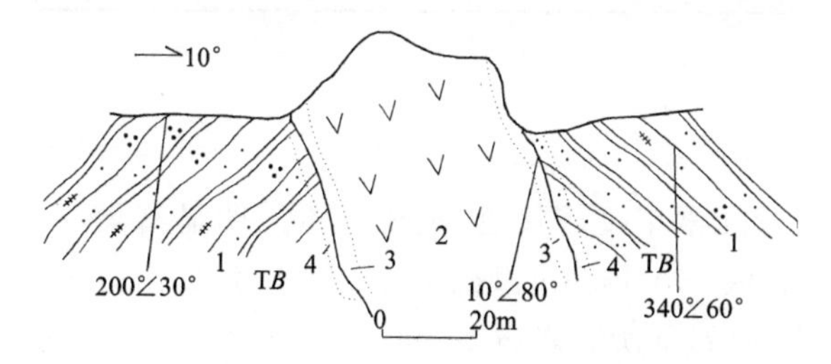

图 3-70　双尾梁（1268 点）安山岩与地层接触关系

1. 三叠系巴颜喀拉群；2. 安山岩；3. 冷凝边；4. 烘烤边

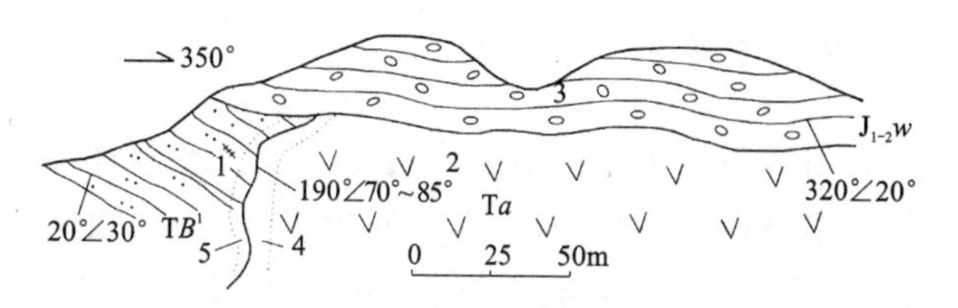

图 3-71　双尾梁（1270 点）安山岩与围岩接触关系

1. 三叠系巴颜喀拉群浅变质砂岩；2. 安山岩；3. 中下侏罗统砾岩；4. 冷凝边；5. 烘烤边

（二）岩石学特征

安山岩呈灰绿—暗绿色，块状构造，局部见杏仁状构造，斑状结构。从岩体边缘至中心，岩石结构由细逐渐变粗。边缘基质一般为隐晶质或玻璃质结构，杏仁状构造，中部基质结构稍粗，一般为微粒结构。斑晶含量为 26%～56%，一般为 30%～40%，主要由斜长石（15%～40%）、角闪石（8%～13%）、黑云母（0～6%）、微量石英和钾长石等组成。其中斜长石斑晶大小为 2～6mm，个别达 1～2cm，白色。另有少量(0.5%～3%)的长石爆裂斑晶晶屑，呈尖棱角状。石英斑晶一般具较强的熔蚀现象。岩石中含微量石榴石，自形—半自形晶，淡红色，裂纹发育，沿裂纹有绿泥石、白云母等交代现象。主要副矿物有磷灰石、锆石、钛铁矿，磁铁矿偶见。岩石蚀变较强烈，绿泥石化、绢云母化、绿帘石化等较发育。

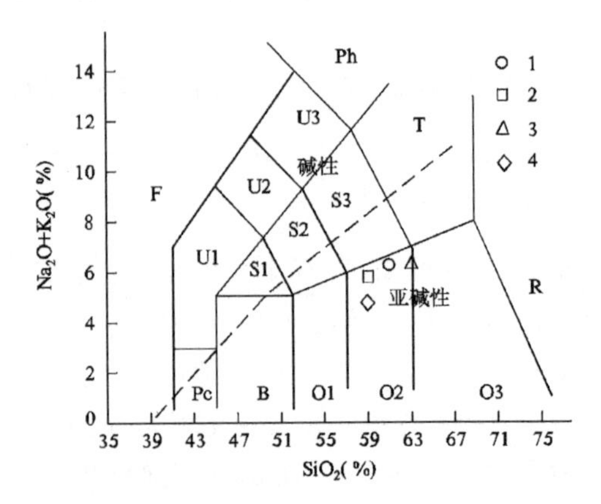

图 3-72　三叠纪火山岩 TAS 图解

(Le Bas M J 等,1986)

Pc. 苦橄玄武岩；B. 玄武岩；O1. 玄武安山岩；O2. 安山岩；O3. 英安岩；S1. 粗面武岩；S2. 玄武质粗面安山岩；S3. 粗面安山岩；T. 粗面英安岩；U1. 碧玄岩；U2. 响岩质碱玄岩；U3. 碱玄质响岩；Ph. 响岩；R. 流纹岩；F. 副长石岩；1. 双尾梁北体；2. 双尾梁南体；3. 贵水河；4. 虾子湖

(三) 岩石化学特征

岩石化学成分如表 3-43 所列。各火山岩岩石化学成分相近，$Na_2O/K_2O>1$，说明它们具相同的岩浆来源。A/CNK≥1，为铝过饱和岩石。在 TAS 图解(图 3-72)中，全部落入安山岩区，属钙碱性系列。值得注意的是，部分岩石化学成分如 SiO_2、Al_2O_3、MgO、CaO、Na_2O、K_2O 等参数(如 K_2O/Na_2O)与阿留申埃达克岩十分相似，暗示二者在成因及形成构造环境上具有某些相似性。

表 3-43　三叠纪安山岩岩石化学成分(%)及 CIPW 标准矿物计算表

岩体	SiO_2	TiO_2	Al_2O_3	Fe_2O_3	FeO	MnO	MgO	CaO	Na_2O	K_2O	P_2O_5	H_2O^+	灼失量	CO_2
双尾梁北	62.75	0.60	16.22	0.97	4.40	0.11	2.19	3.38	3.93	2.44	0.15	2.56	2.17	0.09
双尾梁南	58.73	0.64	15.57	1.00	4.73	0.11	4.61	4.16	3.91	1.69	0.17	3.38	3.96	1.00
贵水河	60.79	0.70	16.27	0.94	6.13	0.11	4.15	1.03	5.56	0.59	0.19	3.18	2.63	0.13
虾子湖	58.71	0.74	15.45	0.90	6.53	0.10	4.30	3.45	3.56	1.16	0.19	3.42	4.09	1.22

岩体	Ap	Il	Mt	Or	Ab	An	Qz	C	Hy	DI	A/CNK	SI	σ	AR
双尾梁北	0.34	1.17	1.45	14.84	34.23	16.35	17.99	1.33	12.30	67.06	1.06	15.72	1.99	1.96
双尾梁南	0.39	1.28	1.52	10.48	34.71	20.60	11.52	0.12	19.40	56.70	0.98	28.92	1.85	1.79
贵水河	0.43	1.38	1.41	3.61	48.77	4.14	14.46	5.21	20.59	66.84	1.40	23.89	2.03	2.10
虾子湖	0.44	1.48	1.37	7.21	31.68	16.82	16.40	2.60	22.00	55.29	1.15	26.14	1.31	1.67

(四) 微量元素特征

岩石微量元素分析结果见表 3-44。大部分样品中微量元素丰度较接近，成矿元素无明显富集，在微量元素蛛网图(图 3-73)上，与阿留申 adakite 相比，除 Ni 低，Rb、Ba、Cs、Ta、Th、U 较高外，Cr、Co、V、Sr、Sc、Hf 十分接近，与世界确认的其他 adakite 也较相似，尤其是所有岩石 Sr 均大于 400×10^{-6}，说明该火山岩与 adakite 存在一定的相似性。

表 3-44　三叠纪安山岩微量元素表($\times10^{-6}$，Au：$\times10^{-9}$)

岩体	W	Sn	Bi	Mo	Be	Li	Cu	Pb	Zn	Sb	Hg	Ag	Au	As	F
双尾梁北	1.4	1.4	0.01	0.8	1.80	40.1	14.1	11.0	103.0	0.92	0.05	0.04	0.7	8.3	452
双尾梁南	1.2	0.6	0.18	0.8	1.71	56.7	22.2	4.5	60.6	0.64	0.15	0.02	1.1	3.6	394
贵水河	1.6	1.8	0.73	1.1	1.59	68.6	10.2	55.1	97.3	0.23	0.08	0.04	1.2	3.8	430
虾子湖	1.4	3.4	0.09	1.6	1.81	44.6	28.8	23.9	88.4	1.17	0.07	0.03	1.6	18.2	466

续表 3-44

岩体	Cr	Ni	Co	V	Rb	Sr	Ba	Cs	Sc	Cd	Ga	Zr	Hf	Nb	Ta	Th	U
双尾梁北	173.1	8.93	11.7	71	55.3	936	1390	11	19.6	0.32	20.6	154	5.2	7.0	0.5	9.0	2.3
双尾梁南	84.9	42.0	17.1	112	15.7	565	904	9	21.0	0.13	16.9	116	3.6	7.1	0.6	11.1	2.9
贵水河	76.7	10.5	12.6	122	80.3	682	179	12	18.4	0.12	23.9	141	5.1	9.0	0.5	9.5.	2.2
虾子湖	173.9	22.6	17.6	133	34.2	405	690	16	26.1	0.14	21.8	167	5.3	8.4	0.9	7.7	4.1

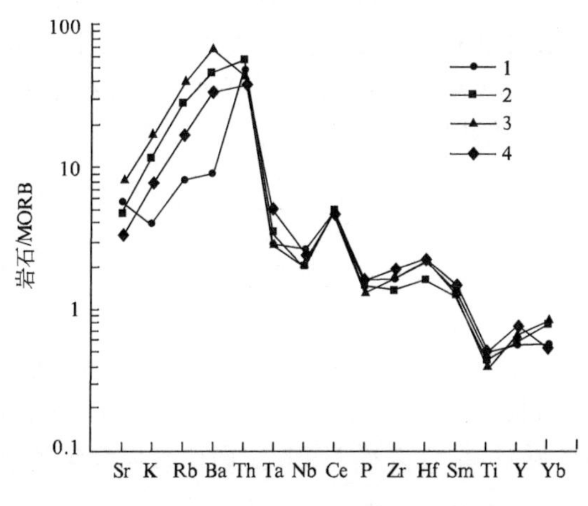

图 3-73 三叠纪火山岩微量元素蛛网图

1. 双尾梁北体；2. 双尾梁南体；3. 贵水河；4. 虾子湖

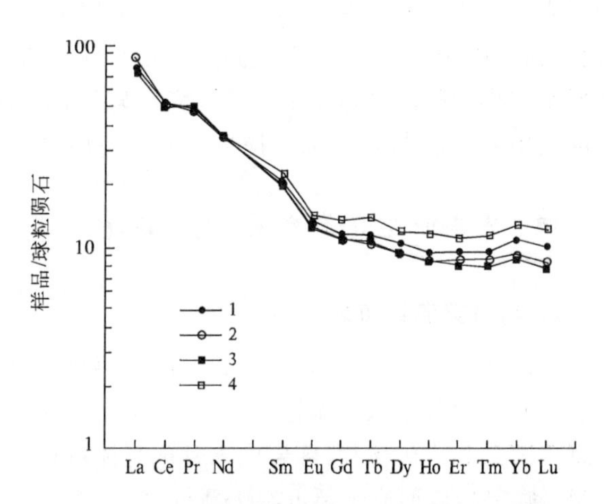

图 3-74 三叠纪安山岩稀土元素配分模式图

1. 双尾梁北体；2. 双尾梁南体；3. 贵水河；4. 虾子湖

（五）稀土元素特征

安山岩稀土元素含量见表 3-45。各岩体的稀土元素特征值很相近，ΣREE 及 LREE/HREE 中等，Eu 略有亏损，δEu 值为 0.77～0.84。在稀土元素配分模式图（图 3-74）上各岩体曲线平行度较好，轻稀土部分向右倾斜，重稀土部分较平缓，说明岩浆具有相同的来源和形成环境。

表 3-45 三叠纪安山岩稀土元素有关参数表（$\times 10^{-6}$）

岩体	La	Ce	Pr	Nd	Sm	Eu	Gd	Tb	Dy	Ho	Er	Tm	Yb	Lu	Y	ΣREE	LREE/HREE	δEu	δCe
双尾梁北	23.64	46.47	5.68	21.23	4.29	0.97	3.58	0.57	3.20	0.68	2.00	0.31	2.05	0.31	19.07	134.05	8.05	0.81	0.82
双尾梁南	28.70	49.84	5.64	21.32	3.94	0.93	3.31	0.52	2.80	0.61	1.79	0.28	1.77	0.26	16.64	138.35	9.73	0.84	0.78
贵水河	25.02	48.04	5.93	21.53	4.05	0.91	3.34	0.54	2.88	0.61	1.69	0.26	1.63	0.24	16.04	132.71	9.43	0.80	0.80
虾子湖	23.50	46.77	5.96	21.37	4.75	1.05	4.2	0.71	3.77	0.85	2.33	0.38	2.43	0.38	22.27	140.72	6.87	0.77	0.81

（六）岩石成因及构造环境分析

埃达克岩是一种具特殊地球化学性质和特定构造环境的中酸性侵入岩或火山岩，如上所述，图区安山岩与 adakite 具许多相似之处，尤其一些主要特征值可互比，可称之为类 adakite。循此思路，作如下分析。

1. 岩石成因

由上可知，除个别样品外，大部分岩石 MgO 较高，高出中国安山岩（黎彤，1962）1～2 个百分点；全部样品 $Na_2O>K_2O$；相容元素 Cr、Co、V 等相容元素较高；许多特征元素与标准的 adakite 相近，据此推断图区安山岩来源于壳-幔混熔岩浆。

2. 构造环境

adakite 的形成机制主要有 3 种：一是俯冲洋壳的部分熔融；二是太古代结晶基底局部重熔；三是地壳加厚。纵观图区区域构造特点和演化历史，所有安山岩均分布于耸石山-可支塔格构造混杂岩带的南东边（昆南微陆块和巴颜喀拉地块结合带）30～40km 范围内，即侏罗纪地层分布区附近的三叠系地层中，往南很少见到其踪迹。由此分析：本区三叠纪末（印支运动）昆南微陆块与巴颜喀拉陆块发生碰撞，结束了图区海相沉积历史。陆陆碰撞的结果，势必造成陆壳增厚，当加厚到大于 50km 时，上地幔与下地壳岩石产生部分熔融，形成类 adakite 岩浆上升至地表附近，形成安山岩类。而呈残留的麻粒岩、榴辉岩相岩石，由于密度较大，下沉到密度较小软流圈中去。紧随而来的是上地幔上涌，产生拉张环境，形成侏罗纪这样的陆内盆地。由此导致安山岩仅限于侏罗纪地层分布区附近的三叠纪地层内。综上所述，图区安山岩应形成于陆-陆碰撞导致的陆壳加厚（＞50km）构造环境。

四、中新世潜花岗斑岩、流纹斑岩

1. 高岚梁流纹斑岩（$N_1\lambda\pi$）

在图区仅见一处，位于图区北部昆南微陆块南缘的高岚梁。岩体长约 1.7km，宽约 600m，高出地表近 100m，野外呈灰色山包，标志较明显。岩体呈不规则状侵入于渐新统阿克塔什组（E_3a）砾岩中。据野外观察和岩矿薄片，砾岩中未发现与流纹斑岩相似的砾石，结合锆石 U-Pb 法同位素模式年龄值为 23Ma，确定岩体形成于新近纪中新世。

岩石为灰白色—浅灰色；块状构造，部分为气孔状构造、流纹构造，斑状结构，基质为微晶—隐晶质结构、玻基交织结构。斑晶含量 32%～38%，由较自形的斜长石、石英、黑云母等组成，粒径 0.2～2mm。基质由长石、石英、少量黑云母及玻璃质组成，亦可见少量长石、黑云母等晶屑，呈尖棱角状。斑晶定向分布较明显。斜长石斑晶 An 43～46，部分具环带构造；石英斑晶多熔蚀成浑圆状或港湾状。气孔呈不规则状，大小 0.2～0.6mm，显示浅成—超浅成特点。

岩石副矿物见表 3-20，为磁铁矿-褐帘石-磷灰石-锆石组合，另有少量刚玉、蓝晶石。锆石晶形特征见图 3-28。

岩石化学成分（表 3-46）中，全碱较高，Na_2O+K_2O 达 8.14%；$K_2O>Na_2O$，里特曼值（σ）2.37，A/CNK＞1；在 CIPW 标准矿物计算中，出现 C、Hy 值。以上表明岩石属钙碱性铝过饱和类型。在 TAS 图解中（图略）落入流纹斑岩区，与薄片鉴定相符。

表 3-46　高岚梁流纹斑岩岩石化学成分（%）及 CIPW 标准矿物计算表

SiO_2	TiO_2	Al_2O_3	Fe_2O_3	FeO	MnO	MgO	CaO	Na_2O	K_2O	P_2O_5	H_2O^+	灼失量
71.01	0.42	14.95	0.31	1.37	0.02	0.84	2.06	3.11	5.03	0.11	0.34	0.33

Ap	Il	Mt	Hm	Or	Ab	An	Qz	C	Hy	DI	A/CNK	SI	σ	AR
0.24	0.8	0.45	0	29.95	26.52	9.65	27.77	0.89	3.72	84.24	1.05	7.88	2.36	2.84

微量元素（表 3-47）除 Cu、F、Ba、Zr、Th 较高外，其他丰度一般，在微量元素蛛网图（图 3-75）上，表现为板内花岗岩的特点，大离子亲石元素除 Sr 外，其他均明显富集，而高场强元素从左至右却呈下降趋势。

表 3-47　高岚梁流纹斑岩微量元素表（$\times10^{-6}$，Au：$\times10^{-9}$）

W	Sn	Bi	Mo	Be	Li	Cu	Pb	Zn	Sb	Hg	Ag	Au	As	F
1.7	5.3	0.24	0.7	3.8	55.4	41.5	46.8	82.3	0.21	0.01	0.072	2.9	2.0	1853

Cr	Ni	Co	V	Rb	Sr	Ba	Cs	Sc	Cd	Ga	Zr	Hf	Nb	Ta	Th	U
23	7.9	6.1	31.4	313.4	260	853.0	19	3.1	0.06	24.4	335.0	9.1	14.0	1.0	56.6	6.1

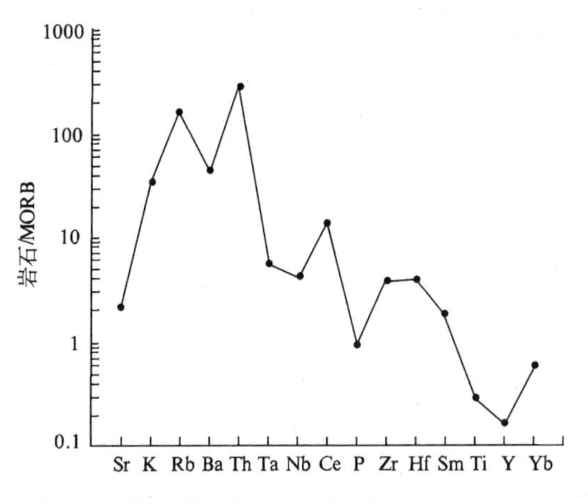

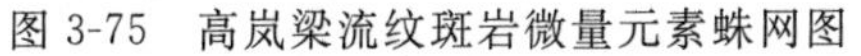
图 3-75　高岚梁流纹斑岩微量元素蛛网图

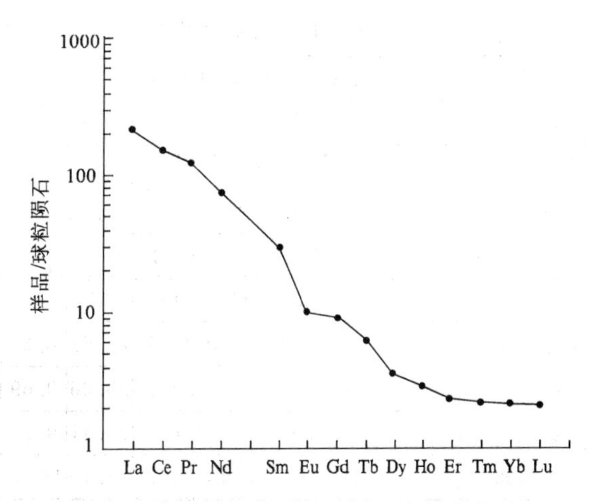

图 3-76　高岚梁流纹斑岩稀土元素配分模式图

稀土元素(表 3-48)总量较高,达 280.95×10^{-6};轻稀土强烈富集,LREE/HREE 达 49.31;Eu 亏损较明显,δEu 值为 0.51。在稀土元素配分模式图(图 3-76)上为由左向右依次降低的曲线,且与黑伞顶潜花岗斑岩稀土元素模式图相似。

表 3-48　高岚梁流纹斑岩稀土元素有关参数表($\times10^{-6}$)

La	Ce	Pr	Nd	Sm	Eu	Gd	Tb	Dy	Ho	Er	Tm	Yb	Lu	Y	ΣREE	LREE/HREE	δEu	δCe
68.33	137.60	14.40	43.80	5.86	0.72	2.84	0.31	1.10	0.21	0.48	0.07	0.41	0.06	4.64	280.83	49.31	0.51	0.88

2. 黑伞顶潜火山岩($N_1\gamma\pi$)

岩体位于昆南微陆块南缘、鳄鱼梁-黑伞顶区域性大断裂的北缘,往东延至 1:25 万木孜塔格幅。图区出露面积约 $18km^2$,出露标高 5100～5588m。地表呈椭圆状,四周较平缓,中心部位为直径约1.5km 的火山锥,远望呈黑色高耸的锥柱状,高出地表近 500m,航片解译标志及野外标志均较明显。岩体具多次活动特征,主要由潜花岗斑岩组成,中心火山锥由火山角砾岩、潜花岗斑岩、流纹岩等组成。岩体侵入于二叠系树维科组和第三系(古近系+新近系)阿克塔什组(其砾岩中未见花岗斑岩砾石)中。黑云母 K-Ar 法年龄值为 13.2Ma。由此分析,岩体形成于新近纪中新世。

该岩体岩石类型较复杂,主要为潜花岗斑岩,其次有玻基英安斑岩、潜流纹斑岩、火山角砾岩等,晚期有辉橄玢岩、碱煌岩等侵入。潜花岗斑岩为斑状结构,基质为霏细结构。斑晶含量大于 50%,由自形程度较好的斜长石、钾长石、黑云母、石英等组成。大部分斑晶裂纹发育,有的呈尖棱角状的“晶屑”;石英有的熔蚀成浑圆状和港湾状;黑云母具扭曲现象;钾长石斑晶较粗,一般为 5mm×10mm～7mm×12mm,个别大致为 5cm×6cm～7cm×8cm。斜长石 An 值为 21～29。

玻基英安斑岩呈脉状或似层状产出,灰—深灰色。斑晶含量为 26%～34%,由斜长石(16%～21%,An28)、黑云母(10%～11%)等组成,略具定向排列。基质为 60%～76%,由玻璃质(60%～65%)和少量斜长石、黑云母组成。晶屑由斜长石(3%～4%)和黑云母(1%)组成。

火山角砾岩为深灰—黑色、暗绿色,角砾含量为 60%～95%,呈棱角状—次棱角状;一般为 0.5～3cm;主要成分为花岗斑岩、玻基英安斑岩,少量硅质岩、粉砂质泥岩、石英杂砂岩、黑云母片岩;英安质—流纹质及黑云母、长石、电气石等胶结。局部电气石含量较高,达 10%～30%。

岩石化学成分(表 3-49)变化较大,反映出岩浆的多次活动。里特曼指数(σ)为 2.03～3.78;大部分 A/CNK 值大于 1,个别仅为 0.7;全碱较高,Na_2O+K_2O 为 6.88%～8.17%;K_2O/Na_2O 均大于 1,一般为 1.5 左右;在 CIPW 标准矿物计算中,大部分出现 C、Hy 值,个别出现 Di 值。以上表明岩石属钙碱性系列,以铝过饱和类型为主。

表 3-49　黑伞顶潜花岗斑岩岩石化学成分(%)及 CIPW 标准矿物计算表

岩性	SiO_2	TiO_2	Al_2O_3	Fe_2O_3	FeO	MnO	MgO	CaO	Na_2O	K_2O	P_2O_5	H_2O^+	灼失量
粗斑花岗斑岩	70.18	0.59	13.81	1.92	1.40	0.02	0.85	1.98	2.98	4.44	0.23	1.24	1.10
玻基花岗斑岩	65.45	0.77	15.3	1.45	1.90	0.05	1.47	2.62	3.24	4.86	0.60	1.95	1.80
细斑花岗斑岩	65.19	0.53	14.98	3.50	1.52	0.03	0.76	2.34	3.04	5.13	0.36	2.09	4.25
巨斑花岗斑岩	55.51	1.08	14.03	3.91	2.03	0.17	3.73	5.89	2.71	4.17	0.76	2.14	5.70

岩性	Ap	Il	Mt	Hm	Or	Ab	An	Qz	C	Di	Hy	DI	A/CNK	SI	σ	AR
粗斑花岗斑岩	0.51	1.14	2.83	0.00	26.66	25.62	8.61	31.41	1.01	0.00	2.20	83.70	1.04	7.33	2.01	2.77
玻基花岗斑岩	1.34	1.50	2.15	0.00	29.39	28.06	9.69	21.72	1.27	0.00	4.89	79.17	1.00	11.38	2.87	2.65
细斑花岗斑岩	0.81	1.03	3.55	1.14	31.13	26.41	9.75	23.25	0.97	0.00	1.94	80.80	1.01	5.45	2.94	2.79
巨斑花岗斑岩	1.77	2.18	4.22	1.25	26.22	24.40	14.68	10.54	0.00	9.07	5.68	61.15	0.71	22.54	3.34	2.06

岩石微量元素(表 3-50)中,成矿元素除 Zn 略高外,其他元素一般;过渡族元素 Cr、Ni、Co、V 较同类中酸性岩石高(维诺格拉夫,1962)1～6 倍,暗示有下地壳或上地幔物质参与。在微量元素蛛网图(图 3-77)上,各类岩石化学成分含量差异较大,但微量元素模式曲线拟合程度好,为大离子亲石元素相对密集,高场强元素由左向右逐渐降低的曲线,形态与板内花岗岩相似。

表 3-50　黑伞顶潜花岗斑岩微量元素表($\times10^{-6}$,Au:$\times10^{-9}$)

岩性	W	Sn	Bi	Mo	Be	Li	Cu	Pb	Zn	Sb	Hg	Ag	Au	As	F
粗斑花岗斑岩	3.5	5.5	0.05	6.0	5.8	43.5	38.2	43.8	95.5	0.41	0.01	0.066	1.8	52.1	1391
玻基花岗斑岩	4.2	5.4	0.05	3.8	5.6	27.3	16.8	52.1	85.7	0.30	0.04	0.079	1.0	8.4	2066
细斑花岗斑岩	2.7	5.7	0.09	3.7	5.2	42.9	21.5	52.6	75.2	0.79	0.15	0.073	1.5	17.8	1551
巨斑花岗斑岩	2.8	3.7	0.08	3.1	6.2	49.3	30.8	51.8	100.0	3.03	0.01	0.121	2.1	14.1	2112

岩性	Cr	Ni	Co	V	Rb	Sr	Ba	Cs	Sc	Cd	Ga	Zr	Hf	Nb	Ta	Th	U
粗斑花岗斑岩	20	16.6	8.0	42.3	229.3	575	869	171	4.6	0.08	23.2	263.0	6.9	28.2	2.0	34.6	9.0
玻基花岗斑岩	32	17.1	10.2	62.1	224.7	707	1068	22	7.1	0.12	21.9	544.0	13.6	31.6	2.5	40.5	7.6
细斑花岗斑岩	44	17.2	7.1	35.2	248.2	528	815	18	3.7	0.08	21.2	403.0	10.4	27.3	1.7	43.2	8.4
巨斑花岗斑岩	138	81.7	23.6	101.5	179.6	667	1287	26	11.0	0.20	17.9	341.0	9.3	35.1	1.7	34.7	3.4

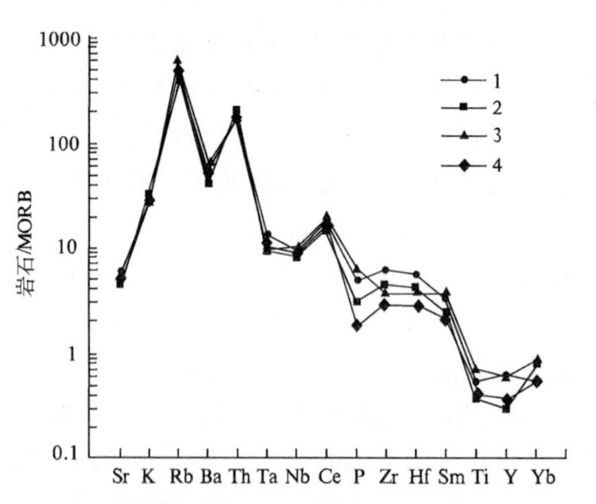

图 3-77　黑伞顶潜花岗斑岩微量元素蛛网图

1.玻基花岗斑岩;2.细斑花岗斑岩;
3.巨斑花岗斑岩;4.粗斑花岗斑岩

稀土元素(表 3-51)总量(∑REE)较高,达(308～340.89)$\times10^{-6}$;轻重稀土分异较强烈,LREE/HREE 为 24.19～34.49;Eu 略有亏损,δEu 值为 0.62～0.87。反映在稀土元素配分模式图(图 3-78)上,为平行度较好的向右倾斜的斜线。以上暗示各岩石为同源岩浆演化的产物。

表 3-51　黑伞顶潜花岗斑岩稀土元素有关参数表($\times10^{-6}$)

岩性	La	Ce	Pr	Nd	Sm	Eu	Gd	Tb	Dy	Ho	Er	Tm	Yb	Lu	Y	ΣREE	LREE/HREE	δEu	δCe
粗斑花岗斑岩	75.55	141.0	15.17	47.01	7.00	1.42	4.25	0.55	2.39	0.44	1.11	0.17	1.01	0.14	10.65	307.87	28.52	0.80	0.83
玻基花岗斑岩	94.72	183.3	20.01	66.24	10.49	1.86	6.41	0.84	3.68	0.71	1.78	0.27	1.64	0.24	18.24	410.43	24.19	0.70	0.84
细斑花岗斑岩	77.78	160.7	17.80	57.29	8.20	1.20	4.34	0.53	2.33	0.37	0.84	0.12	0.73	0.11	8.38	340.72	34.47	0.60	0.87
巨斑花岗斑岩	103.10	205.8	22.79	78.00	11.81	2.61	7.09	0.92	4.43	0.69	1.67	0.25	1.38	0.20	17.46	458.20	25.50	0.87	0.86

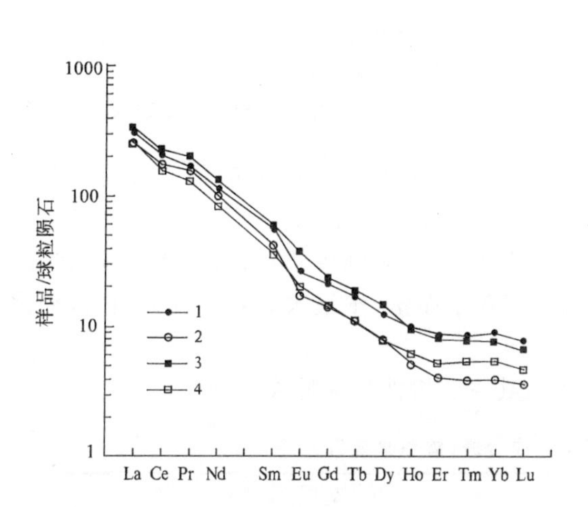

图 3-78　黑伞顶潜花岗斑岩稀土元素配分模式图
1.玻基花岗斑岩；2.细斑花岗斑岩；
3.巨斑花岗斑岩；4.粗斑花岗斑岩

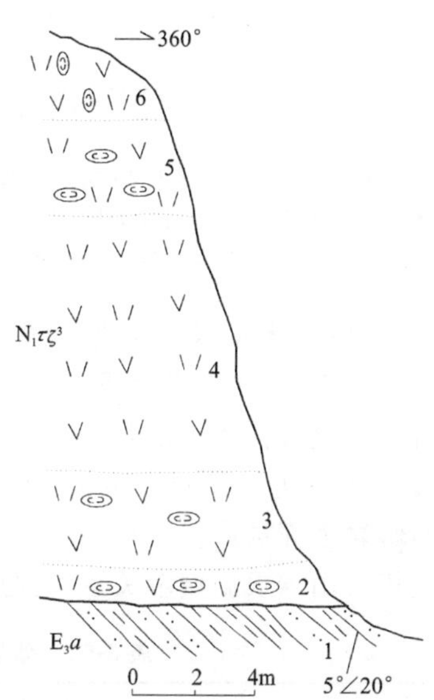

图 3-79　畅车川(968点)火山岩与地层接触关系
1.古近纪阿克塔什组；2.灰紫色气孔状粗面英安岩；
3.灰色气孔状粗面英安岩；4.黑色块状粗面英安岩；
5.黑色气孔状粗面英安岩；6.紫红色气孔状粗面英安岩

五、新近纪中新世火山岩

(一) 地质特征

新近纪中新世火山岩在图区出露面积最大，约 314km²，分布于黑山—昆仑山北纬 36°15′以南地区。图幅以南至可可西里山脉，仍可见大片火山岩分布。火山岩呈层状残留于地势较高的山头，出露标高一般5200～5600m，地貌上呈黑色桌状山、锥形台山，野外及航卫片标志较明显。主要岩性为粗面英安岩、粗安岩及玄武安山岩。火山口附近见有少量火山角砾岩。由 3 个火山韵律组成，呈熔岩被状喷发覆盖于三叠系巴颜喀拉群(图 3-79)和第三系阿克塔什组为基岩的夷平面之上(图 3-80)。3 个火山韵律之间呈微倾斜的阶梯状叠覆，接触关系较清楚(图 3-81)，下伏岩石有几厘米褐红、紫红色烘烤边。蚕眉山火山岩规模最大，出露最完整。第一韵律及第三韵律火山岩中，全岩K-Ar法年龄分别为 12.81±0.4Ma、12.85±0.56Ma及14.51±0.23Ma，表明该火山岩形成于新近纪中新世。

(二) 火山岩相及岩石学特征

火山岩相以溢流相为主，爆发岩相分布于蚕眉山火山口附近。

1. 溢流相火山岩及其岩石学特征

溢流相火山岩熔岩被单层厚几米至百余米不等，根据岩石结构构造、颜色等的变化，可划分为下、中、上 3 个部分。下部厚几十厘米至几米，呈灰紫色、紫红色、黑色，气孔状构造，玻璃质结构。气孔含量

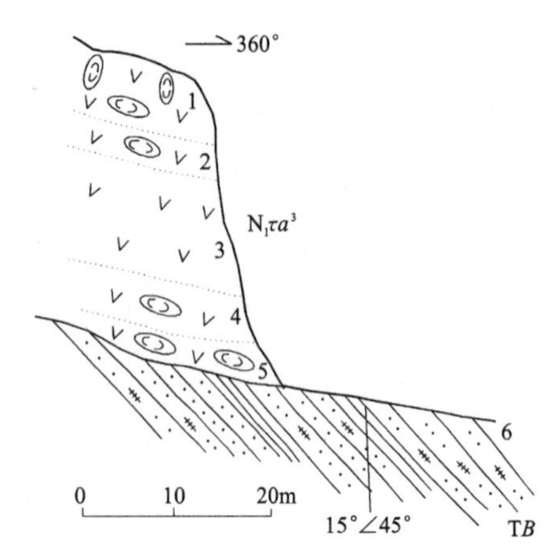

图 3-80 长虹湖(189 点)安山岩与地层接触关系

1.气孔状安山岩或安山质浮岩;2.少气孔状安山岩;3.块状安山岩;4.少气孔状安山岩;5.气孔状安山岩;6.三叠系巴颜喀拉群浅变质砂岩、板岩

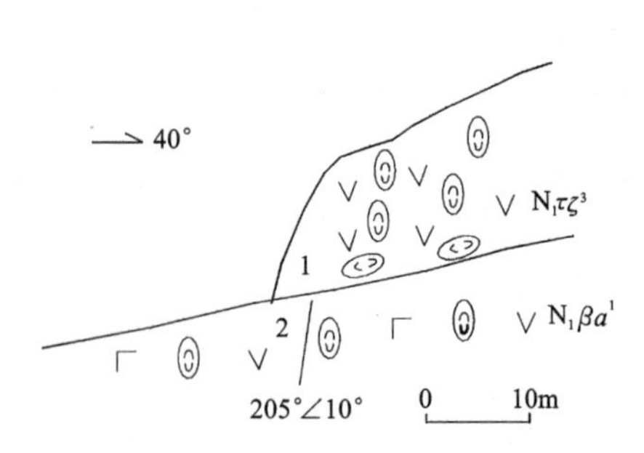

图 3-81 蚕眉山(27 点)火山熔岩与地层接触关系

1.中新世第三次喷发粗面英安岩;2.中新世第三次喷发玄武安粗岩

10%~30%,扁平状或不规则状,定向排列较明显,大小 1~3mm,常见下伏岩石角砾;中间带为灰—深灰色块状火山岩,气孔不发育或少见,气孔呈次圆状、椭圆状,隐晶质或微晶结构,厚度较大;上部为灰紫色、紫红色、黑色气孔状火山岩,气孔一般 1~5mm,部分大于 1cm,不规则树枝状、云朵状、椭圆状等,顶部气孔最发育,一般达 50%~80%,形成渣状熔岩或浮岩,气孔小而密,多呈次圆状。近火山口,局部见较清晰的熔岩表壳构造。

溢流相火山岩根据接触关系,可分为 3 次喷发(韵律),其主要岩性特征见表 3-52。

表 3-52 新近纪中新世火山岩矿物成分表(体积含量%)

韵律	岩石名称	岩体	斑晶								基质								气孔	其他
			橄榄石	辉石	角闪石	黑云母	斜长石	斜长石(An)	钾长石	石英	辉石	角闪石	黑云母	斜长石	斜长石(An)	钾长石	石英	玻璃质		
第三韵律	粗面英安岩	鲸鱼湖			1		9							4			2	78	5	1
					3	6	13		1	2			10	10		3		51		1
				3	2		10					4		38				41		2
						2	10		6	2			3	3		9		65		
		蒙蒙湖			1	2	21			11				50			10			5
		蚕眉山			3		15					15	1	60				2	3	1
				0.5	3		12					4		36				38	5	2
				0.5	4		11					3		35				37	8	2
					2		5					2		18				22	50	1
		化石山		3			8							35				50		3
				2			8	48			1			74				10		5
		金光岩		2			7	46			2			50				37	1	1
				2			6	48			5			83				1	1	2
第二韵律	安粗岩	畅车川		4			5				20			51					18	2
				3							28			55				1	1	7
				3			4											87		6
				1										5				40	50	2
				3			5				2			38				6	45	1
		长虹湖		3			8							52				22	4	12
				1			4							21				18	55	1

续表 3-52

韵律	岩石名称	岩体	斑晶								基质								气孔	其他
			橄榄石	辉石	角闪石	黑云母	斜长石	斜长石(An)	钾长石	石英	辉石	角闪石	黑云母	斜长石	斜长石(An)	钾长石	石英	玻璃质		
第二韵律	安粗岩	蚕眉山		0.5	6		14	46				5		70			0.5	3		2
					3		8		0.5			5		34				40	4	6
				0.5	2		8	46				3		19				24	40	3.5
				0.5	4		7					6		77			1	2		5.5
				0.5	1		4			0.5		1		29				14	55	1
第一韵律	玄武安粗岩	蚕眉山	5	5							33			50				5		2
			3	2							14			30				5	45	1
			2	13			0.5				20			37～40				20		
			0.5	8.5							18			23				19	35	1

第一次喷发主要岩性为灰黑色、灰紫色、紫红色块状、气孔状斑状玄武安山岩，主要分布于蚕眉南侧缓坡地带，约占新近纪火山岩近一半面积。岩石主要特点是斑晶中有 0.5%～3%的橄榄石和少量辉石，无角闪石；基质中含 14%～33%的辉石，斜长石斑晶 An 值 62，为拉长石。辉石由单斜辉石及斜方辉石组成。

第二次喷发主要岩性为黑色、深色、灰紫色、紫红色块状、气孔状安粗岩，分布于长虹湖、蚕眉山等地。其主要特点是斑晶中有 0.5%～3%的透辉石；长石 An 值为 53，属拉长石。

第三次喷发主要岩性为黑色、灰紫色、紫红色、褐黄色粗面英安岩。与前两次火山熔岩比较，斜长石 An 值略有减小，一般为 46～48，属中长石。熔岩顶部局部保存有熔岩流动、冷凝的表面构造，如绳状构造、渣状构造等。

3 次火山熔岩中，深源包体及围岩包体和捕虏晶较发育。包体一般较小，数毫米至几厘米，个别 5～15cm，次圆状。包体主要类型有辉长岩、石榴石麻粒岩(206 点)、透辉石石英岩、透辉石斜长变粒岩、花岗片麻岩。主要捕虏晶有铁铝榴石、斜长石、石英。常见副矿物有磁铁矿、磷灰石、石榴石。另有少量斜长石、辉石、角闪石等晶屑，呈棱角状。斑晶熔蚀现象较发育。

2. 爆发相火山岩及其岩石学特征

爆发相火山岩位于蚕眉山顶(海拔 5597m)火山锥内。火山锥呈椭圆形，东西长约 2km，南北宽约 1.5km，高出地表约 80m，大部分为积雪覆盖。呈椭圆锥状凸于火山岩之上，四周为坡度渐缓的粗面英安质气孔状、渣状熔岩。火山角砾岩呈灰紫色、紫红色、暗紫色，角砾含量 90%～95%，砾径 2cm×3cm～4cm×6cm，个别直径大于 10cm，呈棱角状—次棱角状。主要成分有紫红色、黑色粗面英安岩、安粗岩，少量辉绿岩、花岗斑岩、变质砂岩等，成层性较差。另在第 3 次粗面安山岩底部也见有少量英安质火山角砾岩，说明该火山岩是以火山爆发作用开始，岩浆溢流作用结束。

(三) 岩石化学特征

岩石化学成分见表 3-53。SiO_2 为 52.63%～65.33%，属中—酸性岩类；Na_2O+K_2O 为 6.07%～8.10%，A/CNK<1，而 A/NK>1，为正常型岩石；$K_2O/Na_2O>1$。TAS 图解(图 3-82)上火山岩明显分布于 3 个点群，即第一次为玄武安粗岩，第二次为安粗岩，第三次为粗面英安岩。在硅-碱图解(图 3-83)和 FAM 图解(图 3-84)上属亚碱性系列的钙碱性系列。在 K_2O-SiO_2 图解(图 3-85)中，样品较集中地分布于中基性、中性、中酸性 3 个点群，属钾玄岩系列火山岩，反映了岩石从基性向中酸性演化的规律。

表 3-53　新近纪中新世火山岩岩石化学成分(%)及 CIPW 标准矿物计算表

韵律	岩体	SiO_2	TiO_2	Al_2O_3	Fe_2O_3	FeO	MnO	MgO	CaO	Na_2O	K_2O	P_2O_5	H_2O^+	灼失量
第三韵律	鲸鱼湖	65.98	0.75	14.35	2.11	1.23	0.04	1.56	3.16	3.27	4.56	0.45	1.56	2.18
	蒙蒙湖	63.91	1.27	14.87	2.83	2.63	0.04	1.21	3.38	3.48	4.33	0.56	0.83	0.70
	蚕眉山	65.33	1.35	14.67	3.24	1.48	0.07	0.79	3.28	3.22	4.88	0.51		0.68
		63.75	1.50	14.50	1.02	4.17	0.07	1.37	3.53	3.26	4.61	0.59		0.82
	化石山	63.02	1.50	14.71	2.70	3.20	0.05	1.41	3.80	3.24	4.47	0.64	0.70	0.48
第二韵律	畅车川	60.22	1.66	15.12	5.79	1.98	0.06	1.16	3.81	3.37	4.53	0.89	0.81	0.53
		60.62	1.65	14.62	4.22	2.55	0.06	2.00	4.26	3.38	4.26	1.11	0.70	0.53
		60.61	1.67	14.82	5.07	1.45	0.06	1.15	4.53	3.25	4.32	1.08	1.04	1.15
		59.75	1.68	14.79	6.04	0.47	0.05	1.27	5.04	3.15	4.53	1.03	0.93	1.65
	蚕眉山	60.56	1.55	15.03	1.64	3.97	0.07	3.03	4.99	3.21	4.12	0.80		0.25
	长虹湖	58.40	1.85	15.44	3.64	2.87	0.06	1.63	5.30	3.70	3.86	1.86	0.62	0.58
第一韵律	蚕眉山	55.56	1.60	14.03	4.74	3.05	0.12	1.98	6.78	3.10	3.63	0.92		0.80
		55.36	1.62	14.66	4.46	3.80	0.12	5.06	6.59	3.21	3.24	0.71		0.47
		52.63	1.53	13.76	3.70	4.10	0.12	5.66	9.49	2.97	3.10	0.68		1.55

韵律	岩体	Ap	Il	Tn	Mt	Hm	Or	Ab	An	Qz	Di	Hy	DI	A/CNK	SI	σ	AR
第三韵律	鲸鱼湖	1.01	1.46	0	1.97	0.81	27.65	28.39	11.3	22.57	1.61	3.24	78.6	0.89	12.25	2.61	2.62
	蒙蒙湖	1.24	2.45	0	4.17	0	25.97	29.89	12.35	19.84	1.05	3.04	75.71	0.9	8.36	2.87	2.5
	蚕眉山	1.13	2.59	0	1.1	2.52	29.18	27.57	11.3	21.73	1.66	1.22	78.48	0.89	5.8	2.91	2.64
		1.31	2.9	0	1.5	0	27.69	28.04	11.5	17.89	2.31	6.85	73.62	0.86	9.49	2.94	2.55
	化石山	1.42	2.89	0	3.96	0	26.75	27.76	12.55	18.7	2.19	3.78	73.21	0.86	9.39	2.93	2.43
第二韵律	畅车川	1.97	3.20	0.00	1.79	4.64	27.15	28.92	12.93	16.08	0.72	2.59	72.15	0.87	6.89	3.55	2.43
		2.46	3.17	0.00	3.68	1.74	25.50	28.97	12.29	16.11	1.95	4.14	70.57	0.82	12.19	3.25	2.36
		2.41	3.24	0.00	0.03	5.15	26.05	28.06	13.36	17.50	2.41	1.81	71.60	0.81	7.55	3.17	2.29
		2.30	1.12	2.76	1.72	4.99	27.37	27.25	13.13	15.68	1.81	2.40	70.30	0.77	8.21	3.41	2.26
	蚕眉山	1.77	2.97	0.00	2.40	0.00	24.60	27.44	14.58	12.69	4.59	8.95	64.74	0.80	18.97	3.02	2.16
	长虹湖	4.12	3.56	0.00	4.14	0.84	23.13	31.75	14.32	13.50	0.97	3.67	68.38	0.78	10.38	3.62	2.15
第一韵律	蚕眉山	2.10	3.18	0.00	5.85	0.93	22.46	27.46	14.29	12.19	11.54	0.00	62.11	0.66	12.00	3.27	1.96
		1.57	3.11	0.00	6.54	0.00	19.37	27.48	16.21	6.83	9.91	8.97	53.68	0.71	25.59	3.27	1.87
		1.52	2.97	0.00	5.49	0.00	18.74	25.71	15.41	1.55	22.66	5.96	46.00	0.54	28.98	3.56	1.71

注:空白表示该项未分析。

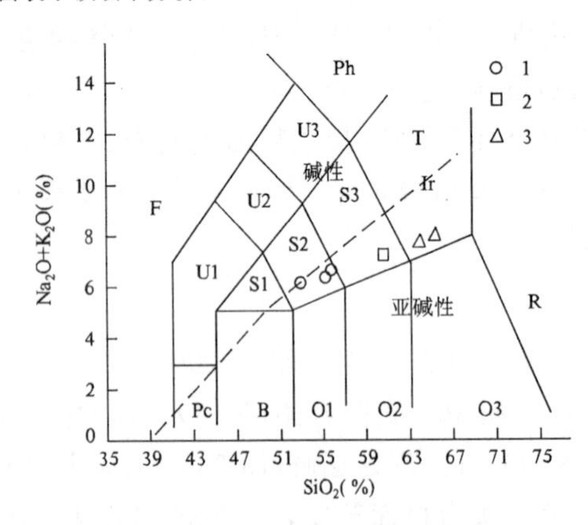

图 3-82　中新世火山岩 TAS 图解

(据 Le Bas M J 等,1986)

O1. 玄武安山岩;O2. 安山岩;O3. 英安岩;S1. 粗面玄武岩;S2. 玄武质粗面安山岩;S3. 粗面安山岩;T. 粗面英安岩;U1. 碧玄岩;U2. 响岩质碱玄岩;U3. 碱玄质响岩;Pc. 苦橄玄武岩;Ph. 响岩;B. 玄武岩;R. 流纹岩;1. 第一次玄武粗安岩;2. 第二次安粗岩;3. 第三次粗面英安岩

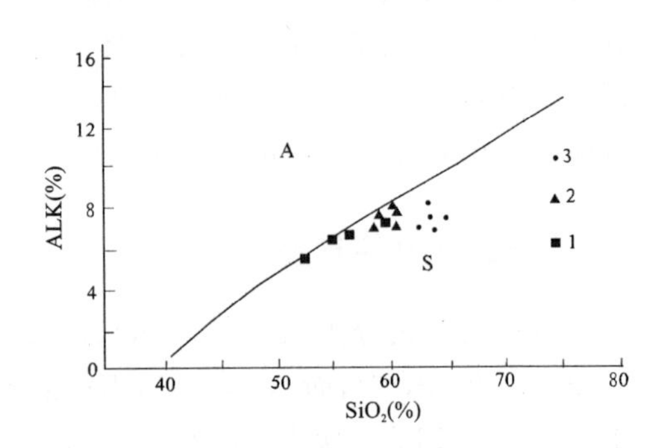

图 3-83　中新世火山岩硅-碱图解

(据 Macdonld,1968)

A. 碱性系列;S. 亚碱性系列;1. 第一次玄武粗安岩;2. 第二次安粗岩;3. 第三次粗面英安岩

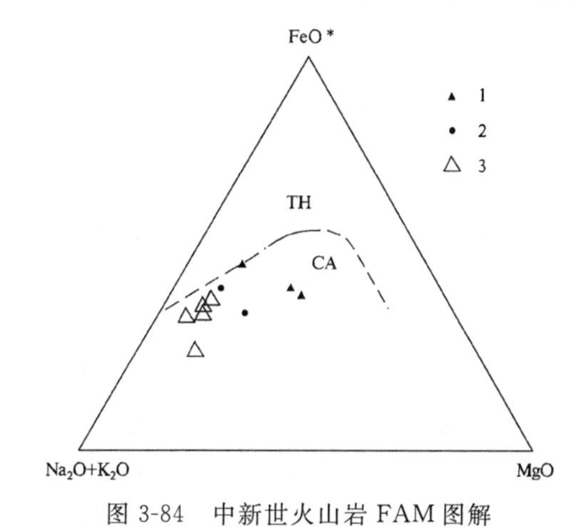

图 3-84　中新世火山岩 FAM 图解

（据 Irvine T N 等，1971）

TH. 拉斑玄武岩系列；CA. 钙碱性系列；1. 第一次玄武粗安岩；2. 第二次安粗岩；3. 第三次粗面英安岩

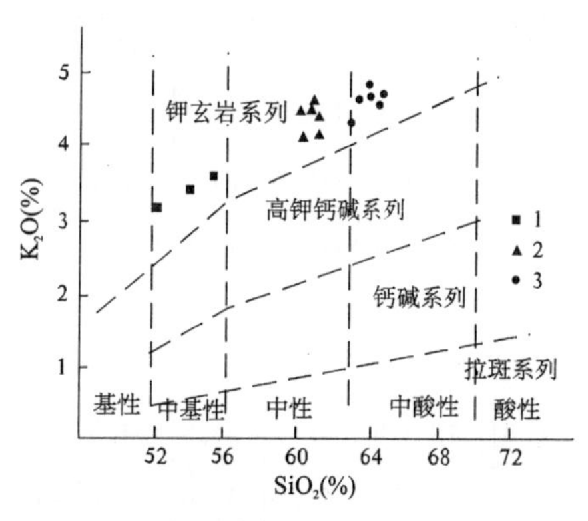

图 3-85　中新世火山岩岩石组合系列图

1. 第一次玄武粗安岩；2. 第二次安粗岩；3. 第三次粗面英安岩

（四）微量元素特征

岩石微量元素（表 3-54）中，有色金属成矿元素较低或接近同类岩石平均值（维诺格拉夫，1962）。在微量元素蛛网图（图 3-86）上，除 Ti、Y 无明显变化或亏损外，其余元素均有不同程度的富集。相对而言，K、Rb、Ba、Th 活动性元素及 Ce 轻稀土元素富集更明显，部分高场强元素（Nb、Ta 、P、Zr、Hf）及轻稀土元素 Sm 也有 5～10 倍富集，反映岩浆具有大量上地壳物质的重熔，也有大量下地壳或上地幔物质的参与。

表 3-54　新近纪中新世火山岩微量元素表（$\times10^{-6}$）

韵律	岩体	W	Sn	Bi	Mo	Be	Li	Cu	Pb	Zn	Sb	Hg	Ag	Au	As	F
第三韵律	鲸鱼湖	2.1	7.6	0.10	2.3	7.9	90.5	16.1	45.5	79.8	0.17	0.01	0.065	1.9	1.4	3006
	蒙蒙湖	1.8	4.8	0.18	7.3	5.1	31.5	34.7	60.6	118.1	0.31	0.03	0.125	0.9	5.1	2135
	蚕眉山			0.10		4.6	31.8	15.6	34.8	125.0			0.059	2.9		1825
				0.10		4.7	34.6	16.7	34.5	135.0			0.091	0.9		1982
	化石山	2.3	5.2	0.14	6.6	4.8	29.6	33.4	45.6	115.4	0.28	0.02	0.046	0.9	4.2	2590
第二韵律	畅车川	2.3	4.2	0.22	6.8	4.3	20.1	31.6	51.0	112.1	0.72	0.01	0.077	1.4	3.0	828
		2.3	5.3	0.23	3.4	4.5	28.3	34.0	54.8	138.1	0.17	0.01	0.039	1.3	2.2	2908
		1.8	5.3	0.09	3.1	4.4	25.7	47.6	53.6	150.8	0.23	0.01	0.054	1.6	4.4	2392
		1.8	22.8	0.06	2.1	3.9	26.2	44.1	57.6	117.5	0.35	0.01	0.074	2.2	16.1	2481
	蚕眉山			0.16		4.4	33.0	27.9	30.9	119.0			0.088	3.0		1794
	长虹湖	2.1	4.8	0.12	3.1	4.4	23.2	55.7	53.1	123.0	0.32	0.01	0.060	1.3	2.4	2802
第一韵律	蚕眉山			0.26		4.3	21.9	27.9	34.8	114.0			0.075	1.8		1775
				0.12		3.8	24.2	47.3	28.5	109.0			0.070	2.6		1403
				0.14		3.6	30.5	53.9	26.4	106.0			0.179	1.8		1192

韵律	岩体	Cr	Ni	Co	V	Rb	Sr	Ba	Cs	Sc	Cd	Ga	Zr	Hf	Nb	Ta	Th	U
第三韵律	鲸鱼湖	13	14.5	9.6	53.2	292.8	540	1093.0	32	4.2	0.08	22.8	197	5.7	21.8	1.3	21.9	8.30
	蒙蒙湖	26	22.8	14.0	99.9	187.7	947	2824.0	16	6.6	0.06	19.5	430	9.9	30.2	1.5	32.5	4.80
	蚕眉山	250	10.9	8.5	80.4	198.0	761	1620	9	4.9		26.8	538	14.4	37.0	2.7	51.7	4.88
		830	14.8	9.4	94.9	190.0	792	1520	8	4.9		28.5	503	13.4	36.0	2.7	47.8	8.13
	化石山	12	21.5	15.6	124.9	193.8	869	2311	15	7.9	0.05	23.0	568	12.8	37.4	1.8	44.5	5.70

续表 3-54

韵律	岩体	Cr	Ni	Co	V	Rb	Sr	Ba	Cs	Sc	Cd	Ga	Zr	Hf	Nb	Ta	Th	U
第二韵律	畅车川	35	28.0	17.1	111.6	144.7	1353	2581	15	8.2	0.08	22.1	458	10.8	44.2	2.3	25.7	4.00
		30	29.6	18.0	123.6	139.5	1388	2622	15	8.3	0.08	23.5	407	9.6	43.3	3.0	22.5	4.00
		25	33.0	17.8	118.8	129.1	1376	3418	14	8.9	0.17	21.0	433	9.9	43.0	1.3	22.5	3.10
		12	25.0	16.5	88.9	139.4	1326	2534	13	8.0	0.07	21.6	469	10.2	43.2	3.2	25.3	4.20
	蚕眉山	80	52.4	16.0	132.0	129.0	1060	1850	25	10.5		15.9	381	10.1	38.8	2.6	25.9	4.49
	长虹湖	18	19.5	16.3	133.3	104.5	1657	3028	14	8.5	0.05	20.1	362	8.4	36.9	2.3	24.7	3.60
第一韵律	蚕眉山	124	82.5	25.1	152.0	94.0	1460	2220	10	13.5		19.9	372	10.2	37.6	3.0	24.2	4.32
		141	77.7	26.5	149.0	78.6	1020	1470	13	14.6		19.9	315	8.7	35.5	2.1	19.7	3.54
		122	77.6	26.9	143.0	84.5	1080	590	11	13.9		13.4	296	8.1	31.0	2.8	18.4	4.14

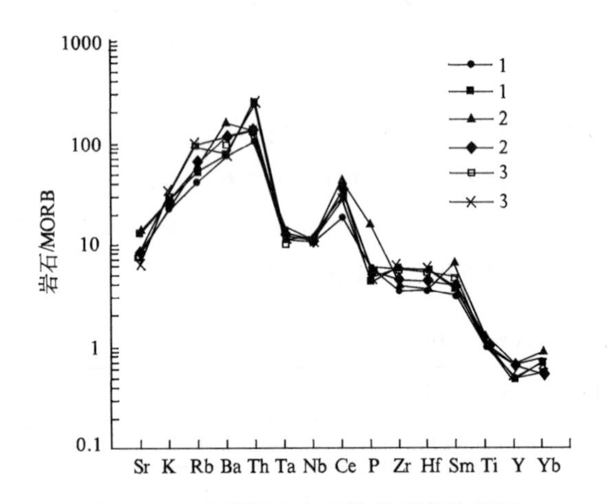

图 3-86　中新世火山岩微量元素蛛网图

1. 第一次玄武粗安岩；2. 第二次安粗岩；3. 第三次粗面英安岩

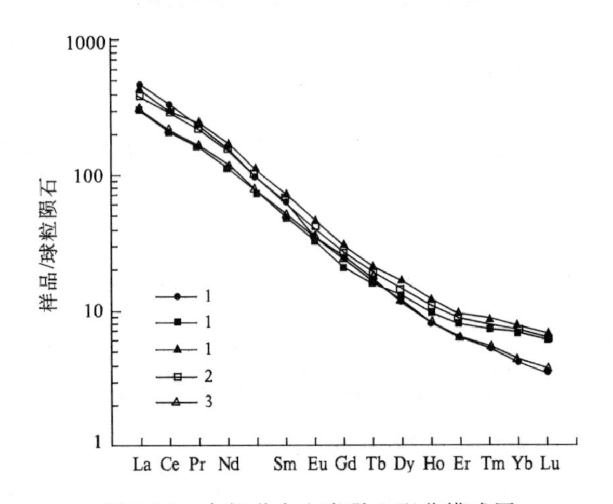

图 3-87　中新世火山岩稀土配分模式图

1. 第一次玄武粗安岩；2. 第二次安粗岩；3. 第三次粗面英安岩

（五）稀土元素特征

岩石稀土元素（表 3-55）含量很高，总量达（413.1～939.7）$\times10^{-6}$，平均 600.58$\times10^{-6}$；轻重稀土分异强烈，LREE/HREE 为 24.31～39.82，平均为 31.87，为图区中一酸性岩稀土元素总量及分异程度之最；铕略有亏损，δEu 值为 0.73～0.86。稀土元素配分模式图（图 3-87）为平行度较好的右倾曲线。以上表明火山物质均来源于上地幔或下地壳较低程度的部分熔融，并同化混染了上地壳物质形成的混合岩浆，同时也暗示岩浆演化过程中有过斜长石的轻微结晶分离作用。

表 3-55　新近纪中新世火山岩稀土元素有关参数表（$\times10^{-6}$）

韵律	岩体	La	Ce	Pr	Nd	Sm	Eu	Gd	Tb	Dy	Ho	Er	Tm	Yb	Lu	Y	ΣREE	LREE/HREE	δEu	δCe
第三韵律	鲸鱼湖	68.22	136.8	14.61	49.9	7.71	1.41	4.53	0.60	2.62	0.38	0.80	0.11	0.61	0.08	9.17	297.52	28.64	0.73	0.87
	蒙蒙湖	158.2	293.0	30.71	90.9	13.31	2.62	7.28	0.95	4.12	0.66	1.31	0.18	0.99	0.13	14.20	618.55	37.69	0.80	0.83
	蚕眉山	145.5	301.0	27.89	93.9	12.43	2.54	7.45	0.82	3.57	0.59	1.32	0.17	0.81	0.11	13.79	611.85	39.30	0.81	0.93
		130.2	277.5	27.03	90.2	12.06	2.55	7.27	0.83	3.76	0.59	1.29	0.18	0.81	0.12	14.12	568.53	36.33	0.83	0.93
	化石山	185.0	369.0	35.06	121.0	16.20	3.16	8.85	1.09	4.41	0.77	1.63	0.22	1.19	0.16	18.90	766.64	39.82	0.79	0.90

续表 3-55

韵律	岩体	La	Ce	Pr	Nd	Sm	Eu	Gd	Tb	Dy	Ho	Er	Tm	Yb	Lu	Y	ΣREE	LREE/HREE	δEu	δCe
第二韵律	畅车川	166.0	333.7	36.43	123.2	17.74	3.78	9.69	1.26	5.36	0.87	1.74	0.22	1.28	0.17	20.62	722.05	33.08	0.86	0.86
		179.5	358.6	39.99	135.7	18.01	3.60	10.44	1.36	5.64	0.91	1.79	0.23	1.14	0.15	19.12	776.19	33.94	0.80	0.85
		168.3	335.4	37.62	128.0	18.04	3.71	10.27	1.29	5.20	0.89	1.83	0.25	1.28	0.17	20.47	732.73	32.61	0.82	0.85
		176.9	341.7	38.84	131.9	17.94	3.63	10.18	1.33	5.73	0.92	1.88	0.25	1.3	0.18	20.04	752.72	32.66	0.81	0.83
	蚕眉山	115.7	263.2	25.03	87.9	12.01	2.87	7.91	0.93	4.33	0.76	1.76	0.25	1.38	0.20	19.74	544.04	28.93	0.92	0.98
	长虹湖	218.6	434.1	46.27	170.5	21.95	4.55	11.74	1.45	6.14	0.93	1.81	0.22	1.11	0.15	20.18	939.70	38.05	0.84	0.86
第一韵律	蚕眉山	145.9	289.6	28.41	100.7	14.02	3.34	9.26	1.06	5.09	0.87	2.04	0.29	1.47	0.21	20.88	623.14	28.68	0.92	0.89
		92.1	194.6	19.67	68.5	9.91	2.48	6.80	0.82	4.15	0.70	1.69	0.25	1.32	0.20	18.35	421.49	24.31	0.95	0.92
		94.2	189.0	18.40	66.3	9.60	2.31	6.47	0.81	3.93	0.70	1.7	0.24	1.32	0.19	17.94	413.11	24.73	0.92	0.90

（六）稳定同位素特征

于蚕眉山顶（海拔 5597m）第 3 次喷发的灰黑色块状粗面英安岩采样分析，两个样品 $\delta^{18}O$ 均为 10.7‰，高于一般安山岩的 5.4‰～7.5‰，I_{Sr} 为 0.709 670，显示出末次喷发以地壳物源为主的特点。

（七）火山岩物质来源及构造环境探讨

1. 物质来源

野外观察和岩矿薄片证实，火山岩中有较多的石榴石麻粒岩、片麻岩、变粒岩、二辉岩、辉长岩等包体及石榴石、紫苏辉石等捕虏晶，说明岩浆来源于深度较大的下地壳深变质岩区。副矿物中以磁铁矿-磷灰石组成为主。如上所述，火山岩属钾玄岩系列，微量元素及稀土元素亦显示出上地幔部分熔融的特点，如 Zr、Hf、P 等富集；但氧稳定同位素、锶初始比值又显示出上地壳的特点。综合分析，岩浆应来源于“壳-幔混熔层”，或上地幔部分熔融后再同化混染部分上地壳物质的产物。

2. 构造环境

已有研究表明，青藏高原是多机制多阶段构造运动的结果，始新世中期（45Ma）以后开始进入隆升阶段。上述火山岩形成于新近纪中新世，属钾玄火山岩系列组合，为陆内挤压造山带所特有，可能属后造山阶段的产物。

六、新近纪上新世潜火山岩

该类岩体呈孤立分散的锥柱状，出露于图区南部昆仑山脉一带，处于巴颜喀拉陆块构造单元内。岩体规模较小，一般 0.5～3km²，出露标高 5200～5880m，高出地面 500～600m。规模较大的有银石山、旱阳山、晓岚山、白帽山等岩体，岩体构成图区海拔最高山峰，大部分岩体顶部终年积雪，野外标志和航卫片解译标志十分明显。岩体侵入于三叠系巴颜喀拉群内（图 3-88），潜流纹斑岩中白云母（斑晶）K-Ar 法模式年龄为 3.65Ma。结合区域地形地貌及岩体产出状况分析，其形成时代应为新近纪上新世。

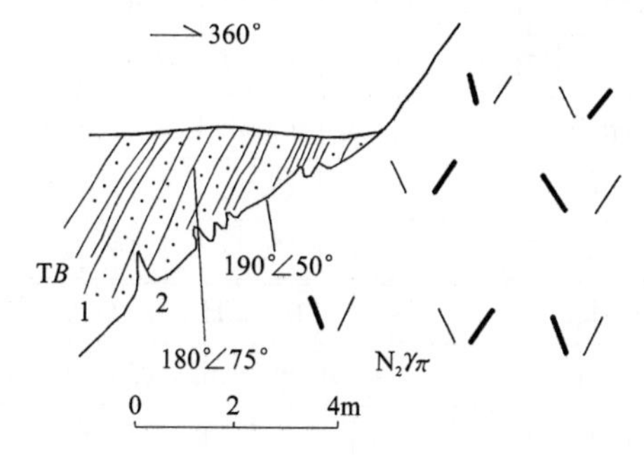

图 3-88　晓岚山岩体与围岩接触关系
1. 三叠纪巴颜喀拉群；2. 新近纪中新世潜流纹斑岩

岩石类型较复杂，主要有潜流纹斑岩，其次为潜花岗斑岩，少量为潜微细粒黑云母二长花岗岩、潜花岗闪长斑岩。岩石为灰白—浅灰色、浅紫红色，块状构造，部分见较清晰的流动构造，斑状结构，霏细结构，基质为微细粒结构、玻璃质结构。矿物成分（表 3-56）主要由钾长石、斜长石、石英、黑云母、少量白云母及透长石晶屑和玻璃质组成。其中斑晶矿物一般较自形，粒径 1～1.24mm，少量石英斑晶熔蚀成浑圆状或港湾状。上述表明岩石具浅成—超浅成潜火山岩相特点。

表 3-56　新近纪上新世潜火山岩矿物成分表（体积含量%）

岩体	岩石名称	斑晶							基质							晶屑	其他
		黑云母	斜长石	钾长石	透长石	石英	白云母	斜长石(An)	黑云母	斜长石	钾长石	石英	长英质	斜长石(An)	玻璃质		
银石山	潜流纹斑岩	4	10		8	7		16							69	2	
173	潜流纹斑岩	4	9		15	21									51	2	
大石岩	玻璃质流纹斑岩	3	7		13	19		14							53	1	2
早阳山	潜流纹斑岩	4	10		4	14							20		45	3	
	潜流纹斑岩	4	5		3	8							26		42	12	
	潜花岗斑岩	4	11	6		8			1				68			2	
	潜花岗斑岩	5	3			4			3				63			16	
	潜花岗斑岩	5	12	6		7			2				62			5	
169	潜花岗斑岩	0.5	12	8		16	2						50			5	6
晓岚山	潜花岗斑岩		9	4		10	3						57			3	13
白帽山	潜花岗斑岩	3	8	13		16			1	10	31	18					
	潜含石榴石花岗斑岩	3	9	20		13			1	10	24	20					
5510 高地	潜微细粒黑云母二长花岗岩								6	33	30	31					

岩石化学成分（表 3-57）变化较大，除流纹斑岩 $K_2O>Na_2O$ 外，其余 $Na_2O>K_2O$，反映了岩体由不同岩性组成。在 TAS 图解（图 3-89）上，潜流纹斑岩及潜花岗斑岩以及潜微细粒黑云母二长花岗斑岩均落入流纹岩区。里特曼指数（σ）1.93～2.46，A/CNK 均大于 1，在 CIPW 标准矿物计算中，出现 C、Hy 值，其中 C 值最高达 6.81%，Hy 值达 1.76，说明岩石属钙碱性系列铝过饱和岩石。

表 3-57　新近纪上新世潜火山岩岩石化学成分（%）及 CIPW 标准矿物计算表

岩体	SiO_2	TiO_2	Al_2O_3	Fe_2O_3	FeO	MnO	MgO	CaO	Na_2O	K_2O	P_2O_5	H_2O^+	灼失量
白帽山	75.34	0.02	12.59	0.68	1.75	0.04	0.18	0.60	3.55	4.47	0.03	0.60	0.18
169	72.46	0.04	16.02	0.23	0.43	0.09	0.25	0.50	3.89	4.22	0.45	0.95	1.33
早阳山	71.86	0.06	15.47	0.29	1.23	0.10	0.21	0.39	4.63	3.77	0.89	1.12	1.33
173	70.69	0.27	15.46	0.11	1.07	0.03	0.36	0.91	3.48	4.77	0.38	2.19	2.38
银石山	70.39	0.17	14.64	0.16	1.17	0.04	0.39	1.00	3.75	4.26	0.48	3.28	3.48

岩体	Ap	Il	Mt	Hm	Or	Ab	An	Qz	C	Hy	DI	A/CNK	SI	σ	AR
白帽山	0.07	0.04	0.99	0	26.61	30.26	2.82	35.15	0.89	3.16	92.02	1.07	1.69	1.98	4.10
169	1.00	0.08	0.34	0	25.30	33.39	−0.17	33.54	5.19	1.34	92.23	1.35	2.77	2.22	2.93
早阳山	1.97	0.12	0.43	0	22.53	39.61	−3.33	31.00	5.04	2.66	93.13	1.25	2.07	2.43	3.25
173	0.85	0.53	0.16	0	28.90	30.19	2.34	30.76	3.83	2.44	89.85	1.23	3.68	2.43	3.03
银石山	1.09	0.33	0.24	0	26.10	32.90	2.22	31.05	3.19	2.88	90.05	1.16	4.01	2.30	3.10

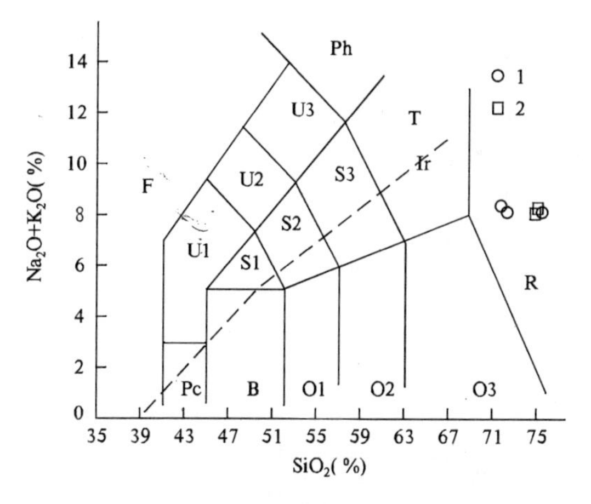

图 3-89　上新世潜火山岩 TAS 图
（据 Le Bas M J 等，1986）
（图例同图 3-82）

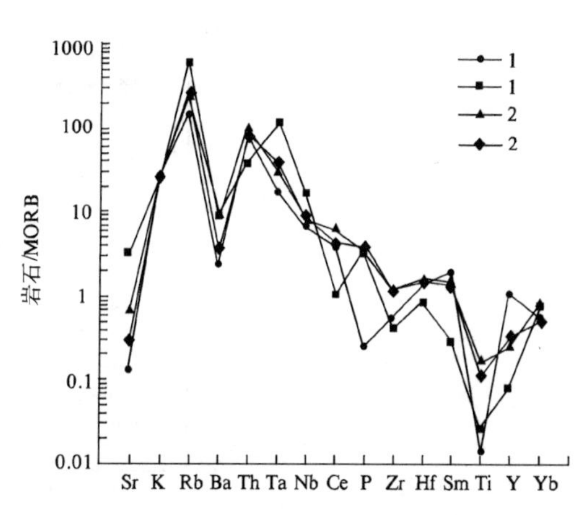

图 3-90　上新世潜火山岩微量元素蛛网图
1. 潜花岗斑岩；2. 潜流纹斑岩

岩石微量元素（表 3-58）中，W、Sn、Bi、Mo、Be、Li、Cu、Zn、F 等成矿元素及矿化剂元素很高，有的元素含量为图区之最，反映了岩石与成矿的密切关系。在微量元素蛛网图（图 3-90）上，为 Sr、Ba、Ti 等强烈亏损，Rb、Tb、Nb、Ta 等强烈富集的平行度较好的曲线，显示同源岩浆分异晚期特点。

表 3-58　新近纪上新世潜火山岩微量元素表（$\times10^{-6}$，Au：$\times10^{-9}$）

岩体	W	Sn	Bi	Mo	Be	Li	Cu	Pb	Zn	Sb	Hg	Ag	Au	As	F
白帽山	5.7	7.6	0.17	10.6	5.2	34.2	17.2	53.2	40.9	1.08	0.01	0.058	0.6	14.1	584
169	31.0	254.0	3.97	0.6	25.5	1602.0	19.1	35.7	69.7	1.22	0.15	0.231	0.9	33.0	3958
旱阳山	26.1	192.0	1.64	7.1	104.7	1678.0	14.4	28.1	94.8	0.35	0.01	0.195	1.0	15.6	15 936
173	8.5	46.6	1.09	0.8	9.7	260.7	15.9	39.6	92.4	0.12	0.01	0.183	1.3	3.9	2997
银石山	14.3	73.9	3.68	0.7	23.5	356.7	13.4	33.9	98.7	0.19	0.02	0.148	1.4	3.8	5455

岩体	Cr	Ni	Co	V	Rb	Sr	Ba	Cs	Sc	Cd	Ga	Zr	Hf	Nb	Ta	Th	U
白帽山	18	10.6	4.7	7.3	325.7	15	50.0	37	6.6	0.05	20.0	50.0	3.3	24.5	3.4	17.5	6.5
169	20	6.8	3.1	4.9	1307.5	390	187.0	520	0.6	0.14	38.4	37.0	2.1	61.0	23.5	7.9	12.0
旱阳山	12	9.6	4.3	6.2	1282.8	10	40.0	572	0.6	0.15	38.5	29.0	2.4	54.7	20.6	7.3	12.1
173	23	8.5	4.8	14.2	528.8	88	190.0	182	2.1	0.09	33.4	116.0	4.2	27.2	5.7	25.0	22.5
银石山	18	7.7	4.1	9.0	580.0	37	76.0	232	2.1	0.12	36.5	102.0	4.2	32.8	7.8	19.2	31.7

岩石稀土元素（表 3-59）（$\sum$REE）相差悬殊，其总量为（21.95～149.04）$\times10^{-6}$；轻重稀土元素分异程度差别较大，LREE/HREE 为 3.98～18.33；Eu 亏损较明显，δEu 为 0.04～0.69。在稀土元素标准化型式图（图 3-91）上，为近于平行、左高右低中间下凹的曲线，表明它们为同源岩浆演化产物。

表 3-59　新近纪上新世潜火山岩稀土元素有关参数表（$\times10^{-6}$）

岩体	La	Ce	Pr	Nd	Sm	Eu	Gd	Tb	Dy	Ho	Er	Tm	Yb	Lu	Y	ΣREE	LREE/HREE	δEu	δCe
白帽山	16.56	39.08	4.90	19.32	6.75	0.09	7.71	1.37	6.93	1.04	2.47	0.333	1.76	0.200	34.82	143.33	3.98	0.04	0.90
169	5.16	10.86	1.31	4.05	0.97	0.05	0.80	0.09	0.45	0.09	0.22	0.035	0.22	0.034	2.37	26.71	11.55	0.18	0.85
旱阳山	4.40	9.73	1.09	3.61	0.73	0.03	0.41	0.06	0.25	0.05	0.11	0.016	0.12	0.021	1.32	21.95	18.83	0.17	0.91
173	27.71	67.79	7.32	24.70	5.43	0.33	3.77	0.46	1.96	0.30	0.69	0.095	0.49	0.067	7.93	149.04	17.02	0.23	0.98
银石山	18.60	42.46	5.36	18.53	4.50	0.19	3.66	0.60	2.23	0.33	0.68	0.089	0.48	0.066	9.92	107.70	11.01	0.15	0.88

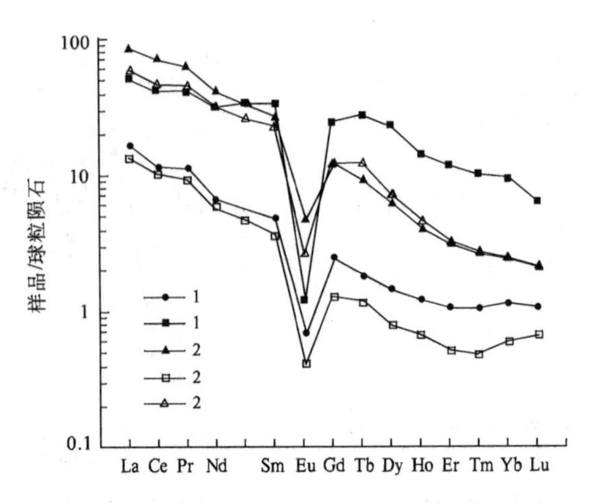

图 3-91 上新世潜火山岩稀土元素配分模式图

1. 潜花岗斑岩；2. 潜流纹斑岩

七、第四纪更新世火山岩

（一）地质特征

第四纪更新世火山岩在图区较发育，位于耸石山-可支塔格构造混杂岩带以北地区。出露面积约 $81km^2$。其中金顶山火山岩规模最大，约 $70km^2$，其次摘星山火山岩约 $6km^2$。另在鹰咀山、绕云山等地也有少量分布。

金顶山火山岩地貌上呈中间高四周低缓的盾形（图 3-92），高差约 300m。火山口位于火山岩中部，直径近 1km。至少存在 3 次火山喷发，喷发规模由大变小。摘星山火山岩地表形态呈水滴状，喷发中心位于飞云山一摘星山半山腰，呈锥柱状高出地表约 70m，直径约 600m。熔岩顺摘星山山沟分布，两次喷发的熔岩呈倾斜的阶梯状。鹰嘴山、绕云山火山岩呈平缓的熔岩被覆盖在海拔较高山顶上，下伏为古近纪阿克塔什组（E_3a）紫红色碎屑岩（图 3-93）。火山岩顶部大部分保存完好，局部可见熔岩上部特有的岩浆流动表壳构造，如绳状构造、翻花状构造等，说明岩石剥蚀程度较浅。金顶山火山岩第一、第二次及火山口中心块状安粗岩，全岩 K-Ar 法同位素年龄值分别为 1.93Ma、1.08Ma、0.45Ma；摘星山第二次火山岩全岩 K-Ar 法同位素年龄值为 2.97Ma，表明火山岩形成于第四纪更新世。

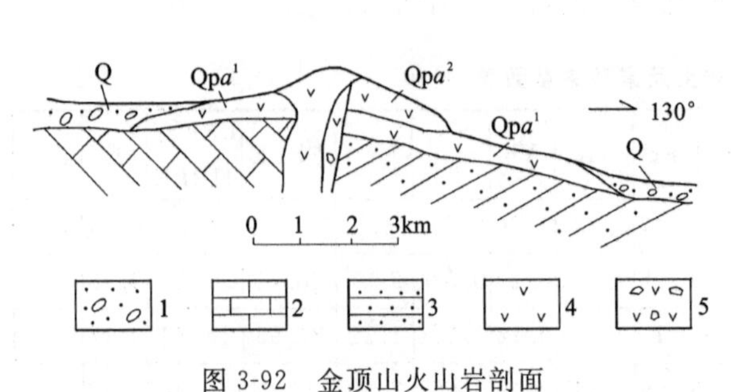

图 3-92　金顶山火山岩剖面

1. 砂砾层；2. 灰岩；3. 砂岩；4. 安粗岩；5. 粗安质角砾岩

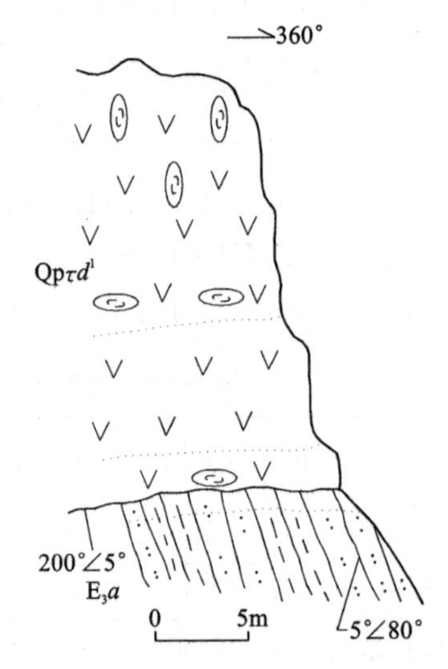

图 3-93　鹰咀山（11 点）安山岩与地层接触关系

1. 第三纪阿克塔什组；2. 烘烤边；3. 紫红色气孔状安粗岩；4. 黑色块状安粗岩；5. 黑色气孔状安粗岩或安粗质浮岩

（二）火山岩相及岩石学特征

第四纪更新世火山岩属典型的陆相中心式喷发，由溢流相和喷发相组成。

溢流相主要由安粗岩组成，由下往上出现较明显的结构构造颜色分带，即熔岩层的下部及上部主要为紫红色、黑色气孔状安粗岩，但二者气孔形态、厚度不一样，在颜色上也略有差别；中部为浅灰色—灰色块状安粗岩，气孔不发育，与前二者之间呈过渡关系。熔岩顶部为渣状熔岩或浮岩，局部见保存较好的表壳流动构造。气孔状安粗岩，气孔含量20%～60%，部分大于70%者为浮岩。块状安粗岩气孔很少，斑状结构，斑晶含量在10%～20%之间，由斜长石、角闪石及少量透长石组成。基质为斜长石（30%～40%，An值48～60）、角闪石（10%～20%）、玻璃质（15%～60%，一般30%～50%），极少量辉石。

爆发岩相由火山角砾岩组成。火山角砾岩呈紫红色、灰紫色、斑杂色，分布于火山口附近。角砾呈棱角状，直径2～10cm，个别达30cm，其中同源屑（岩屑、浆屑、玻屑）约90%，异源屑及晶屑2%～5%。

火山岩中包体较发育且复杂，主要为深源包体，常见有闪长岩类、变粒岩类、黑云母片麻岩类，少量辉长岩、橄榄辉石岩、麻粒岩。另有少量浅源包体。深源包体的发育表明火山岩浆来源深度较大，可能达下地壳或壳幔过渡带。

（三）岩石化学特征

岩石化学成分（表3-60）变化不大，不同岩体或不同期次之间较接近。$K_2O>Na_2O$，二者比值1.04～1.39；σ为2.73～3.10，DI为63.5～64.4，A/CNK为0.67～0.84，属钙碱铝过饱和岩石。在TAS图解（图3-94）中，样点较集中地落在S3区，为粗安岩类中的安粗岩。如进一步划分，属亚碱性系列（图3-95）中的钙碱性系列（图3-96）。在SiO_2-K_2O图解（图3-97）上，则属向钾玄岩系列过渡的高钾钙碱性系列。

表3-60 更新世火山岩岩石化学成分（%）及CIPW标准矿物计算表

岩体	SiO_2	TiO_2	Al_2O_3	Fe_2O_3	FeO	MnO	MgO	CaO	Na_2O	K_2O	P_2O_5	H_2O^+	灼失量
摘星山	61.76	1.08	14.83	2.58	3.50	0.10	1.98	4.40	3.53	4.27	0.58	0.83	0.85
	61.01	1.14	15.00	1.15	4.95	0.09	2.67	4.12	3.41	4.32	0.58	0.91	0.38
金顶山	60.82	1.82	14.63	2.68	3.65	0.10	1.95	5.29	3.03	4.12	1.02		0.06
	60.62	1.95	14.46	1.32	5.32	0.10	2.20	4.96	2.92	4.01	0.85		0.37
	60.56	2.03	14.77	1.21	5.37	0.10	1.99	4.98	3.12	4.15	0.88		0.01
	60.54	2.00	14.46	0.99	5.63	0.10	2.02	4.86	2.99	4.16	0.89		0.39
	60.17	2.06	14.77	2.18	4.63	0.10	2.10	5.12	3.05	4.05	0.88		0.02
	59.06	2.01	14.78	1.10	5.83	0.09	2.05	5.62	3.18	3.88	0.99		0.38
	57.88	2.13	14.60	5.49	2.02	0.10	2.06	6.32	3.09	3.70	1.04		0.85
鹰咀山	59.55	1.97	14.72	1.29	5.40	0.10	2.08	5.49	3.02	3.90	0.89		0.55
	53.73	1.59	14.71	5.68	2.15	0.12	4.94	5.53	3.91	4.08	0.80		2.33

岩体	Ap	Il	Mt	Hm	Or	Ab	An	Qz	Di	Hy	DI	A/CNK	SI	σ	AR
摘星山	1.29	2.08	3.79	0.00	25.59	30.29	12.18	14.34	5.27	5.18	70.21	0.80	12.48	3.19	2.36
	1.29	2.20	1.69	0.00	25.93	29.31	13.07	11.46	3.50	11.55	66.70	0.84	16.18	3.25	2.36
金顶山	2.25	3.49	3.92	0.00	24.56	25.87	14.28	16.48	4.93	4.22	66.91	0.77	12.64	2.83	2.12
	1.88	3.75	1.94	0.00	24.01	25.03	14.69	15.27	4.28	9.15	64.31	0.80	13.95	2.68	2.11
	1.94	3.89	1.77	0.00	24.73	26.62	14.16	13.84	4.60	8.45	65.19	0.79	12.56	2.97	2.17
	1.97	3.85	1.46	0.00	24.92	25.65	13.94	14.45	4.34	9.43	65.02	0.79	12.79	2.86	2.18

续表 3-60

岩体	Ap	Il	Mt	Hm	Or	Ab	An	Qz	Di	Hy	DI	A/CNK	SI	σ	AR
金顶山	1.94	3.95	3.19	0.00	24.15	26.04	14.78	14.82	4.59	6.55	65.00	0.79	13.12	2.90	2.11
	2.19	3.87	1.62	0.00	23.26	27.29	14.80	11.89	6.32	8.76	62.43	0.75	12.78	3.03	2.06
	2.31	4.11	0.67	5.11	22.21	26.56	15.28	14.20	8.06	1.47	62.98	0.71	12.59	3.01	1.96
鹰咀山	1.98	3.80	1.90	0.00	23.42	25.97	15.33	13.53	5.83	8.24	62.92	0.77	13.26	2.82	2.04
	1.80	3.11	2.79	3.92	24.79	34.02	10.84	0.85	9.76	8.13	59.67	0.70	23.80	5.51	2.30

注:空白表示该项未.分析。

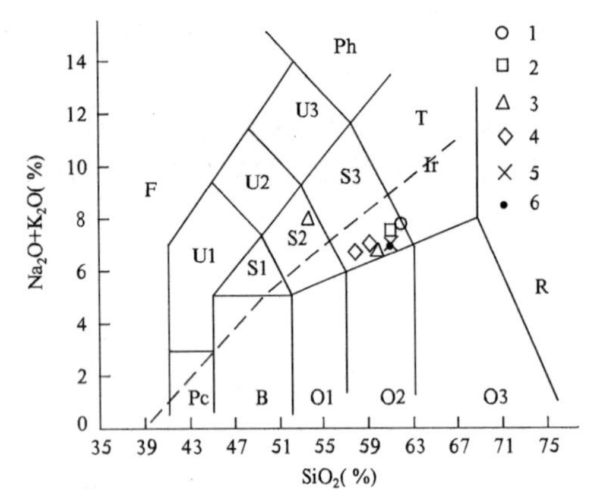

图 3-94 更新世火山岩 TAS 图

(据 Le Bas M J 等,1986)

O1. 玄武岩山岩;O2. 安山岩;O3. 英安岩;S1. 粗面玄武岩;S2. 玄武质粗面安山岩;S3. 粗面安山岩;U1. 碧玄岩;U2. 响岩质碱玄岩;U3. 碱玄质响岩;F. 副长石岩;T. 粗面英安岩;Ph. 响岩;Pc. 苦橄玄武岩;1. 摘星山第一次粗安岩;2. 摘星山第二次粗安岩;3. 鹰咀山安粗岩;4. 金顶山第一次火山岩;5. 金顶山第二次火山岩;6. 金顶山第三次火山岩(火山口)

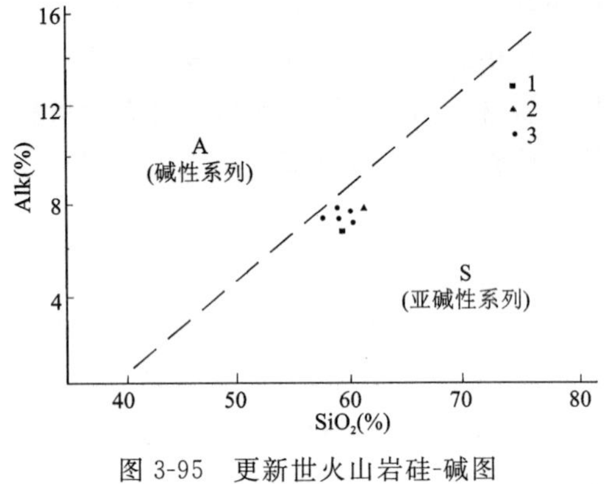

图 3-95 更新世火山岩硅-碱图

(据 Irvine T N,1971)

1. 第一次火山岩;2. 第二次火山岩;3. 第三次火山岩(火山口)

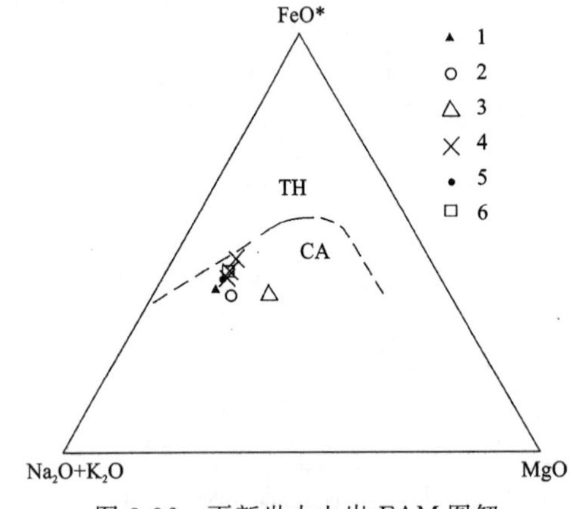

图 3-96 更新世火山岩 FAM 图解

(据 Irvine T N 等,1971)

1. 摘星山第一次粗安岩;2. 摘星山第二次粗安岩;3. 鹰咀山安粗岩;4. 金顶山第一次火山岩;5. 金顶山第二次火山岩;6. 金顶山第三次火山岩(火山口)

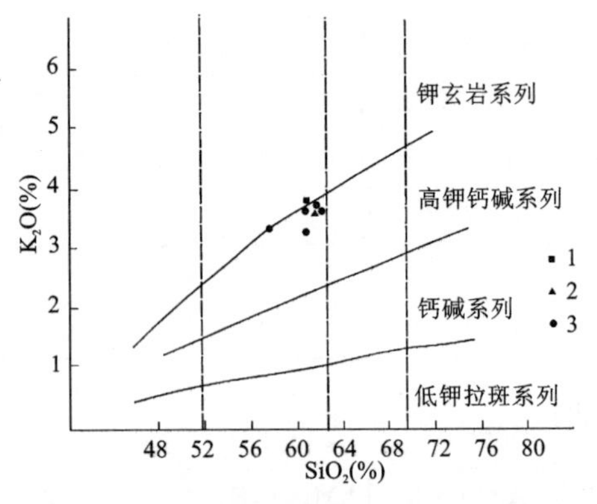

图 3-97 更新世火山岩 SiO_2-K_2O 关系图解

(据 Peccerillo 等,1976)

1. 第一次火山岩;2. 第二次火山岩;3. 第三次火山岩(火山口)

(四) 微量元素特征

火山岩微量元素(表 3-61)与同类岩石(维诺格拉多夫,1962)相比,大部分元素有不同程度的富集。在微量元素标准化蛛网图(图 3-98)上反映更为明显,从左至右从强不相容元素到弱不相容元素,富集程度由高至低,一般达几十至几百倍。其中Cs、Th达400倍以上,Ti、Y相对亏损为13、14倍。相对而言,Rb、Ba、Th、Ce富集更明显,而Sr、Nb、Ta、Ti、Y亏损,为陆内造山带火山岩典型特征。其中Nb、Ta的亏损表明岩浆具部分上地壳物质的混染。火山岩中包体的发育对此提供了佐证。

表3-61　更新世火山岩微量元素表($\times10^{-6}$,Au:$\times10^{-9}$)

岩体	W	Sn	Bi	Mo	Be	Li	Cu	Pb	Zn	Sb	Hg	Ag	Au	As	F
摘星山	4.6	14.9	0.10	6.8	9.7	90.8	51.5	38.4	93	0.33	0.07	0.060	1.0	7.6	1470
	5.3	16.5	0.15	7.9	9.5	83.8	54.8	38.3	99	0.31	0.01	0.064	1.2	3.4	1622
金顶山			0.14		4.2	30.9	17.7	24.7	147			0.054	2.1		2372
			3.11		4.3	35.2	26.0	35.0	139			0.065	1.5		2628
			0.15		4.4	30.1	18.1	31.8	143			0.046	3.5		2556
			0.10		4.3	31.0	18.3	43.5	146			0.086	0.9		2669
			0.10		4.2	29.3	18.3	46.7	140			0.059	3.8		2446
			0.20		4.2	31.4	24.5	43.2	142			0.152	1.0		2644
			0.29		4.1	33.3	56.2	41.4	152			0.134	0.9		2431
鹰咀山			0.30		4.3	34.7	23.3	40.5	146			0.095	1.1		2187
			0.44		4.2	27.9	62.4	36.1	117			0.034	2.5		1224

岩体	Cr	Ni	Co	V	Rb	Sr	Ba	Cs	Sc	Cd	Ga	Zr	Hf	Nb	Ta	Th	U
摘星山	39.0	36.3	20.3	79	256	864	1261	42	7.4	0.11	23.0	183	5.2	41.4	4.5	16.2	6.7
	35.0	34.8	19.2	78	276	812	1291	42	7.6	0.10	22.6	201	5.8	44.0	4.3	17.4	8.40
金顶山	35.4	14.3	11.3	123	136	856	1720	11	8.2		29.5	570	15.6	39.4	2.0	43.4	5.97
	51.2	16.9	12.8	121	159	821	1610	8	8.9		29.4	532	14.3	42.6	2.2	40.5	6.34
	26.5	14.2	14.5	139	174	874	1790	5	7.5		29.9	544	14.4	47.0	3.1	39.1	6.37
	43.5	12.1	12.6	139	170	890	1760	9	8.5		27.4	562	15.3	44.0	2.7	42.8	6.05
	41.1	13.6	13.2	139	166	882	1710	8	9.3		26.0	583	16.0	46.1	3.1	43.6	5.96
	104	18.6	15.6	145	152	975	1750	8	8.2		24.8	580	16.1	46.5	2.9	42.0	6.43
	72.2	22.2	18.7	156	152	975	1740	7	7.3		25.8	582	15.6	45.9	2.9	30.5	6.12
鹰咀山	57.8	19.7	15.1	140	165	894	1680	11	9.4		27.0	560	15.0	44.2	2.5	39.6	5.92
	50.2	70.6	25.1	122	97.9	1200	1330	8	10.4		22.5	398	10.3	62.0	4.6	18.8	3.39

注:空白表示该项未分析。

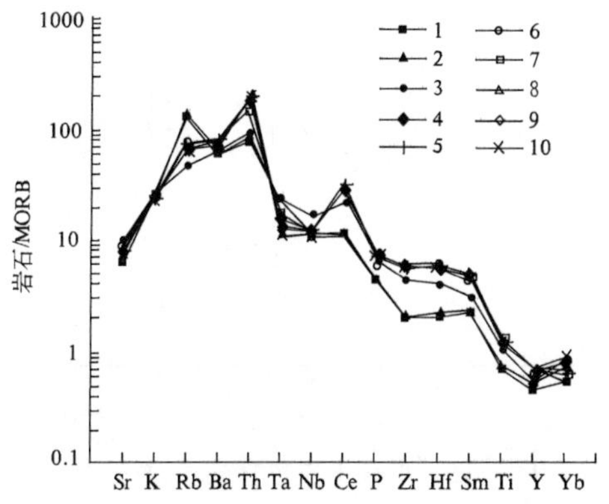

图3-98　更新世火山岩微量元素蛛网图

1.摘星山第一次粗安岩;2.摘星山第二次粗安岩;
3、4鹰咀山安粗岩;5~8.金顶山第一次火山岩;
9.金顶山第二次火山岩;10.金顶山第三次火山岩(火山口)

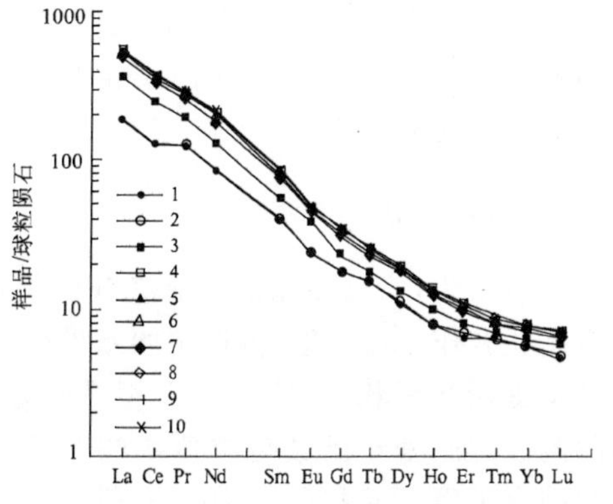

图3-99　更新世火山岩稀土元素配分模式图

1.摘星山第一次粗安岩;2.摘星山第二次粗安岩;
3、4.鹰咀山安粗岩;5~8.金顶山第一次火山岩;
9.金顶山第二次火山岩;10.金顶山第三次火山岩(火山口)

（五）稀土元素特征

由表 3-62 可知，火山岩稀土元素∑REE 较高，达(484.99～766)×10^{-6}，平均 600.58×10^{-6}。轻重稀土强烈分异，LREE/HREE 28.68～39.70，平均 31.87。δEu 0.75～0.99，平均 0.86。在稀土元素配分型式图(图 3-99)上，呈左陡倾斜右较平缓的平行曲线，属 LREE 富集型。Eu 的弱亏损，暗示岩浆具较弱的斜长石结晶分异作用。上述反映火山岩具相同岩浆来源。

表 3-62　更新世火山岩稀土元素参数表(×10^{-6})

岩体	La	Ce	Pr	Nd	Sm	Eu	Gd	Tb	Dy	Ho	Er	Tm	Yb	Lu	Y	∑REE	LREE/HREE	δEu	δCe
摘星山	58.9	118.5	14.40	49.0	7.56	1.71	5.25	0.76	3.20	0.56	1.27	0.20	1.03	0.14	14.06	276.60	20.16	0.86	0.83
	57.7	116.4	14.06	48.5	7.86	1.71	5.49	0.76	3.39	0.58	1.34	0.21	1.09	0.15	15.34	274.61	18.93	0.82	0.83
金顶山	162.3	336.2	33.89	119.3	16.55	3.38	10.56	1.21	5.44	0.92	2.01	0.26	1.40	0.20	22.49	716.11	30.53	0.79	0.91
	154.3	300.6	30.63	106.2	14.86	3.16	9.29	1.11	5.24	0.86	1.94	0.25	1.32	0.19	20.64	650.59	30.19	0.83	0.87
	172.1	358.3	34.81	124.0	17.25	3.47	10.89	1.26	5.85	0.95	2.18	0.29	1.40	0.20	22.70	755.65	30.84	0.78	0.92
	178.8	358.5	35.63	126.7	17.33	3.44	10.72	1.29	5.75	0.96	2.10	0.29	1.43	0.20	23.02	766.16	31.68	0.78	0.89
	179.1	349.4	35.09	124.3	17.36	3.35	11.07	1.32	6.09	0.99	2.24	0.30	1.45	0.21	23.63	755.90	29.94	0.75	0.87
	178.6	342.0	35.33	125.6	17.43	3.55	10.80	1.26	5.78	0.94	2.05	0.27	1.37	0.19	22.80	747.97	31.00	0.80	0.85
	169.4	331.9	33.77	122.3	17.02	3.52	10.77	1.25	5.75	0.92	2.08	0.27	1.31	0.19	21.98	722.43	30.08	0.80	0.87
鹰咀山	175.0	322.2	34.49	120.7	16.73	3.43	10.58	1.24	5.88	0.98	2.19	0.29	1.49	0.21	23.60	719.01	29.42	0.80	0.82
	112.4	226.1	22.41	77.8	10.77	2.77	7.06	0.85	4.01	0.68	1.62	0.22	1.16	0.17	16.95	485.00	28.68	0.99	0.89

（六）同位素元素特征

金顶山火山岩中心部位致密块状安粗岩的 $\delta^{18}O$ 为 10.9‰，I_{Sr} 为 0.709 60，略高于由上地幔分异的玄武岩类，反映了岩浆经历了中上地壳的混染。

（七）物质来源及构造环境分析

1. 物质来源

综上所述，火山岩主量元素、微量元素、稀土元素含量较均匀，变化很小，显示出同源岩浆的特点。据火山岩中含有上地幔—下地壳火山岩包体及较高的相容元素分析，岩浆岩应来源于壳-幔混熔层，并有较多的上地壳物质加入。

2. 构造环境

一般认为，青藏高原的形成隆升机制是多阶段、多机制联合作用的过程，古近纪始新世(约 45Ma)结束了特提斯洋沉积，随后转入大规模的陆内造山隆升阶段。图区处于巴颜喀拉地块的北缘，在三叠纪末便结束了巴颜喀拉海槽海相沉积，进入陆内造山阶段。火山岩形成于第四纪更新世，故应为碰撞后抬升拉伸阶段的板内构造环境，在里特曼-戈蒂里图解(图 3-100)上，为板内稳定区火山岩。

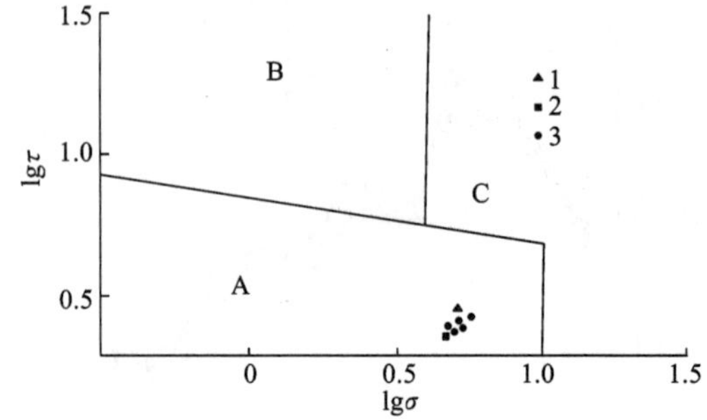

图 3-100　更新世火山岩里特曼-戈蒂里图

(据 Rittmann A,1973)

A. 板内稳定区火山岩；B. 消减带火山岩；C. AB 区演化的碱性火山岩；1. 第三次安粗岩；2. 第二次安粗岩；3. 第一次安粗岩

除上述火山岩外，另在关水沟（2号剖面）附近发现少量石英角斑岩、类科马提岩；在图区南东角激风湖—多阶岭一带，于三叠系巴颜喀拉山群内，发现有呈似层状产出的熔结凝灰岩。因露头较差，本次工作程度较低，部分仅作了岩矿鉴定，故未予详述。

八、火山岩深源包体

包体是人类探索地球深部特征和地壳演化的窗口。图区新生代陆相火山岩中，发现有多类型的深源包体和捕虏晶，以下对其特征进行初步研究。

（一）主要岩石类型和岩石学特征

火山岩深源包体主要分布于新生代中新世和更新世安山质熔岩和火山角砾岩中，以金顶山火山锥附近最发育。包体呈次圆状—不规则状，一般1～5cm，个别大于10cm。主要岩性为暗色微细粒闪长岩、石英闪长岩、斜长辉石岩、辉长岩、花岗岩、黑云斜长片麻岩、花岗片麻岩、斜长角闪岩、透辉石斜长变粒岩、透辉石斜长变粒岩、混染岩等，少量石榴石麻粒岩和橄榄辉石岩等。其矿物组成如表3-63所示。

表3-63　更新世火山岩中包体矿物成分表（体积含量%）

岩性	辉石	角闪石	黑云母	斜长石	An	石英	其他
变粒岩	20			40		30	10
斜长角闪岩	3	20	15	53		2	6

（二）岩石化学

微细粒闪长岩及变粒岩岩石化学成分如表3-64所示。由表可知，微细粒闪长岩SiO_2很低，K_2O/Na_2O为3.59。变粒岩SiO_2很高，Na_2O/K_2O为21。两岩石与正常岩浆岩相比存在差异。

表3-64　更新世火山岩包体岩石化学成分（%）及CIPW标准矿物计算表

岩性	SiO_2	TiO_2	Al_2O_3	Fe_2O_3	FeO	MnO	MgO	CaO	Na_2O	K_2O	P_2O_5	灼失量
变粒岩	79.16	0.35	9.27	0.27	0.48	0.02	1.23	2.90	5.04	0.24	0.11	0.77
斜长角闪岩	50.03	0.78	18.32	6.09	1.78	0.08	4.75	10.02	1.51	5.42	0.21	0.66

岩性	Ap	Il	Mt	Hm	Or	Ab	An	Qz	Di	Ol	Ne	DI	A/CNK	SI	σ	AR
变粒岩	0.24	0.67	0.40	0.00	1.43	43.04	1.98	44.06	8.17	0.00	0	88.54	0.67	16.94	0.77	2.53
斜长角闪岩	0.46	1.50	3.77	3.55	32.35	9.22	27.48	0.00	16.72	2.94	2	43.57	0.69	24.30	6.50	1.65

（三）微量元素特征

微量元素含量见表3-65。从表中可以看出，与正常同类岩浆岩有较大差别，规律性差。在微量元素蛛网图（图3-101）上与正常岩浆岩有较大不同，K、Rb、Ba、Th等较高，反映岩石经过较强的分异交代。

表3-65　更新世火山岩包体微量元素表（$\times10^{-6}$，Au：$\times10^{-9}$）

岩性	Bi	Be	Li	Cu	Pb	Zn	Ag	Au	F
变粒岩	0.20	2.5	32.1	7.6	2.4	21.0	0.033	2.5	304
斜长角闪岩	0.15	3.2	22.9	8.5	14.5	35.3	0.015	1.6	1489

岩性	Cr	Ni	Co	V	Rb	Sr	Ba	Cs	Sc	Ga	Zr	Hf	Nb	Ta	Th	U
变粒岩	59.7	20.3	7.8	34.3	7.7	46.4	97	5	3.2	10.6	266	7.1	8.3	0.5	25.9	2.27
斜长角闪岩	104.0	69.0	20.1	158.0	288.0	168.0	449	17	22.5	26.9	136	4.9	14.5	1.2	14.2	2.45

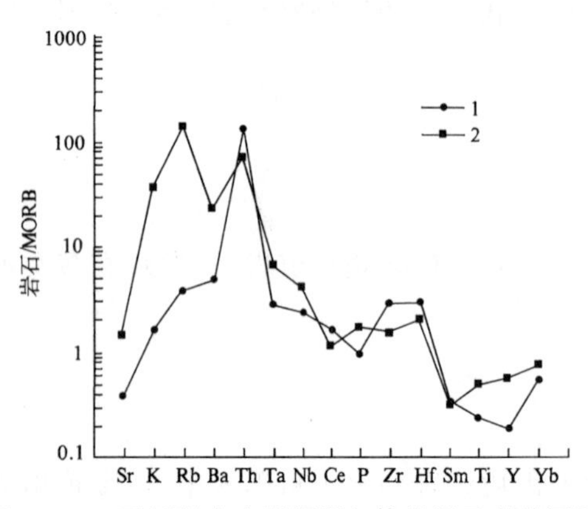

图 3-101 更新世火山岩深源包体微量元素蛛网图

1. 变粒岩；2. 斜长角闪岩

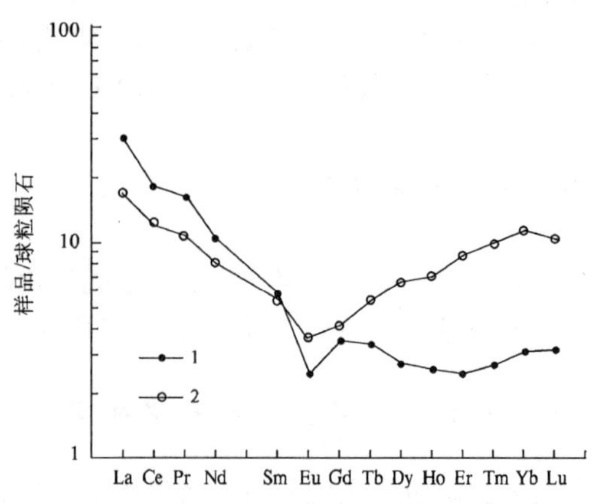

图 3-102 更新世火山岩深源包体稀土配分模式图

1. 变粒岩；2. 斜长角闪岩

（四）稀土元素特征

岩石稀土元素见表 3-66。∑REE 较低，仅(45.23～50.51)×10^{-6}，LREE/HREE 2.76～10.02，轻重稀土元素分异不明显，Eu 有较明显亏损。在稀土元素配分模式图(图 3-102)上，变粒岩为左倾斜右平缓的曲线，斜长角闪岩为两边高中间下凹的曲线，与沉积岩或沉积变质岩型式图相似，尤其是变粒岩更为明显。

表 3-66 更新世火山岩包体稀土元素及有关参数表(×10^{-6})

岩性	La	Ce	Pr	Nd	Sm	Eu	Gd	Tb	Dy	Ho	Er	Tm	Yb	Lu	Y	∑REE	LREE/HREE	δEu	δCe
变粒岩	9.56	16.98	1.95	6.26	1.15	0.18	1.09	0.17	0.86	0.19	0.51	0.09	0.59	0.10	5.55	45.23	10.02	0.53	0.78
斜长角闪岩	5.44	11.45	1.30	4.91	1.09	0.27	1.28	0.27	2.06	0.52	1.87	0.33	2.20	0.33	17.19	50.51	2.76	0.77	0.88

（五）原岩恢复及其指示的地质意义

图 3-103 利用 3 种相对不活动性元素来区分原岩类型。麻粒岩及斜长角闪岩均落入沉积岩区，在 Al_2O_3-(K_2O+Na_2O)图解(图 3-104)中，麻粒岩落入沉积岩区。在 TiO_2-F 图解(图 3-105)中，斜长角闪岩落入副斜长角闪岩区。综合前述包体特征，可认为原岩是沉积岩变质而来。由此推断在青藏高原北缘西昆仑地区存在深变质的结晶基底，其变质程度至少在低角闪岩相-麻粒岩相以上。火山岩浆来源深度较大，相当于下地壳或壳幔结合带附近。

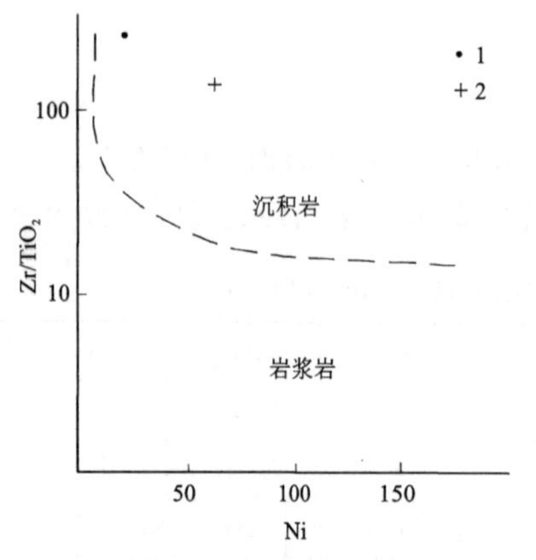

图 3-103 更新世火山岩深源包体 Zr/TiO_2-Ni 图解

(据 Winchester J A，1980)

1. 变粒岩；2. 斜长角闪岩

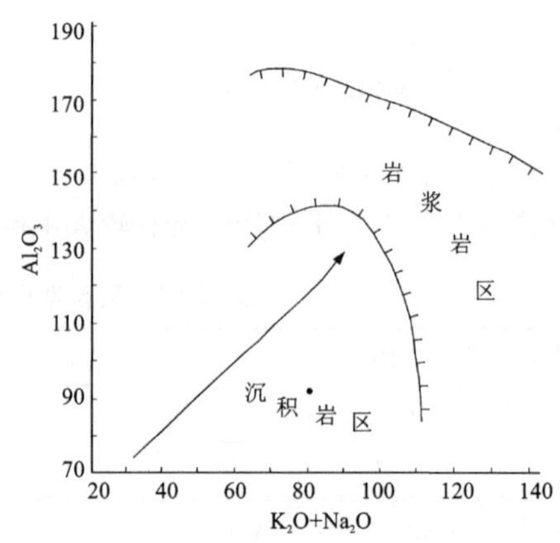

图 3-104 更新世火山岩变粒岩包体

Al_2O_3-(K_2O+Na_2O)图解

(据普列夫斯基，1980)

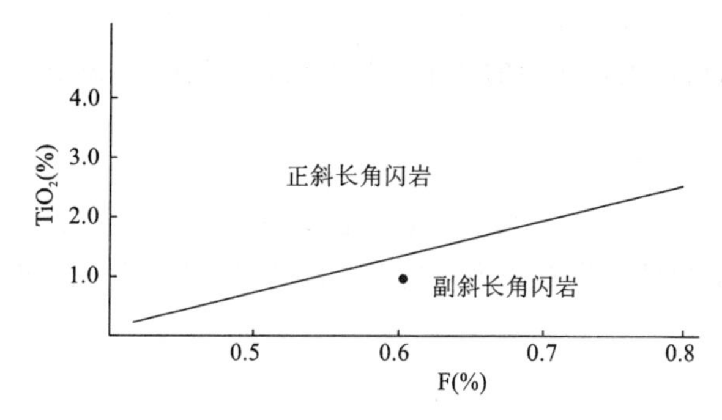

图 3-105 更新世火山岩斜长角闪岩包体 TiO_2-F 图解
(据米斯,1971)

第四节 岩浆岩与成矿作用的关系

虽然目前没有发现与岩浆作用有直接联系的规模较大的矿床,但本次野外地质调查和样品测试结果及综合分析研究表明,岩浆岩与成矿作用存在一定关系。

一、非金属矿产

1. 蛇纹石矿产

蛇纹石矿产主要与蛇绿岩套中超基性—基性强蚀变岩关系密切,如青春山、可支塔格-风华山、关水沟(玄武岩底部)等地蛇绿混杂岩中的超基性—(部分)基性岩。经镜下鉴定,蛇纹石含量一般大于95%,且规模巨大,找矿前景较好。

2. 铸石及建材矿产

铸石及建材矿产主要为石炭纪玄武岩、二叠纪玄武岩及上新世橄辉玢岩、拉辉碱煌岩、玻基辉岩等,大部分符合铸石及建材(道渣)工业要求,找矿潜力较大。

中新世玄武安粗岩、安粗岩、粗面英安岩,更新世安粗岩等部分岩石气孔发育,有的为浮岩或渣状火山岩,质轻,耐高温,是理想的隔热隔音材料,储量大,易开采。

二、稀有、贵金属矿产

稀有、贵金属矿产主要为金、铂矿。从分析结果来看,超基性岩(强蚀变蛇纹岩)Pt 含量较高。如青春山、可支塔格—风华山混杂岩中的蛇纹岩,Pt 达 $6.2\times10^{-9}\sim6.6\times10^{-9}$,其他均小于 0.1×10^{-9}。金在蚀变较强的玄武岩、中基—中酸性岩中含量较高,如横笛梁序列的第三单元花岗闪长岩,Au 达 $3.6\times10^{-9}\sim4\times10^{-9}$。岩碧山序列中第一单元的英云闪长岩 Au 达 11.4×10^{-9}。今后找矿应引起注意。

三、有色金属矿产

1. 钨、锡矿

W、Sn 以上新世潜流纹斑岩、潜花岗斑岩、潜微细粒黑云母二长花岗斑岩丰度最高,分别达 W

31.0×10^{-6}、26.1×10^{-6}、51.7×10^{-6}，Sn 254.0×10^{-6}、192.0×10^{-6}、326.0×10^{-6}。是图区其他岩浆岩或同类岩石平均值(维诺格拉夫，1962)的几十至几百倍，是寻找 W、Sn、Cu 矿首选岩体。

2. 铜矿

Cu 在横笛梁序列的第一、第二单元较高，Cu $(71.8\sim176.5)\times10^{-6}$，岩碧山序列的第二、第三单元达$(48.8\sim174.3)\times10^{-6}$，高出同类岩石几倍至几十倍，可能与铜成矿较密切。

四、稀土元素矿产

从岩石稀土元素分析结果可以看出，稀土元素总量($\sum$REE)以上新世玻基辉岩、碱煌岩最高，分别达 1723.69×10^{-6}、1033.09×10^{-6}，为图区岩浆岩稀土元素总量之最。其中玻基辉岩稀土元素总量已接近工业边界品位。另外，中新世火山安粗岩及更新世安粗岩稀土元素总量也较高，平均 REE 分别达 600.58×10^{-6}(蚕眉山火山岩平均值)、705.44×10^{-6}(金顶山火山岩平均值)。这些岩体对于寻找稀土元素矿床较为有利。

第四章　区域变质岩

图区内变质岩类型有区域变质岩、热接触变质岩和动力变质岩。其中热接触变质岩的形成与各期岩浆岩的侵入作用有关，此在第三章已有论述；动力变质岩的形成与多期构造活动密切相关，在第五章相关部分有详细说明。鉴此，本章仅对区内区域变质岩给予阐述。

根据区域变质程度差异，全区可划分出古元古代苦海岩群变质岩和古生代—中生代极浅变质岩两种类型。

第一节　古元古代苦海岩群变质岩

古元古代苦海岩群出露于图区北部，沿近东西向的构造带分布，与周围石炭纪、二叠纪地层均呈断层接触。共见3处小面积出露，总面积约60km^2。为一套区域动力热流变质作用形成的以低角闪岩相为主的变质岩系，其原始物态、形态、位态和序态多被改造，原始层理和原生沉积构造已不甚清晰。该套变质岩系属于昆南微陆块结晶基底的一部分，沿走向东延与青海省的苦海岩群相当；在图区北西角飞云山一带延入北侧1:25万且末县一级电站幅。

一、变质岩石组合特征

通过详细的构造-岩石剖面测制(P2剖面)及区域地质填图，查明区内古元古代苦海岩群的主体岩性组合有角闪斜长片麻岩、斜长片麻岩、二云母斜长片麻岩、(含)黑云母斜长片麻岩、含石榴石斜长片麻岩及含石榴石白云母斜长片麻岩，夹黑云母石英片岩、二云母石英片岩、石英云母片岩、云母片岩、含白云母石英岩、石英岩及变质砂岩等。据岩性及其组合特征，将其总体上归入表壳岩系的片麻岩组 Pt_1Kgn。

二、变质岩石学特征

1. 角闪斜长片麻岩

岩石主要由斜长石、普通角闪石、黝帘石、石英、白云母等矿物组成，柱粒状变晶结构，片麻状构造。斜长石69%、普通角闪石19%、黝帘石4%、石英3%、白云母1%、绢云母3%，此外还含有少量榍石、磷灰石、锆石及磁铁矿等副矿物。其中角闪石已强烈阳起石化。

2. 斜长片麻岩

岩石由变晶变质作用形成变晶粒状斜长石、钾长石、石英及变晶鳞片状黑云母、白云母等矿物，粒状变晶结构，片麻状构造。颗粒矿物呈不规则紧密镶嵌，有时见缝合线接触。鳞片状云母在粒状矿物间显示断续平行分布。矿物含量：斜长石39%～69%、钾长石2%、石英22%～55%、白云母2%～4%、黑云母4%～18%、绿泥石1%～3%，并见少量锆石、榍石、钛铁矿、磷灰石及磁铁矿等副矿物。锆石为柱状或粒状；榍石为粒状，具环带构造。

3. 二云母斜长片麻岩、(含)黑云母斜长片麻岩

岩石主要由斜长石、石英、白云母、黑云母等组成，具平行定向排列，鳞片粒状变晶结构、粒状变晶结构，片麻状构造。其中斜长石32%～77%、石英19%～38%、白云母9%～10%、黑云母5%～18%、绿泥石1%～3%、黝帘石1%～3%，并见少量锆石、榍石、磷灰石及磁铁矿等副矿物。

4. 含石榴石斜长片麻岩、含石榴石白云母斜长片麻岩

岩石主要由斜长石、石英、白云母、黑云母、绿泥石、方解石及石榴石等矿物组成，鳞片粒状变晶结构，片麻状构造。其中斜长石54%～61%、石英10%～17%、白云母7%～23%、黑云母7%、绿泥石2%～10%、方解石2%～3%、石榴石<1%。此外还有少量锆石、榍石、磷灰石及磁铁矿等副矿物。

5. 黑云母石英片岩、二云母石英片岩

岩石主要由斜长石、石英、白云母、黑云母等矿物组成，鳞片粒状变晶结构，片状构造。其中斜长石7%～8%、石英59%～61%、白云母2%～12%、黑云母19%～28%。此外还含少量绿泥石、绢云母和黝帘石，以及电气石、锆石、榍石、磷灰石、钛铁矿等副矿物。锆石有一定程度磨圆，暗示原岩可能为砂岩。

6. 石英岩、含白云母石英岩

岩石主要由石英及少量的鳞片状白云母所组成，粒状变晶结构，块状构造。其中石英含量94%～96%，白云母4%～5%。此外还含有少量斜长石、绿泥石、黝帘石，以及电气石、锆石、榍石、磷灰石、磁铁矿、钛铁矿、白钛石等副矿物。部分锆石及电气石具有磨圆的特征，说明原岩可能为砂岩。

三、变质矿物学特征

区内苦海岩群片麻岩组变质矿物多达十余种，比较常见的有斜长石、微斜长石、石英、黑云母、白云母、石榴石及普通角闪石等，结合图区北邻且末县一级电站幅苦海岩群片麻岩组的一些特征，就代表性矿物特征简述如下。

1. 斜长石

斜长石为苦海岩群片麻岩组中最常见矿物之一，多为板柱状—粒状变晶，粒径0.2～3mm不等。多有不同程度的绢云母化、方解石化或黝帘石化。有的可见到卡氏双晶、卡钠复合双晶或者解理，多发育裂纹、变形双晶或波状消光，并可见其含有石英、阳起石、黑云母、磷灰石包体；裂纹中为石英所充填。An=24～35，一般在32左右，主要属中长石，次为更长石。经中国地质大学(武汉)分析测试中心电子探针定量分析(下同)，斜长石化学成分分析结果见表4-1。

表4-1　苦海岩群片麻岩组斜长石电子探针定量分析结果(%)

样品号	岩石名称	SiO_2	Al_2O_3	FeO	CaO	Na_2O	K_2O	总量
17-1	条带状黑云母斜长片麻岩	58.62	26.07	0.00	7.59	7.35	0.24	99.88
17-29	含石榴二云二长片麻岩	65.05	24.29	0.31	0.50	5.84	3.64	99.88

2. 钾长石

钾长石主要在斜长片麻岩中发育，其类型有具格子双晶的微斜长石，还有具卡斯巴双晶的正长石。粒径多在1～2.5mm，可见一组平行裂纹，部分见波状消光现象，有的含斜长石、石英、锆石等包体，并见蠕英结构。其中微斜长石的电子探针化学成分分析结果见表4-2。

表4-2　苦海岩群片麻岩组微斜长石电子探针定量分析结果(%)

样品号	岩石名称	SiO_2	Al_2O_3	Na_2O	K_2O	Cr_2O_3	总量
17-1	条带状黑云母斜长片麻岩	65.32	19.10	1.09	14.63	0.03	100.18
		63.74	18.78	1.06	15.29	0.00	98.87
17-29	含石榴二云二长片麻岩	64.55	18.62	0.75	15.24	0.00	99.16

3. 石英

石英是苦海岩群中最常见矿物之一,其粒径多为0.1～0.5mm,普遍见裂纹和波状消光,局部可见齿状或缝合线接触,并发育次生加大边。少数石英呈棱角状,或保留砂屑磨圆的特征,可能为残留的变余结构。局部可交代斜长石和钾长石。个别颗粒中见毛发状金红石包体。

4. 黑云母

黑云母是苦海岩群中最常见矿物之一,一般呈鳞片状变晶出现,长条状,多在0.1～1mm之间,常具定向性分布,构成变质岩中的条纹状、条带状构造。Ng′棕红、Np′浅黄。有的受应力作用晶形常扭曲,呈波状消光,其中见石英、榍石等包体。常具绿泥石化,少数具黝帘石化。化学成分分析结果见表4-3。

表4-3　苦海岩群片麻岩组黑云母电子探针定量分析结果(%)

样号	岩石名称	SiO_2	TiO_2	Al_2O_3	FeO	MnO	MgO	Na_2O	K_2O	Cr_2O_3	总量
17-22	含石榴斜长二云母片岩	35.41	2.33	18.83	17.93	0.19	10.90	0.00	9.40	0.13	95.13
		36.22	2.53	20.16	16.69	0.25	10.90	0.16	9.56	0.00	96.47
17-29	含石榴二云二长片麻岩	35.36	1.41	18.44	24.43	0.43	4.88	0.00	9.80	0.00	94.75

5. 石榴石

石榴石作为标志矿物出现在苦海岩群中,多呈浅红—浅紫红色细小近等轴粒状变晶出现,裂纹发育。大小为1～2.2mm,或者更小。其中含石英、斜长石、黑云母等细小包体,形成筛状变晶结构。石榴石为铁铝榴石,可见黝帘石化、绿泥石化。化学成分分析结果见表4-4。

表4-4　苦海岩群片麻岩组石榴石电子探针定量分析结果(%)

样号	岩石名称	SiO_2	Al_2O_3	FeO	MnO	MgO	CaO	总量
17-29	含石榴二云二长片麻岩	35.47	20.96	24.31	11.15	0.96	1.26	94.11
		35.68	20.88	24.40	11.18	0.92	1.21	94.27

6. 普通角闪石

图区苦海岩群片麻岩组中仅有一处见角闪斜长片麻岩。其中角闪石属普通角闪石,粒径0.15～1.5mm;浅黄绿色,具多色性,Ng′绿、Np′浅黄绿。中—高正突起,明显见角闪石解理;干涉色最高二级蓝绿,斜消光,$Ng \wedge C=15°$左右。含有斜长石和石英包体。强烈阳起石化,部分角闪石已完全退变质为纤维状、放射状阳起石集合体。

四、变质作用演化及 P-T-t 趋势线

区内苦海岩群片麻岩组是一套变质表壳岩系,经过多期次强烈的变形变质作用,在变质岩中留下多

期不同世代的变质矿物组合。根据矿物组合及其赋存特点，大致可划分出 3 期变质作用。

1. 早期

变质矿物多以包体的形式在峰期变质矿物中保存下来。在斜长石中含有石英、阳起石、黑云母、磷灰石包体；在钾长石中含斜长石、石英、锆石等包体；在黑云母中见石英、榍石等包体；在石榴石中含石英、斜长石、黑云母等细小包体。因此，该期变质矿物组合中主要有斜长石、石英、黑云母及阳起石等变质矿物，属于黑云母带或钠长石-阳起石带，均为低绿片岩相。根据绿纤石＋绿泥石＋石英（葡萄石-绿纤石相）→斜黝帘石＋阳起石＋H_2O（低绿片岩相），其临界反应的温压条件为 P=0.25～0.7GPa，T=345～370℃，此为该带稳定存在的下限条件；根据硬绿泥石＋黑云母（低绿片岩相）→铁铝榴石＋绿泥石（高绿片岩相），其临界反应的温压条件为 P=0.4GPa、T=500℃左右，此为该带稳定存在的上限条件。

2. 峰期

峰期变质矿物组合保存较好，有斜长石＋普通角闪石＋石英＋白云母；斜长石＋钾长石＋石英＋黑云母＋白云母；斜长石＋石英＋黑云母＋石榴石等。其中斜长石 An=24～35，一般在 32 左右，以中长石为主，属低角闪岩相。根据绿泥石＋白云母＋石英→铁铝榴石＋黑云母＋H_2O，其临界反应的温压条件为 P=0.4GPa、T=500℃（或 P=0.5GPa、T=600℃），此为该带稳定存在的下限条件。

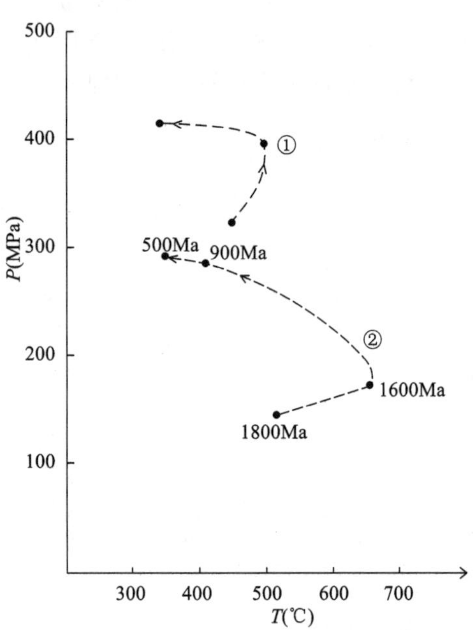

图 4-1　变质岩 P-T-t 轨迹图
①区内苦海岩群 P-T-t 趋势图；
②且末县一级电站幅苦海岩群 P-T-t 轨迹图

3. 晚期

晚期退变质作用主要有斜长石的绢云母化、黝帘石化，普通角闪石的阳起石化，黑云母的绿泥石化、黝帘石化，石榴石的绿泥石化、黝帘石化，以及石英交代斜长石、钾长石等，据此可知其典型的变质矿物组合为绢云母＋绿泥石＋黝帘石±石英，属低绿片岩相的绿泥石白云母亚相（即低温绿泥石带）。此为加里东期区域低温动力变质作用所致，一般认为其形成温度为300～350℃，而其压力变化范围较大，多在 0.25～0.7GPa 之间。

据上大致构筑起苦海岩群变质作用的 P-T-t 趋势线（图 4-1），为一条逆时针曲线，早期进变质作用为增压升温阶段，可能与地幔热流上涌有关；晚期退变质作用为近等压降温过程，是强烈隆升运动的记录。

第二节　古生代—中生代极浅变质岩

古生代—中生代极浅变质岩在区内广泛分布，所涉及的地层有石炭纪托库孜达坂群、二叠纪树维门科组以及三叠纪巴颜喀拉山群共 3 套地层，总出露面积 8500km²左右，约占测区面积的 57%。其中石炭纪托库孜达坂群分布于图区北西角飞云山一带，呈北东东向或近东西向展布，属昆南微陆块的一部分，出露面积约 500km²；二叠纪树维门科组集中分布于图区北部、北东部，总出露面积约 1000km²；三叠纪巴颜喀拉山群大面积分布于图区中南部，总出露面积约 7000km²，占测区总面积的近 50%。

主要变质岩石类型有板岩、炭质板岩、钙质板岩、千枚状板岩、绢云母板岩、粉砂质板岩、凝灰质板岩、变质砂岩、变质粉砂岩、重结晶灰岩以及重结晶硅质岩等，基本上包含了区内所有的沉积岩石类型。变质岩结构主要有变余结构和交代结构，由于变质重结晶作用不彻底，原岩矿物成分和结构构造等特征多能较好地保存下来。

主要变质新生矿物为绢云母、绿泥石、变晶石英及方解石等。其中,长石和泥质的绢云母化最为普遍。绢云母是浅变质细碎屑岩中的主要矿物,呈细小鳞片状变晶条带状定向分布,局部可见其扭曲或轻微膝折。绿泥石分布亦很普遍,几乎在所有浅变质的碎屑岩中都会或多或少地见到,主要由复成分砂岩中的火山岩屑及黑云母片状矿物变质而成,呈浅黄色,具弱多色性,最高干涉色为一级灰。而石英、方解石等粒状矿物主要表现为轻度重结晶作用,可见到交代长石等矿物的现象,并形成蚕食结构、残留结构及穿孔结构等交代结构。

据绿泥石、绢云母、石英形成的典型组合,上述石炭纪—三叠纪地层构成的极浅变质岩系的变质相为低绿片岩相的绿泥石白云母亚相(即绿泥石带),其形成的温度较低,多在300～350℃之间;而其压力变化范围较大,在0.25～0.7GPa之间。此为该套极浅变质岩形成的下限条件。

第五章 地质构造及构造发展史

第一节 概 述

一、大地构造位置及区域地质构造背景

测区位于昆仑地块与巴颜喀拉板块的接合地带(图 5-1),北面为塔里木地块,北东面为柴达木微型地块早古生代祁曼塔格褶皱带。测区早古生代为原特提斯的弧后盆地(潘裕生,1990),而原特提斯则于奥陶纪至志留纪随着洋壳的消减而逐渐消亡。石炭纪早期在弧后盆地的基础上进一步裂开成洋(古特提斯洋),形成南面巴颜喀拉板块与北面昆南复合造山带和昆中地块。石炭纪晚期至二叠纪向北消减,于二叠纪晚期昆南复合造山带与巴颜喀拉板块产生弧-陆碰撞,大洋消亡。三叠纪时测区南面巴颜喀拉板块上发育前陆盆地及其后转化而成的裂陷海槽,沉积了巴颜喀拉山群的巨厚复理石沉积。三叠纪末巴颜喀拉海槽褶皱回返,从此测区脱离海洋环境。侏罗纪和古近纪两次陆内裂陷形成断陷盆地。晚新生代开始作为青藏高原北缘的一部分强烈整体抬升和差异隆升,并发生了几次较强烈的火山活动。以上地质演化背景决定了测区的地层、岩浆岩、变质岩、构造以及地貌环境等诸方面的发育特征。

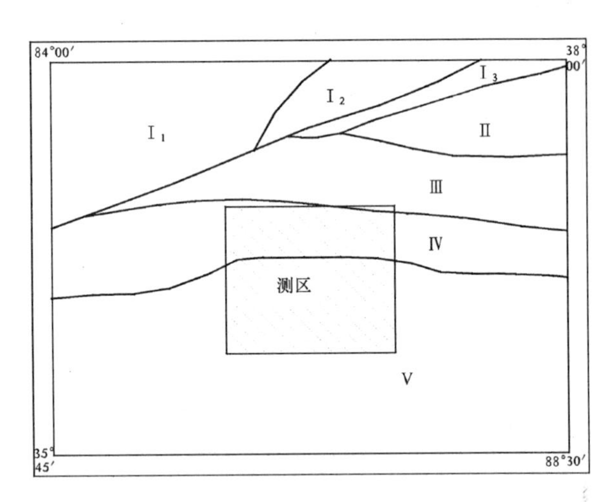

图 5-1 大地构造位置图

Ⅰ.塔里木地块;$Ⅰ_1$.塔里木中央地块;$Ⅰ_2$.阿尔金陆缘地块;$Ⅰ_3$.阿尔金构造杂岩带;Ⅱ.柴达木微型地块祁曼塔格褶皱带;Ⅲ.昆中地块;Ⅳ.昆南复合造山带;Ⅴ.巴颜喀拉板块

二、构造单元划分

晚古生代至三叠纪是测区造山旋回的主要时期,因此根据该时期构造格局的发育特征,从北而南将测区分为 3 个一级构造单元(图 5-2):昆南微陆块(或昆南复合造山带)Ⅰ、可支塔格—耸石山蛇绿构造混杂岩带Ⅱ、巴颜喀拉前陆盆地Ⅲ。其中昆仑微陆块在早古生代主要为岛弧及弧后陆缘海环境;可支塔格—耸石山蛇绿构造混杂岩带(在区域上称苏巴什—鲸鱼湖结合带)则对应于晚古生代的古特提斯洋及其俯冲与碰撞造山时的构造结合带;巴颜喀拉前陆盆地晚古生代时为巴颜喀拉板块(可能为被动陆缘浅海环境),三叠纪时先后为造山带前陆盆地和陆内裂陷海槽,现地表仅发育三叠纪地层而晚古生代地层不发育。

在上述一级构造单元划分的基础上,根据构造层的不同或所赋存构造与构造组合特征的差异,进一步进行二级构造单元或构造分区的划分。昆南微陆块Ⅰ包括苦海杂岩结晶基底构造区$Ⅰ_1$、飞云山—嵩华山上古生界褶断带$Ⅰ_2$、落影山—春艳河渐新统弱变形区$Ⅰ_3$三个二级构造单元。可支塔格—耸石山蛇绿混杂岩带Ⅱ包括耸石山超岩片$Ⅱ_1$、豹子梁超岩片$Ⅱ_2$、可支塔格超岩片$Ⅱ_3$三个二级构造单元。巴颜

喀拉前陆盆地Ⅲ包括冬银山倒转褶皱带Ⅲ$_{1}$、丛崭山—张公山大型向斜Ⅲ$_{2}$、屏岭—银石山三叠系断褶带Ⅲ$_{3}$三个二级构造单元。对部分二级构造单元进行了更细的三级构造单元的划分(详见“构造各论”)。

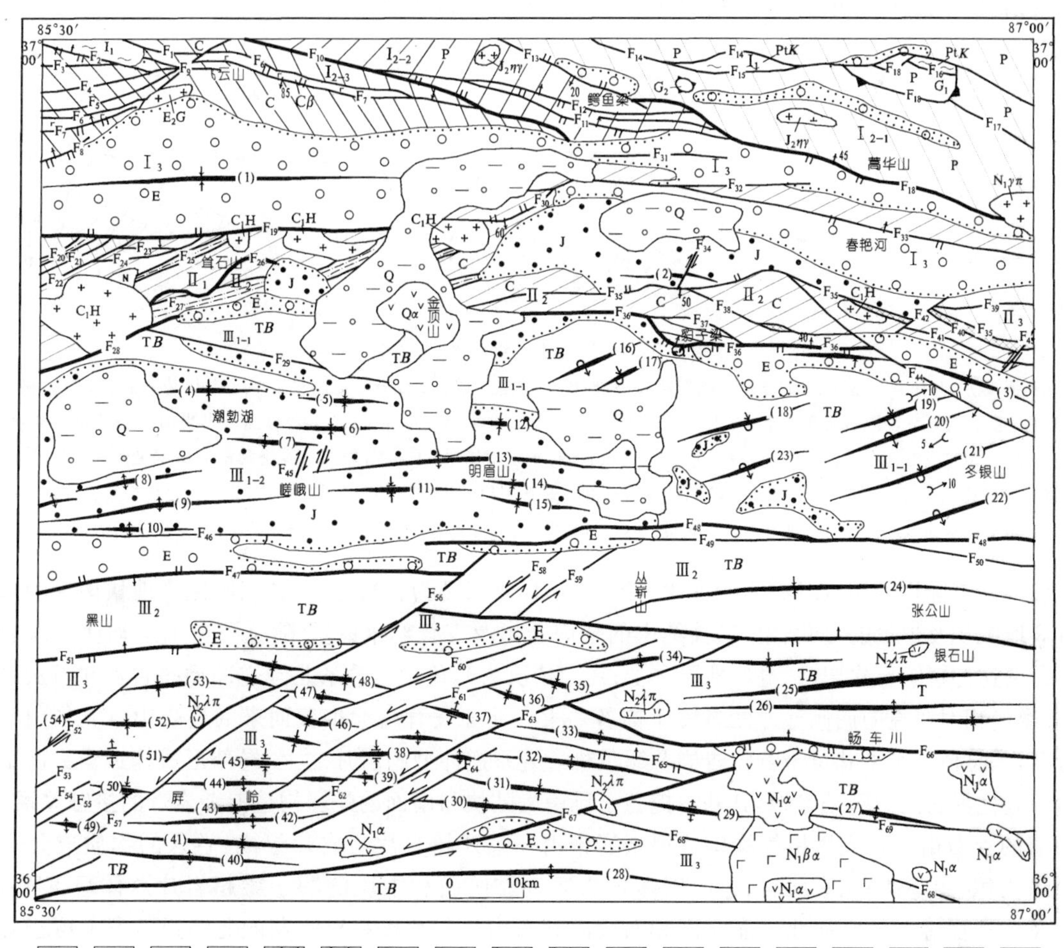

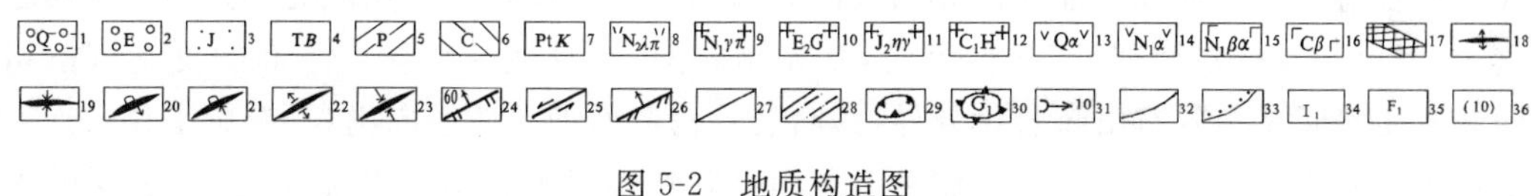

图 5-2　地质构造图

1. 第四纪地层；2. 古近纪地层；3. 侏罗纪地层；4. 三叠纪地层；5. 二叠纪地层；6. 石炭纪地层；7. 元古代苦海岩群；8. 上新世流纹斑岩或石英斑岩；9. 中新世花岗斑岩；10. 始新世关水沟单元花岗岩类；11. 侏罗纪二长花岗岩；12. 早石炭世横笛梁序列花岗岩类；13. 第四纪安山岩；14. 中新世安山岩；15. 中新世玄武岩粗安岩；16. 石炭纪玄武岩；17. 蛇纹岩；18. 背斜；19. 向斜；20. 倒转背斜；21. 倒转向斜；22. 复式背斜；23. 复式向斜；24. 逆断裂；25. 平移断裂；26. 逆平移断裂；27. 性质不明断裂；28.(脆)韧性剪切带；29. 飞来峰；30. 构造窗及编号；31. 次级褶皱枢纽倾向及倾角；32. 地质界线；33. 角度不整合地质界线；34. 构造分区编号；35. 断裂编号；36. 褶皱编号；Ⅰ. 昆南微陆块：Ⅰ$_{1}$. 苦海杂岩结晶基底构造区；Ⅰ$_{2}$. 飞云山-嵩华山上古生界褶断带：Ⅰ$_{2-1}$. 岩碧山-嵩华山二叠系推覆岩席；Ⅰ$_{2-2}$. 鳄鱼梁二叠系复合式逆冲型超岩片；Ⅰ$_{2-3}$. 飞云山下石炭统褶断带；Ⅰ$_{3}$. 落影山-春艳河渐新统弱变形区；Ⅱ. 可支塔格-耸石山蛇绿构造混杂岩带(苏巴什-鲸鱼湖结合带)：Ⅱ$_{1}$. 耸石山超岩片；Ⅱ$_{2}$. 豹子梁超岩片；Ⅱ$_{3}$. 可支塔格超岩片；Ⅲ. 巴颜喀拉前陆盆地：Ⅲ$_{1}$. 冬银山倒转褶皱带；Ⅲ$_{2}$. 丛崭山-张公山大型向斜；Ⅲ$_{3}$. 屏岭-银石山三叠系断褶带

三、构造格架概述

由前述，测区主要经历了晚古生代至三叠纪的造山旋回及晚中生代至新生代的陆内构造演化阶段，造就了各种不同时代、不同类型、不同尺度的构造形迹，形成了较为复杂的构造变形及构造组合特征(图5-2)。了解测区基本的构造格架是详细解读和理解各种构造及其构造组合的几何学、流变学、运动学及动力学特征的基础。兹对构造格架作一简要介绍，有关构造的详细情况见后面各节。

前述的构造单元划分实质上是对测区构造格架、尤其是平面构造格架(图 5-2)的一个高度概括。测区最基本的构造格架由晚古生代至三叠纪的造山旋回所奠定,图 5-3 就是对该基本格架的一个剖面综合与概括,由该图可以更感性、更直观地明了测区的构造格架特征。

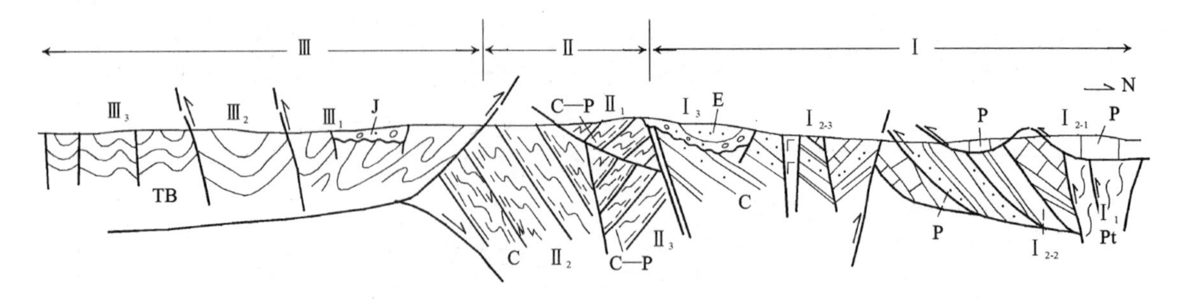

图 5-3　银石山地区综合构造剖面

E. 古近纪地层;J. 侏罗纪地层;*TB*. 三叠纪巴颜喀拉山群;P. 二叠纪地层;C. 石炭纪地层;Pt. 中元古代苦海岩群。Ⅰ. 昆南微陆块:Ⅰ$_{1}$. 苦海杂岩深层流变构造区;Ⅰ$_{2}$. 飞云山—嵩华山上古生界褶断带:Ⅰ$_{2-1}$. 岩碧山—嵩华山二叠统推覆岩席;Ⅰ$_{2-2}$. 鳄鱼梁二叠统复合式逆冲型超岩片;Ⅰ$_{2-3}$. 飞云山下石炭统褶断带;Ⅰ$_{3}$. 落影山—春艳河渐新统弱变形区;Ⅱ. 可支塔格—耸石山蛇绿混杂岩带(苏巴什—鲸鱼湖结合带):Ⅱ$_{1}$. 耸石山超岩片;Ⅱ$_{2}$. 豹子梁超岩片;Ⅱ$_{3}$. 可支塔格超岩片;Ⅲ. 巴颜喀拉前陆盆地:Ⅲ$_{1}$. 冬银山倒转褶皱带;Ⅲ$_{2}$. 丛崭山—张公山大型向斜;Ⅲ$_{3}$. 屏岭—银石山三叠系断褶带

北面昆南微陆块的组成基底为元古代苦海岩群,而盖层则为石炭纪、二叠纪时昆仑地块南缘的边缘海或弧后盆地沉积及少量的玄武岩。二叠纪末的陆内造山及三叠纪末的陆-陆叠覆造山运动使苦海岩群结晶基底向南逆冲覆于石炭纪、二叠纪地层之上;往南依次为鳄鱼梁二叠系北倾逆冲型超岩片和石炭系褶断带,后者通过相对较晚的南倾逆冲断裂覆于前者之上。北面发育自北推覆而来的岩碧山—嵩华山二叠系推覆岩席,其总体呈水平状覆于苦海岩群及鳄鱼梁二叠系逆冲型超岩片之上,局部形成构造窗。南部发育落影山—春艳河古近纪裂陷盆地,其基本掩盖了昆南微陆块与南面的蛇绿构造混杂岩带的接触关系。

中部的耸石山—可支塔格蛇绿构造混杂岩带由一系列超岩片与岩片组成,卷入的物质成分主要为海盆边缘沉积、超基性岩、玄武岩、海山碳酸盐岩等。靠南面和中段的豹子梁超岩片总体呈 EW 走向,其断裂及构造面理总体倾向北。靠北面和西段的耸石山超岩片以相对晚期的北倾逆断裂上覆于耸石山超岩片之上,其断裂及构造面理呈 NEE 走向,总体倾向南,并具逆冲性质。东面的可支塔格超岩片以 NWW 向右旋走滑断裂与耸石山超岩片分界,其断裂及构造面理总体倾向南,具右旋平移—逆冲性质。

南面巴颜喀拉下部的基底板块向北俯冲于昆南微陆块前缘的构造混杂岩带之下,表层的巴颜喀拉山群则向北仰冲于构造混杂岩带之上。受该“双层汇聚”作用的动力制约,巴颜喀拉山群自北而南依次形成冬银山倒转褶皱带、丛崭山-张公山大型向斜、屏岭-银石山三叠系断褶带等。

第二节　构造分区各论

一、昆南微陆块Ⅰ

如前述,昆南微陆块可进一步分为苦海杂岩结晶基底构造区Ⅰ$_{1}$、飞云山-嵩华山上古生界褶断带Ⅰ$_{2}$、落影山-春艳河渐新统弱变形区Ⅰ$_{3}$三个二级构造单元,现分述之。

(一) 苦海杂岩结晶基底构造区Ⅰ$_{1}$

图区北西角洒阳沟及东面的青春山与金水河东均发育有中—深变质岩系,组成岩石主要为斜长片麻岩、变质砂岩、云母石英片岩、云母斜长片岩等,据岩石组合、变形变质特征及区域对比为元古代苦海岩群。分布于北西角的苦海岩群出露面积最大，露头及通行条件最好，以其为代表阐述苦海岩群构造变形特征如下。

1. 变形特征

洒阳沟剖面上苦海岩群的构造变形以稳定倾向NNE的透入性片理与片麻理、北倾的韧性剪切带及韧脆性逆断裂等为基本特征(图5-4)，此外还有伸展面理膝折与面理褶皱等。其南、北面分别以NWW向逆断裂F_2和断裂F_1与石炭纪托库孜达坂群分界。

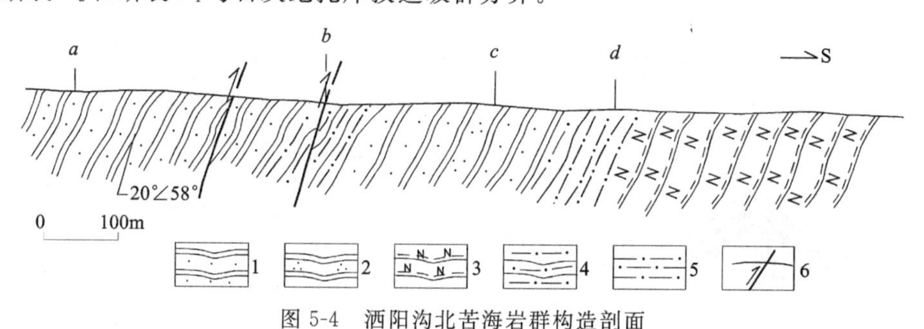

图5-4　洒阳沟北苦海岩群构造剖面

1. 变质砂岩；2. 石英岩；3. 云母斜长片岩；4. 云母石英糜棱片岩；5. 长英质糜棱岩；6. 脆性断裂

南界断裂F_2为一宽50m以上的强挤压破碎带，由次级破裂面、次级破碎带、断夹块及构造透镜体等组成；具片理化、硅化，次级破碎带内发育断层角砾岩及碎粉岩等脆性动力变质岩；下盘硅质岩受挤压剪切发育牵引褶皱，褶皱形态指示断裂的逆冲性质。据次级断裂面，断裂产状约为15°∠50°。北界断裂因覆盖未见理想露头，推测为倾向南的逆断裂。

变质砂岩及片岩中的片理与斜长片麻岩中的片麻理非常发育，且产状总体相当稳定，为20°∠50°左右。面理由少量的云母及绿泥石等片状矿物定向排列或聚集成层所构成。岩石显微构造变形普遍，如石英的带状消光、拼块状消光、变形纹、变形带、粒化现象、边缘亚颗粒、核幔结构与动态重结晶结构，白云母双晶的弯曲扭折等。石英多呈轴对称压扁形态，反映出早期变质变形的垂向深埋压扁机制。

各韧性剪切带宽30～150m，带内糜棱面理发育，其产状与两侧围岩的片理或片麻理基本一致，局部见矿物拉伸线理，其侧伏角为90°，显示正向逆冲剪切性质。组成岩石为糜棱片岩或长英质糜棱岩。长英质糜棱岩具显著的韧性剪切变形特征，流动构造十分清楚。石英、斜长石碎斑约占35%左右，大小0.4～2mm。石英碎斑为扁球状，主要以细小石英集合体形式出现，很少为单晶石英；碎斑轴比为$a:c=3:1\sim6:1$，$b:c=2:1\sim4:1$，显示纯剪与单剪复合变形机制。斜长石碎斑有的已圆化，有的被压扁拉长并表现出膝折、分离结构、晶内微破裂等变形亚结构和变形微结构。基质为细的石英、长石及大量变晶新生白云母微鳞片、少量绿泥石等，其各自以条带状集中出现，并绕过碎斑作明显的定向排列分布。岩石变晶重结晶作用明显：黑云母退变成绿泥石并产生大量白云母，石英全部重结晶成0.04～0.35mm的颗粒。含自形石榴石变斑晶，其呈多边形颗粒，有细小石英绿泥石包体，显示更晚一期的热变质作用(可能与侏罗纪花岗岩侵位有关)。

脆性断裂均为倾向北的逆断裂，有的发育于早期韧性剪切带之中(图5-4)。断裂一般宽8m左右，倾角60°～70°，带内发育片理化、碎裂化岩石及构造透镜体[图5-5(b)]，并见因逆冲运动形成的面理剪切褶皱。

局部见面理膝折[图5-5(d)]，其枢纽向西倾伏，由膝折轴面形成的后期面理S_2产状为250°∠35°，指示右旋逆冲运动。发育伸展剪切滑动褶皱[图5-5(a)]，其变形面为片(麻)理，枢纽水平，指示正向滑动。后期面理揉皱常伴有同构造分泌脉[图5-5(c)]。

2. 变形期次及构造演化过程分析

综合分析前述各种变形构造的几何学及流变学特征，苦海杂岩中至少可以清楚地识别出五期构造变形。

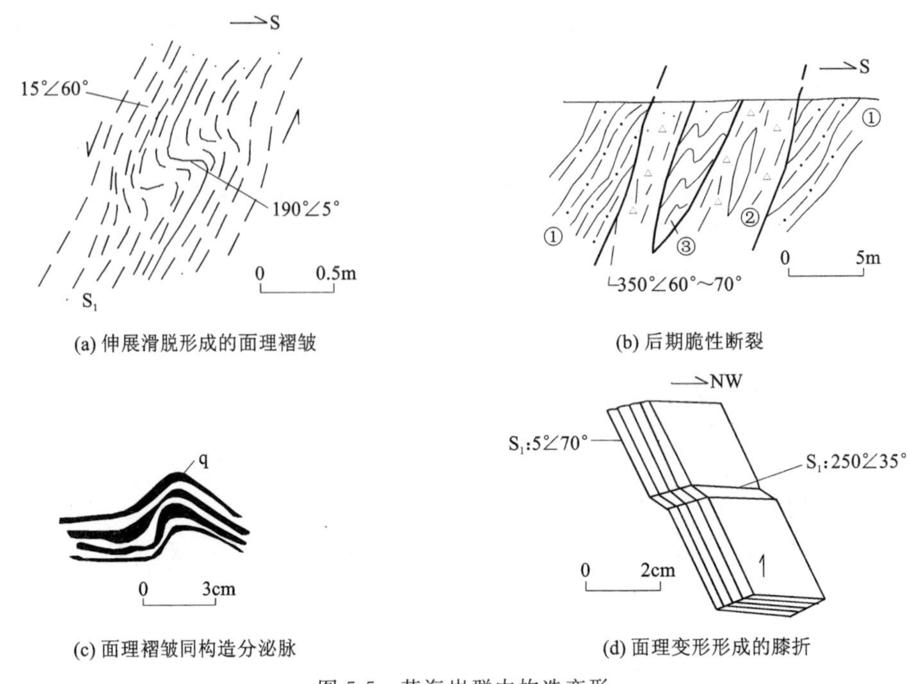

(a) 伸展滑脱形成的面理褶皱　(b) 后期脆性断裂
(c) 面理褶皱同构造分泌脉　(d) 面理变形形成的膝折

图 5-5　苦海岩群中构造变形

（发育位置见图 5-4）

①云母石英糜棱片岩；②片理化、碎裂化岩石；③构造透镜体

第一期变形——深部塑性变形。该期变形形成了苦海杂岩中的主体构造——北倾的片理和片麻理，发生了以石榴子石为变质特征矿物的角闪岩相变质作用，属深埋变质与垂向压扁的变质变形机制。

第二期变形——逆冲韧性剪切带。为纯剪与单剪复合变形机制，反映出岩石从深部向上逆冲剪切的运移过程。

第三期变形——右旋逆冲形成面理膝折。为岩石于中部构造层次在区域挤压作用下再次向上逆冲运移的产物。

第四期变形——伸展构造。代表构造为伸展剪切滑动褶皱，其变形面为早期形成的片理和片麻理及韧性剪切带糜棱面理。推测为区域伸展剥离作用下结晶基底侵入到浅部或地表时的产物。

第五期变形——韧脆性断裂。其叠加于早期构造之上，为后期浅部构造层的变形产物。

根据区域构造演化背景，苦海杂岩在早古生代即已作为古陆块表壳存在，因此上述前四期变形可能均属前加里东期构造运动产物。而第五期变形总体应为海西期构造运动形成。

（二）飞云山—嵩华山上古生界褶断带 $Ⅰ_2$

飞云山—嵩华山上古生界褶断带 $Ⅰ_2$ 自北往南可分为岩碧山—嵩华山二叠系推覆岩席 $Ⅰ_{2\text{-}1}$、鳄鱼梁二叠系复合式逆冲型超岩片 $Ⅰ_{2\text{-}2}$、飞云山早石炭统褶断带 $Ⅰ_{2\text{-}3}$ 三个三级构造单元（图 5-2、图 5-3）。

1. 岩碧山—嵩华山二叠系推覆岩席 $Ⅰ_{2\text{-}1}$

岩碧山—嵩华山二叠系推覆岩席覆盖于鳄鱼梁断裂 F_{13} 和嵩华山断裂 F_{18} 以北地区，岩席由二叠纪树维门科组上段的块状灰岩组成，其下伏地层为苦海岩群片岩、片麻岩及树维门科组下段砂岩、板岩等碎屑岩（图 5-6）。

推覆岩席的底界断裂为 F_{18}，断裂总体水平，呈极缓的波状。岩片自西向东推覆距离递增，在鳄鱼梁一带覆于鳄鱼梁二叠系复合式逆冲型超岩片 $Ⅰ_{2\text{-}2}$ 的北缘（图 5-7），往东约 20km 后秀水河一带已上覆于鳄鱼梁二叠系逆冲型超岩片的南缘，其使得西面树维门科组下段的碎屑岩系沿走向往东突然中断，地表为树维门科组上段的灰岩所取代。岩席内部构造变形相对较弱，可能与组成岩石为块状灰岩，层面不发育有关。嵩华山以北及金水河口均叠加有古近纪小型盆地，盆内充填砾岩、砂岩及粉砂质泥岩等。

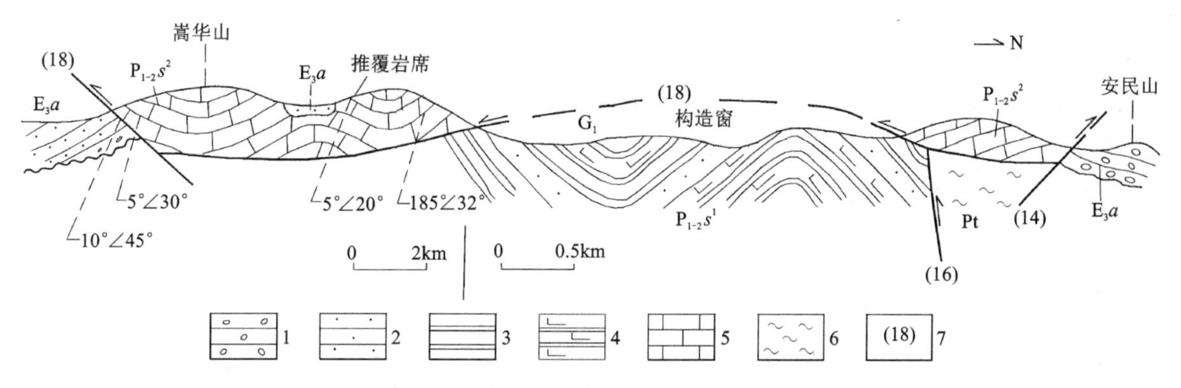

图 5-6 安民山—嵩华山构造剖面(示推覆岩席及构造窗)

E_3a. 古近纪阿克塔什组；$P_{1-2}s^1$. 早—中二叠世树维门科组一段；$P_{1-2}s^2$. 树维门科组二段；Pt. 中元古代苦海岩群；G_1. 构造窗在地质构造图中的编号；1. 砾岩；2. 砂岩；3. 板岩；4. 钙质板岩；5. 灰岩；6. 片岩、片麻岩；7. 断裂在地质构造图中的编号

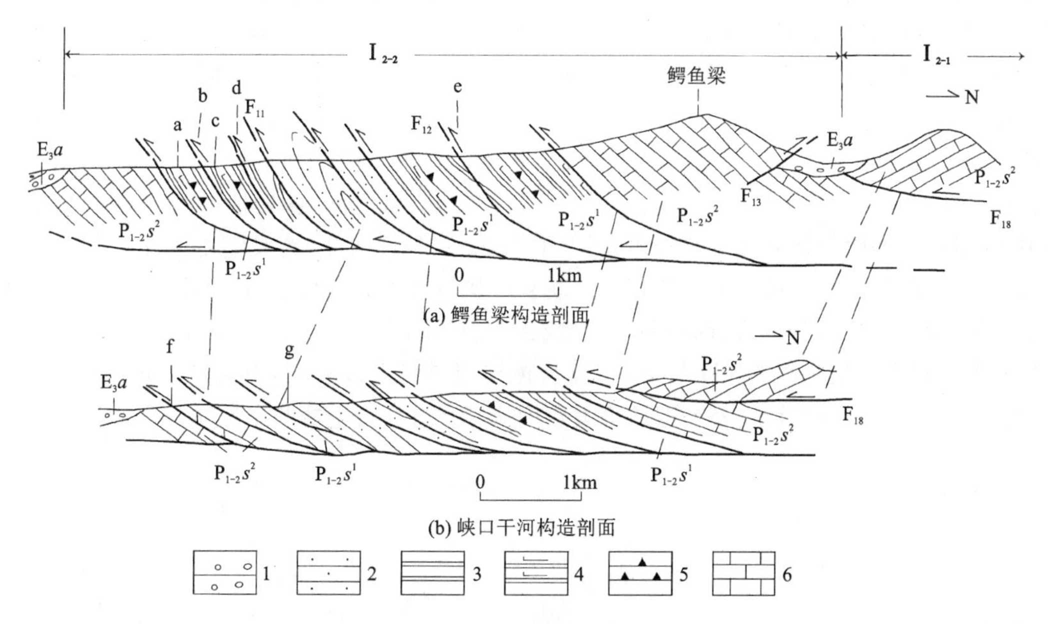

图 5-7 鳄鱼梁二叠系复合式逆冲型超岩片联合剖面图

$P_{1-2}s^1$. 早—中二叠世树维门科组下段；$P_{1-2}s^2$. 树维门科组上段；E_3a. 古近纪阿克塔什组；Ⅰ2-1. 岩碧山-嵩华山二叠系推覆岩席；Ⅰ2-2. 鳄鱼梁二叠系逆冲型超岩片；a—g. 图 5-8 中变形构造发育部位；1. 砾岩；2. 砂岩；3. 板岩；4. 钙质板岩；5. 硅质岩；6. 灰岩

岩片内部断裂主要有青春山断裂 F_{14}、断裂 F_{17}。青春山断裂为倾向南的逆断裂，倾角 50°左右，在金水河岸壁可清楚地见到断裂上盘的树维门科组下段砂岩与板岩逆冲上覆于下盘的阿克塔什组紫红色粉砂岩之上[图 5-35(a)]；在西面青春山一带该断裂使苦海岩群的片岩及片麻岩往北推覆于组成岩席的树维门科组上段灰岩之上。断裂 F_{17} 性质不明，沿断裂南东段灰岩因变质而成白色结晶灰岩，性状已近大理岩，可能与断裂活动产生的热异常有关。

推覆岩席内部发育一大一小两个构造窗。东面金水河构造窗 G_1 分布面积大，其东西长约 15km，南北宽 3～5km(图 5-6)，主要由南部树维门科组下段碎屑岩系组成，北面有少量苦海岩群片岩与片麻岩。西面为鳄鱼梁以东的小构造窗 G_2，其东西长 2.5km，南北宽约 1km，出露地层为树维门科组下段砂岩、板岩，构造窗四周为树维门科组上段块状灰岩所包围。

鳄鱼梁二叠系逆冲型超岩片中树维门科组上段的灰岩以中层状为主，含有少量泥质；而推覆岩席的树维门科组上段灰岩则呈块状且灰岩纯度高，指示前者为更靠近海洋的较深水环境，而后者则为靠近北面昆仑古陆的浅水台地。据此推覆岩席应来自北面，估计推覆距离最大达 20km 以上。

结合区内构造演化背景综合分析，推覆岩席应主要形成于三叠纪末的陆-陆叠覆造山运动中。其前缘断裂在嵩华山南面造成岩席上覆于阿克塔什组之上(图 5-2、图 5-6)，为新生代盆缘断裂或断块边界断裂叠加所致。

此外尚需指出的是，在青春山北面的苦海岩群片岩片麻岩组中见到较为完整的蛇绿岩组合（详见第三章第一节）。其地球化学特征与北面华道山-横条山构造混杂岩带中蛇绿岩（早石炭世末期形成）不同，结合其产状，可大致确认为晚古生代前形成。沿断裂 F_{14} 往东进入木孜塔格幅后该蛇绿混杂岩带又有出露，称为黑顶山结合带北侧蛇绿混杂岩带，新疆区调所对其作角闪石 Sm-Nd 等时线年龄为 1138±43Ma，辉石 Sm-Nd 等时线年龄为 982±45Ma，据此蛇绿岩形成时代可能为中—晚元古代。

2. 鳄鱼梁二叠系复合式逆冲型超岩片 $Ⅰ_{2-2}$

测区北面中部发育鳄鱼梁二叠系复合式逆冲型超岩片，其北面以鳄鱼梁新生代逆断裂 F_{13}[参见图 5-35(b)]及嵩华山断裂 F_{18} 与岩碧山-嵩华山二叠系推覆岩席分界，南面以飞云山北麓南倾逆断裂 F_{10} 与飞云山下石炭统褶断带分界（图 5-2、图 5-3），总体呈 NWW 展布。由于北面推覆岩席自西向东推覆距离的增加与掩盖，以及南侧 EW 向古近纪盆地的叠加，鳄鱼梁超岩片于地表自西向东变窄直至尖灭。

鳄鱼梁超岩片中发育大量北倾的逆冲断裂，断裂间为规模不等的岩片。断裂呈 EW 向或 NWW 向，彼此大致平行，局部存在分合现象而呈菱形网格状。超岩片结构在鳄鱼梁南面的冲沟中因露头较好表现较清楚[图 5-7(a)]。剖面上超岩片总体表现为一遭受强烈破坏的倒转背斜，核部出露树维门科组下段下部砂岩夹细砾岩，往南、北两侧依次对称发育树维门科组下段上部板岩夹硅质岩段、树维门科组上段灰岩段。断裂主要发育于砂岩段与板岩段、板岩段与灰岩段之间，各岩性段内部亦有发育，特别是板岩段中小规模、小间距的逆断裂非常密集[图 5-8(d)]。断裂倾向北，地表倾角较陡，一般为 50°～60°左右；推测往下各断裂产状变缓并于深部相交。断裂产状与岩层交角很小，有的甚至近于平行。断裂多表现为破碎带[图 5-8(b)]，带内发育断层角砾岩或挤压剪切岩石碎块，并伴有局部片理化，总体上应属（韧）脆性变形。超岩片最北面的逆断裂 F_{12} 上盘为树维门科组上段灰岩，下盘却为树维门科组下段板岩，断裂及上、下盘岩层产状近于一致，据此可大致确认其具有顶板逆冲断层性质。

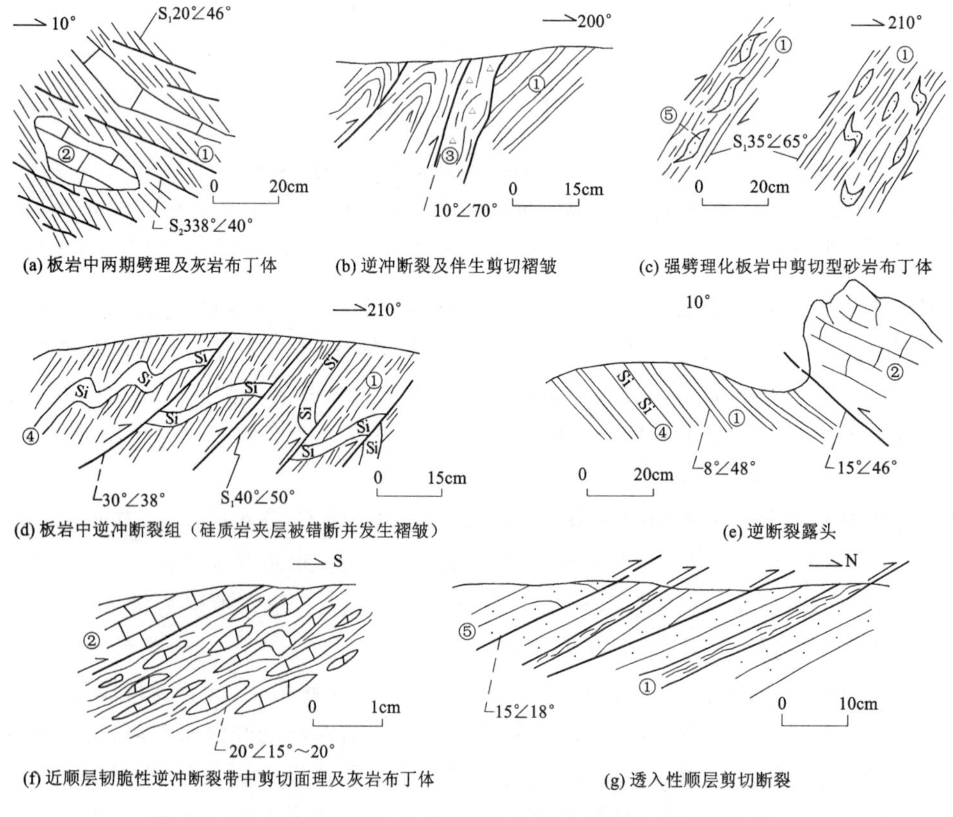

图 5-8　鳄鱼梁超岩片中若干变形构造露头素描图（位置见图 5-7）

①板岩；②灰岩；③断裂破碎带；④硅质岩；⑤砂岩

板岩岩片发育两期劈理[图 5-8(a)]，早期劈理 S_1 为延展性极好的板劈理，产状较陡，为 20°∠46°左右；晚期劈理 S_2 仅在局部发育清楚，为间隔劈理，产状较缓，为 338°∠40°左右。板岩中透入性的剪切应变较强烈，在局部的强劈理化带中可见砂岩布丁体[图 5-8(c)]，其形态指示逆冲剪切方向。

往东约 7km 的峡口干河剖面所显示的超岩片结构[图 5-7(b)]与上述鳄鱼梁剖面不尽相同。剖面中断裂与岩层产状极缓，倾角一般为 15～20°左右，且二者常常近于平行[图 5-8(f)]；断裂多具韧脆性特征。小型的顺层剪切逆断裂非常发育[图 5-8(g)]。超岩片的南部缺失中间层位的板岩段，下部的砂岩段与最上部的灰岩段直接接触。上述特征明显反映出该剖面所处的构造部位较鳄鱼梁剖面深，且其构造变形强度更大，说明超岩片的逆冲剪切变形总体呈自西向东增强的趋势。

3. 飞云山下石炭统褶断带 $Ⅰ_{2\text{-}3}$

飞云山下石炭统褶断带位于测区北西角，南面与落影山-春艳河古近纪盆地相邻，北面以云山北麓南倾逆断裂 F_{10} 与鳄鱼梁二叠系复合式逆冲型超岩片分界(图 5-2、图 5-3)，总体呈 EW 向展布。褶断带由早石炭世托库孜达坂群组成，自北往南可分为 3 个次级块体：北面洒阳沟褶断带、中部飞云山玄武岩片和南面一线沟北倾单斜构造带。关水沟 NE 向左行平移断裂 F_9 将褶断带分为东、西两部分，东面构造线呈 NWW 向，与区域主构造线方向一致；西面受左行剪切影响，构造线略呈 NEE 向。

(1) 北面洒阳沟褶断带

褶断带在 NE 向断裂 F_9 以东因断裂 F_{10} 破坏仅保留一狭窄条块，因露头太差构造变形特征不清。在断裂 F_9 以西发育较为完整，出露宽，且沿关水沟南北向剖面露头较好，构造格架与变形特征表现较清楚(图 5-9、图 5-10)。其北面以 NWW 向北倾逆断裂 F_2(特征见"苦海杂岩深层流变构造区")与苦海岩群片岩片麻岩结晶基底分界，南面以南倾逆断裂 F_6 与飞云山玄武岩片分界。断裂 F_6 宽约 4m，产状为 170°∠45°±，带内岩石破碎，并具片理化和硅化，其下盘牵引褶皱指示断裂的逆冲性质。褶断带中板岩发育延展性极好的板劈理，其与层面小角度相交甚至近于平行。

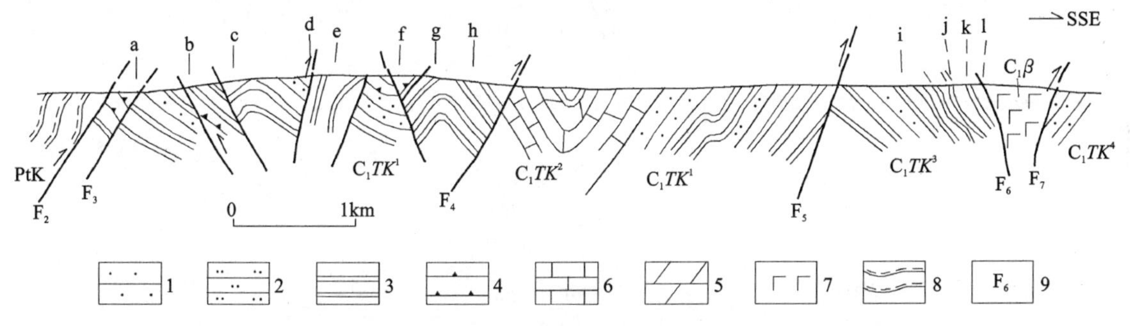

图 5-9　关水沟下石炭统断褶带构造剖面图

PtK. 中元古代苦海群；C_1TK^1. 下石炭统托库孜达坂群一段；C_1TK^2. 下石炭统托库孜达坂群二段；C_1TK^3. 下石炭统托库孜达坂群三段；a—l：图 5-10 中变形构造的发育位置；1. 砂岩；2. 粉砂岩；3. 板岩；4. 硅质岩；5. 灰岩；6. 泥灰岩；7. 玄武岩；8. 片麻岩及片岩；9. 断裂在地质构造图中的编号

洒阳沟褶断带以近 EW 向逆断裂的大量发育为主要特征，主要断裂一般倾向北，部分次要断裂倾向南，可能属反冲断裂。断裂总体上反映出两期活动，早期为韧脆性逆冲，以强烈的片理化为特征；晚期为脆性逆冲活动，以断层角砾岩为特征。

北面的断裂 F_3 为一宽约 45m 的断裂破碎带[图 5-10(a)]，其上、下盘分别为硅质岩、粉砂岩与板岩；断裂带内发育大量灰岩断片及透镜体以及断层角砾岩与碎粉岩；具片理化与硅化。诸特征表明断裂具相当规模的逆冲位移量。

洒阳沟与关水沟交汇处南约 300m 发育一宽约 30m 的断裂破碎带[图 5-10(d)]，其南北盘分别为板岩与灰岩。断裂自北而南可分为两带：Ⅰ带宽约 22m，带内物质成分主要为灰岩和泥灰岩；带内次级破碎带及大型构造透镜体(或断片)相间排列，次级破碎带内发育小型构造透镜体、断裂碎块及断层角砾岩，局部强剪切处具片理化或发育碎粉岩。Ⅱ带宽约 8m，由深灰色硅质岩质的构造透镜体、断裂碎块及

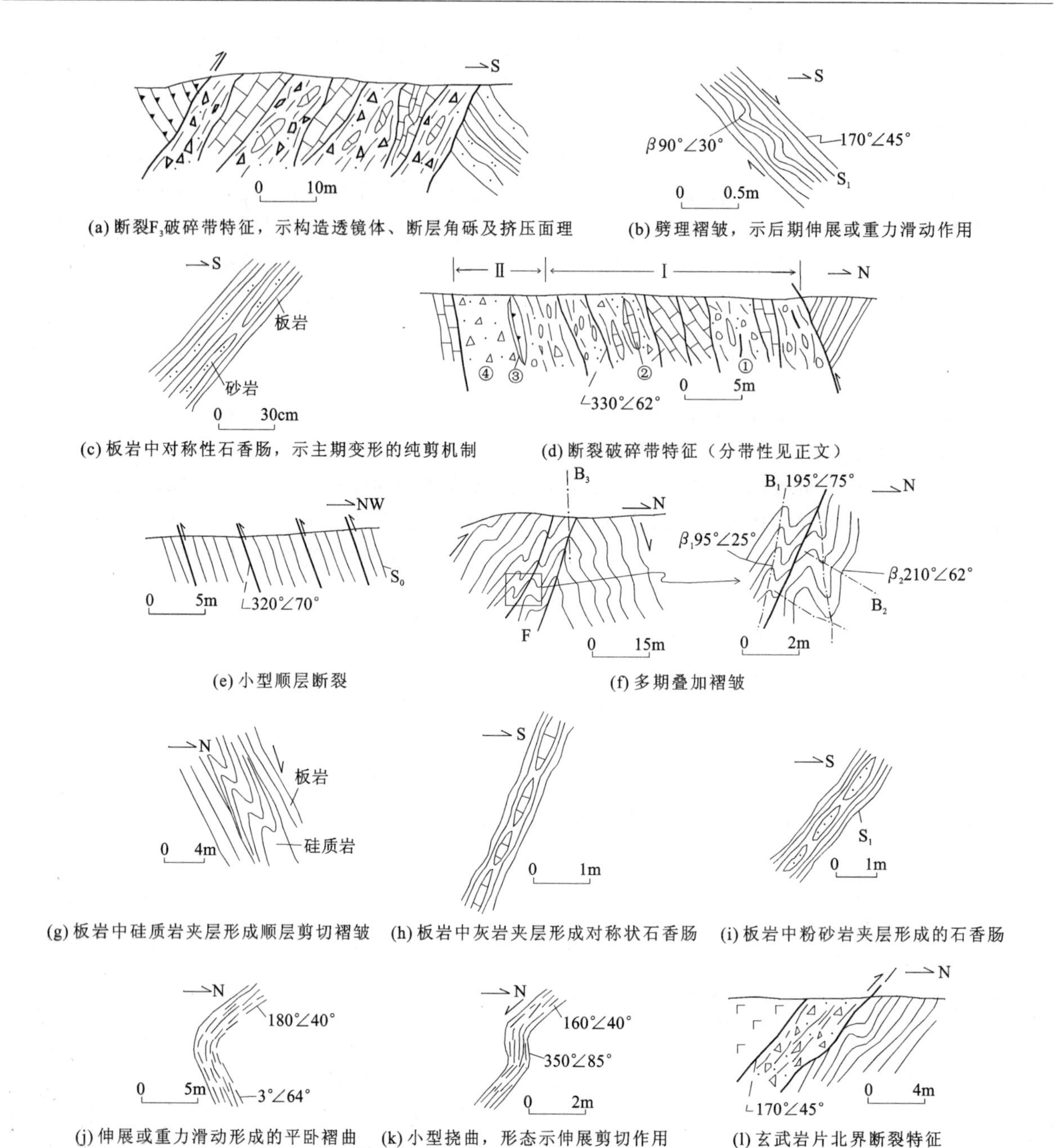

图 5-10　飞云山下石炭统断褶带关水沟中若干变形构造露头素描图(发育部位见图 5-9)

①次级破碎带；②灰岩构造透镜体；③硅质岩构造透镜体；④硅质断层角砾岩；

B_1、B_2、B_3 分别示从早到晚的三期褶皱轴迹；有关岩性图例见图 5-9

断层角砾岩组成。诸特征反映断裂早期为韧脆性，后期具脆性活动叠加。

受断裂破坏，主体褶皱形态一般保存不完整，仅于中部发育一较完整向斜，其核部为托库孜达坂群二段灰岩，轴面略向南倒，反映出自北往南的挤压作用。

带内发育对称性透镜状石香肠[图 5-10(c)、(h)、(i)]、小型顺层剪切断裂[图 5-10(e)]、层间剪切褶皱[图 5-10(g)]、以劈理面为变形面的伸展滑动挠曲[图 5-10(j)、(k)]及伸展层间剪切小褶皱[图 5-10(b)]等变形构造。伸展滑动变形可分为两期：早期形成的滑动褶皱枢纽水平[图 5-10 (j)、(k)]，示正向滑动；晚期滑动剪切褶皱枢纽倾伏，在南倾岩层中的产状为 90°∠30°[图 5-10(b)]，指示右旋斜滑。在可支塔格东面亦见同样两期伸展构造(参见“耸石山—可支塔格蛇绿构造混杂岩带”)，其叠加关系表明前者早，后者晚。

剖面中段有一良好的硅质岩露头，可见三期褶皱形迹[图 5-10(f)]及后期小型断裂。早期褶皱(B_1)为小型不对称剪切褶皱，其褶皱枢纽产状为 95°∠25°，应为早期主期变形后应力松弛形成的伸展构造

[与图 5-10(g)、(b)、(k)等相同];第二期褶皱造成早期褶皱翼部岩层及轴面的弯曲,其枢纽产状为210°∠62°,轴面倾向北;第三期褶皱包容了前两期褶皱,总体为一背斜,核部相伴发育小型高角度逆断裂。

(2) 中部飞云山玄武岩片

岩片为断裂 F_6 和 F_7 所夹持,在关水沟剖面上呈一背冲断块(图 5-9)。南界断裂 F_7[图 5-11(a)]宽约 90m,上、下盘分别为玄武岩片和托库孜达坂群三段砂岩;具分带性,自北而南依次为:Ⅰ.断层角砾岩带。宽约 30m,由玄武质断层角砾岩组成,角砾大小一般为 1～5cm,因碾磨作用稍具圆化。Ⅱ.超基性糜棱岩带。宽 6m 左右,糜棱面理非常发育,具指示北盘上冲的 S-C 组构;与两侧角砾岩带于分界面附近呈渐变关系;镜下观察岩石具变余糜棱结构,眼球、条带状构造。碎斑为透镜状、扁豆状的假象铁镁矿物,大小在 0.8～26mm 均有,基质为碾细的已蚀变铁镁矿物,呈似流动条带状绕过碎斑定向分布,使得岩石的糜棱叶理极为显著;铁镁矿物可能是橄榄石或辉石,次生蚀变后被蛇纹石、大量磁铁矿微粒、滑石、绿泥石、方解石等交代置换;岩石受变晶重结晶作用或后期的其他蚀变作用影响,矿物的变形亚结构及变形显微构造等的塑性变形印记已不存在。Ⅲ.断层角砾岩带。宽约 30m,特征与Ⅰ带基本相同。Ⅳ.构造透镜体带。宽约 24m,由被菱形网格状的次级破裂所分割而成的玄武质构造透镜体所组成,其与Ⅲ带断层角砾岩带呈过渡关系。综上所述,断裂 F_7 中部的糜棱岩带(示脆韧性剪切)应为断裂强剪切变形使岩石局部温度升高所致,其与两侧的断层角砾岩带应基本属同期产物。

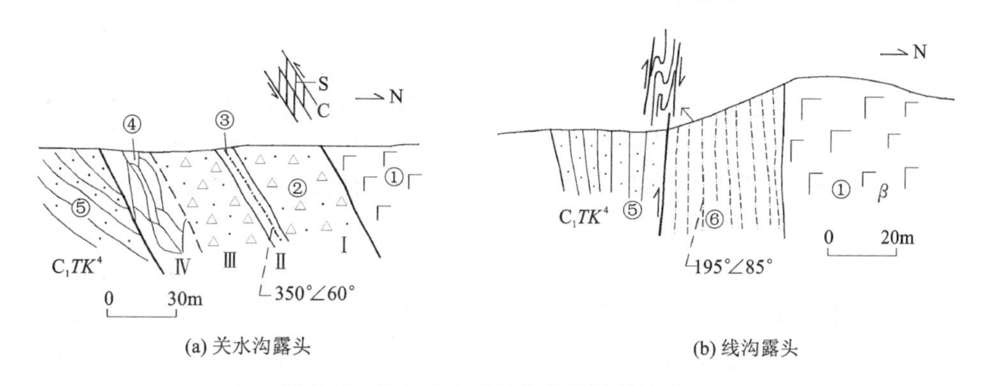

(a) 关水沟露头　　(b) 线沟露头

图 5-11　飞云山玄武岩片南界断裂 F_7 特征

C_1TK^4.下石炭统托库孜达坂群四段;

①玄武岩;②断层角砾岩;③糜棱岩;④构造透镜体;⑤砂岩;⑥初糜棱岩

横向上断裂 F_7 产状变化大,呈麻花状。在一线沟断裂表现为一宽 35m 左右的玄武质初糜棱岩带[图 5-11(b)],糜棱面理发育,其产状为 195°∠85°,略向南倾。发育由糜棱面理递进变形形成的剪切小褶皱,其形成指示南盘上冲。初糜棱岩带与北盘玄武岩呈过渡关系。其南盘为托库孜达坂群三段砂岩,岩层或面理产状直立,与糜棱面理一致,往南约 100m 后岩层产状逐渐变缓,约 200m 后变为 20°∠45°±的正常产状。上述特征反映出断裂 F_7 在强挤压下的递进变形作用:早期断裂倾向北,北盘玄武岩片向南逆冲;后期持续的变形使南盘下冲受阻,加之南北向的收缩压扁使断裂产状逐渐变陡至直立,逆冲方向便随之发生反转,改为南盘向北逆冲。断裂的脆韧性特征显然与持续的强剪切变形使岩石温度升高有关。

玄武岩片内部构造变形很弱,岩石呈块状,基本不发育面理;仅局部发育倾向北的小型逆断裂。

(3) 南面一线沟北倾单斜构造带

该带由托库孜达坂群四段组成,主要为一套浅变质砂岩,局部夹少量板岩。岩石劈理发育,并导致原始层面不清。局部露头反映层面与劈理面产状近于一致。岩层(或面理)走向 NWW,稳定倾向 NNE,倾角一般在 45°左右。局部可见伸展作用形成的劈理膝折,据膝折的位态可分为两期:早期正滑运动形成枢纽水平膝折[图 5-12(a)],后期右旋斜滑运动形成枢纽倾伏膝折[图 5-12(b)],这与北面洒阳沟褶断带中所反映的两期伸展作用一致。

(4) 关水沟 NE 向断裂 F_9

该断裂往北东进入且末县一级电站幅,往南西被关水沟古近纪岩体和落影山古近纪盆地所吞没,区内长约 13km。断裂将飞云山玄武岩片左行平移约 11km,其于卫星遥感图像上反映非常清楚。断裂在

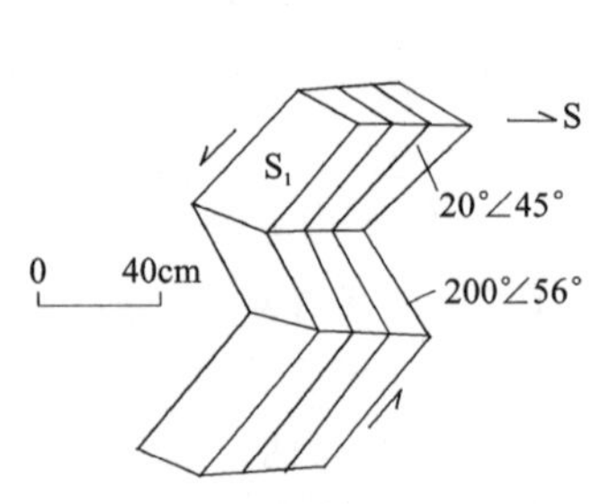

(a) 早期正滑运动所形成枢纽水平膝折

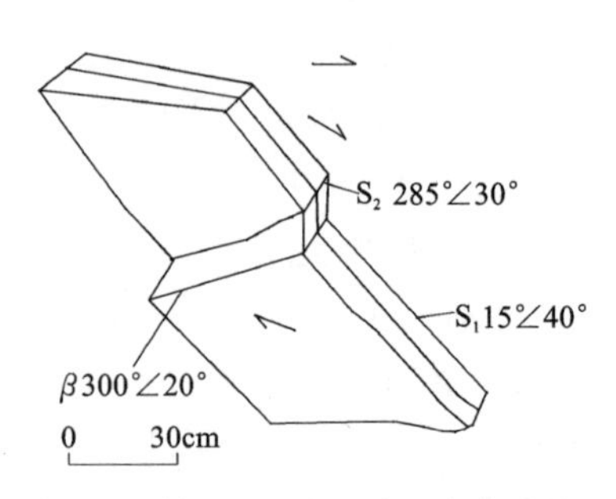

(b) 晚期右旋斜滑运动所形成枢纽倾伏膝折

图 5-12　一线沟下石炭统单斜构造带中伸展构造所形成膝折

S_1. 早期劈理；S_2. 后期膝折轴面形成的面理；β. 膝折枢纽

南西面留踪沟一带控制了古近纪断陷盆地的边界，使盆地 EW 向边界在此处转为 NE 向。留踪沟紧邻古近纪阿克塔什组尚可见该断裂约 120m 宽的强挤压片理化带，带内浅变质砂岩强烈片理化，并发育大量剪切透镜体，片理走向 NE，近直立，反映出走滑断裂特征。

4. 飞云山—嵩华山上古生界褶断带构造综合分析

(1) 变形期次

以上较详细地介绍了飞云山—嵩华山上古生界褶断带有关构造格架、构造变形特征、部分构造类型之间的叠加改造关系及先后次序等，但要将产于不同构造单元中的各种不同类型、不同属性的变形构造系统地划分期次，甚而确定各期次变形的具体时代，无疑还需结合测区地质构造演化背景综合考虑方可达到目的。

测区能造成上古生界地层变形的主要构造事件有(有关详情见本章第五、第六、第七节)：①早石炭世晚期飞云山岛弧与托库孜达坂陆缘弧碰撞，造成早石炭世托库孜达坂群变形。鉴于晚石炭世哈拉木兰河群与早石炭世托库孜达坂群之间为平行不整合接触(见且末县一级电站幅区调报告)，且该次碰撞为弧-弧软碰撞，而测区又处于变形相对较弱的俯冲被动陆缘一侧，因此其造成的地层变形应属轻微，尚不能作为一种单独的构造类型识别出来。②晚二叠世晚期巴颜喀拉地块与昆南微陆块(飞云山岛弧)碰撞，造成测区石炭纪与二叠纪地层较强烈变形。其应为飞云山—嵩华山上古生界褶断带主体构造格架的初步形成时期。③晚三叠世巴颜喀拉板块继续向昆南微陆块之下俯冲，造成南面的巴颜喀拉海槽褶皱回返，形成断裂造山带，使得昆南微陆块前缘因陆内汇聚形成碰撞造山带及昆南微陆块内部因强烈挤压形成陆-陆叠覆造山，表层相对软弱的石炭纪与二叠纪地层在变形中自然首当其冲。该构造事件应为使先期构造格架强化、构造变形增强，并产生新的构造变形时期。④晚侏罗世末区域南北向挤压使侏罗纪盆地收缩消亡，侏罗纪地层产生宽缓褶皱变形。鉴于挤压强度不大，对石炭纪与二叠纪地层造成的变形太小而不能识别出来。⑤新生代多期构造运动，造成了石炭纪与二叠纪地层向古近纪地层之上逆冲。

综合分析和考虑飞云山—嵩华山上古生界褶断带中各种不同尺度、不同类型构造的发育特征，结合上述主要构造运动造成的构造变形的特点，系统归纳出上古生界褶断带中构造变形期次，具体可分五期。

第一期为晚二叠世晚期巴颜喀拉地块与昆南微陆块(飞云山岛弧)碰撞产生的变形。形成了托库孜达坂群中轴面略向南倒的主体褶皱及北倾(个别南倾)韧脆性逆断裂，透镜状石香肠、区域性(近)顺层劈理等；鳄鱼梁二叠系逆冲型超岩片中的主要北倾逆断裂、早期劈理、布丁体、剪切褶皱变形等。

第二期为托库孜达坂群中发育的枢纽水平的伸展滑动褶皱和劈理膝折，系三叠纪初挤压构造运动过后应力松弛的产物。

第三期为晚三叠世巴颜喀拉板块继续向昆南微陆块之下俯冲，产生区域强挤压作用形成的变形。具体主要有托库孜达坂群中南倾断裂及对先期韧脆性断裂的脆性叠加，岩碧山-嵩华山二叠系远程推覆岩席，南倾逆断裂 F_{10}，NE 向左旋走滑大断裂 F_9，鳄鱼梁二叠系逆冲型超岩片中的晚期劈理等。

第四期为托库孜达坂群中发育的枢纽倾伏的伸展滑动褶皱和劈理膝折，系晚三叠世挤压构造运动过后应力松弛的产物。

第五期为新生代逆断裂，造成石炭纪与二叠纪地层逆掩于古近纪地层之上，具体有断裂 F_8、F_{13}、F_{14}、F_{18}等。

(2) 运动学及动力学分析

晚二叠世巴颜喀拉地块向北俯冲，与昆南微陆块(飞云山岛弧)产生碰撞，持续的挤压变形扩展到前陆后侧的飞云山—嵩华山上古生界褶断带。受向北俯冲消减及先期早石炭世晚期飞云山岛弧向托库孜达坂陆缘弧之下消减面的影响和控制，形成了倾向北的主体构造面方向。昆仑地块前缘总体略呈NWW向，导致构造线方向也呈NWW向。二叠系与石炭系间构造样式不尽相同，估计与沿其分界面的剥离滑脱有关。由于变形发生于俯冲作用后不久，变形岩石相对较热，因此形成强烈的板劈理及区域浅变质，断裂具韧脆性甚至脆韧性特征。

晚三叠世巴颜喀拉板块继续向昆南微陆块之下俯冲，可能为测区强度最大的一次构造事件，导致飞云山—嵩华山上古生界褶断带产生进一步的陆-陆叠覆造山作用(任纪舜，1999)，造成先期北倾断裂的再活动并形成若干南倾逆断裂，岩碧山—嵩华山二叠系远程推覆岩席更是陆-陆叠覆造山作用的典型产物。区域SN方向的挤压及西侧苦海岩群结晶基底硬块的存在，导致了NE向左旋走滑断裂 F_9的产生。由于此时表壳已相对变冷，因此形成脆性断裂及板岩中的间隔劈理。

昆南微陆块前缘在测区东面呈一凸出岬角，使得东面挤压更为强烈，从而造成了鳄鱼梁二叠系逆冲型超岩片及岩碧山—嵩华山二叠系推覆岩席构造变形西弱东强的特点。

此外，两期伸展构造均为造山运动过后应力松弛的产物，此为一般规律，兹不赘述。

(三) 落影山—春艳河渐新统弱变形区 I_3

落影山—春艳河渐新统弱变形区 I_3呈EW向展布，区内地层主要为古近纪渐新统阿克塔什组，东部因逆断裂 F_{33}及 F_{32}的逆冲作用而夹有托库孜达坂群三段地层。有关详细变形特征见本节“四、渐新统沉积变形”。

二、耸石山—可支塔格蛇绿构造混杂岩带Ⅱ

耸石山—可支塔格蛇绿构造混杂岩带呈东西向贯穿图区中北部，属区域性大型结合带——巴颜喀拉盆地北缘苏巴什—鲸鱼湖结合带的一部分。其北面与落影山-春艳河古近纪盆地分界；南面与巴颜喀拉前陆盆地相接，其上叠加有侏罗纪和古近纪盆地。混杂岩带南北宽10～15km，东西延伸较稳定，只有中部怀玉岗南面因侏罗纪盆地叠加而残缺不全。

区内混杂岩带主要由早石炭世托库孜达坂群组成，东部及西部靠北侧发育二叠纪树维门科组。构造上主要表现为由若干超岩片、岩片及其间的(脆)韧性剪切带和(韧)脆性断裂等所组成的构造混杂岩带，东部发育蛇绿岩片(主要成分为蛇纹岩)。带内岩石区域性片理极为发育，普遍具低绿片岩相动热变质。

(一) 混杂岩带结构及构造变形特征

耸石山—可支塔格蛇绿构造混杂岩带自西向东由耸石山平行排列式逆冲型超岩片 II_1、豹子梁复合式右旋逆冲型超岩片 II_2、可支塔格平行排列式右旋逆冲型超岩片 II_3三个超岩片组成(图5-2)。西面的NEE向耸石山逆冲断裂 F_{36}与东面的NW向断裂 F_{45}为超岩片间分界断裂。

1. 耸石山平行排列式逆冲型超岩片 II_1

耸石山平行排列式逆冲型超岩片北部为二叠纪地层，南部为石炭纪地层。超岩片由变质砂岩与板岩碎屑岩岩片、火山岩(玄武岩为主)及火山碎屑岩岩片、碎屑岩夹火山岩岩片等组成(图5-13)。岩片间主要分界断裂 F_{20}、F_{22}、F_{21}、F_{25}等大致平行(图5-2)，走向NEE，倾向南，倾角35°左右，主要具逆冲性质。总体上早期断裂具韧性特征，晚期断裂则主要表现为脆性特点。

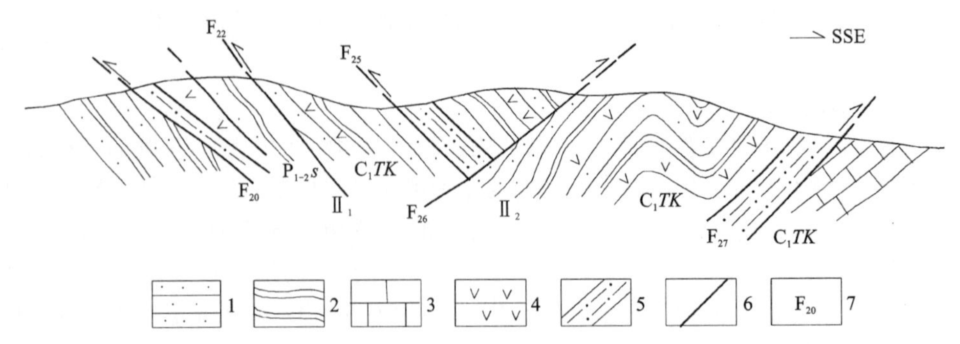

图 5-13　耸石山一带超岩片及岩片结构综合剖面图

Ⅱ1. 耸石山超岩片；Ⅱ2. 豹子梁超岩片；$P_{1-2}s$. 二叠纪树维门科组；C_1TK. 早石炭世托库孜达坂群；

1. 浅变质砂岩、粉砂岩；2. 板岩、粉砂质板岩；3. 灰岩；4. 变火山岩；5. 韧性剪切带；

6. 韧脆性或脆性断裂；7. 断裂或韧性剪切带在地质构造图中的编号

昆明沟中见韧性剪切带 F_{20} 的良好剖面露头，该断裂总宽约 70m，自北而南依次为下盘玄武安山岩（围岩）、硅化碎裂玄武安山岩（宽约 15m）、碎裂糜棱岩（宽约 15m）、白云石化糜棱岩（宽约 40m）、上盘硅质岩（围岩）等[图 5-14 (a)]。白云石化糜棱岩的白云石化作用十分强烈，几乎整个岩石均被其交代蚕食，单偏光镜下可以见到较清晰的糜棱结构而正交镜下则不明显，偶见拔丝状石英、拉伸的铁镁矿物假象等；偶尔见到的拉伸线理指示逆冲剪切性质。糜棱岩带中见有后期右行小断裂切错石英细脉[图 5-14(c)]，以及使早期糜棱面理发生剪切变形的逆断裂[图 5-14(b)]。碎裂糜棱岩具两次变形：早期韧性变形形成糜棱岩，镜下观察岩石变晶结构、重结晶结构明显，定向分布的石英颗粒（或集合体）、拔丝状石英、具明显拉伸的氧化铁（原来可能为铁镁矿物）等构成糜棱叶理，其石英系剪切过程中变晶作用、交代作用等的综合产物；晚期脆性变形使先期糜棱岩破碎，其裂隙被白云石充填，形成网脉状白云石填充物。硅化碎裂玄武安山岩发生破碎，但碎块位移距离不大，有些尚可拼接，微粒石英脉、网脉及少量方解石脉填充于碎块间隙。综上所述，断裂 F_{20} 早期为逆冲韧性剪切带，晚期叠加了右旋逆冲脆性变形作用。

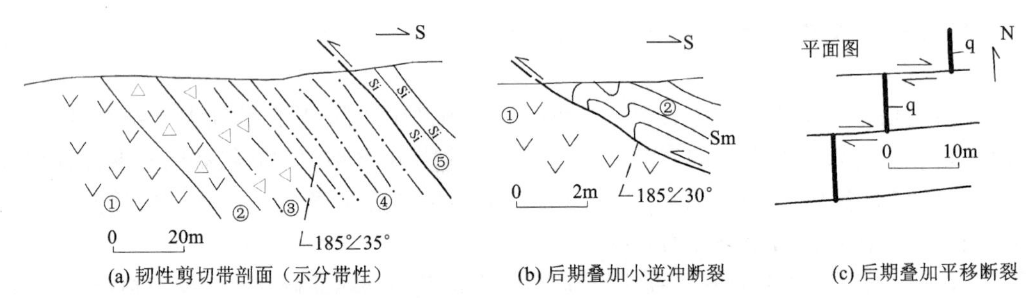

图 5-14　耸石山超岩片中韧性剪切带 F_{20} 特征

q. 石英脉；Sm. 糜棱面理；①安山岩；②碎裂安山岩；③碎裂糜棱岩；④白云石化糜棱岩；⑤硅质岩

超岩片南界耸石山断裂 F_{26} 为一北倾的韧脆性低角度逆断裂（图 5-15），地表出露线呈波状弯曲（图 5-2）。其北西面各岩片一道组成了该断裂的上盘推覆体（图 5-13）。

各岩片中透入性劈理总体发育，视发育部位及赋主岩岩性差异不尽相同。板岩中板劈理发育，由绿泥石等片状矿物定向排列组成，且大多为（近）顺层劈理；砂岩发育破劈理；玄武岩等火山岩视部位不同劈理或发育或不发育。面理产状总体倾向南。

此外，横笛梁杂岩（见第三章）同位素年龄为中元古代，因此其很可能为大洋基底残片。

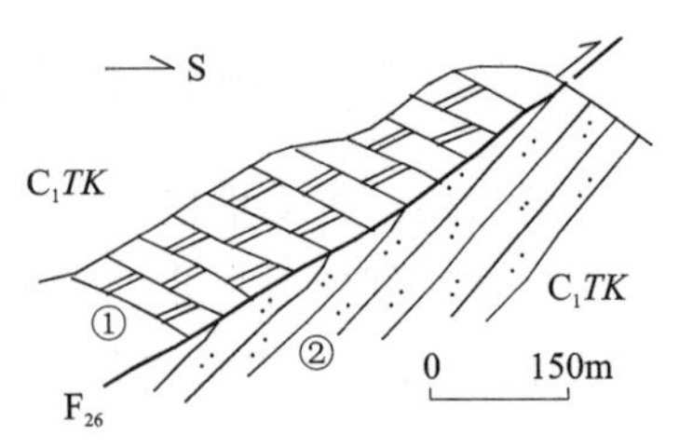

图 5-15　耸石山西远眺耸石山逆冲推覆断裂 F_{26}

C_1TK. 托库孜达坂群；

①硅化云岩；②浅变质粉砂岩

2. 豹子梁复合式右旋逆冲型超岩片Ⅱ₂

该超岩片西自耸石山，东至金水河，东西向展布，为蛇绿构造混杂岩带中规模最大的超岩片。据其中大量石炭纪侵位花岗岩，组成超岩片地层总体应为早石炭世托库孜达坂群。各组成岩片的分界断裂总体倾向南，其或平行，或呈菱形网格状相交；具右旋逆冲性质。故超岩片总体应为右旋逆冲型（图5-2）。岩片间分界断裂在混杂岩带西段为NEE走向，中段为EW走向，东段为NWW走向，大致反映出昆南微陆块在测区具两侧凸出、中间下凹的古构造边界。

岩石类型有变质砂岩、板岩、变火山岩（主要是安山岩、玄武岩）、凝灰岩、灰岩等，由于花岗岩的侵位，造成热变质，大量岩石变为片岩。不同岩性体间常由规模不一的（脆）韧性断裂分界（图5-16）。

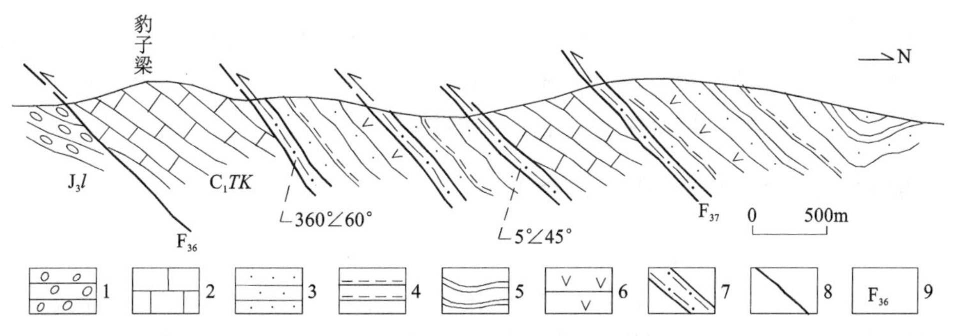

图5-16　豹子梁北面岩片构造剖面

J_3l. 晚侏罗世鹿角沟组；C_1TK. 早石炭世托库孜达坂群；1. 砾岩；2. 灰岩；3. 浅变质砂岩；4. 云母石英片岩；5. 板岩；6. 变安山岩；7. 韧性剪切带；8. 脆性断裂；9. 断裂在地质构造图中的编号

可支塔格断裂F_{35}在金竹山一带花岗岩体边发育斜长花岗质糜棱岩、初糜棱岩。糜棱岩中糜棱叶理面较平直。碎斑量约40%左右，粒度小，一般在0.3～1.6mm左右，碎斑多已被拉伸压扁呈扁豆状，有些碎斑显然发生过转动。碎斑斜长石见发育的变形亚结构如变形双晶、膝折、分离结构等；石英具强波状消光、变形带、边缘粒化、亚晶等，具有缎带石英→核幔构造→全部动态重结晶→缎带轮廓消失的连续序列。基质为动态重结晶的石英、长石等粉细物，其定向分布排列十分明显，有些石英呈拔丝状。片状矿物绿泥石（黑云母变来）围绕碎斑定向排列，部分具弯曲扭折。花岗质糜棱岩与围岩间为初糜棱岩过渡带。矿物拉伸线理及旋转碎斑等指示断裂的右旋逆冲性质。该断裂明显具后期活动（新构造活动），往东见托库孜达坂群的灰色岩系向北逆冲上覆于晚侏罗世鹿角沟组紫红色岩系之上（图5-17）。

超岩片南界断裂F_{36}在金竹山南面变玄武岩片中发育强烈的糜棱面理[图5-18(a)]及递进变形形成的剪切褶皱，其与旋转碎斑[图5-18(b)]一道指示右旋（逆冲）平移作用。该断裂于新生代再次活动，在豹子梁形成推覆体[图5-19(a)]，再往东造成石炭纪灰岩向南逆掩于古近纪阿克塔什组之上[图5-19 (b)]。

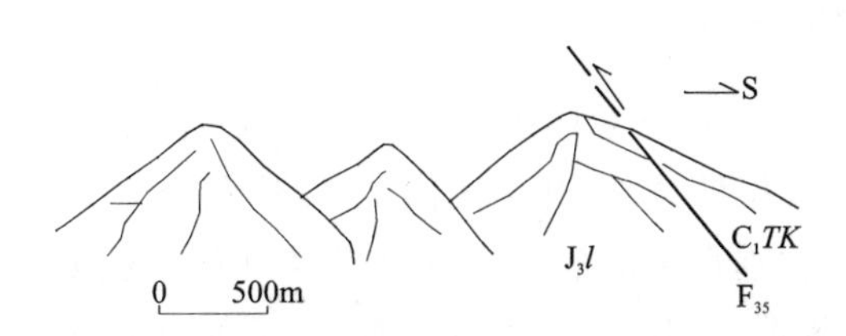

图5-17　自天柱岩南往东远观可支塔格断裂F_{35}

J_3l. 晚侏罗世鹿角沟组紫红色岩系；

C_1TK. 早石炭世托库孜达坂群灰色碎屑岩系

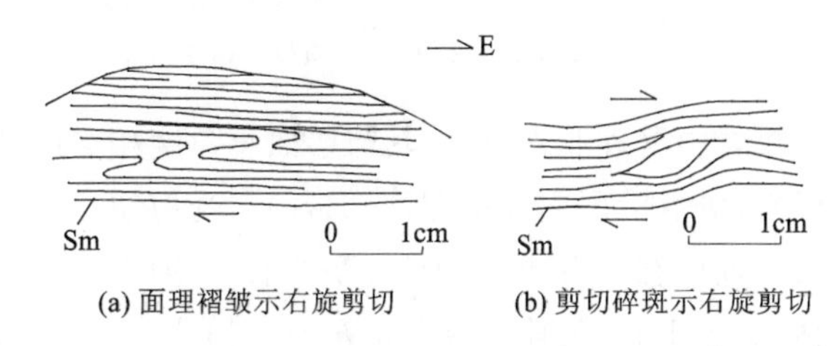

图5-18　豹子梁断裂F_{36}于金竹山南变玄武岩中变形

Sm. 糜棱面理

组成超岩片的沉积地层与火山岩总体上劈理或片理发育，主要倾向南，局部因后期构造叠加变形而发育较大规模的面理褶皱（图5-13、图5-16）。花岗岩体一般只局部发育韧性断裂（如F_{35}），内部透入性面理少见，只清淀沟闪长岩隐约具片麻状构造。

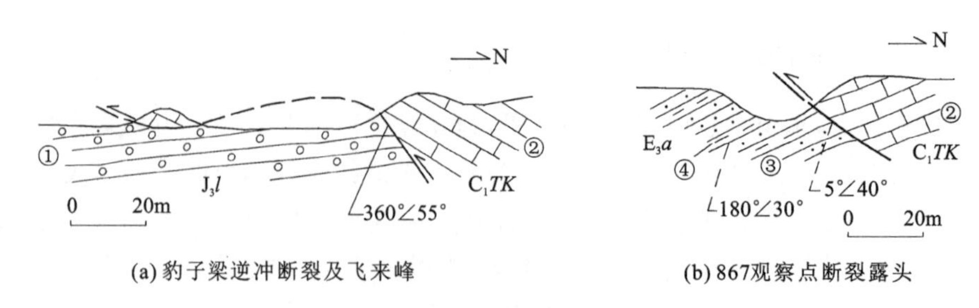

(a)豹子梁逆冲断裂及飞来峰　　(b)867观察点断裂露头

图 5-19　豹子梁断裂 F_{36}晚期活动露头剖面

E_3a. 古近纪阿克塔什组；J_3l. 晚侏罗世鹿角沟组；C_1TK. 早石炭世托库孜达坂群；① 砾岩；② 灰岩；③ 砂岩；④ 泥岩

超岩片中段叠加了较大规模的侏罗纪断陷盆地。天柱岩南面鹿角沟组发育一 NNE 向右旋平移断裂 F_{34}，其对山脊线和地层的错断效应在卫星遥感图像上极为清晰。该断裂为新构造运动产物，其动力学成因同嵯峨山断裂(见后面“明眉山侏罗系宽缓褶皱带”)。

3. 可支塔格平行排列式右旋逆冲型超岩片Ⅱ$_3$

可支塔格超岩片位于构造混杂岩带东段，西以 NW 向断裂 F_{45}与豹子梁超岩片分界，其南、北均与古近纪阿克塔什组相接(图 5-2)。组成岩片主要有灰岩岩片、板岩夹灰岩岩片、砂岩板岩岩片、玄武岩岩片、蛇纹岩岩片等。岩片间主要以 NWW 向右旋平移逆冲型脆韧性断裂为界，断裂间总体平行。构成地层：北面为二叠纪树维门科组灰岩、板岩夹灰岩、凝灰岩等，南面为石炭纪托库孜达坂群板岩、砂岩、灰岩等。

超岩片中规模不一的脆韧性断裂发育(图 5-20)，断裂带宽一般 5～15m，倾向 SSW，倾角 40°左右。带内发育剪切面理及碎斑[图 5-21(b)]，横切面上碎斑形态指示逆冲运动，剪切面理上拉伸线理方向指示右旋斜冲。

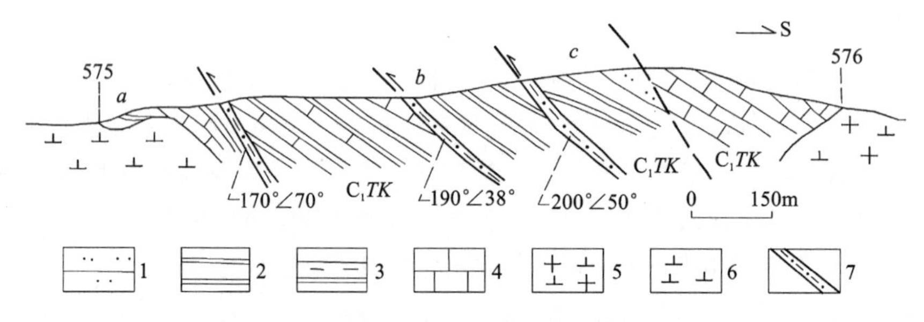

图 5-20　风华山东 575—576 点构造剖面图

C_1TK. 下石炭统托库孜达坂群。a—c. 图 5-21 中各小构造发育部位；

1. 粉砂岩；2. 板岩、钙质板岩；3. 斑点板岩；4. 灰岩；5. 花岗闪长岩；6. 闪长岩；7. 脆韧性剪切带

板岩中劈理非常发育，其与层面小角度相交或顺层，劈理及岩层产状总体倾向南。风华山东面见斑点板岩，斑点沿层面分布[图 5-21(c)]，受剪切作用极度拉长而成拉伸线理，其向东倾伏，倾伏角为 20°。斑点三轴位态：a 轴与 b 轴位于劈理面，a 轴为斑点拉长方向，b 轴垂直于 a 轴，c 轴垂直于劈理面。斑点长轴 0.7～1cm，三轴比约为 $a:b:c=(14\sim20):3:1$，应变椭球参数 $k=1.8\sim3.2$，为收缩型，反映单剪与拉张作用的变形机制，故应为左旋斜滑的产物。这种透入性强烈的左旋斜滑变形可与古近纪盆地形成的区域拉张构造体制配套(见后面动力学分析)。

风华山东面发育两期伸展滑动形成的剪切褶皱[图 5-21(a)]，早期褶皱枢纽产状为 280°∠0°，指示正滑运动；晚期褶皱枢纽产状为 165°∠30°，指示右旋斜向滑动。野外露头上清楚见到晚期斜滑褶皱叠加在早期正滑褶皱之上。

超岩片中发育两条 NE 向断裂，其左旋平移特征在卫星遥感图像中极为清楚，其中可支塔格 NE 向

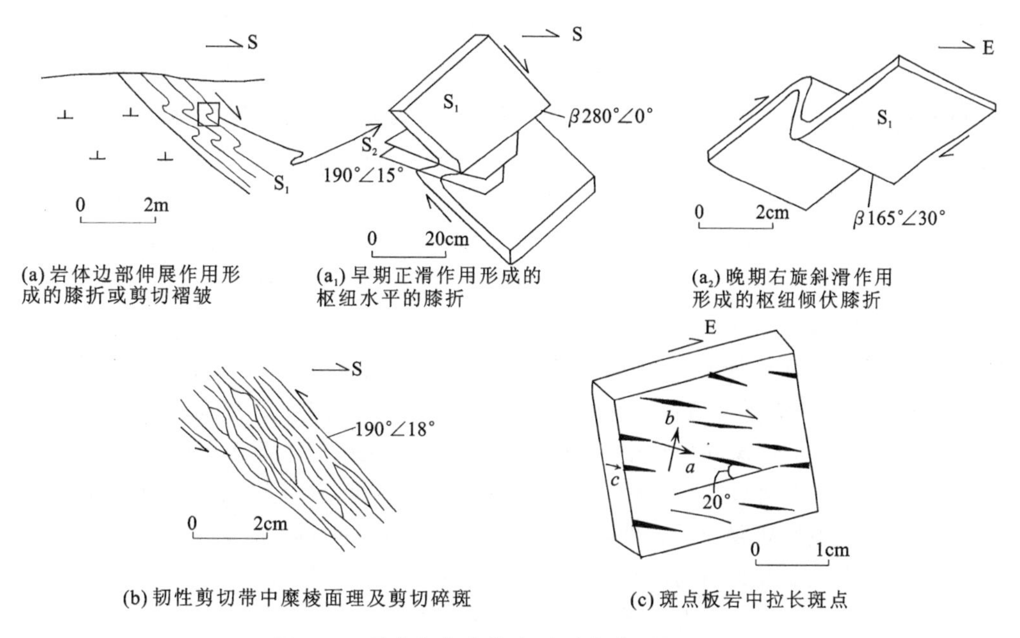

(a) 岩体边部伸展作用形成的膝折或剪切褶皱　(a₁) 早期正滑作用形成的枢纽水平的膝折　(a₂) 晚期右旋斜滑作用形成的枢纽倾伏膝折

(b) 韧性剪切带中糜棱面理及剪切碎斑　(c) 斑点板岩中拉长斑点

图 5-21　风华山东小构造(发育部位见图 5-20)

断裂 F_{42} 平移距离约为 2.5km。

可支塔格超岩片与豹子梁超岩片间的分界断裂 F_{45} 的北西段因金水河与第四系掩盖而未出露或反映不清，南东段可见其新生代活动造成三叠系斜向掩覆于侏罗系与古近系之上。据断裂 NW 走向，其早期可能为一右行平移断裂。

值得指出的是，可支塔格一带代表洋壳的蛇纹岩片位于石炭纪岛弧型花岗岩的北面并与其断裂接触，其空间关系与原始古构造位态相差较大，充分说明构造混杂岩带中各构造块体或岩片已经历过强烈的构造变位。

4. 混杂岩带构造变形特征小结

综上所述，混杂岩带构造主要变形特征可归纳为以下几点。

(1) 混杂岩带自西向东由耸石山超岩片、豹子梁超岩片、可支塔格超岩片 3 个超岩片组成，各超岩片构造组合型式各有特点。耸石山超岩片构造线总体呈 NEE 走向，断裂及构造面理主要倾向南，主要断裂走向平行，主期断裂构造为逆断裂；豹子梁超岩片构造线总体呈 EW 走向，断裂及构造面理主要倾向北，断裂间或平行或呈菱形网格状相交，具右旋平移逆冲性质；可支塔格超岩片构造线为 NWW 走向，断裂及构造面理主要倾向南，各断裂间总体平行，具右旋平移逆冲性质。

(2) 断裂构造具有多期次，总体上早期断裂为(脆)韧性，晚期断裂为(韧)脆性。

(3) 不同岩性体间多为断裂接触，从而形成各种岩性体岩片，如灰岩岩片、蛇纹岩岩片、玄武岩岩片、砂岩和(或)板岩岩片、碎屑岩夹火山岩岩片等。

(4) 组成混杂岩带的各超岩片、岩片具有强烈的构造变位，带内地层已具强烈的非史密斯化。弧前或边缘海盆地沉积及岛弧花岗岩已卷入混杂岩带中。地层总体无序，局部有序。

(二) 蛇绿构造混杂岩带构造变形运动学和动力学分析

1. 变形历史和期次分析

就参与变形的地质体所经历的地质历史来说，耸石山—可支塔格构造混杂岩带与飞云山—嵩华山上古生界褶断带显然一样，它们都经历了晚古生代开始的构造演化历程。但由于所处构造位置的不同，其构造变形作用各有特点。如后者在早石炭世晚期的构造变形微弱(原因见前述),而前者总体处于昆南微陆块前缘弧前盆地与海沟(盆地)的构造部位,早石炭世末至晚石炭世的汇聚作用无疑会形成一定强度的相应的构造变形。综合分析和考虑各种不同尺度、不同类型构造的发育特征,结合构造变动历史及古构造格局,系统归纳出耸石山—可支塔格构造混杂岩带构造变形期次,具体可分7期。

第一期为早石炭世晚期至中二叠世古特提斯洋壳向北消减形成俯冲造山作用所产生的构造变形,以豹子梁超岩片中若干主要变形构造为代表。具体有倾向北的(脆)韧性右旋平移逆断裂、劈理及岩层的褶皱变形,蛇绿岩片及混杂岩带南侧的灰岩岩片(原为碳酸盐海山)等亦主要为该期构造拼贴形成。

第二期为晚二叠世巴颜喀拉地块与昆南微陆块(飞云山岛弧)碰撞造山产生的变形。在对接线附近主要表现为北倾平移逆断裂的继续产生或活动加强;往北向陆方向则开始形成倾向南面缝合带的反冲断裂及相关的南倾面理,如耸石山超岩片及可支塔格超岩片中的主要断裂与劈理构造等。

第三期为枢纽水平的伸展滑动面理褶皱,系二叠纪末—三叠纪初碰撞挤压过后应力松弛的产物。

第四期为晚三叠世巴颜喀拉板块继续向昆南微陆块之下俯冲,产生陆内造山作用形成的变形。其主要表现是使早期(韧)脆性断裂产生脆性叠加和形成新的北倾(韧)脆性逆冲断裂(如耸石山断裂F_{26})。混杂岩带强烈的构造变位估计为该期产物。

第五期为枢纽向东倾伏的伸展滑动褶皱,系晚三叠世挤压构造运动过后应力松弛的产物。

第六期为古近纪左旋斜滑伸展剪切变形,造成风华山东面斑点板岩中斑点的强烈拉伸,其与南面白水河古近纪盆地为同一区域伸展体制下的共生产物。

第七期为新生代逆断裂,造成石炭纪地层逆掩于古近纪地层之上,具体有断裂F_{19}、F_{35}、F_{36}等。

2. 运动学和动力学分析

早石炭世晚期至晚二叠世古特提斯洋壳向北消减,并于昆南微陆块前缘形成俯冲造山。大洋中的超基性岩(变质成为蛇纹岩)及碳酸盐海山等物质被刮削拼贴于结合带中。受俯冲界面的产状控制,结合带附近的断裂及劈理等构造主要倾向北。

晚二叠世巴颜喀拉地块与昆南微陆块(飞云山岛弧)对接,形成碰撞造山。由于南面的巴颜喀拉地块质量轻,不易向下俯冲,因此碰撞主要表现为水平方向的挤压作用。在此机制下,除继续发育北倾逆断裂外,靠昆南陆内方向开始发育倾向南的逆断裂。

晚三叠世巴颜喀拉下部基底板块向昆南陆块之下俯冲(见"后面巴颜喀拉前陆盆地构造变形综合分析"),而其表层巴颜喀拉山群则向昆南微陆块之上仰冲,这种"双层汇聚"作用导致昆南微陆块特殊的应力状态并形成相关构造:陆块前缘的(近)结合带部位受巴颜喀拉表层仰冲的影响发育南倾断裂,如风华山一带断裂;而往北向陆方向则主要受深部的巴颜喀拉下部基底板块俯冲的影响,因而形成倾向北的逆断裂,如耸石山断裂F_{26}等。推测北面岩碧山—嵩华山二叠系推覆岩席的形成亦与其有关。

前已述及,昆南微陆块的前缘呈"侧凸中凹"的形态,在其南面的洋壳或陆壳板块向北(略偏西)消减或碰撞时产生右旋走滑分量,从而使豹子梁超岩片和可支塔格超岩片中的逆断裂具右旋性质,而西面的耸石山超岩片中NEE走向逆断裂主体构造变形基本无右旋走滑。

如前述,两期伸展构造均为造山运动过后应力松弛的必然产物。

古近纪为测区强烈拉张时期,南北向的区域拉张伸展形成以北侧断裂发育为主的断陷盆地(见第三节)。与之相伴于盆地北侧的前古近纪地层中发生向南较强烈的伸展剪切作用,风华山东板岩中的拉长斑点即为其产物。由于先期构造线总体呈NWW向并控制了盆地边界走向,导致白水河盆地北缘向南拉张时自然产生向东的分量;此外,先期挤压构造具较大的右旋走滑分量,使得后期拉张时产生左旋回调。此二因素使得白水河北面板岩中的伸展构造具有左旋斜滑性质。

三、巴颜喀拉前陆盆地Ⅲ

三叠纪末随着华南板块的巴颜喀拉地块与昆南微陆块间发生陆内俯冲碰撞,巴颜喀拉海槽褶皱回返，从而造就和形成了巴颜喀拉山群的主体构造格架及主要构造变形。

（一）构造格架概述

巴颜喀拉前陆盆地北面与耸石山—可支塔格构造混杂岩带相接，其界线为印支期近EW向南倾逆冲推覆断裂，由于后期侏罗纪和第三纪陆相盆地的叠加，该断裂仅于测区西部有少量出露（图5-2）。EW向岳山断裂F_{47}和哈拉木兰河断裂F_{48}、黑山—银石山断裂F_{51}将前陆盆地分成3个具不同变形特征的二级构造单元，自北而南分别为冬银山倒转褶皱带Ⅲ$_1$、丛崭山—张公山大型向斜Ⅲ$_2$、屏岭—银石山三叠系断褶带Ⅲ$_3$等（参见图5-30）。冬银山倒转褶皱带（东部三叠系出露区）由一系列连续的中等规模南倾北倒同斜褶皱构成，组成地层为巴颜喀拉山群一段和少量二段；丛崭山—张公山大型向斜为一大型直立中常褶皱，组成地层主要为巴颜喀拉山群三段，东部两翼有少量二段出露；屏岭—银石山三叠系断褶带由一系列连续的规模较小的中常褶皱构成，组成地层主要为巴颜喀拉群四段与五段。

自北而南3个二级构造单元的组成地层层位逐渐变新，从区域尺度上反映出巴颜喀拉山群向昆南微陆块之上的仰冲作用。二级构造单元的分界断裂哈拉木兰河断裂F_{48}与黑山—银石山断裂F_{51}均为北倾的大型逆断裂，它们是造成地层自北向南变新的主要贡献者。哈拉木兰河断裂F_{48}往西因三叠系盆地叠加而被掩盖，地表对应位置被后期岳山断裂F_{47}所取代（参见图5-26）。

（二）冬银山三叠系倒转褶皱带Ⅲ$_{1-1}$

冬银山倒转褶皱带Ⅲ以贵水河为界分为东、西两部分，东部为冬银山三叠系倒转褶皱带Ⅲ$_{1-1}$，主要为印支期构造；西部为明眉山侏罗系宽缓褶皱带Ⅲ$_{1-2}$，主要为燕山期构造。本部分只讨论前者，后者另于后面阐述。

1. 主体构造变形特征

冬银山三叠系倒转褶皱带Ⅲ$_{1-1}$由一系列连续的NEE向倒转褶皱所组成，其构造特征在利阳沟一带表现清楚（图5-22）。利阳沟剖面北自白水河，南至哈拉木兰河，南北向贯穿冬银山三叠系倒转褶皱带，露头极佳，有力保证了构造剖面的质量。根据劈理与层理的产状关系、次级层间剪切褶皱的形态、粒序层理等指示岩层面向的标志，发现剖面共由3个倒转向斜和3个倒转背斜所构成。中部的倒转向斜出露巴颜喀拉山群二段，再往两侧均只发育巴颜喀拉山群一段，因此总体上显示为一复式倒转向斜。岩层总体倾向SSE，倾角一般在45°左右。褶皱倒转翼与正常翼岩层倾向总体一致，倾角相差4°左右，已属典型同斜褶皱。据剖面岩层产状及横向上其他路线的野外观察，褶皱走向约为NEE20°。上述连续倒转褶皱清楚反映出褶皱带的下部存在自南往北的滑脱构造，而褶皱带的北缘则相应发育南倾的逆冲推覆断裂，只是由于后期中新生代的盆地叠加掩盖了推覆断裂的形迹。

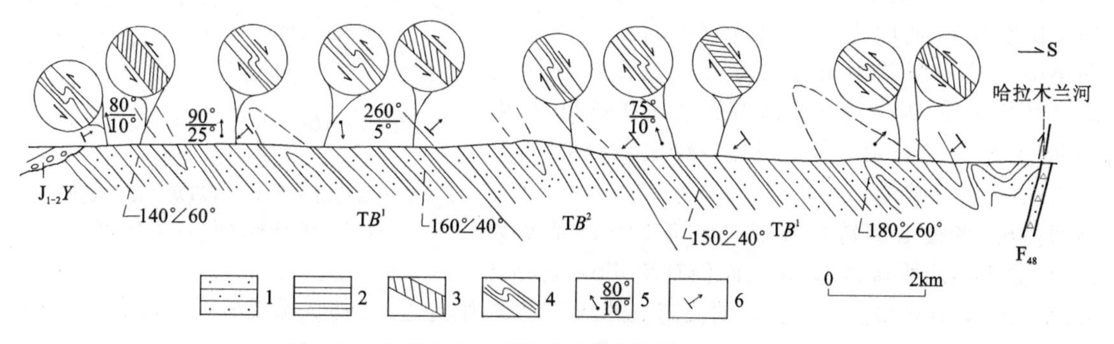

图5-22　冬银山地区利阳沟连续倒转褶皱构造剖面图

$J_{1-2}Y$. 侏罗纪叶尔羌群；TB^2. 巴颜喀拉山群二段；TB^1. 巴颜喀拉山群一段；1. 砂岩；2. 板岩；3. 劈理；4. 层间剪切褶皱；5. 层间剪切褶皱枢纽倾向及倾角；6. 地层变新方向；F_{48}. 断裂在地质构造图中的编号

与强烈的主体褶皱变形相伴的是大量发育的次级层间剪切褶皱及小型顺层剪切带。剪切褶皱一般局限于 5～10m 厚岩层范围之内，大多由较强硬的砂岩所组成，其顶底为沿软弱板岩层发育的顺层剪切断裂。在自北向南的剖面方向上，次级褶皱在正常翼为“S”型，在倒转翼为“Z”型，与层劈关系及粒序层理特征所反映的岩层面向完全一致，充分说明其为主期褶皱变形过程中派生的层间滑动作用所致。次级褶皱的枢纽走向与主体褶皱一致，为 NEE 向；倾角 3°～10°不等。

岩层中劈理极为发育，板岩中为延展性极好的板劈理，而砂岩中则发育稀疏的破劈理。板岩中劈理倾向与岩层倾向一般近于一致，反映出主期褶皱后未发生过强烈的异向构造叠加。劈理与层面小角度相交，一般 10°左右，当薄层板岩夹于厚层砂岩之中时交角小于 5°甚至平行。局部可见一组后期破劈理，与主期劈理走向相近并切割主期劈理，通常发育于次级剪切褶皱的核部，显然系递进变形过程中后期产物，并不代表独立的变形期次。

主体褶皱的翼部普遍发育石香肠，香肠体略具旋转，反映出局部挤压与剪切机制的共同作用。

冬银山三叠系倒转褶皱带的南界哈拉木兰河断裂 F_{48} 为一宽 30～40m 的强挤压变形破碎带(图 5-23)，由一系列的北倾高角度(倾角 70°左右)次级逆断裂及断夹片组成。次级逆断裂发育小型构造透镜体、断层角砾岩、碎粉岩等，并常具炭化；断夹块则因强烈的构造挤压而岩层产状陡立，并发育强直劈理和强剪切变形褶皱，褶皱形态指示断裂的逆冲运动方向。挤压破碎带北面约 500m 范围内岩层产状总体向北倾，倾角在 30°左右；约 500～900m 范围内发育连续直立中常褶皱，由 2 个背斜与 3 个向斜组成；900m 开始岩层产状倒转，再往北便进入连续同斜褶皱发育区。喀拉米兰河断裂南面岩层产状倾向南，为从岈山-张公山大型向斜的南翼。上述断裂破碎带及其两侧围岩的变形特征，反映出自南而北构造变形机制由纯剪向单剪(由南往北推覆)的转变。

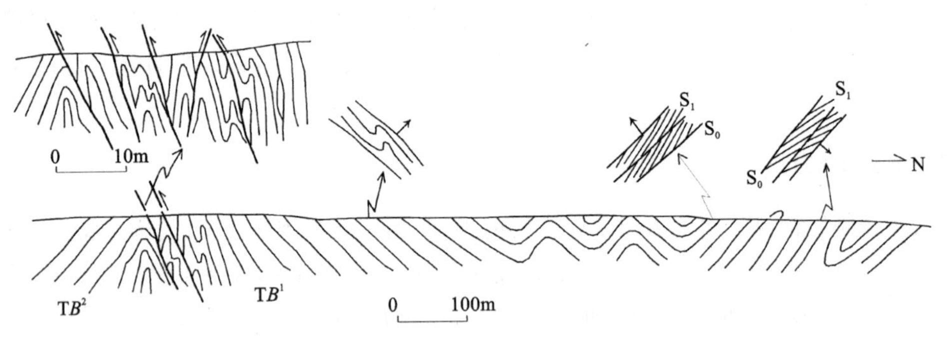

图 5-23　喀拉米兰河断裂 F_{48} 及北面附近围岩褶皱变形构造剖面

TB^1. 三叠纪巴颜喀拉山群一段；TB^2. 巴颜喀拉山群二段

断裂 F_{48} 往西至贵水河一段成为侏罗纪与第三纪的控盆断裂，并于新生代再次活动，使侏罗系叶尔羌群砾岩低角度逆冲于古近纪阿克塔什组之上(图 5-24)。再往西至千枝沟一带则因三叠纪盆地叠加而被掩盖，地表对应位置被后期岳山断裂 F_{47} 所取代[参见图 5-26(c)]。

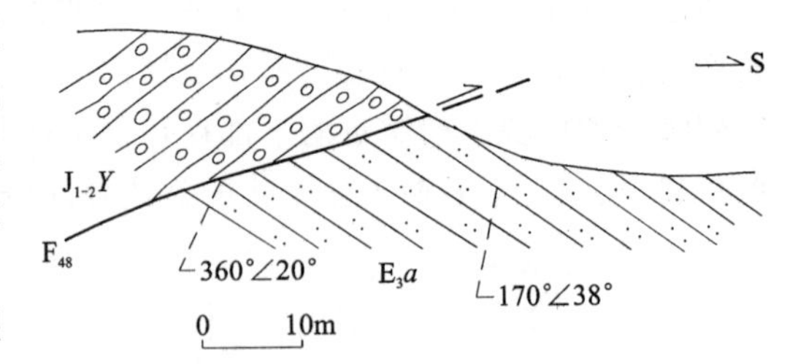

图 5-24　喀拉米兰河断裂 F_{48} 在贵水河东岸露头剖面

E_3a. 古近纪阿克塔什组紫红色粉砂岩；$J_{1-2}Y$. 早—中侏罗世叶尔羌群灰绿色砾岩

冬银山三叠系倒转褶皱带的北界为白水河逆断裂 F_{44}，其 NWW 走向，为一倾向南的右旋逆平移断裂，产生于海西期(见“二、耸石山—可支塔格蛇绿混杂岩带”)，至新生代再次活动，为典型长寿断裂。

顺便指出，冬银山倒转褶皱带的西部尽管已基本为中、新生代叠加盆地所掩盖，但在北面仍有约 6km 宽的巴颜喀拉山群出露，其褶皱变形主要为轴面南倾的斜歪褶皱，轴迹近东西向，说明尽管有向北的推覆作用，但其强度远不如东面。

2. 构造类型及变形期次

冬银山三叠系倒转褶皱带中可识别出 4 期构造，具体的构造类型有逆断裂、较大规模的同斜褶皱、次级顺层剪切断裂、石香肠、劈理、伸展构造等。

(1) 第一期构造变形的构造类型主要有南边界喀拉米兰河断裂 F_{48}、NEE 向较大规模的连续同斜褶皱和劈理、石香肠、层间剪切褶皱等小型构造，其显然是三叠纪晚期巴颜喀拉盆地褶皱造山时形成，属主构造变形期的产物。

(2) 第二期构造变形是 NEE 向的伸展构造，具体表现为以第一期劈理为变形面的滑动褶皱(图5-25)，此类褶皱只在个别地方可见，规模不大，褶皱枢纽水平且走向为 NEE 向，与第一期构造线方向一致，为主期褶皱成山后应力松弛的产物。

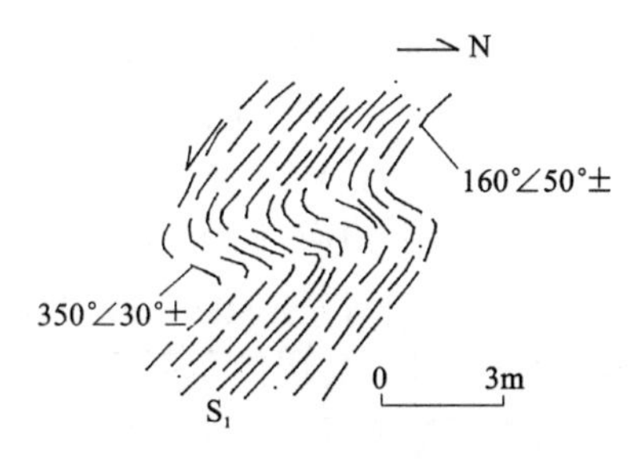

图 5-25 巴颜喀拉山群一段板岩中伸展作用形成的劈理褶皱

(3) 第三期构造变形是北西向叠加褶皱，褶皱作用强度不大，褶皱形态极为宽缓，仅表现为使局部早期 NEE 向的地层走向发生偏转，变为 NE 向或 EW 向，未见露头或填图尺度的完整褶皱和其他相关构造形迹。该期构造可能于新近纪区域 NE 向挤压作用下形成。

(4) 第四期构造变形是新生代逆冲断裂，具体有北面的 NEE 向白水河逆断裂 F_{44} 和南面的哈拉木兰河逆断裂 F_{48}，它们均使三叠纪地层向外逆冲于古近纪阿克塔什组之上，形成时代应为新近纪—第四纪。

(三) 丛崭山—张公山大型向斜Ⅲ₂

丛崭山—张公山大型向斜北界为哈拉木兰河断裂 F_{48} 和岳山断裂 F_{47}，南界为黑山—银石山断裂 F_{51}(图 5-2、图 5-26)。组成地层主要为巴颜喀拉山群三段，东段于两翼出露巴颜喀拉山群二段。由于断裂破坏，自东向西为完整向斜→残缺向斜→单斜构造。向斜东西走向，枢纽水平，两翼岩层倾角中等，属直立水平中常褶皱。组成岩层劈理发育，劈理特征与北面的冬银山三叠系倒转褶皱带中基本相同。

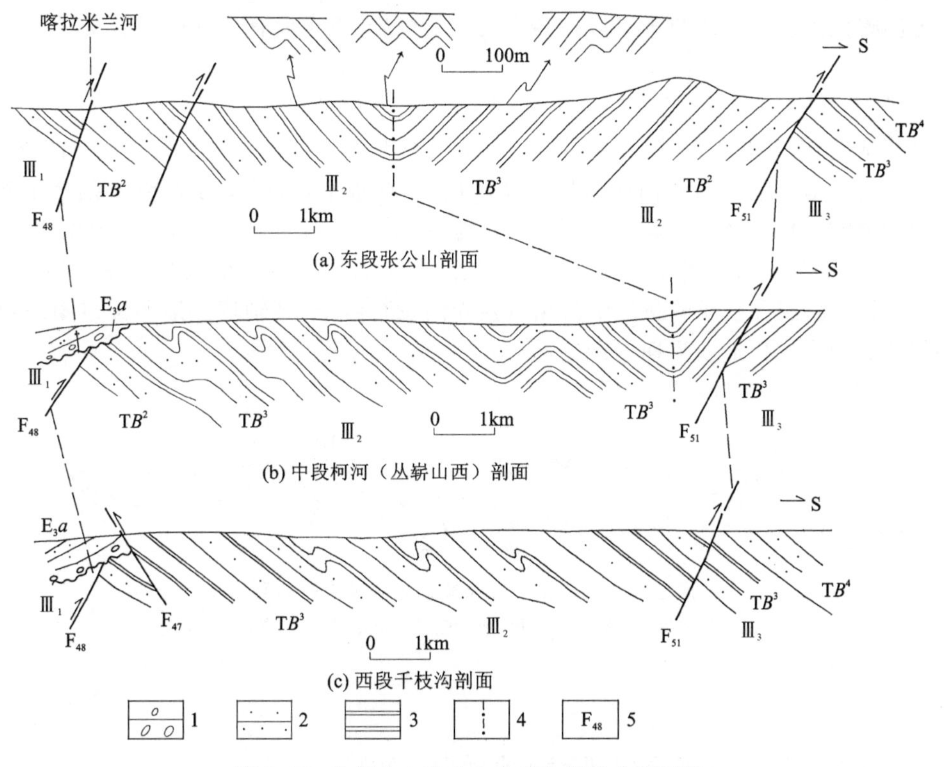

图 5-26 丛崭山—张公山大型向斜联合剖面图

E_3a. 古近纪阿克塔什组；TB^1—TB^4. 巴颜喀拉山群一段—四段；
1. 砾岩；2. 砂岩；3. 板岩；4. 向斜轴迹；5. 断裂在地质构造图上的编号

东面张公山一带向斜保存完整[图 5-26(a)]，南北宽约 13km，两翼地表出露宽度近相等。两翼岩层均为东西走向，倾角45°左右，清楚显示出直立水平中常褶皱特征。次级从属褶皱发育，且自北翼→核部→南翼，褶皱形态呈现出由“S”型→“M”型→“Z”型的非常规的变化；褶皱宽(指相邻背向斜核部间的距离)一般20～40m不等；枢纽水平，走向东西，与主体褶皱一致；短翼倾向与长翼相反，倾角30°～50°，反映主体褶皱形成时层间滑动强度一般。

中段柯河一带向斜由巴颜喀拉山群三段组成，主要出露北翼，南翼仅1km多宽[图5-26(b)]。主翼北翼宽达9km，岩层倾向南，产状稍缓，一般为40°左右；近主体褶皱核部发育一较大规模的次级背、向斜，显示其略具复式向斜的特点。北面发育大量的次级层间剪切褶皱或从属褶皱，其枢纽水平、近东西向，短翼亦倾向南，倾角60°左右，反映出褶皱翼部较强烈的层间滑动。

西段千枝沟一带仅发育向斜的北翼，实为一倾向南的单斜构造[图5-26(c)]；组成地层全为巴颜喀拉山群三段。岩层倾角更缓，一般为35°左右。亦发育层间剪切褶皱或从属褶皱，其特征与中段柯河中的次级褶皱相近。

向斜南界黑山—银石山断裂F_{51}为一倾向北的逆断裂，其在东段导致巴颜喀拉山群二段下部层位上覆于三段上部层位之上[图5-26(a)]，而在西段断裂两侧地层则基本连续，充分反映出其变形、变位作用自东往西由强减弱的特点。断裂形成于三叠纪末的主构造变形期，但于古近纪再次活动，造成局部断陷盆地，新近纪至第四纪新构造运动中向南逆冲，于柯河西造成三叠系逆掩于古近纪阿克塔什组之上。向斜中段发育有3条北东向左行平移断裂F_{56}、F_{58}、F_{59}(图5-2)，其形迹及左行走滑特征在卫星遥感影像上非常清晰，错断东西向断裂F_{51}或被断裂F_{51}限制，往北则未进入新近纪盆地之中，总体反映出为主构造变形期的产物。

(四) 屏岭—银石山三叠系断褶带$Ⅲ_3$

黑山—银石山断裂F_{51}以南为屏岭—银石山三叠系断褶带，其总体构造面貌表现为NE向或NEE向的平移断裂及东西向连续中小规模褶皱的大量发育，伴以少量东西向逆断裂(图5-2)。带内组成地层几乎全为巴颜喀拉山群第四段与第五段的砂岩夹少量板岩，南东面有少许第三段发育。

1. 褶皱

区内褶皱非常发育，共有大小背、向斜约30个，除东部畅车川北面有两个较大规模的背、向斜外，其他均为中小型褶皱。褶皱轴迹EW向或略呈NWW向，枢纽水平，两翼倾角基本相等，一般在45°左右，属直立水平中常褶皱。单个背(向)斜长15～30km为主，褶皱波长一般2～4km。规模相近的连续背、向斜在南北方向上呈波状发育(图5-27)，部分规模相对较大者与其两侧褶皱组合在一起略呈复式褶皱特征。褶皱在NE向断裂分割成的断块中具相对独立的发育特征，其轴迹一般不穿过断裂，反映出NE向平移断裂与褶皱同为主构造变形期的产物。

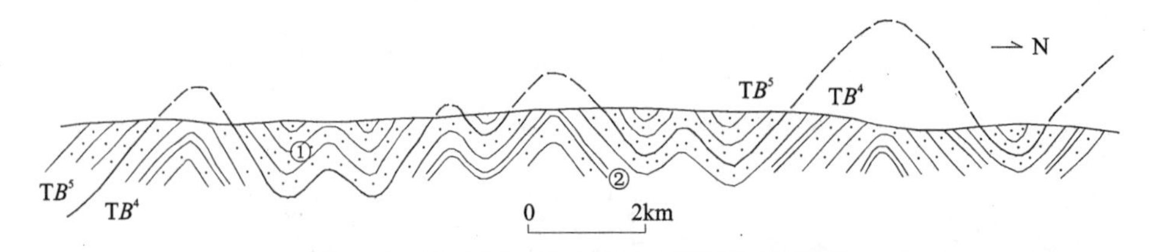

图5-27　鲸鱼湖一带连续直立褶皱构造剖面

TB^5. 巴颜喀拉山群五段；TB^4. 巴颜喀拉山群四段；①砂岩；②板岩

2. 断裂

按断裂的走向可分为NE向或NEE向与近EW向两组。

NE向或NEE向断裂主要发育于西面大部，调查中约识别出15条，其长度10～80km不等，最长的长虹湖断裂区内长度即达110km以上。断裂走向一般为NE60°～70°。长虹湖断裂F_{67}走向NE5°～15°，介于NE向与EW向断裂之间。断裂均为近直立产状，具左行平移性质，于卫星遥感图像上清楚显示出其左旋走滑形成的巨型“S-C”组构(图5-28)。断裂明显限制东西向褶皱的发育，而不是错开东西向褶皱，反映出断裂在主构造期或造山期形成并切割较深，将表壳岩层分割成一系列 NE 向的块体，使得各块体内的褶皱变形具有相对的独立性。断裂平移距离及断裂破碎带宽度等视规模大小互有差异。一般断裂的平移距离可达 200m 以上。滢水湖断裂 F_{63} 长 62km，断裂带宽约 50m，由直立的挤压剪切强片理化带和断夹片组成（图 5-29）；其平移距离为 5km 左右。断裂大多于第四纪再次活动，形成了大量的走滑盆地型湖泊（详见第六章）。

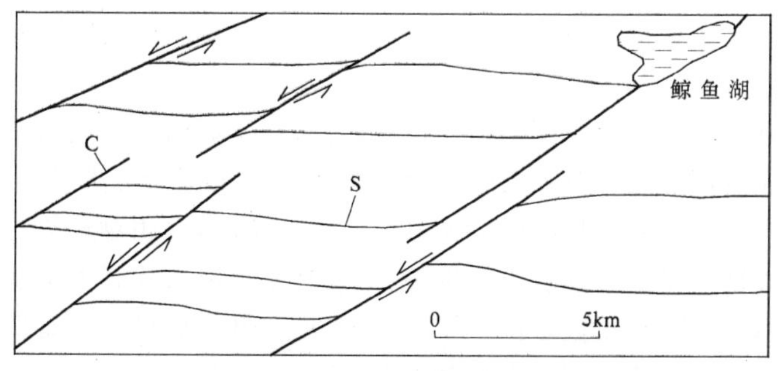

图 5-28　鲸鱼湖地区大型“S-C”组构（据卫星影像）

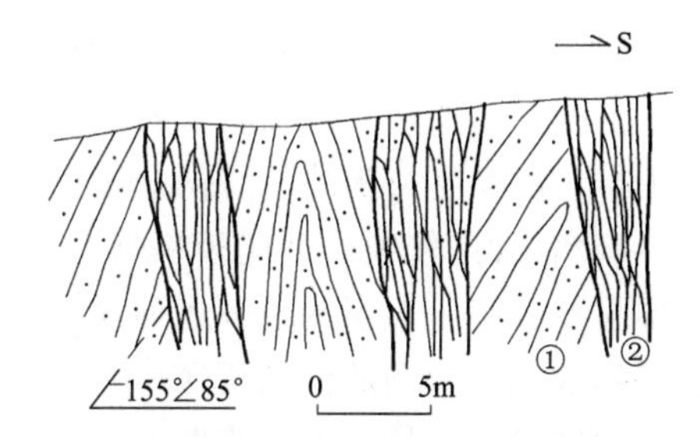

图 5-29　滢水湖北东向断裂 F_{63} 破碎带特征
①断夹片或构造透镜体；②挤压剪切强直片理化带

EW 向断裂主要有畅车川断裂 F_{66} 及断裂 F_{65}、F_{68}、F_{69} 等，均为北倾的逆断裂。断裂形成于印支期末的主造山期，古近纪控制畅车川小型断陷盆地的发育，新近纪开始再次逆冲掩于阿克塔什组之上（参见图 6-5）。

（五）巴颜喀拉前陆盆地构造变形综合分析

1. 几何学特征

综上所述，巴颜喀拉前陆盆地由 3 个次级构造单元组成（图 5-30），各次级构造单元具有不同的剖面和平面构造格架，其间以北倾逆断裂分界。北面的冬银山倒转褶皱带Ⅲ₁在东面较窄，连同其北面的第三纪盆地一起计算宽仅 23km；由连续南倾同斜倒转褶皱组成，褶皱轴迹约为 NEE70°走向。该带往西撒开，最西面宽度可达 35km 左右，发育近东西向轴面南倾的斜歪褶皱。倒转褶皱带北界为造山期南倾逆冲断裂；南面以北倾哈拉木兰河高角度逆断裂与丛岽山—张公山大型向斜分界，近断裂约 900m 范围内发育正常褶皱。丛岽山—张公山大型向斜Ⅲ₂为一大规模的直立水平中常褶皱，自东向西由完整向斜渐变为单斜构造、南界断裂造成的地层垂向错位由大变小。屏岭—银石山三叠系断褶带Ⅲ₃以中小型连续直立水平中常褶皱及大量 NE 或 NEE 向左旋平移断裂发育为基本特征，伴以少量 EW 向逆断裂。

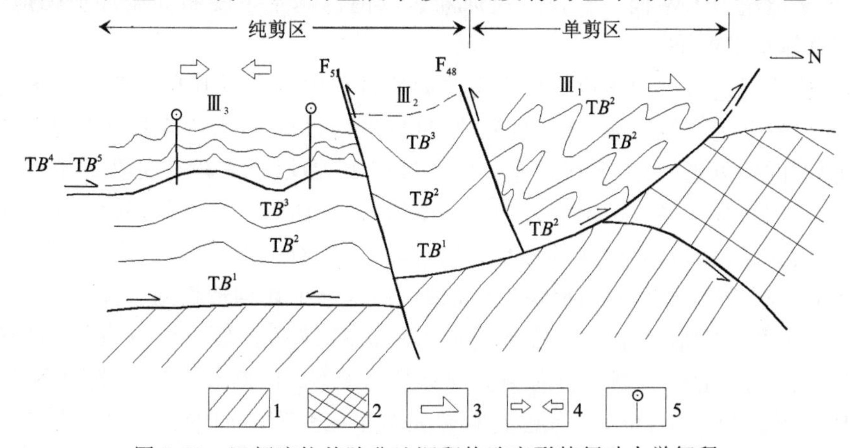

图 5-30　巴颜喀拉前陆盆地沉积构造变形特征动力学解释

TB^1—TB^5. 巴颜喀拉山群一段—五段；Ⅲ₁. 冬银山倒转褶皱带；Ⅲ₂. 丛岽山—张公山大型向斜；Ⅲ₃. 屏岭—银石山三叠系断褶带；F_{48}、F_{51}. 断裂在地质构造图中的编号；1. 巴颜喀拉前三叠系基底；2. 可支塔格—耸石山晚古生代结合带；3. 示单剪变形作用；4. 示共轴纯剪变形作用；5. 示平移断裂

2. 运动学及动力学分析

上述巴颜喀拉前陆盆地构造变形的几何学特征充分反映了其构造变形的运动学和动力学机制。

二叠纪末巴颜喀拉板块往北向昆南微陆块下俯冲并与其对接，发生弧-陆碰撞造山作用，缝合带北面的昆南微陆块前缘挤压造山，并逆冲加载于巴颜喀拉板块克拉通边缘（前陆），使其岩石圈发生挠曲而形成巴颜喀拉前陆盆地，三叠纪于盆地中形成了巴颜喀拉山群巨厚复理石、类复理石沉积。据区域资料及测区沉积特点，盆地中后期发生变化，明显具陆内张裂的海槽性质。

三叠纪后期随着巴颜喀拉板块继续向昆南微陆块俯冲，巴颜喀拉海槽褶皱回返，于海槽区形成断裂造山带。巴颜喀拉板块北缘向北消减过程中，在巨厚的巴颜喀拉山群沉积盖层与下伏板块基底间产生自然剥离：硬度较大的基底板块仍沿其二叠纪末与昆南微陆块间的俯冲分界面向北消减，而相对较软的巴颜喀拉三叠纪盖层则沿其底面薄弱面剥离，被动向昆南微陆块之上仰冲，从而在单剪应力状态下于其北面形成北倒南倾的同斜褶皱（图 5-30）。仰冲区的后缘相应处于强挤压状态，并受俯冲断裂控制而发育向北陡倾的哈拉木兰河逆断裂 F_{48} 以及更靠南的银石山—黑山北倾逆断裂 F_{51}。

哈拉木兰河断裂以南盖层总体处于南北向的纯挤压应力作用之下，形成直立水平中常褶皱。在纯挤压收缩变形中产生了两个滑脱剥离面。下剥离面是巴颜喀拉群盖层与下伏基底间界面。上剥离面是巴颜喀拉山群三段与四段间的分界面。如第二章所述，巴颜喀拉山群三段顶部有一大套能干性极低的炭质板岩，位于炭质板岩层之下的一段为砂岩夹板岩，二段总体为一套砂岩，三段为砂岩与板岩互层，软弱的板岩一般均为厚度不大的夹层；覆于其上的巴颜喀拉山群四段及五段均为能干性极强的石英杂砂岩，夹极少量厚度不大的板岩。上述岩性组合特征使得三段顶部的大套板岩在盖层整体收缩褶皱变形时成为一重要的剥离滑脱层。有研究表明，圆柱状褶皱的规模大小主要取决于参与褶皱岩层的厚度，亦即褶皱岩层底部滑脱面的深度。巴颜喀拉山群一、二、三段厚度巨大（总共达 7500m 以上），因此由其形成的丛崭山—张公山大型向斜规模宏大。相反，南部的屏岭—银石山三叠系断褶带主要出露巴颜喀拉山群四、五段，厚度总共仅 2600m 左右，受下面三段顶部的滑脱剥离层的控制，形成了中小规模连续褶皱样式。

从现今巴颜喀拉山群与北面耸石山—可支塔格构造混杂岩带的出露发育情况来看，其分界线在东部呈 NWW 向，中部则呈 EW 向，西部小段则略呈 NEE 向，明显反映出昆仑微陆块的南缘在区内呈东、西两侧凸出，中部后凹的特点。上述古构造格局直接导致了南部巴颜喀拉山群横向构造变形格架的某些特征。首先，受昆仑微陆块“侧凸中凹”的古构造格局控制，巴颜喀拉板块在向北消减时其东面表现为右旋斜冲，受右旋剪切应力的叠加作用，冬银山地区的褶皱枢纽呈 NEE 向；而西面主要表现为正向俯冲，因此形成的褶皱枢纽为 EW 向。哈拉木兰河断裂以南已基本不受斜向俯冲剪切应力作用的影响，因此形成的褶皱总体呈 EW 向。

其次，这种构造格局使得巴颜喀拉板块在向北俯冲过程中首先以其东侧边缘与昆南微陆块接触和碰撞，然后逐渐向西发展到全线碰撞，这一过程使得巴颜喀拉板块北缘在东段率先褶皱变形且变形时间更长，向北仰（俯）冲的距离更大；加上在碰撞后变形过程中、西段较东段有更宽的范围消化整体缩短变形量，这两个因素共同造成了冬银山地区发育同斜褶皱，而最西面则发育斜歪褶皱的横向变形差异。此外，丛崭山—张公山大型向斜自东向西的形态变化，黑山—银石山断裂 F_{51} 造成东、西段地层错位量不一等所反映出的东面构造变形强度较西面大的状况很可能也与上述构造格局有关。

屏岭—银石山三叠系断褶带中 NE 向断裂对 EW 向褶皱只有限制而没有切割错位，显然是由于 NE 向断裂下切较深，已将表壳分割成相对独立块体所致。NE 向断裂走向一般为 NE30°左右，其反映出的理想主压应力方向为 NNE30°，但考虑到断裂在新生代受南北向的持续挤压其方向已发生过向东的偏转（潘裕生，1999），因此估计断裂形成时的真正主压应力方向大致为 NNE15°左右。在此主压应力下理论上应存在共轭剪切作用，并相应发育 NE 向和 NNE 向两组剪裂，但实际只有前者发育。造成这一情况的原因可能与基底的边界条件有关，同时还可能与岩层 EW 走向，使得与其交角较小的 NE 向断裂更易发育有关。

（六）明眉山侏罗系宽缓褶皱带$Ⅲ_{1-2}$

1. 构造变形特征

测区中西部发育较大规模的明眉山侏罗纪裂陷盆地，组成地层为早—中侏罗世叶尔羌群和晚侏罗世鹿角沟组。地层构造变形简单，主要为EW向连续的直立水平宽缓—中常褶皱（图5-31），褶皱带内部仅嵯峨山发育两条小型NNE向右旋平移断裂外。

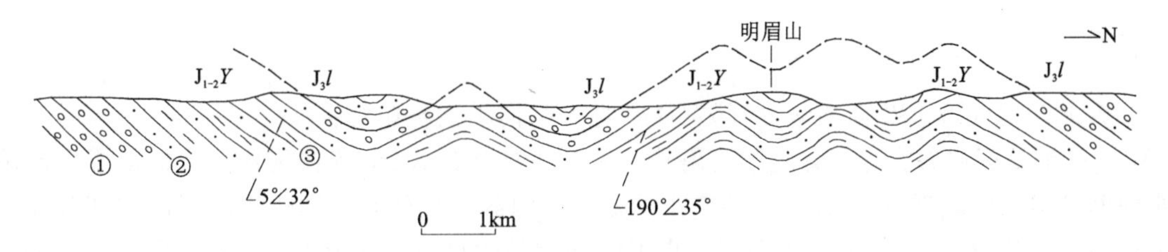

图5-31　明眉山地区侏罗系连续宽缓褶皱

J_3l. 晚侏罗世鹿角沟组；$J_{1-2}Y$. 早—中侏罗世叶尔羌群；①砾岩；②砂岩；③泥岩

（1）褶皱

为东西向线状圆柱状褶皱，其波长不大，一般4～7km；枢纽水平，轴面直立，两翼岩层走向平行，倾向相反，倾角基本相等；岩层缓倾，倾角一般25°～35°，属宽缓—中常褶皱。单个背（向）斜延长12～40km，属典型线状褶皱。

（2）断裂

褶皱带内部仅于嵯峨山发育两条NNE向右旋平移断裂。断裂走向NNE65°，在卫星遥感影像中明显右行错断山脊线，错距达70m左右。断裂反映出NE-SW方向的主挤压应力场（图5-32）。从断裂切断山脊线来看，其形成时代较晚。

此外，在褶皱带南面发育边界断裂F_{48}与F_{46}，断裂为北倾的逆断裂，造成侏罗纪地层叠覆于古近纪阿克塔什组之上（图5-24）。北面发育边界断裂F_{29}，其造成北面巴颜喀拉山群往南叠覆于鹿角沟组之上。边界断裂应形成于新近纪，属新构造运动的产物。

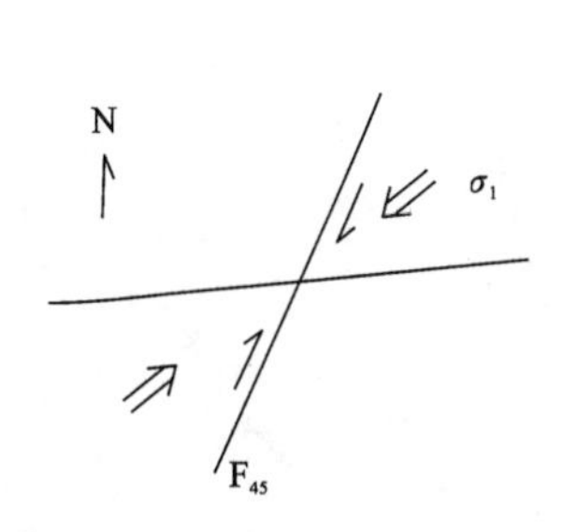

图5-32　嵯峨山北北东向断裂

F_{45}示北东向最大主应力场

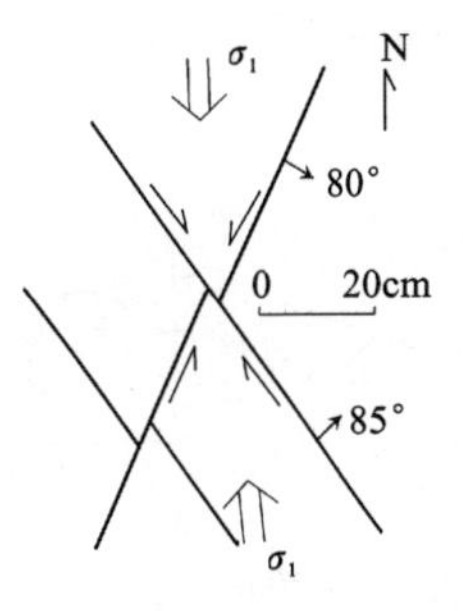

图5-33　双眉山背斜核部共轭剪节理

反映近南北向挤压应力场

2. 变形期次及动力学分析

由上述，明眉山侏罗系宽缓褶皱带的相关构造变形可大致分为三期：第一期是EW向连续直立水平宽缓褶皱，其形成时期为盆地消亡之后的侏罗纪末期，主压应力为垂直于褶皱走向的SN向，双眉山背斜核部的共轭剪节理也反映出SN向主压应力方向（图5-33）。第二期变形是NNE向右行平移断裂，推测为阿尔金断裂左旋走滑派生的NE向主压应力场的产物，大约形成于上新世末（见后面“渐新统沉积变形”）。第三期是南北两侧的边界逆断裂，应形成于新近纪至第四纪。

四、渐新统沉积变形

测区分布广泛的古近纪渐新世阿克塔什组普遍具褶皱变形，且大多发育边界逆断裂，反映出新构造运动颇为强烈。

（一）主要变形构造

1. 褶皱

主要为EW向或近EW向褶皱，局部发育后期NW向小型叠加褶皱。

EW向褶皱是区内各古近纪盆地阿克塔什组中的主体构造，其形迹在规模较大的落影山断陷盆地和白水河断裂盆地中表现清楚，而在其他窄小的盆地中因露头欠佳和后期边界断裂的破坏等原因则模糊不清，仅从近EW向的主体岩层走向反映出EW向褶皱的存在。落影山—春艳河断陷盆地的东面春艳河段因断裂 F_{33}、F_{45} 的破坏而无完整褶曲发育。西面落影山段仅其南界发育规模较小的逆断裂 F_{19}，褶皱形态保留完好。盆地总体呈一大型EW向向斜——落影山向斜(1)，其为一直立水平宽缓褶皱，岩层产状在两翼(或近盆缘)较陡，倾角一般为25°～30°，往向斜核部(或盆地中心)产状变缓，倾角一般仅5°～10°，整个向斜略呈箱状。

测区东面中部白水河断陷盆地由NWW向白水河向斜(3)组成，其为一直立水平宽缓褶皱，两翼岩层倾角25°左右，局部发育次级褶皱时岩层倾角可达45°左右(图5-34)。向斜枢纽走向为NWW285°左右，与盆地边缘或盆地展布方向一致。

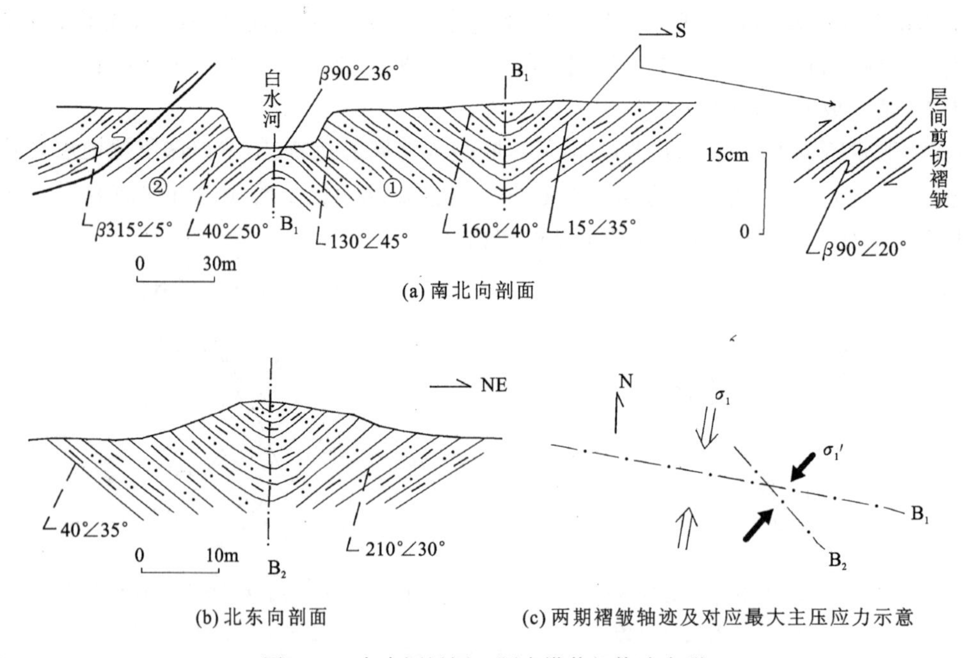

图5-34　白水河近河口阿克塔什组构造变形

B_1. 早期近东西向褶皱轴迹；B_2. 晚期北西向褶皱轴迹；β. 褶皱枢纽；σ_1. 形成早期近东西向褶皱的最大主压应力；σ_1'. 形成晚期北西向褶皱的最大主压应力；①粉砂岩；②泥岩

NW向褶皱仅于白水河河口见到良好形迹。该处露头很好，在南北方向剖面上可见早期近EW向次级背、向斜[图5-34(a)]，但岩层产状均向东偏转，从而导致褶皱枢纽向东倾伏，层间剪切小褶皱的枢纽产状亦为90°∠20°。在NE方向上可见一后期NW向向斜发育[图5-34(b)]。NW向褶皱造成的主要效应是使岩层走向发生偏转和使早期EW向褶皱的水平枢纽因弯曲而倾伏，其强度不大，且发育局限，一般不会形成独立完整的褶皱形态。

2. 断裂

古近纪盆地边缘大多发育新生代逆断裂，主要有断裂 F_8、F_{13}、F_{14}、F_{19}、F_{18}、F_{33}、F_{36}、F_{47}、F_{48}、F_{66} 等，其大多为倾向盆外的边界逆断裂(图 5-35、图 5-19、图 5-24 等)，与早期控盆正断裂倾向正好相反。春艳河断裂 F_{33} 为盆内断裂，其规模较大，使盆底石炭系基底地层逆掩于南面阿克塔什组之上并出露地表。

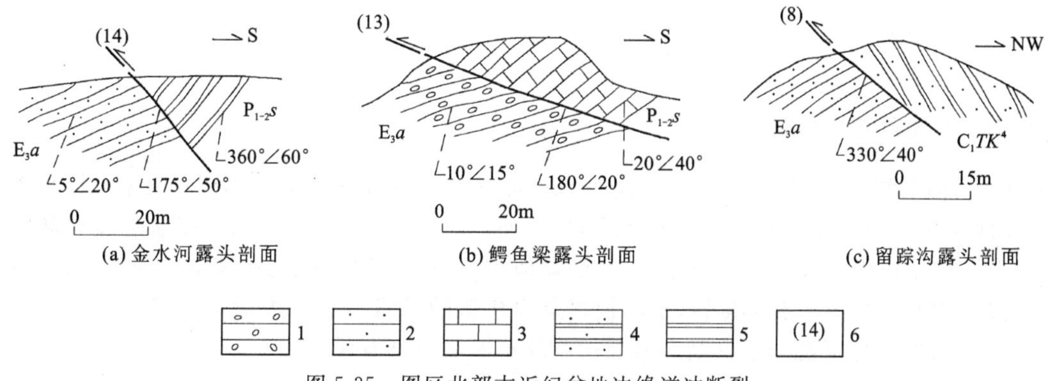

(a) 金水河露头剖面　(b) 鳄鱼梁露头剖面　(c) 留踪沟露头剖面

图 5-35　图区北部古近纪盆地边缘逆冲断裂

E_3a. 古近纪阿克塔什组；$P_{1-2}s$. 早—中二叠世树维门科组；C_1TK^3. 早石炭世托库孜达坂群三段；

1. 砾岩；2. 砂岩；3. 灰岩；4. 变质砂岩；5. 板岩；6. 断裂在地质构造图上的编号

(二) 变形期次

图区内渐新统沉积尽管形成时代晚，但却可以识别出五期变形构造。从早到晚分别为近 EW 向褶皱和逆断裂、近 EW 向重力滑动构造、NE 向褶皱、NE 向伸展构造和盆缘逆冲断裂等。

(1) 第一期近 EW 向褶皱及逆断裂

最为典型的如上述落影山向斜(1)、白水河向斜(3)及近 EW 向的次级褶皱等，其他小型盆地中近 EW 向的岩层主体走向亦属该范畴。该期褶皱显然应为古近纪末或新近纪初断陷盆地收缩的产物，形成最早。鉴于盆地收缩时较强烈的挤压作用，估计有相当部分盆缘(或盆内)逆断裂也于该时期开始形成。

(2) 第二期近 EW 向重力滑动构造

在古近纪阿克塔什组中普遍发育(图 5-36)，具体表现为顺层重力滑动剪切断裂及相伴的剪切滑动褶皱，其枢纽一般水平，走向与岩层或 EW 向主体褶皱一致，当为紧随 EW 向主体褶皱形成后因重力失稳所形成。所见重力滑动构造大多发育于具较多膏盐夹层的岩系中。

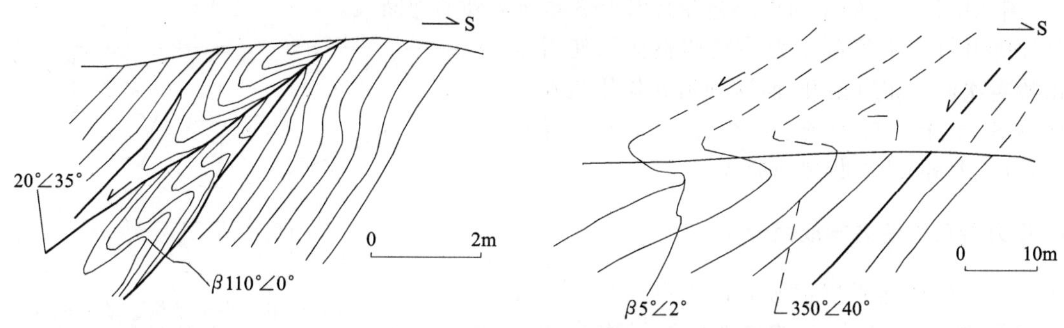

(a) 白水河向斜南翼丽霞山西南面重力滑动形成的顺层滑脱断裂及剪切褶皱　(b) 落影山向斜南翼新篇沟重力滑动形成较大平卧褶皱

图 5-36　古近纪阿克塔什组中近东西向重力滑动构造

β. 褶皱枢纽

(3) 第三期 NW 向褶皱

如白水河河口 NW 向叠加褶皱。该类褶皱总体强度不大，且发育局限。

(4) 第四期 NW 向伸展构造

该构造类型仅于白水河河口见到[图 5-34(a)左侧]，表现为一顺层伸展滑动断裂及伴生的滑动褶皱，滑动褶皱的枢纽产状为315°∠5°，与NW向褶皱叠加后的岩层产状一致，明显与早期重力滑动构造不同，估计为NW向褶皱作用以后应力松弛时形成的重力伸展构造。

（5）第五期盆缘（或盆内）逆冲断裂

如上述古近纪盆地边缘发育大量新生代逆断裂，该类断裂在第四纪往往有强烈活动而造成测区强抬升断块的差异隆升（见第六章）。

（三）动力学分析

1. 早期EW向褶皱力学成因分析

EW向主体褶皱表明区域挤压应力方向为SN向。白水河向斜枢纽为NWW走向，与盆缘走向一致，其对应的主压应力略偏NE向而非正SN向[图5-34(c)]，明显反映出先期控盆断裂对盆地沉积后期构造变形的控制作用。按力学作用原理，后期盆地收缩与挤压时因控盆断裂薄弱面的存在，盆内的挤压应力会向断裂的法线方向发生偏转，从而使得盆内褶皱的枢纽与盆地边缘走向趋于一致。盆内局部次级EW向褶皱的发育可能与下伏基底岩层的收缩和断裂发育有关。

2. 后期NW向叠加褶皱力学成因分析

后期NW向褶皱反映出NE向的最大主压应力方向（图5-32），其与青藏高原上区域SN向主挤压应力方向极不一致。我们认为造成这一现象的原因与北面NEE向阿尔金超级大断裂的强烈左旋走滑有关：NE向的最大主压应力与阿尔金断裂左旋走滑时派生的NE向主压应力正好一致。前述嵯峨山NNE向右旋平移断裂与NW向褶皱即为同一构造应力场中的不同产物。阿尔金断裂的左旋活动是青藏高原后期强烈隆升时高原地壳物质向外扩散的产物，而高原最强烈的一次隆升是上新世末的青藏运动，因此推测上新世末是阿尔金断裂左旋走滑活动强烈的时期。鉴于此，认为NW向褶皱形成于上新世末。

3. 盆缘逆断裂力学成因分析

毫无疑问，区内大量发育的古近纪EW向盆地的控盆构造为倾向盆地的盆缘正断裂。后期盆地收缩及更晚的新构造活动中产生构造反转，盆地边缘发育大量倾向盆外的逆断裂，这与一般断陷盆地后期反转构造的样式正好相反：一般断陷盆地后期收缩时形成沿早期正断裂发育的逆断裂，使盆内物质向盆外逆冲。本报告认为造成上述差异的原因与盆地及其周围的力学边界条件及整个青藏高原的收缩与隆升机制有关。

区内古近纪盆地形态极为狭长，这样便使得盆地下的基底地块在后期挤压收缩时相对处于"弱势"地位，两侧地块强有力的主动挤压逆冲必然形成倾向盆外的逆断裂。

高原隆升过程中深部重力均衡调整作用使得早期的山岭再次向上相对抬升，而这种抬升作用是在巨大的区域SN向挤压应力场中进行的，从而直接导致倾向山岭（或盆外）的逆断裂的形成。

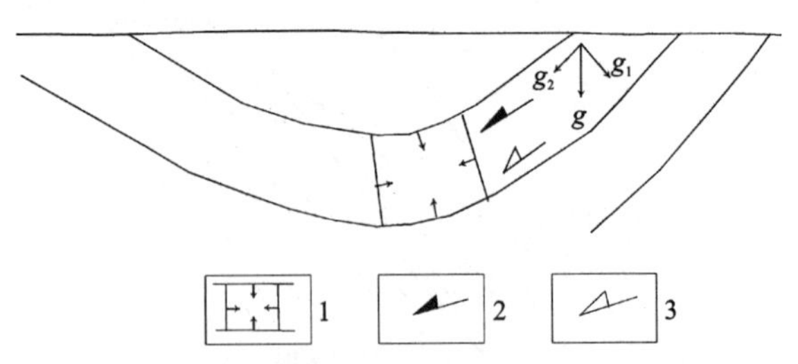

图5-37　阿克塔什组重力滑动构造动力成因示意图
1.示失水及压实作用引起岩石体积收缩；2.示纯重力作用引起岩层下滑；3.示收缩作用引发下滑；g.重力；g_1.重力垂直岩层分量；g_2.重力平行岩层分量

4. 重力滑动构造力学成因分析

重力滑动构造是岩层褶皱后产生重力失稳而发生的向下滑动，因此其与区域构造体制没有直接关系。发育重力滑动构造的岩层一般以泥质粉砂岩、粉砂质泥岩和膏盐层为主，这种岩性特征具备足够的重力滑动条件。一方面，该类岩石本身能干性差，加上主期褶皱作用紧随沉积物形成之后开始发生，岩石固结成岩及压实均不够，使得岩石过于软弱，在褶皱后岩层倾斜，重力产生顺层面的下滑分量（图5-37），沿层面的滑动自然发生。另一方面，岩石在褶皱后依然会因缩水压实及石膏的溶解作用而产生收缩，显然这种作用在较上或较晚形成的岩层中更为强烈，沿层面自两翼向核部的收缩分量相应在上部岩层中会更大，如此必然会导致顺层向下滑动的发生。

第三节　中新生代裂陷盆地

图区经过漫长的洋-陆大开大合演化，至晚古生代末耸石山—可支塔格蛇绿混杂岩带(苏巴什—鲸鱼湖结合带)形成而完成了华北板块与华南板块的拼接，三叠纪晚期南面的巴颜喀拉海槽褶皱隆升而基本脱离海洋环境，从此进入陆内发展阶段。中生代—早新生代的构造演化主要表现为岩石圈的小开小合，具体有侏罗纪和古近纪渐新世两期陆内裂陷盆地的形成及每期裂陷作用之后的盆地消亡和地壳收缩。

一、侏罗纪裂陷盆地

三叠纪后期因区域挤压和岩石圈消减收缩，巴颜喀拉海槽回返隆升，测区脱离海洋环境。早侏罗世开始地壳再次发生SN向伸展作用，形成图区中部EW向的陆内拉张盆地，至晚侏罗世发生区域挤压，盆地收缩、消亡。

(一) 盆地特征

侏罗纪盆地主要有中部的明眉山盆地，仅从现今出露地层来看，其南北宽即达近30km。鉴于后期的盆地收缩及盆地边缘地层的剥蚀，盆地形成时的真实宽度显然更大。盆地中侏罗纪地层自测区西面往东至贵水河连续分布，且早—中侏罗世叶尔羌群与晚侏罗世鹿角沟组均有发育；贵水河以东至冬银山仅有叶尔羌群砾岩呈零散的小片分布于山丘之上。该特征显然反映出古盆地自西向东扩展超覆，而后又自东向西萎缩消亡的发展过程(图5-38)。明眉山盆地西段沉积地层的发育显示盆地中心自南向北的迁移[图5-38(a)]，反映主控盆断裂位于盆地北缘。

明眉山盆地北面尚发育有珍珠湖侏罗纪盆地，二者以金竹山相隔。珍珠湖盆地亦发育叶尔羌群和鹿角沟组，盆地充填结构及反映出的盆地演化过程与明眉山盆地相近。此外，在东面白水河南面与西部耸石山南面均有少量侏罗纪地层分布，系局部小型裂陷所致。

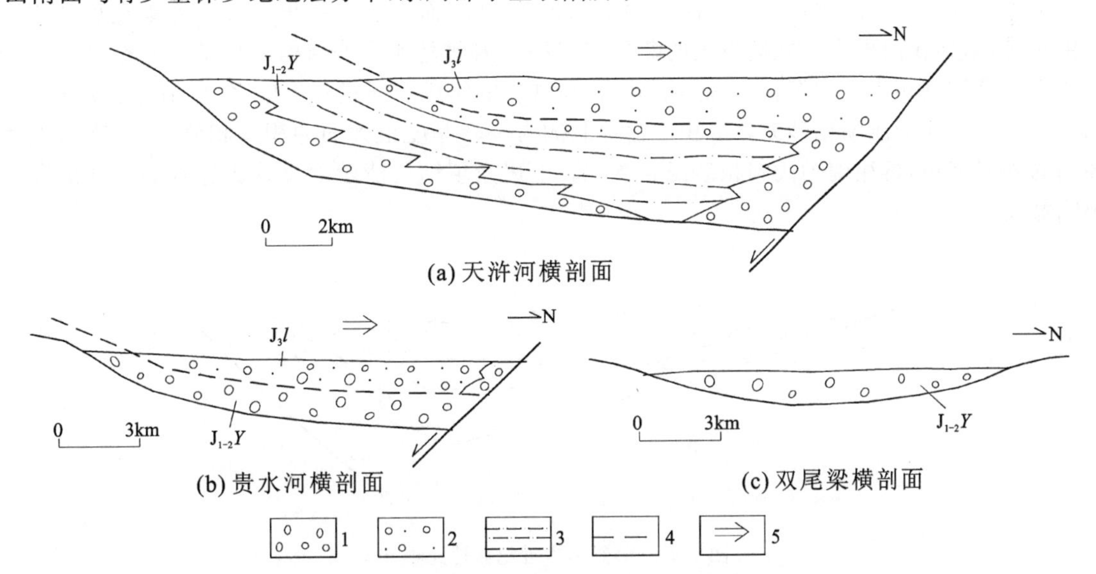

图5-38　明眉山侏罗纪盆地结构联合剖面图[自西向东依次为(a)、(b)、(c)]

$J_{1-2}Y$. 早—中侏罗世叶尔羌群；J_3l. 晚侏罗世鹿角沟组；

1. 砾岩；2. 砾岩砂岩互层；3. 砂岩泥岩互层；4. 叶尔羌群与鹿角沟组分界等时面；5. 示盆地中心迁移方向

（二）盆地形成机制讨论

由上述，侏罗纪大小不等的盆地在测区发育多个，事实上本区东面的1∶25万木孜塔格幅中还发育有侏罗纪盆地，由此可见侏罗纪地层总体上应为陆内裂陷盆地沉积，而非三叠纪末造山后的残留海相产物。明眉山盆地沉积岩石的结构构造等显示出海陆交互相特征（见第二章），显然系盆地自西向东扩展时西面的海水向内陆侵入所致。

主要盆地均呈EW向的长条状，尤其是明眉山盆地向西可延伸数百千米，结合上述盆地的充填结构特征，盆地应为SN拉张体制下形成的北面断陷的单面断陷盆地。

二、古近纪裂陷盆地

（一）盆地特征

1. 盆地分布及古构造格局

测区古近纪渐新世盆地非常发育，它们均呈（近）EW走向的狭长条带状，盆地中充填阿克塔什组紫红色砾岩、砂岩、粉砂岩及泥岩等。如将各阿克塔什组发育区沿其EW向的长轴方向作一系列直线（每一条直线代表一个基本连续的裂陷盆地）的话，则可清楚地看出测区自最北面到最南面共发育8条EW向或近EW走向的裂陷盆地（图5-2），分别为金水河口盆地、鳄鱼梁—湍流河盆地、落影山—春艳河盆地、横笛梁—白水河盆地、千枝沟—志远山盆地、黑山—石春湖盆地、畅车川盆地、蒙蒙湖盆地等。可见渐新世测区具典型的盆—岭构造格局。

2. 盆地充填结构

从阿克塔什组的出露范围和面积来看，除落影山—春艳河盆地和白水河盆地规模较大外，其他各裂陷盆地规模均很小，并因露头差或后期构造破坏等原因，一般沉积充填结构不清楚。重点以落影山—春艳河盆地为代表说明渐新世裂陷盆地中沉积充填结构的一般特征。

落影山—春艳河裂陷盆地的东段因断裂F_{33}、F_{45}的破坏而未能显示出完整的盆地充填结构。西段落影山一带，盆地仅南界有一规模不大的断裂F_{19}发育，因此盆地充填结构表现基本完整（图5-39）。盆地南侧为一套滨湖相为主的沉积，由砾岩、砂岩、粉砂岩等组成旋回式基本层序（详细特征见第一章）；自滨湖相沉积体往北为浅湖相砂泥岩沉积。盆地北侧为一套厚度很大的冲积扇相砾岩，往南过渡为扇三角洲相的砂岩沉积，再往南为浅湖相砂泥岩沉积。上述充填结构清楚地反映出盆地为一北面断陷的单面裂陷盆地。

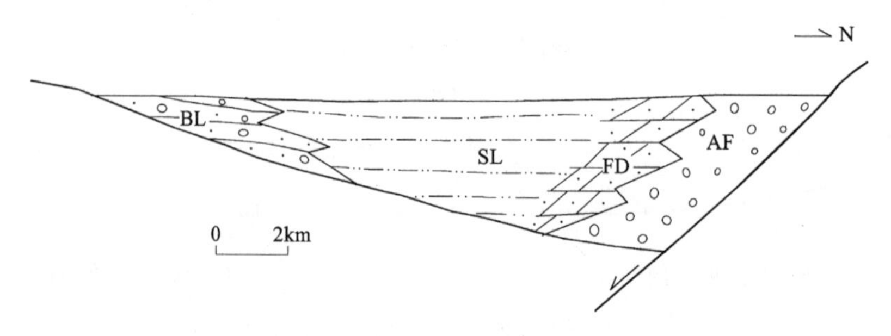

图5-39　落影山古近纪盆地充填样式

AF. 冲积扇；BL. 滨湖相沉积；FD. 扇三角洲；SL. 浅湖相沉积

鳄鱼梁南东面的峡口干河剖面除显示北侧单面断陷作用外，还可见到后期的裂陷作用叠加在早期的裂陷盆地之上（图5-40），反映存在多幕裂陷作用的可能。

颇有意思的是，尽管落影山盆地北缘总体上均为单调的冲积扇砾岩，但在最西面则以砂岩为主，少

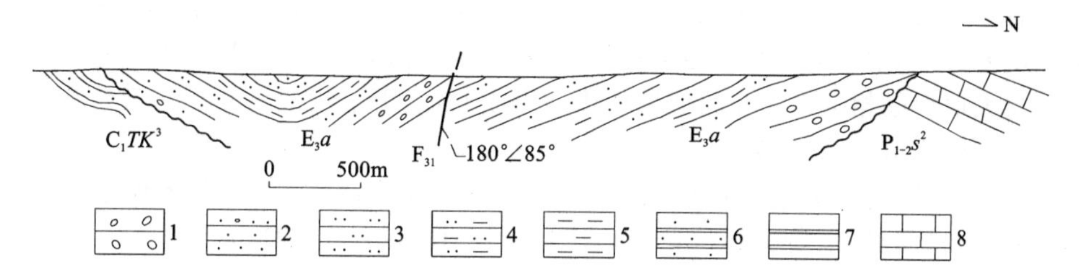

图 5-40　峡口干河古近纪阿克塔什组剖面(示盆地沉积结构)

E_3a.古近纪阿克塔什组;$P_{1-2}s^2$.早—中二叠世树维门科组上段;C_1TK^3.下石炭统托库孜达坂群三段;F_{31}.断裂在地质构造图中的编号;1.砾岩;2.砂岩、含砾砂岩;3.粉砂岩;4.泥质粉砂岩或粉砂质泥岩;5.泥岩;6.浅变质砂岩;7.板岩;8.灰岩

见砾岩。受NE向直立走滑断裂F_9的控制,关水河以西盆地北边界走向由EW向转为NE向。野外追索发现,自转向点往南西约4.5km范围内盆地边缘发育砾岩,4.5km后盆缘发育紫红色砂岩、粉砂岩。上述特征从一个侧面证明了盆地北缘的拉张断陷性质。

此外,白水河盆地露头亦较好,其盆地结构特征与落影山盆地基本相同。盆地北面斑点板岩中发生过同期的伸展剪切滑动,造成斑点的拉伸-收缩变形。

(二)盆地形成机制讨论

综上所述,测区渐新世盆地均呈较稳定的EW走向,形态极为狭长,边界总体平直,与盆地沉积充填结构一起明确显示拉张盆地性质。各盆地主要为北侧单面断陷,组成的盆-岭构造格局反映出区域南北向拉张作用下形成的一种单剪伸展构造模式(图5-41):地壳沿莫霍面发生单向拆离,向上形成切割地壳的系列铲状正断裂,从而于地表形成断陷盆地组合和盆岭构造格局。

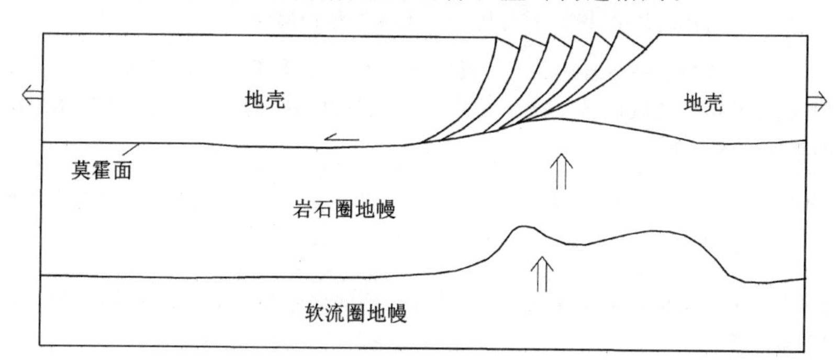

图 5-41　古近纪盆地形成动力学机制分析

通常上述单剪伸展构造需要深部的垂向顶托应力。就测区而言,我们认为应力来自于岩石圈地幔甚至软流圈的向上隆起,理由如下:①伸展型盆地大多与岩石圈伸展减薄、地幔柱侵入有关(解习农,1998),也是碰撞造山后构造发展的一般过程。测区岩石圈经过长期的造山发展演化,于古近纪已达到了产生这种构造作用的条件。②据推测,巴颜喀拉地带在始新世至中新世软流圈埋深浅,可能为80～100km(邓晋福,1998)。如此说成立,则测区地幔岩石圈在渐新世无疑存在因软流圈的上隆而发生的减薄。③测区新生代岩浆岩所提供的某些信息明确显示渐新世前后地幔热柱的活动(详见第三章及第六章)。

总之,测区古近纪渐新世盆地是一种单剪伸展构造,其深层构造背景是软流圈与岩石圈地幔的上隆及岩石圈地幔的伸展减薄。

第四节　大地构造相

大地构造相的应用能够使我们在短时间内对复杂造山带作出合理的评价,有助于造山带的识别、造山带极性的认识及碰撞事件时限的厘定,运用大地构造相解释观察到的复杂现象和弥补缺失的地质记录。

不同的学者对大地构造相的定义及划分不尽相同。许靖华(1994)认为大地构造相是造山带的基本组成部分或基本要素,并划分了3个大地构造相:日尔曼大地构造相、摄尔特大地构造相和类特大地构造相。李继亮将大地构造相定义为在相似的环境中形成的,经历了相似的变形与就位作用并具有类似的内部构造的岩石构造组合,并划分出6类15种大地构造相。Roberson将其定义为具有一套岩石-构造组合、其特征足以系统地确认造山带为地史时期一定的大地构造环境,并划分出离散、汇聚、碰撞、走滑4种基本构造环境,共计29种大地构造相。比较而言,Roberson的划分方案更为细致和全面,在实际工作和应用中操作性更强。

综上所述,大地构造相是能反映其形成的大地构造背景、在特征上具有相似的变形与就位作用的一套岩石-构造组合。依据大地构造相的这一定义,重点参考Roberson的大地构造相划分方案,按离散、汇聚、碰撞及内陆演化等构造背景,对测区大地构造相进行了划分(表5-1)。

表5-1 银石山幅大地构造相分类表

构造背景	大地构造相	岩石-构造组合
离散背景	被动裂谷相	飞云山下石炭统褶断带中托库孜达坂群一段,以粉砂岩与板岩为主,夹灰岩及硅质岩。为石炭纪初华道山—横条山弧后盆地拉张背景下于盆地北部沉积的产物
	大洋海山相	耸石山—可支塔格蛇绿构造混杂岩带中的部分灰岩岩片,主要分布于豹子梁和可支塔格两地,由昆仑地块与巴颜喀拉地块间的晚古生代特提斯洋中的碳酸盐岩海山经消减拼贴而就位
	扩张洋脊相	分布于测区北部青春山、中部可支塔格等地的变质超基性岩。前者可能为中—晚元古代形成,因岩碧山—嵩华山二叠系推覆岩席覆盖仅测区局部出露。后者为昆仑地块与巴颜喀拉地块间的晚古生代特提斯洋的洋壳成分,在洋壳向北消减过程中就位
	深海平原相	可支塔格一带与超基性岩片共生的板岩或灰泥质岩,为晚古生代特提斯洋深海平原沉积。测区南部巴颜喀拉山群三段顶部板岩为早期三叠纪巴颜喀拉前陆盆地在后期拉张裂陷时的深海平原沉积,亦可归入该相
	陆内裂陷海槽相	巴颜喀拉山群三段,为板岩夹砂岩或互层,局部夹安山岩层。巴颜喀拉前陆盆地在三叠纪中期产生陆内拉张而变为裂陷海槽,于盆地中沉积了该套地层
汇聚背景	弧前盆地相	耸石山—可支塔格蛇绿构造混杂岩带中靠北侧的部分夹火山岩或含火山岩成分的碎屑岩系,为石炭纪至二叠纪飞云山岛弧的弧前盆地(亦即昆南微陆块的边缘海盆)沉积
	陆内弧后盆地相	有北西部关水沟一带早石炭世托库孜达坂群二段灰岩及三段砂岩、板岩,北部树维门科组自下而上的砂岩、板岩夹硅质岩、灰岩。均为托库孜达坂陆缘弧与飞云山岛弧间的华道山—横条山弧后盆地中沉积
	陆缘岛弧相	测区发育晚古生代飞云山岛弧,由于落影山—春艳河古近纪盆地的叠加出露不完整。以飞云山早石炭世岛弧玄武岩片及横笛梁—可支塔格一带石炭纪岛弧环境的深成岩体等为特征
	削减增生杂岩相	发育于耸石山—可支塔格蛇绿构造混杂岩带中段豹子梁一带,由于俯冲作用被削括下来的洋壳残片与海沟沉积物混杂在一起,表现为灰岩、变质砂岩、板岩、云母石英片岩、变质安山岩、变质玄武岩等复杂岩石组合,其间大多以北倾的逆冲脆韧性断裂分界,面理发育
	收缩海盆相	巴颜喀拉山群四段与五段,其主要由砂岩组成,夹极少量板岩和硅质岩。三叠纪后期巴颜喀拉板块与昆南微陆块间陆-陆汇聚,裂陷海槽抬升回返,在此背景下沉积该套地层
内陆演化背景	大陆山间断陷盆地相	侏罗纪与古近纪,测区发生陆内裂陷,于裂陷盆地中分别沉积了叶尔羌群与鹿角沟组、阿克塔什组
	山前磨拉石相	上新世末南北向强挤压下EW向逆断裂活动并伴随断块的差异抬升,更新世早期于嵩华山强抬升断块的南、北两侧形成西域组的粗—巨砾堆积

第五节　造山演化

测区除少量元古代苦海岩群结晶基底、青春山少量变质超基性岩及横笛梁杂岩体(可能为中—晚元古代)外，出露的最老地层为下石炭统，较详细的造山演化物质记录从晚古生代开始，本节就晚古生代至三叠纪末的造山演化过程加以讨论。

如第一节所述，测区石炭纪早期在弧后盆地的基础上进一步裂开成洋，形成中间为古特提斯、南北两边分别为巴颜喀拉板块与昆仑地块的构造格局。石炭纪晚期至二叠纪洋壳向北消减，于二叠纪晚期昆仑地块与巴颜喀拉板块产生弧-陆碰撞，大洋消亡。三叠纪时测区南面巴颜喀拉板块上发育前陆盆地及其后转化而成的裂陷海槽，沉积了巴颜喀拉山群的巨厚复理石沉积。三叠纪末巴颜喀拉与昆仑地块间发生陆内汇聚，海槽褶皱回返，从此测区脱离海洋环境。有关上述造山演化过程的沉积、岩浆、变质作用及构造变形等诸方面的记录于报告各相应章节中已有详细阐述，本节旨在对这些内容进行系统归纳，并建立测区晚古生代至三叠纪的造山演化模式。以下对照图 5-42 分 5 个阶段对测区造山带形成与演化进行阐述。

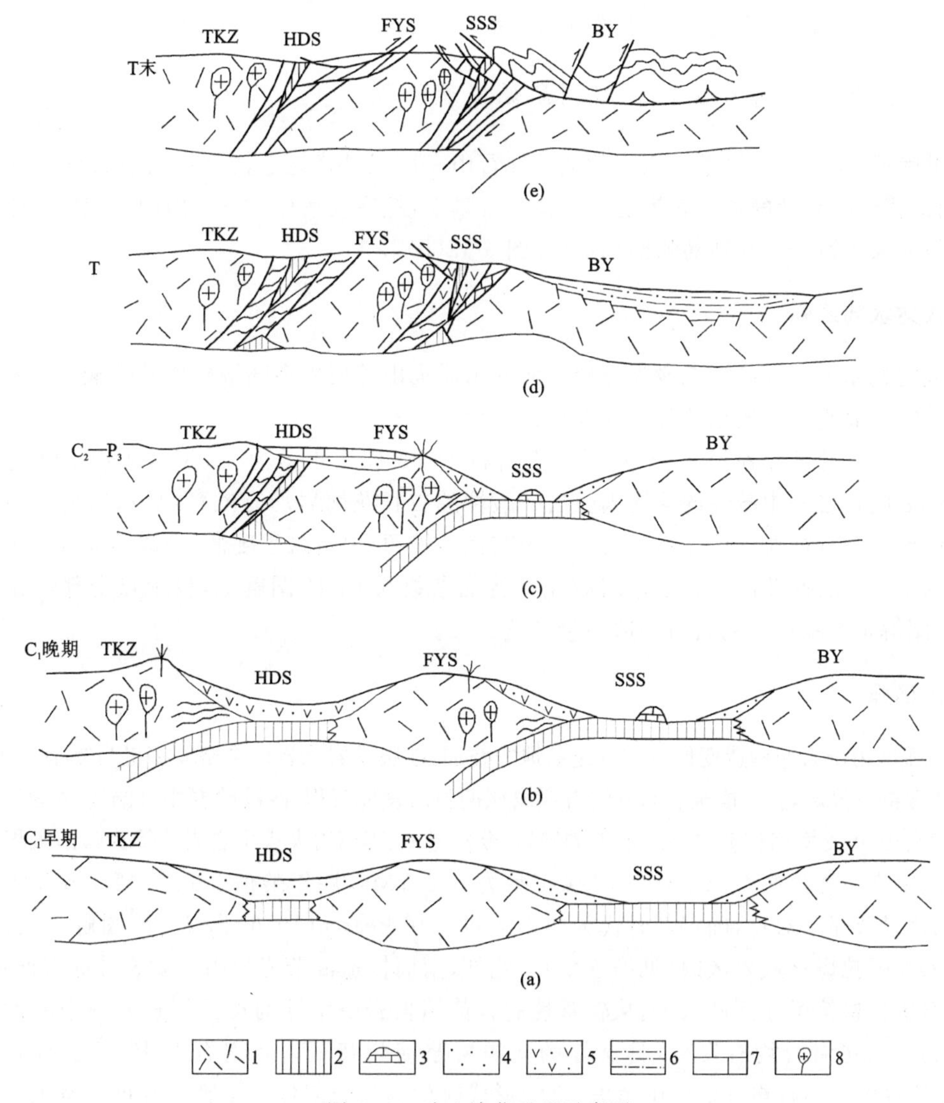

图 5-42　造山演化过程示意图

TKZ. 托库孜达坂陆缘弧；HDS. 华道山—横条山蛇绿构造混杂岩带(弧间盆地)；FYS. 飞云山岛弧；SSS. 耸石山—可支塔格蛇绿构造混杂岩带(古特提斯)；BY. 巴颜喀拉板块；

1. 陆壳；2. 洋壳；3. 碳酸盐海山；4. 陆源碎屑沉积；5. 夹火山岩碎屑沉积；6. 复理石沉积；7. 灰岩；8. 花岗岩体

（一）早石炭世早期陆壳拉裂洋壳形成阶段

早石炭世早期进入古特提斯发展阶段。陆壳沿耸石山—可支塔格和华道山—横条山两线拉裂[图5-42(a)]并出现洋壳，分别形成古特提斯洋和弧后盆地，二者分别对应于现今的耸石山—可支塔格蛇绿构造混杂岩带和华道山—横条山蛇绿构造混杂岩带。与洋、盆形成相伴，陆壳自南而北被分割为巴颜喀拉、飞云山及托库孜达坂三部分。飞云山及托库孜达坂属昆仑地块，由于期间的弧后盆地仅局部强烈拉张出现洋壳，故其沿 EW 横向上可以相连。

顺便指出，华道山—横条山构造混杂岩带（弧后盆地）及托库孜达坂陆块位于且末县一级电站幅南面，紧邻图区，在造山过程中其与图区有密切关系，故须一并阐述。

该时期华道山—横条山弧后盆地中沉积可分为北面托库孜达坂和南面飞云山两个亚区（后面地层描述分别为两区的划分方案）。前者由于掩埋关系而未见出露。后者为南区托库孜达坂群一段，以粉砂岩、粉砂质板岩、板岩等为主，夹硅质岩、砂岩及极少量灰岩。其中硅质岩的地球化学特征显示为热水成因，可能与拉张裂谷环境下较高的地热梯度有关。

由于后期多次的造山作用导致强烈的构造混杂，南面特提斯洋北缘沉积已无确定的独立单元显示，耸石山北西面的砂岩-板岩岩片估计属于该沉积体系。

（二）早石炭世晚期洋壳俯冲—双列岛弧发展阶段

早石炭世晚期，华道山—横条山弧后盆地及耸石山—可支塔格昆仑洋（古特提斯）的洋壳均开始向北俯冲，古构造背景由先期的离散转为汇聚。在此背景下，托库孜达坂及飞云山因强烈的岩浆活动分别成为陆缘弧与前缘岛弧——双列岛弧格局形成[图5-42(b)]。

1. 托库孜达坂陆缘弧

同期形成的托库孜达坂群第二段为一套浅海安山质火山碎屑岩夹陆缘碎屑及碳酸盐沉积。火山岩岩石地球化学特征表明其为典型的陆缘岛弧构造环境。

形成早石炭世野鸭湖序列侵入岩，其同位素锆石 U-Pb 模式年龄为 353Ma，从较基性的石英闪长岩→中性的英云闪长岩→中酸性的花岗闪长岩→酸性的二长花岗岩均有发育，显示出良好的同源岩浆演化特征。地球化学特征显示该序列岩石成因为交代地幔源，由熔融程度低、分离结晶程度强的残余熔体演化而成的中—中酸性花岗岩。根据岩石化学特征参数在 R_1-R_2 图解上，投影点全部落在碰撞前俯冲区，$\lg\tau$-$\lg\sigma$ 图解也指示该序列岩石为造山带环境。

2. 飞云山岛弧

飞云山岛弧区由于后期构造变位及古近纪盆地的叠加，地层及岩浆岩记录略显零星与复杂。北面飞云山一带托库孜达坂群二段灰岩、三段板岩与砂岩等应属该期弧后盆地沉积，四段砂岩相对偏南，可能为弧内盆地产物。南面耸石山-可支塔格构造混杂岩带中的砂岩-板岩岩片、碎屑岩夹火山岩岩片等为弧前沉积。

北面飞云山玄武岩片辉石 Ar-Ar 等时线年龄为 352.7Ma，坪年龄值 388.10Ma，结合两侧地层时代、构造演化背景及邻区对比，确定其时代为早石炭世。在 Pearce(1976) F_1-F_2-F_3 图解上，玄武岩样品绝大部分落入岛弧拉斑玄武岩区内（见第三章）。此外，南面构造混杂岩带中玄武岩片亦多属岛弧环境。

形成早石炭世横笛梁序列侵入岩，从较基性的石英闪长岩→中性的英云闪长岩→中酸性的花岗闪长岩→酸性的二长花岗岩均有发育，具良好的同源岩浆演化特征。其锆石 U-Pb 模式年龄为 326～336Ma，结合其侵位于早石炭世地层中考虑，推测形成时代为早石炭世末至晚二叠世。有关地球化学分析结果指示形成于碰撞前的岛弧环境。

受俯冲消减作用影响，岛弧前缘近海沟开始发育北倾的逆冲（脆）韧性断裂，部分洋壳成分可能也开始拼贴增生至陆缘。

（三）晚石炭世—晚二叠世俯冲造山—碰撞造山阶段

早石炭世末华道山—横条山弧后盆地中洋壳因消减消亡，俯冲消减晚—末期或消减作用基本结束时停止了大陆边缘火山作用，沉积了托库孜达坂群三段碎屑岩。托库孜达坂陆缘弧与飞云山岛弧对接，洋壳残片拼贴或侵入，形成华道山—横条山蛇绿混杂岩带[图5-42(c)]。往北向陆方向构造变形较弱，造成晚石炭世哈拉米兰河群与早石炭世托库孜达坂群间平行不整合接触。随着华道山-横条山弧后盆地洋壳因弧-弧碰撞对接而消亡，飞云山岛弧变为陆缘弧。

晚石炭世开始至晚二叠世托库孜达坂至飞云山间为弧后陆缘浅海环境。且末县一级电站幅南面出露晚石炭世哈拉米兰河组灰岩夹白云岩；往南于测区北部发育早—中二叠世树维门科组，其由下段下部砂岩和砾岩、上部板岩夹硅质岩与灰岩及上段灰岩等组成。树维门科组上段灰岩自北往南由块状灰岩相变为中薄层灰岩，反映出水体自北往南变深。

南面耸石山—可支塔格昆仑洋（古特提斯海）仍处于俯冲消减阶段，现地表可见并可确定的物质记录为昆明沟一带发育的二叠纪砂岩、板岩及火山岩等岩片。其火山岩岩片主要由玄武岩及玄武质火山角砾岩构成，少许安山质成分。玄武岩全岩K-Ar法年龄为270Ma，全岩Ar-Ar坪年龄为279.60Ma，两个年龄值吻合很好，表明岩石形成于二叠纪无疑；其地球化学特征指示形成于岛弧环境（见第三章）。

由俯冲消减作用造成的岛弧前缘构造变形仍在继续，形成陆缘俯冲造山。主要表现为豹子梁超岩片中北倾（脆）韧性断裂、褶皱和构造面理的发育及碳酸盐海山岩片、变质超基性岩岩片等的铲刮拼贴。受昆仑地块边缘东面凸出、中部后凹的影响，洋壳向北消减时具右旋走滑，因此形成的断裂为右旋平移逆断裂。伴随区域低绿片岩相动热变质作用。

晚二叠世末昆仑洋闭合消亡，飞云山岛弧（昆仑地块）与巴颜喀拉板块对接并产生弧-陆碰撞，形成碰撞造山。此为测区晚古生代以来第一次强度很大的构造事件，受其影响，从南面的结合带（构造混杂岩带）往北至弧后边缘海盆地均发生了强烈的构造变形与变位。在南面的结合带，即耸石山-可支塔格构造混杂岩带中，于对接线附近主要表现为北倾平移逆断裂的继续产生或活动加强；往北向陆方向则开始形成倾向南面缝合带的反冲断裂及相关的南倾面理，如耸石山超岩片及可支塔格超岩片中的主要断裂与劈理构造等；受古构造格局控制，中段豹子梁超岩片及东段可支塔格超岩片中断裂为右旋逆冲，而西面耸石山超岩片中断裂则为正向逆冲。在北面弧后边缘海盆地中，则形成了飞云山下石炭统褶断带主体褶皱及北倾逆断裂，透镜状石香肠、(近)顺层劈理等；鳄鱼梁二叠统逆冲型超岩片中的主要北倾逆断裂、早期劈理、布丁体、剪切褶皱变形等。

（四）三叠纪巴颜喀拉盆地发展阶段

二叠纪末的弧-陆碰撞造山作用，使缝合带北面的昆南微陆块前缘挤压造山，并逆冲加载于巴颜喀拉板块克拉通边缘（前陆），使其岩石圈发生挠曲而形成巴颜喀拉前陆盆地。三叠纪早期于前陆盆地中形成了巴颜喀拉山群一、二段沉积。前者总体为一套灰色、灰绿色岩屑石英杂砂岩、长石石英杂砂岩夹板岩，少部分为砂岩与板岩互层，主要属浊积扇之中扇扇页相环境；后者为一套灰色岩屑石英杂砂岩、长石石英杂砂岩，夹极少量板岩，以浊积扇中扇水道沉积为主。上述层序特征反映出随沉积补偿的发展，前陆盆地逐渐萎缩、相对海平面也逐渐下降的演化特征。需要指出，于一段地层中发育安山岩夹层，说明前陆盆地在早期发展时即已有初始断裂发生。

三叠纪中期巴颜喀拉前陆盆地性质发生根本转化，受碰撞后地壳的松弛和水平反弹作用影响，开始发生较大规模的断陷作用，在大量EW走向正断裂的控制下，盆地转变为陆内裂陷海槽[图5-42(d)]。海水再次加深，沉积物粒度较先期巴颜喀拉山群二段明显变细，为灰色岩屑（石英）杂砂岩、长石石英杂砂岩与板岩互层，属中扇相的水道砂岩相与漫滩板岩相；局部夹安山岩层。三段中夹较多的安山岩夹层，充分反映出盆地裂陷性质。

三叠纪中晚期巴颜喀拉板块与昆仑地块间开始陆-陆汇聚（考虑到二叠纪末两陆块已对接，也可称为陆内汇聚），裂陷海槽抬升回返，造成巴颜喀拉山群四段底部砾岩与三段顶部的大套炭质板岩直接接触。三叠纪晚期重具前陆盆地性质，且在比早期海水更浅的环境下沉积了巴颜喀拉山群的四段与五段砂岩夹砾岩，并有沉积混杂碳酸盐岩块产出。在海底扇模式中属中扇—上扇相，并以中扇的水道砂岩相沉积为主，间以主水道砾岩相。

综上所述，测区三叠纪巴颜喀拉盆地经历了由早期碰撞造山前陆盆地→中期裂陷海槽→晚期陆内汇聚回返前陆盆地的演化过程。

顺便指出，张雪亭、任家琪(1998)认为巴颜喀拉三叠纪沉积盆地是古特提斯海封闭后，在南北大陆接合部位继承性裂陷形成的陆间海，是以碎屑岩充填序列为主体的断阶式海底环境下形成的夭折性裂陷海槽。就测区而言，鉴于盆地北侧紧邻巴颜喀拉板块与昆仑地块间的结合带，盆地基本上发育于巴颜喀拉板块之上，将其定性为陆内裂陷海槽(三叠纪中期)更为合适。潘桂棠等(1997)认为巴颜喀拉盆地为典型前陆盆地，并将其演化划分为洋盆的封闭及前陆盆地的形成、扬子陆块边缘沉降、前陆盆地充填、前陆逆冲推覆及同造山向后造山前陆盆地演化4个阶段。该演化模式与测区巴颜喀拉盆地的发展过程总体相近，只是其未将中期的陆内裂陷作为相对独立的构造事件和时间单元来考虑。

(五) 三叠纪末陆-陆叠覆造山—陆内造山—断裂造山阶段

三叠纪末期巴颜喀拉板块与昆仑地块的陆内汇聚作用骤然加强，开始新一轮的造山作用。此为测区继二叠纪末强造山事件之后又一次强度更大、影响面积更广的造山运动。

受区域构造演化背景及古构造格局的影响和控制，测区自南而北可划分出3种类型的造山作用：巴颜喀拉盆地断裂造山、耸石山—可支塔格构造混杂岩带陆内造山、飞云山—嵩华山上古生界褶断带陆-陆叠覆造山。

1. 巴颜喀拉盆地断裂造山

三叠纪末的造山运动使巴颜喀拉盆地产生较强烈的断裂、褶皱变形，受边界条件及地层岩石结构等因素的控制，自北而南形成了冬银山倒转褶皱带、丛崭山—张公山大型向斜、屏岭—银石山三叠系断褶带3个具不同构造格架及变形样式的次级构造单元，各构造单元间以EW向北倾逆冲断裂分界。巴颜喀拉板块北缘向北消减过程中，在巨厚的巴颜喀拉山群沉积盖层与下伏板块基底间产生自然剥离，并产生“双层汇聚”：硬度较大的基底板块仍沿其二叠纪末与昆南微陆块间的俯冲分界面向北消减，而相对较软的巴颜喀拉三叠纪盖层则沿其底面薄弱面剥离，被动向昆南微陆块之上仰冲，从而在单剪应力状态下于其北面形成北倒南倾的同斜褶皱或斜歪褶皱。南面的丛崭山—张公山大型向斜和屏岭—银石山三叠系断褶带总体处于纯剪应力状态，受基底滑脱面与巴颜喀拉三段顶部滑脱层及相应卷入褶皱地层的厚度所控制，前者表现为大规模的直立水平中常褶皱，而后者则发育中小型连续直立水平中常褶皱。屏岭—银石山三叠系断褶带尚发育大量NE向或NEE向左旋平移断裂。

受昆仑微陆块“侧凸中凹”的古构造格局控制，冬银山倒转褶皱带和丛崭山—张公山大型向斜均表现出自西向东构造变形与变位增强的特点：前者东窄西宽，且东面为同斜褶皱，而西面则为斜褶皱；后者自东向西由完整向斜渐变为单斜构造，且其南界断裂造成的地层垂向错位由大变小。此外，该构造格局使巴颜喀拉板块在向北消减时其东面表现为右旋斜冲，受此走滑影响，冬银山地区的褶皱枢纽呈NEE走向。

与构造变形相伴，巴颜喀拉山群普遍具低绿片岩相动热变质。

综上述，巴颜喀拉板块内部在三叠纪中期由于断裂而“活化”，形成裂陷海槽；三叠纪晚期盆地开始回返，于三叠纪末期发生较强烈变形和变质而形成造山带。该类造山带称为断裂造山带(杨巍然，1991)。

2. 耸石山—可支塔格构造混杂岩带陆内造山

如前述，晚二叠世末飞云山岛弧(昆仑地块)与巴颜喀拉板块对接形成碰撞造山，耸石山-可支塔格构造混杂岩带的构造格架基本成型。三叠纪末两陆块间继续汇聚形成陆内造山，造成混杂岩带中构造变形的叠加。据构造关系及变形次序，可确认为本次运动所造成的较大规模的构造主要有西面的NEE向耸石山逆冲断裂F_{36}与东面的NW向走滑断裂F_{45}，其分别构成豹子梁复合式右旋逆冲型超岩片与耸石山平行排列式逆冲型超岩片和可支塔格平行排列式右旋逆冲型超岩片的边界。

从地层与石炭纪花岗岩的侵入接触关系来看，中部的豹子梁超岩片发育地层主要为下部层位的石炭纪托库孜达坂群，而可确定的上部层位的二叠纪地层未见出露。造成这一现象的原因与表壳岩石在本次造山运动中被强烈向上挤出有关。

3. 飞云山—嵩华山上古生界褶断带陆-陆叠覆造山

如前述，北面弧后边缘海盆地在二叠纪末的碰撞造山过程中已发生了强烈的构造变形，而其北面的华道山—横条山构造混杂岩带更是在早石炭世末即已初步形成。经过构造相对稳定的整个三叠纪时期之后，三叠纪末在南面昆仑陆块与巴颜喀拉板块陆内汇聚背景下再次产生逆冲断裂等构造变形，这种造山作用被称为陆-陆叠覆造山(任纪舜，1999)。

陆-陆叠覆造山形成的主要构造有飞云山下石炭统褶断带托库孜达坂群中南倾断裂及先期韧脆性断裂的脆性叠加，岩碧山—嵩华山二叠系远程推覆岩席，南倾逆断裂 F_{10}，关水沟 NE 向左旋走滑大断裂 F_9，鳄鱼梁二叠系逆冲型超岩片中的晚期劈理等。本次造山后飞云山—嵩华山上古生界褶断带主体构造格架基本形成。

（六）造山演化小结

综上述，将测区晚古生代至三叠纪末造山演化过程小结如下。

(1) 早石炭世早期陆壳沿耸石山—可支塔格和华道山—横条山两线拉裂，分别形成古特提斯洋和华道山—横条山弧后盆地。

(2) 早石炭世晚期，华道山—横条山弧后盆地及耸石山—可支塔格昆仑洋(古特提斯)的洋壳均开始向北俯冲，在此汇聚背景下，托库孜达坂及飞云山因强烈的岩浆活动分别成为陆缘弧与前缘岛弧——双列岛弧格局形成。

(3) 早石炭世末托库孜达坂陆缘弧与飞云山岛弧对接，形成华道山—横条山蛇绿混杂岩带。晚石炭世至晚二叠世托库孜达坂到飞云山岛弧间为弧后陆缘浅海环境，耸石山—可支塔格昆仑洋仍处于向北俯冲汇聚状态，于昆仑地层边缘形成俯冲造山。二叠纪末巴颜喀拉地块与昆仑地块对接，产生碰撞造山，耸石山—可支塔格蛇绿构造混杂岩带初步形成。

(4) 三叠纪发育巴颜喀拉盆地，其经历了由早期碰撞造山前陆盆地→中期裂陷海槽→晚期陆内汇聚回返前陆盆地的演化过程，于盆地中分别形成巴颜喀拉山群一段与二段、三段、四段与五段的砂、泥质复理石沉积。

(5) 三叠纪末巴颜喀拉板块与昆仑地块的陆内汇聚作用骤然加强，开始了变形强度大、影响面积广的造山运动，自南而北分别发生巴颜喀拉盆地断裂造山、耸石山—可支塔格构造混杂岩带陆内造山、飞云山—嵩华山上古生界褶断带陆-陆叠覆造山 3 种类型的造山作用。

第六节　变形序列

识别和确认各种构造形迹，并根据各种标志确定变形事件的相对先后关系，是建立变形序列的关键和基础。而将变形事件与区域构造演化背景结合起来，则可进一步确定变形发生的时代，并可以较容易、准确地将部分单纯根据一般标志难以确定的构造类型的先后次序确定下来。通过上述原则，建立测区变形序列。

测区分析确定构造变形序次的主要依据有：地层间的不整合面，区域动力热流变质岩的变质程度，各种构造变形间的叠加、改造、包容、切割、限制关系，构造变形与寄主岩的相关性、区域应力场特征等。本章第二节“构造分区各论”中，在综合利用以上判别标志，并结合区域构造演化过程的基础上，分别对各主要构造单元中发育的各种构造进行了较细致的变形期次划分，并确定了它们的具体形成时代。通过对上述认识的综合归纳，并结合第六章中新构造变形的有关内容，厘定出测区的构造变形序列如表 5-2 所示。

表 5-2　银石山地区构造变形序列

构造旋回	时代	变形期次	构造类型及有关沉积、变质、岩浆作用	构造体制
新构造运动旋回	Q	D_{18}	近 EW 向第四纪逆断裂，测区西南部大量 NE 向平移断裂的左行活动及其派生的走滑型湖泊等。实际包含多幕构造运动	挤压—走滑
	N_2末	D_{17}	白水河口 NW 向小型伸展构造	重力伸展
	N_2末	D_{16}	冬银山巴颜喀拉山群及白水河阿克塔什组中 NW 向褶皱，嵯峨山及天柱岩 NNE 向右行平移断裂。为阿尔金断裂强烈左旋走滑派生的 NE 向主压应力场产物	挤压—走滑
	N_2	D_{15}	古近纪盆地边缘逆断裂，伴随地表抬升、断块差异隆升和主夷平面解体	挤压
	N_1早期	D_{14}	阿克塔什组中近 EW 向重力滑动构造	重力伸展
	N_1初	D_{13}	阿克塔什组中 EW 向褶皱及逆断裂	挤压
中生代—新生代陆内构造演化旋回	E_3	D_{12}	风华山东剪切拉伸斑点，渐新世陆内裂陷盆地，沉积了阿克塔什组紫红色碎屑岩系	区域伸展
	J 末	D_{11}	明眉山侏罗系宽缓褶皱带中 EW 向直立水平宽缓褶皱	挤压
	J	D_{10}	侏罗纪陆内裂陷盆地，沉积了叶尔羌群和鹿角沟组。同期岩碧山序列花岗岩类及黑山石英斑岩形成	区域伸展
	T 末—J 初	D_9	飞云山下石炭统褶断带托库孜达坂群中枢纽倾伏的伸展滑动劈理褶皱和劈理膝折；可支塔格东面枢纽向东倾伏的伸展滑动面理褶皱	伸展
	T 末	D_8	飞云山下石炭统褶断带托库孜达坂群中南倾断裂及先期韧脆性断裂的脆性叠加；岩碧山—嵩华山二叠系远程推覆岩席；南倾逆断裂 F_{10}，NE 向左旋走滑大断裂 F_9；鳄鱼梁二叠系逆冲型超岩片中的晚期劈理；混杂岩带中耸石山断裂 F_{26}；巴颜喀拉山群中主体褶皱与断裂构造，以及劈理、石香肠、层间剪切褶皱等。为巴颜喀拉板块与昆南微陆块间发生陆内汇聚作用的产物	挤压
	T	D_7	飞云山下石炭统褶断带托库孜达坂群及可支塔格东面泥灰岩中枢纽水平的伸展滑动劈理褶皱和劈理膝折。巴颜喀拉前陆盆地向裂陷海槽转变	伸展
晚古生代古特提斯构造旋回	P_3	D_6	飞云山下石炭统褶断带主体褶皱及北倾逆断裂，透镜状石香肠、(近)顺层劈理等；鳄鱼梁二叠统逆冲型超岩片中的主要北倾逆断裂、早期劈理、布丁体、剪切褶皱变形等；耸石山—可支塔格蛇绿构造混杂岩带南侧北倾逆断裂，北侧南倾反冲断裂及南倾面理。为巴颜喀拉板块与昆南微陆块碰撞造山产物。伴随低级动热变质	碰撞挤压
	C_1晚期—P_2	D_5	耸石山—可支塔格蛇绿构造混杂岩带中右旋平移逆断裂、劈理及褶皱变形，为洋壳向北消减产物，伴随区域低绿片岩相动热变质及深成花岗岩体	洋壳消减，挤压
?	?	D_4	苦海岩群中伸展剪切滑动褶皱，变形面为先期片理、片麻理及糜棱面理	伸展
		D_3	苦海岩群中右旋逆冲形成的面理膝折	挤压—走滑
		D_2	苦海岩群中逆冲韧性剪切带，为纯剪与单剪复合变形机制	SN 向挤压
		D_1	苦海岩群中早期片理、片麻理，为深部塑性变形，伴随低角闪岩相变质作用	深埋?

第七节　地质构造发展史

构造运动控制了包括沉积、岩浆、变质甚至地表环境形成等在内的各种地质作用，因此一个地区的地质构造发展史实质上就是其地质发展史。本节就测区地质构造发展史(或地质发展史)作一简述。

(一)前晚古生代地质发展阶段

前古生代地层为少量出露的苦海岩群,为一套以斜长片麻岩为主,少量云母石英片岩及变质砂岩的变质岩系,形成于稳定陆缘环境。

苦海岩群前晚古生代从早到晚经历了四期构造变形(仅限于识别出形迹)。第一期为深埋条件下形成的塑性变形,形成片理和片麻理主体面理构造,同时发生角闪岩相变质作用。第二期为岩石从深部向上逆冲运移过程中形成的韧性剪切带。第三期为岩石于中部构造层次在区域挤压作用下再次向上逆冲运移形成的右旋逆冲型面理膝折。第四期为区域伸展剥离作用下结晶基底侵入到浅部或地表时形成的伸展剪切滑动褶皱。

(二)晚古生代—三叠纪造山演化阶段

本章第五节已就测区晚古生代—三叠纪造山演化过程及有关的岩浆作用、沉积作用、变质作用等作了较详细的阐述,故该阶段地质发展的有关内容在此不再赘述。

(三)侏罗纪—早新生代陆内裂陷盆地演化阶段

三叠纪后期因区域挤压和岩石圈消减收缩,巴颜喀拉海槽回返隆升,测区脱离海洋环境。早侏罗世开始地壳再次发生 SN 向伸展作用,形成图区中部 EW 向的几个规模不等的陆内拉张盆地,于盆地中先后沉积了早—中侏罗世叶尔羌群及晚侏罗世鹿角沟组。规模最大的明眉山盆地受北缘主控盆断裂控制,盆地中心自南向北迁移;经历了自西向东扩展超覆,而后又自东向西萎缩消亡的发展过程。

伸展裂陷的同时发生壳内岩浆活动,形成岩碧山序列花岗岩及黑山石英斑岩。

侏罗纪末期在区域南北向挤压下盆地收缩消亡,同时形成侏罗系中 EW 向直立水平宽缓褶皱。

古近纪中新世关水沟序列二长花岗岩侵位。

古近纪渐新世可能由于软流圈和地幔岩石圈的上隆,再次发生区域 SN 向伸展作用,在南北方向上形成 8 条 EW 向单面断裂盆地,形成典型的盆-岭构造格局。于盆地中沉积了阿克塔什组紫红色砾岩、砂岩、泥岩等碎屑岩系,并夹膏盐层。早古生代地层中形成伸展构造形迹,如风华山东板岩中斑点被强烈左旋拉伸。

(四)晚新生代高原隆升阶段

新近纪中新世初,在区域 SN 向挤压作用下渐新世盆地收缩消亡,同时形成阿克塔什组中 EW 向褶皱及逆断裂,地表开始隆升。中新世早期岩层因褶皱倾斜后重力失稳,阿克塔什组中形成 EW 向重力滑动构造。中新世早期地表经长期剥蚀夷平,形成新近纪主夷平面。中新世中后期,可能由于壳-幔混合层局部熔融和先期断裂产生张裂,于测区南部形成玄武岩与安山岩,北部黑伞顶一带形成花岗斑岩。

上新世晚期约 3.65Ma 左右发生岩浆活动,南部多处形成流纹斑岩和花岗斑岩,黑山、怀玉岗、黑伞顶等地形成玻基辉岩、碱煌岩、橄辉玢岩等超基性岩。再后在区域 SN 向挤压作用下,古近纪盆地边缘普遍发育倾向盆外的逆断裂,并伴随地表抬升、断块差异隆升和主夷平面解体。上新世末受阿尔金断裂强烈左旋走滑影响,区内形成 NE 向区域挤压应力场,于冬银山巴颜喀拉山群及白水河阿克塔什组中形成 NW 向褶皱,于嵯峨山及天柱岩侏罗系中形成 NNE 向右行平移断裂。

第四纪开始进入间歇性抬升期,古近纪盆地边缘 EW 逆断裂及南部 NE 向走滑断裂再次活动;于不同时期形成了冲(洪)积层、冰碛层、残积层等;金顶山一带形成安山岩。有关详情参见第六章第五节。

第六章 新构造运动与高原隆升及环境演化

青藏高原以其极高的海拔高程而被称为世界屋脊，地质学家在研究高原的形成演化时一般笼统地把阿尔金山和昆仑山定为青藏高原的北界。1:25 万银石山幅正好位于高原北缘，其北面为阿尔金山及塔里木盆地向高原过渡的前山地带，南部有昆仑山穿过。区内相对低凹处的海拔高度一般均在 4700m 以上，除部分强抬升断块外，地形总体高差不大，大面积的冲洪积平原发育，南部地区则为保存尚可的古夷平面残留区，这些地貌特征说明图区已属青藏高原的正式范畴。自新生代开始图区便随青藏高原整体开始了隆升过程，经历了一系列导致高原隆升的新构造运动和多期岩浆活动事件以及不同阶段不同气候环境下的外力地质作用(剥蚀与堆积作用)，最终形成了现今的海拔高度、地貌景观和环境状况。

新构造运动是新生代尤其是新近纪以来岩浆活动、高原隆升、沉积作用、气候与(地貌)环境演化的根本原因，后 4 个方面统一受控于新构造运动并彼此存在密切联系，它们留下的诸多痕迹成为分析新构造运动发展过程的物质基础。基于上述思想，本次区调工作中系统、全面地收集和提取了有关上述诸方面的现代和历史信息，综合分析了其发展演化过程，为青藏高原的隆升研究补充了较为扎实的基础性资料。

第一节 地貌类型及时代

地貌是在内力与外力地质作用下形成的地表形态，是地表环境中一种最客观的物质表现，特定的内力或外力地质作用则可以形成相应特征的地貌，而挽近时期形成的地貌大多得以不同程度的保存或留下一些痕迹或信息，地貌便因此成为新构造运动及新生代环境演化研究对象的首选。

一、地貌单元划分

地貌学研究的基础工作主要包括 3 个方面：一是客观、科学地描述地貌及其组合形态特征(常常还包括物质组成)，二是要查明地貌的成因及不同地貌(单元)之间的成因联系，三是要弄清地貌形成的时代即地貌成型的主要时期。在此三方面工作的基础之上通过进一步的归纳分析与综合演绎，查明地貌、环境与新构造运动的演化过程及其内在联系，并预测地貌、环境与构造运动的发展趋势，则是更高程度的工作，是地貌学研究要达到的更高目标。要最有效地达到上述目标，科学正确的研究方法便成为研究的关键。

我们从测区的客观实际出发，本着科学、实用和便于操作的指导思想，首先对图区进行地貌单元的划分与分析，然后再在单元划分与分析的基础上展开更细致更深入的地貌学研究。地貌单元的划分原则主要有以下两点：一是各地貌单元有着特有的形态特征，包括海拔高度、切割程度、所有组成的中小型地貌的特征等；二是各地貌单元反映了较为明确的构造、成因与时代等方面的属性特征。

根据上述指导原则，将图区划分为 7 种类型的一级地貌单元(图 6-1)：强抬升断块(QD)、弱抬升断块(RD)、低丘区(DQ)、早期夷平面残留区(ZY)、晚期准夷平面分布区(WY)、冲洪积平原(CH)、残积缓丘区(CJ)。以下分别介绍各类型地貌单元的分布、特点、次级地貌组成、成因、时代及演化过程等。

二、地貌各论

(一) 强抬升断块(QD)

测区发育 3 个强抬升断块：北西部飞云山强抬升断块(QD_1)、北东部嵩华山强抬升断块(QD_2)和东

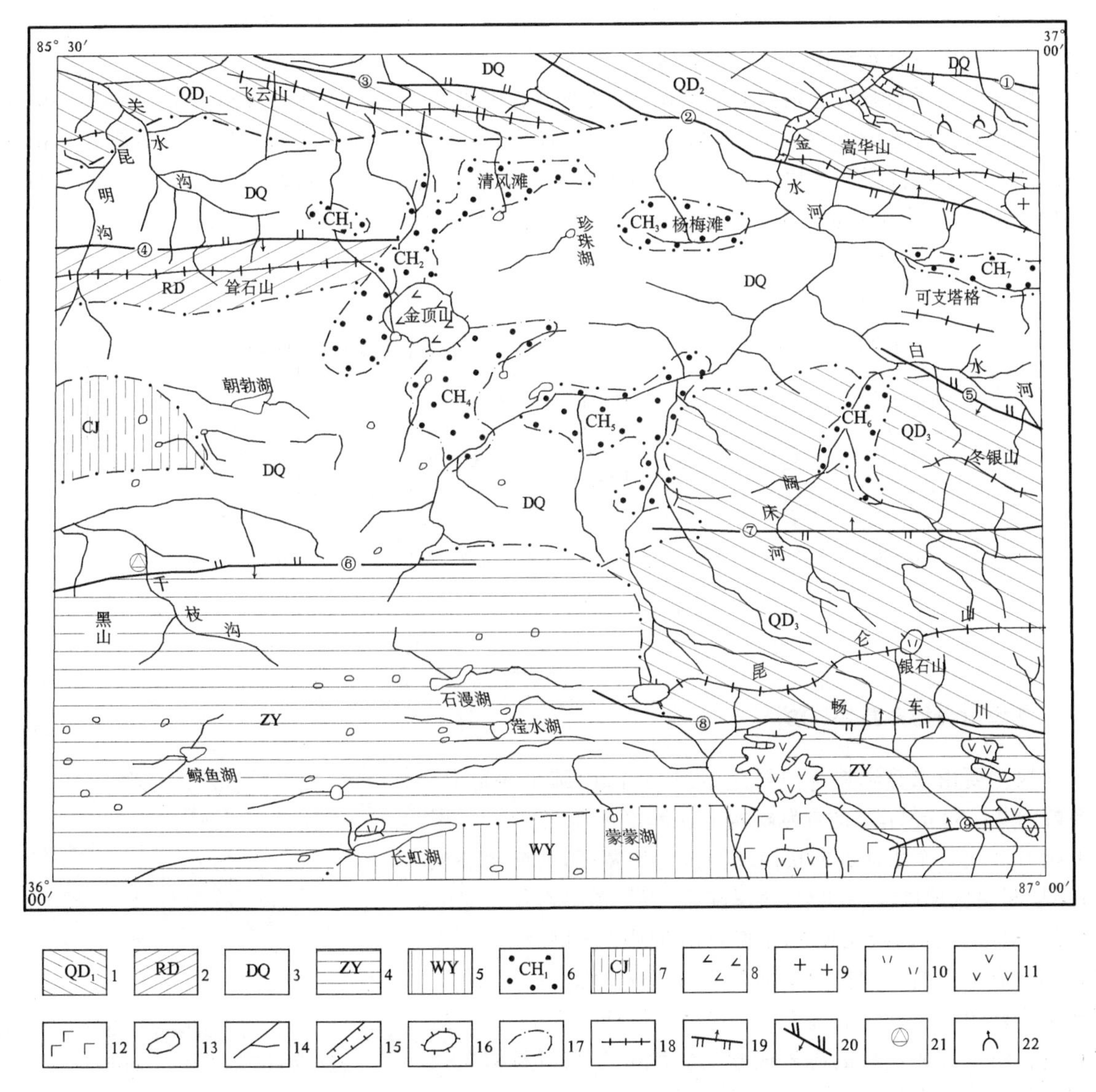

QD1 1　RD 2　DQ 3　ZY 4　WY 5　CH1 6　CJ 7　8　9　10　11

12　13　14　15　16　17　18　19　20　21　22

图 6-1　银石山地区地貌-新构造简图

1. 强抬升断块及编号：QD_1. 飞云山强抬升断块，QD_2. 嵩华山强抬升断块，QD_3. 冬银山—昆仑山强抬升断块；2. 耸石山弱抬升断块；3. 朝勃湖—可支塔格低丘区；4. 早期夷平面残留区；5. 晚期准夷平面分布区；6. 冲洪积平原：CH_1. 清淀沟冲洪积平原，CH_2. 清风滩冲洪积平原，CH_3. 杨梅滩冲洪积平原，CH_4. 银球湖冲洪积平原，CH_5. 贵水河冲洪积平原，CH_6. 阔床河冲洪积平原，CH_7. 春艳河冲洪积平原；7. 落雁湖残积缓丘区；8. 更新世安山岩；9. 花岗斑岩；10. 石英斑岩或流纹斑岩；11. 新近纪安山岩；12. 新近纪玄武岩；13. 湖泊；14. 水系；15. 窄谷河道；16. 岩体边（分）界线；17. 地貌区分界线；18. 山脊线；19. 抬升断块边界逆断裂；20. 抬升断块边界逆平移断裂（齿与断裂锐夹角指示本盘运动方向）；21. 冰碛层发育点；22. 古冰斗（箭头指示冰流方向）；①～⑨. 断裂编号

南部冬银山—昆仑山强抬升断块（QD_3）。其共同特征是：南北边界两侧或一侧发育有倾向断块内部的新构造逆冲断裂（个别为逆平移断裂）；山岭高耸，山势磅礴，各断块内最高峰海拔达 5800m 以上；山岭斜坡较陡，坡度一般 15°～30°；河床坡降比大，除主干水系外一般无现代洪冲积层发育；河流下蚀及溯源强烈，河流切割较深，相邻沟、岭高差一般可达 300～600m。各山岭大多正处于强烈的冰冻风化剥蚀与搬运中，总体上属于活动性很强的年轻地貌。

1. 飞云山强抬升断块（QD_1）

断块主要由托库孜达坂群组成，北西角有少量元古代苦海岩群。断块南面为沉积接触的古近纪阿克塔什组，北界为 NWW 向南倾的新构造逆断裂，因此断块属于单冲型。山岭近东西走向，主峰飞云山和阻雁山海拔分别达 5813m 和 5841m，其北面山前地区高程为 5000m，据此可基本确定断块相对于北面抬升了 800m 以上。整个山岭北坡陡，南坡缓，一方面与阳坡雪融较快，流水剥蚀作用较强，而阴坡更易积雪，融冻风化作用更强有关；另一方面可能与北面的边界逆断裂有关。南坡水系溯源侵蚀更强，一线沟已跨过早期主分水岭而开始侵蚀北坡。

断块区中主干水系为近东西向的洒阳沟，其两侧有中更新世末期的冲积堆积阶地（图 6-2），组成阶地的灰色砾石层厚达 20m 左右，其光释光年龄为 178±17ka。洒阳沟北面的支流河谷中该套堆积则为基座阶地。以上特征说明断块区在中更新世末其沟岭面貌已接近现在的状态，并处于相对稳定的河流侧蚀与加积阶段；中更新世后有过再次抬升，先期的河流侧蚀作用为下蚀作用所取代。

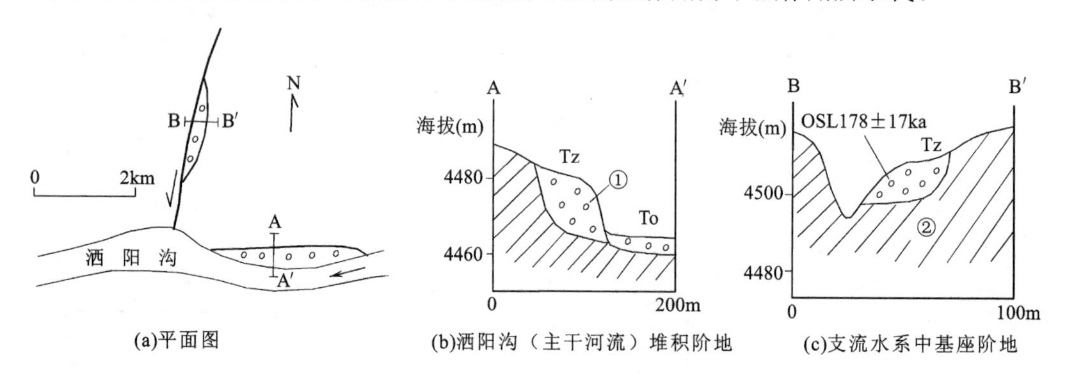

图 6-2　洒阳沟中更新世末期阶地特征及年代

T_0. 河床；T_Z. 中更新世阶地；OSL. 光释光年龄分析样；①砾石层；②基岩

2. 嵩华山强抬升断块（QD_2）

断块主要由二叠纪树维门科组组成，区内山脉东西走向，最高峰海拔 5830m，南、北均为新构造逆断裂所限（图 6-1），属背冲抬升断块。金水河在断块南北两侧河床宽阔，两岸地势低平；穿越断块区段则河谷狭窄，两岸陡峻，卫星遥感影像上呈一黑色细条带，充分反映出断块在挽近时期强烈的相对隆升作用。南界嵩华山断裂②在白银河具良好的天然露头（图 6-3），可清楚见到树维门科组上覆于古近纪阿克塔什组之上，并导致阿克塔什组下部或盆缘的砾岩段缺失。北界金水河新构造逆断裂①使河道形态骤然由窄陡变为宽缓（图 6-4），同时造成了南北两侧阶地位相的巨大差异：断裂南面河谷呈一规则的箱状，河岸壁陡立，倾角为 90°；发育三级侵蚀阶地（T_5、T_4、T_3）和一级基座阶地（T_2），侵蚀阶地发育于早更新世西域组砾岩之上，最新的堆积阶地高出河床近 40m，其砾石层的光释光年龄为 22±1ka，属晚更新世末期产物；河床中尚发育现代冲积砂砾层。断裂北面发育 T_1～T_4 四级堆积阶地，其中第二级阶地堆积物的光释光年龄为 21±2ka，可与断裂南面最新的堆积阶地对比，结合阶地位相差即可计算出 21～22ka 以来南面较北面相对抬升了约 40m，相对抬升速率为 1.9mm/a。

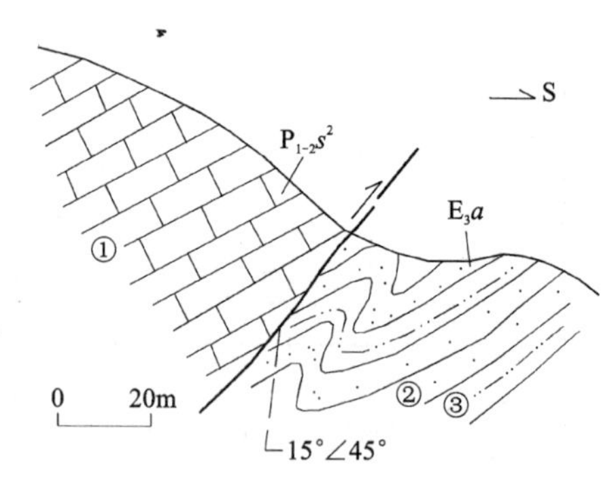

图 6-3　嵩华山南界新构造断裂白银河露头

E_3a. 古近纪阿克塔什组；$P_{1-2}s^2$. 树维门科组上段；①灰岩；②砂岩；③粉砂质泥岩

金水河东面于断块北面的山岭中自低往高、自北而南发育有一级、二级、三级古冰斗，其完整典型的形态在地形图及卫星遥感影像图上均反映清楚。一级冰斗的底面高程为 4650m，从西往东共有 8 个，冰斗间距 1.5～2km，冰斗口 2km 外残留冰碛层的 ESR 年龄为 428.9ka，属中更新世中期的产物。可确定的二级冰斗有一个，其底面高程为 4740m。三级冰斗一个，位于最东侧，底面高程为 4850m。

断块南麓黑伞顶一带发育较大面积的早更新世早期西域组，其特征与金水河口西域组基本一致，为一套灰色灰岩质砾岩，岩石主体为灰色，局部层位为灰红色；砾石大小从中砾至巨砾不等，磨圆度较差；钙质胶结，成岩良好。据其特征应为山前磨拉石建造，且为温凉间以温暖的气候环境。断块中两条主要的东西向水系（金水河支流）中均发育有早期冲积层，可与洒阳沟中更新世末冲积对比，且河流近出口处亦因强烈切割作用而发育窄谷河道。

综上述，嵩华山强抬升断块早更新世前发生了一次强烈的相对抬升，导致其后于南、北山麓西域组

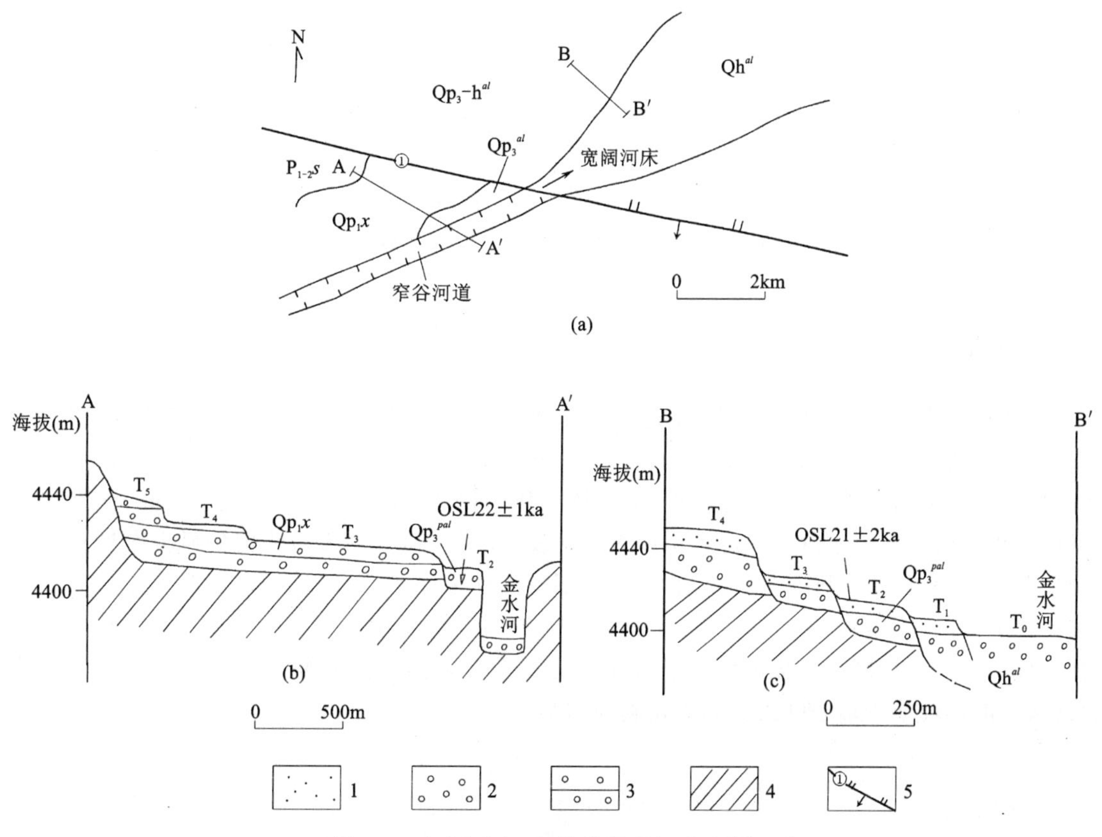

图 6-4　金水河河口新构造断裂与阶地位相

Qh^{al}. 全新世冲积；Qp_3^{al}. 晚更新世冲积；Qp_3-h^{pal}. 晚更新世—全新世冲洪积；Q_1x. 早更新世西域组；$P_{1-2}s$. 早—中二叠世树维门科组；T_1～T_5. 一～五级阶地；OSL. 光释光年龄分析样；1. 砂层；2. 砾石层；3. 砾岩；4. 前第四纪基岩；5. 金水河新构造逆断裂

砾岩的发育。大约于晚更新世末至全新世初北界断裂再次活动，导致断块中金水河的窄谷地貌和金水河口的阶地位错。断块现今处于相对稳定时期，于窄谷河道中沉积了不厚的冲积层。

3. 冬银山-昆仑山强抬升断块(QD_3)

断块南北宽约 50km，西面以贵水河为界，东面延伸出图，南、北两侧分别为早期夷平面残留区和可支塔格低丘区。区内昆仑山岭海拔一般达 5600m 左右，最高的银石山为一晚更新世末期流纹斑岩锥组成，海拔高达 5883m。其中部沿哈拉木兰河新构造断裂⑦为一东西向的低地沟谷，使整个断块分为北面的冬银山和南面的昆仑山两个次级断块。南、北两侧分别以畅车川新构造逆冲断裂⑧和白水河新构造逆平移断裂⑤为界，总体为一背冲型断块(图 6-1)。

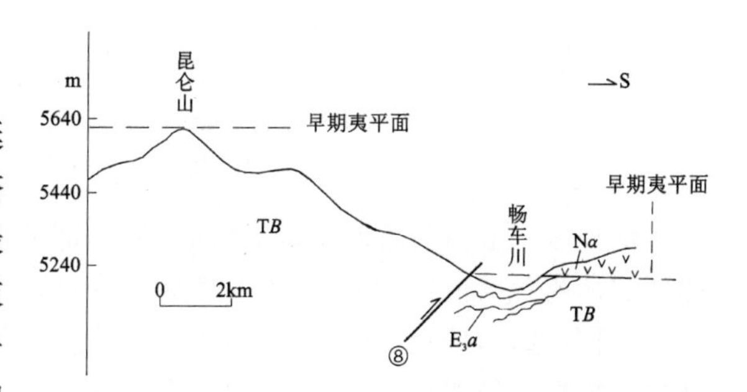

图 6-5　昆仑山—畅车川新构造与地貌剖面图

TB. 巴颜喀拉山群；E_3a. 古近纪阿克塔什组；Nα. 新近纪安山岩

畅车川新构造逆冲断裂⑧以其逆掩作用使得下盘阿克塔什组仅剩 2km 宽(图 6-5)，并造成阿克塔什组下部层位的缺失和近断裂岩层的牵引褶皱变形。以早期夷平面的错位分析，该断裂造成昆仑断块相对南面地区抬升了 200m 以上。南面夷平面上的安山岩年龄为 12.81～12.85Ma，据此该断裂主要活动时期当在中新世后期至上新世。白水河新构造逆平移断裂⑤呈 NWW 走向，南盘三叠纪地层逆掩于北盘侏罗纪地层之上，同时亦因右行剪切造成阔床河在白水河口一带出现急弯。

（二）弱抬升断块(RD)

耸石山弱抬升断块为一东西延长达 40km 以上的连续山地，山体高出南北两侧低丘区约 300m，最高峰海拔 5270m。山势总体较强抬升断块低缓，山岭斜坡较缓，河道坡降比也较小，风化剥蚀及搬运作用较弱。北坡水系的侵蚀作用明显较南坡强，西面的昆明沟已完全切穿山体而接纳南坡汇水。引起断块抬升的是其北界逆冲断裂④，断裂上盘的托库孜达坂群逆冲于古近纪阿克塔什组之上，并使后者紧靠断裂的岩层倾角达 40°左右。

（三）低丘区(DQ)

在上述强、弱抬升断块之间为朝勃湖-可支塔格低丘区，其地貌组合总体显示出中老年特征：由大量或孤立或连续的较为低矮的山岭组成，海拔高度一般为 4950～5300m；区内发育为数众多的冲洪积平原；除天柱岩等个别山岭外，总体山势低缓，风化搬运作用很弱，在某些地区已近于停止，但在局部地区山前可形成现代的融冻夷平阶地。志远山南坡下部发育厚 50cm 左右残坡积泥砂砾混杂堆积(图 6-6)，堆积物呈灰—灰绿色，所含砾石呈棱角状，反映出寒冷气候条件下的冰缘作用。底部基岩表面尚有很薄的斜坡流水成因的砂(角)砾层，其光释光年龄为 365±57ka，指示中更新世中后期为区内成熟斜坡地貌的主要形成时期。低丘区低海拔地势的形成显然是一个与强(弱)抬升断块的相对隆升相辅相成的过程，而其次级的沟岭地貌形态则为长期风化剥蚀的结果。

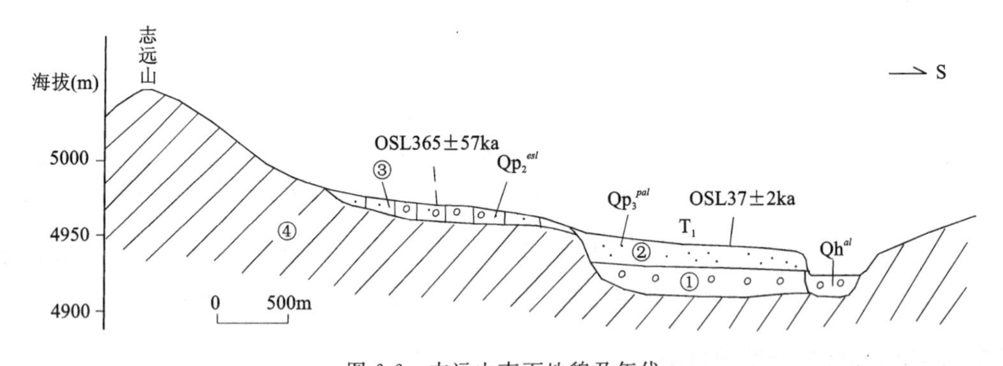

图 6-6 志远山南面地貌及年代

Qh^{al}. 全新世冲积；Qp_3^{pal}. 晚更新世洪冲积；Qp_2^{esl}. 中更新世残坡积；T_1. 一级阶地；OSL. 光释光年龄样；①砾石层；②砂层；③风化砂、土、砾质混合层；④基岩

低丘区一般由前第四纪地层组成，但局部低矮的台地或长梁状地貌由冲积砾石层或冰碛层组成。图区北部鳄鱼梁南约 5km 处见一套面积不大的冲积成因的砾石层，其剩余厚度 3m 左右，总体呈黄红色；砾石分选好，砾径一般 3～6cm；磨圆度较高，多呈次圆至圆状。砾石具薄的风化壳且表面有钙质胶结物。根据区域对比，该套沉积物应为早更新世后期的产物，大致反映了一种温暖潮湿的气候条件。

在西部黑山北面的千枝沟两侧发育一套冰碛成因的泥砂砾混杂堆积(岩性特征见第一章第四纪地层部分)，分布于黑山北麓的山前地带，组成高出现代千枝沟河床约 10m 的长梁状地貌。其 ESR 年龄为 723.6ka，属中更新世早期的产物，反映的冰期环境和冰川活动可与东昆仑对比(李长安，1997)。

（四）早期夷平面残留区(ZY)

该残留区主要分布于图区南部，以贵水河至蒙蒙湖一线为界可分为东、西两区，西部宽约 40km，东部因北面昆仑山断块的隆起宽仅 20km 左右。

东区早期夷平面尽管因后期河流剥蚀改造及沟谷的发育而支离破碎，但因众多山岭上覆新近纪安山岩而显示清楚(图 6-7)。各安山岩体主要系西面蚕眉山火山中心喷发溢流所形成熔岩被经后期切割破坏而形成的残留体，根据各火山熔岩体周边的下伏地表高程以及非火山岩构成的局部区域最高山岭的顶部高程所恢复的古地表总体十分平缓，整个地面坡度一般为1°～2°，仅蚕眉山古山丘（残丘）可达3°，此完全可与现代夷平面形态特征相对比。尤其在化石山以南一带火山岩下伏古地表的高程均为5200m左右，表面尚见风化壳，显然为古夷平面。南面发育金光顶断裂⑨（图6-1），其造成早期夷平面的垂向位错（图6-7），致使其南侧的几个安山岩残留体的底部（早期夷平面）高程仅为4970m，较北面下降了约250m，可见该活动断裂的位移量非常可观；南面测区外涌波湖的形成可能与之有关。从上覆安山岩13Ma左右的年龄来看，夷平面的发育时期应为新近纪；枣阳山南面见上新世末（K-Ar年龄3.65Ma）流纹斑岩上覆于后期剥蚀山丘之上（图6-8），结合区域资料（李吉均，1999），主夷平面的解体时间应为上新世末（3.7Ma前后）。

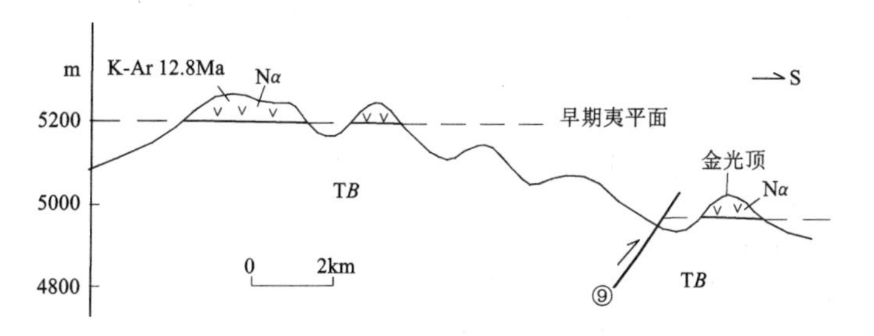

图6-7 金光顶古夷平面被新构造断裂垂向错位

TB.巴颜喀拉山群；Nα.新近纪安山岩；⑨图6-1中断裂编号

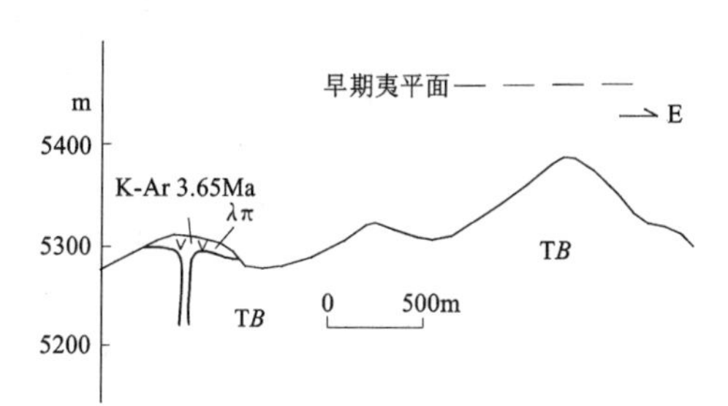

图6-8 枣阳山南流纹斑岩与地貌关系

（示斑岩在早期夷平面解体后形成）

TB.巴颜喀拉山群；λπ.流纹斑岩

西区早期夷平面由一系列连续的、高程相近且大面积分布的东西走向的山岭所显示，因后期风化剥蚀已难觅夷平面的实体遗迹。这些山岭一般高5150～5350m，局部可达5400m；沟、岭高差一般不大，在60～200m之间，部分可达300m。沟谷中发育大量大小不等的湖泊。这些山岭的斜坡大多较缓，总体已处于一种稳定状态，其主体形成年代应与志远山北坡相当，属中更新世中后期。区内一些较高的山岭显示夷平面高程可达5400m，明显较西区高，其原因可能有二：一是后期高原隆升过程中存在正常的拱曲现象，使得西区相对东区上拱而造成现今古夷平面的高程差异；二是在西区古夷平面残留区的北界存在一东西向的南倾新构造逆断裂⑥，亦可造成南面地区的相对抬升，断裂南侧黑山—岳山一线相对凸出的山脉可能与之有关。

（五）晚期准夷平面分布区（WY）

在图区最南面发育晚期准夷平面，其分布于长虹湖—蚕眉山一线以南，北面与早期夷平面残留区相接。准夷平面高程主要为4935～4960m，自北向南地表由小有起伏变为平坦。在最南面低而平坦的地表上并未像图区北部的冲洪积平原一样上覆砂砾石层，而是直接裸露基岩，局部有少许风化残积岩石碎块。这些特征充分说明地表已达准夷平面阶段。从周围地貌环境的背景分析，准夷平面开始形成的时间很晚，夷平作用现正进一步发展，夷平面将更趋成熟。

（六）冲洪积平原（CH）

图区北部的低丘区中发育大量的冲洪积台地或平原，其上发育现代河流及现代河床堆积，是地势最低的地貌单元。区内规模较大的冲洪积平原有清淀沟冲洪积平原（CH_1）、清风滩冲洪积平原（CH_2）、杨梅滩冲洪积平原（CH_3）、银球湖冲洪积平原（CH_4）、贵水河冲洪积平原（CH_5）、阔床河冲洪积平原（CH_6）和春艳河冲洪积平原（CH_7）等。冲洪积平原地表近水平，略向平原上的现代主干河流倾斜，表面覆有很薄的一层小砾石而具戈壁滩面貌。因后期和现代河流的切割与沉积作用，冲积平原大多发育一级堆积阶地，部分发育二级堆积阶地。组成平原的堆积物大多具下部砾石层、上部砂层的二元结构，砾石碎小，一般呈次棱角—次圆状，显示为高寒条件下冲洪积作用的产物。

组成平原的冲洪积层的光释光年龄为37±2Ma（图6-6），属晚更新世晚期的产物。金顶山安山岩与这类冲洪积层(清风滩冲洪积平原)同覆于先期近水平低凹地面之上(图 6-9)(该面为夷平地面抑或为堆积台面,因无露头显示不得而知),而安山岩的 K-Ar 年龄为 0.45～1.93Ma(可能为多期次喷发)。如上述年龄可靠的话,则说明低凹地面形成于 1.93Ma 之前的早更新世早期,与上覆冲洪积层并非同期产物,区内现在的主体盆山面貌可能在早更新世即已初具雏形。

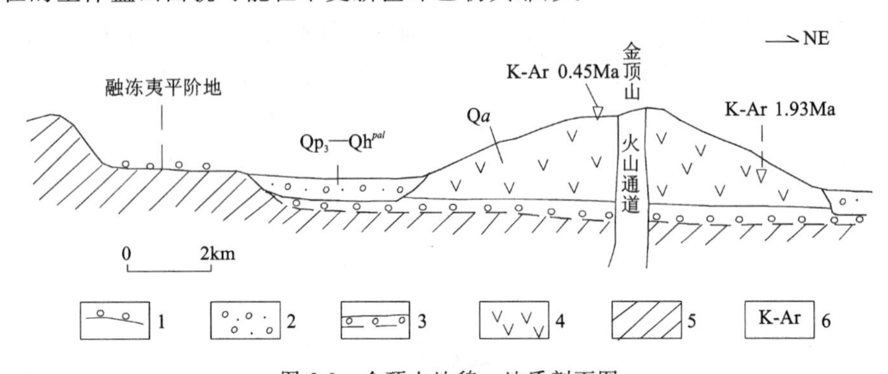

图 6-9　金顶山地貌—地质剖面图

$Qp_3—Qh^{pal}$. 晚更新世—全新世冲洪积;*Qa*. 第四纪安山岩;
1. 冰冻残积碎石;2. 砂砾层;3. 安山岩;4. 基岩地层;5. K-Ar 法测年

(七) 残积缓丘区(CJ)

西部落雁湖一带发育区内惟一的残积缓丘地貌单元,面积约 250km²,地面呈坡度极缓的丘状,地表无基岩出露,具典型残积地貌特征。上部为残坡积成因的紫红色(含)粉砂质粘土层覆盖;据地表残存砾石成分及周围地区基岩均为侏罗纪地层,推测下部基岩为晚侏罗世鹿角沟组紫红色砂砾岩。下部局部可见残坡积砾石层或面状流水作用形成的砂层。紫红色粉砂质粘土的 ESR 年龄为 639.7ka,属中更新世早期的产物,结合沉积物的特征和风化原岩为紫红色综合考虑,该时期大致属温凉气候环境。

三、水系概况

区内水系总体以昆仑山岭一线为界分为南、北两部分(图 6-1)。北面属塔里木水系,占测区绝大部分,其一级水系为金水河、洒阳沟和千枝沟,分别从图区的北东角、北西角和西面流出图外。金水河水系覆盖了图区 50%以上的面积,除冰冻期外,金水河下游基本无断流现象发生。洒阳沟仅接纳区内耸石山弱抬升断块北坡及南坡的部分、飞云山强抬升断块的南坡及北坡的西部等地区的降水,总体水量少,除降水期外,其他时间均为干河床。千枝沟接纳黑山北面和北东面的小区域降水,冰冻期外的大部分时间里都有河水流通。朝勃湖和珍珠湖两地均有面积较小的内聚水系发育。

测区南面小部属高原内流水系,其中东面小部分为相对外泄水系,降水往南流入涌波湖中。西面大面积地区则主要为内聚水系,大大小小的湖泊非常发育,它们接纳了区内几乎全部的降水。

四、地貌演化

前面以地貌分区为主脉较详细地介绍了图区的地貌格局、地貌单元划分、各地貌单元和次级组成地貌的基本特征、控制地貌格局的主要构造以及若干地貌形成的年代依据等。图 6-10 是对以上内容所作的一个概念小结,由图我们可以以时间为主线更清晰全面地理解测区新近纪以来地貌发展演化过程的梗概。为避免重复,有关地貌演化过程的文字说明放在第五节与新构造运动和岩浆活动的演化过程一并进行。

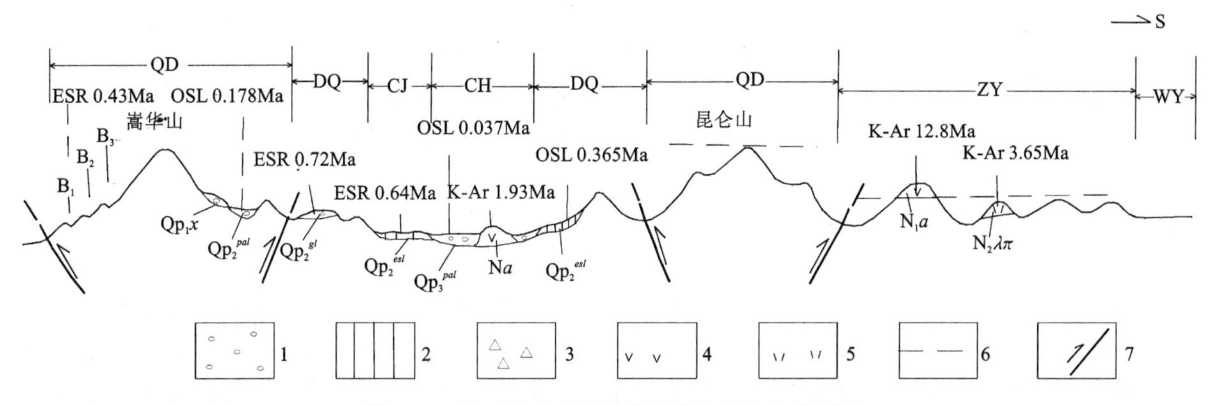

图 6-10　银石山地区地貌单元及年代综合示意图

QD1. 强抬升断块；DQ. 低丘区；ZY. 早期夷平面残留区；WY. 晚期准夷平面分布区；CH. 冲洪积平原；CJ. 残积缓丘区；$Qp_3{}^{pal}$. 晚更新世冲洪积；$Qp_2{}^{pal}$. 中更新世冲洪积；$Qp_2{}^{esl}$. 中更新世残坡积；$Qp_2{}^{gl}$. 中更新世冰碛；Qp_1x. 早更新世西域组；Qa. 第四纪安山岩；Na. 新近纪安山岩；$N\lambda\pi$. 新近纪石英斑岩或流纹斑岩；B_1、B_2、B_3. 一级、二级、三级古冰斗；OSL. 光释光测年；ESR. 电子自旋共振测年；K-Ar. 钾-氩法测年；1. 洪冲积层；2. 残坡积层；3. 冰碛物；4. 新近纪安山岩；5. 石英斑岩或流纹斑岩；6. 早期夷平面；7. 新构造逆断裂

第二节　新构造运动的主要表现

新构造运动是指挽近时期以来的成山运动，是形成现今地貌地理格局的直接和主要原因，因其与现代地表地理环境的密切关系而成为当今构造学研究的一个重要领域。图区由于地处地理环境极为独特的青藏高原北缘，新构造运动的研究便显得更有意义。从其造貌运动的基本内涵出发，目前一般将新构造运动的起始时间定为新近纪，并将新构造运动形成的构造变形称为新构造。本书沿用该定义。

图区内新构造运动在构造、沉积、岩浆活动及地貌等诸方面均有表现，具体有地表的整体抬升、地表掀斜或差异隆升、地层的变形、古夷平面的解体，河流阶地、现代高原湖泊、新近纪和第四纪火山岩等的发育，地震鼓包及断陷塘等活断层形迹等。其中在区域挤压作用下地表强烈的整体抬升作用是最主要的表现，其使得区内（属青藏高原北缘）主体海拔高度达 4800～5100m，高出北面塔里木盆地 3500m 以上。高原面的整体抬升不仅形成了高原本体特殊的高寒气候，同时也与亚洲季风和气候的演化有着直接的因果关系（李吉均，1999）。

一、地表整体抬升

青藏高原尽管在始新世中晚期（约 40Ma）即因印度板块与欧亚大陆碰撞而开始了第一期隆升，但其后的剥蚀夷平基本抵消了其上升量。高原面真正相对周围地区的抬升新近纪以来才开始，目前地质学家们对此已基本取得了共识。可见区内地表整体抬升主要还是新构造运动的贡献。由于测区已全部属于高原范围，其与塔里木盆地间尚有前山地区相隔，因此仅从区内的地貌格局尚不能直观明了地表的整体抬升情况。尽管如此，高原的整体抬升作用在区内还是有诸多表现，如主夷平面的解体、河流阶地的发育、由沉积物所反映的从温暖变为高寒的古气候演变过程等。

如前所述，区内新近纪曾有过一段主夷平面发育时期，其后因区域整体抬升而遭到解体，现在仅于南部保留有残迹，但在北面大部无论是相对抬升的强抬升断块区和弱抬升断块区，还是相对下降的低丘区，都已不能找到古夷平面的痕迹。这种古夷平面保留程度的南北差异，从一个侧面有力地说明了挽近时期高原的整体隆升作用：高原相对于北面的塔里木盆地整体抬升时，风化搬运作用自然首先从前山开始，地表的切割破坏作用总体上应从山前逐渐向高原腹地发展，从而使古夷平面在测区北部被完全破坏掉，而在南部则尚能得到不同程度的保存。

区内早更新世早期在温凉间夹温暖的气候环境下沉积了西域组的冲洪积砾岩，在中更新世开始时期（0.72Ma）高寒环境下发育了千枝沟的冰碛层，其后因全球气候变化的叠加作用使得沉积物所反映的气候环境在寒冷与相对转暖（温凉）间频繁变化，但总体上明显反映出整体海拔逐渐升高的过程。

二、断块隆升与地表掀斜

整体抬升形成测区高海拔地表，而差异隆升作用则是导致区内多类型地貌单元的直接原因。差异隆升在区内主要表现为两个方面：断块隆升与地表掀斜。由第一节可知，区内抬升断块均由新构造逆断裂的活动引起断裂两盘发生垂向错位所造成，其总体呈南北相间、东西走向的特征。这种断裂位错形成的南北方向上的隆升差异是测区最明显且占主导地位的新构造活动表现形式，也是在区域南北向挤压应力场下出现的必然结果。

相对而言，测区沿东西方向上的隆升差异则不太明显，但亦尚能觅其踪迹，具体表现为地表拱曲或掀斜作用的形迹，如前面所述的东、西两区主夷平面的高程差异，后面将要论述的大量全封闭型湖泊等。此外，这种作用在贵水河两侧的阶地地貌中也有表现（图 6-11）。南北走向的贵水河东西两侧均发育有两级阶地，其中西侧一级、二级阶地面分别较东侧高出约 3m，西侧的一级阶地已随河道的向东迁移遭受破坏，变为一缓倾的斜面。上述特征清楚地反映出该区地表自西向东掀斜的特点。

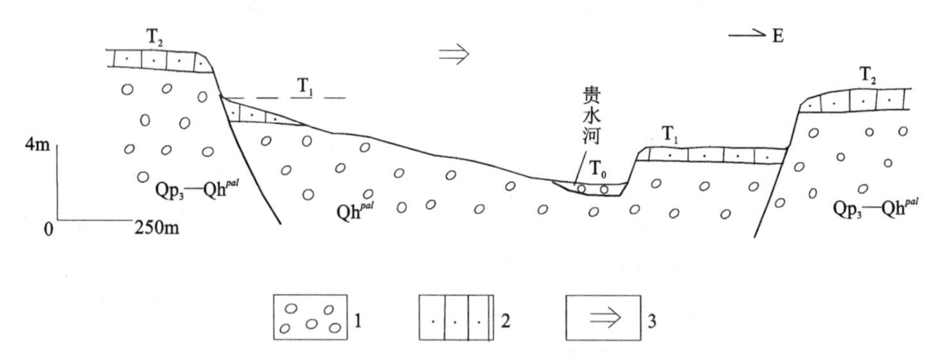

图 6-11　贵水河两侧地貌特征示地表自西向东掀斜

Qp_3—Qh^{pal}. 晚更新世—全新世冲洪积；Qh^{pal}. 全新世冲洪积；T_0. 现代河床；T_1. 一级阶地；T_2. 二级阶地；1. 砾石层；2. 砂土层；3. 示河道迁移方向

三、地层变形

在区域南北向挤压应力作用下发生的新构造运动，必然会导致不同时代、不同层位的地层的变形。区内阿克塔什组形成于古近纪，其中普遍发育的褶皱和断裂变形（详见第五章）显然为新构造运动的产物。前新生代地层因经历过不同期次的更老的构造变动，使得后期叠加的新构造形迹难以甄别，但鉴于水平收缩压扁及逆冲叠覆作用为高原隆升的主要机制，且位于表层的古近纪地层的变形应由盆地边缘断裂的逆冲作用及下伏岩石的水平收缩作用所引起，因此古近纪地层的新构造变形也间接反映了前新生代地层新构造变形的存在。

四、主夷平面解体

测区内早期主夷平面的发育及解体情况于第一节中已有阐述，此处再就主夷平面发育期其分布范围略作讨论。据李吉均（1999），22Ma 喜马拉雅运动第二期使青藏高原古近纪夷平面解体，目前只保留在各主要山脉的顶部；新近纪主夷平面祁连山东段杂木河一带可伸入山顶面保存良好的高山地区并转变为宽谷面。可见与主夷平面同时相邻发育的还有山地，且其间的高差主要是风化剥蚀与夷平的结果。相比而言测区情况如何？我们认为主夷平面在其发育期间覆盖了全区，理由如下：根据区域资料和测区客观情况，昆仑山在青藏运动开始相对抬升，但最主要的隆升作用发生在中晚更新世交界时期，由此可见区内地形的高差主要是新近纪末期至第四纪形成，而不是风化剥蚀与夷平的自然结果。

五、河流阶地

相对于北面的前山地区，尤其是车尔臣河两岸而言，区内河流阶地不太发育，没有时代较早、高差较大的高级阶地发育，造成这一现象的原因有二：一是理想的河床纵剖面本身就是一个向下游缓倾的平衡剖面，由于测区整体处于塔里木水系的上游，因此河流的下蚀作用便相对较弱；二是北面前山地区多级河流裂点与金水河河口外的低凹盆地的存在，直接抬高了区内河流的地方性侵蚀基准面。区内河流阶地主要是发育在冲洪积平原地貌单元上的堆积阶地，一般发育 1～2 级，局部可见 3 级；阶地面高差一般不大，为 1.5～3m（图 6-11）；阶地形成时代主要为晚更新世—全新世。此外洒阳沟发育中更新世堆积和基座阶地，金水河河口发育有 4 级堆积阶地等，均属局部现象。

六、现代高原湖泊

（一）现代高原湖泊的总体特征

图区内现代高原湖泊数目众多，面积在 5km^2 以上的有 5 个，1～5km^2 的约 7 个，0.1～1km^2 的约 30 个，0.1km^2 以下的则难计其数，最小者仅相当于“水塘”规模。这些湖泊在美国陆地卫星 743 假彩色合成遥感影像图上呈蓝色（水体较深）或浅蓝色—灰白色（水体较浅）的斑块或星星点点，非常醒目。湖泊主要分布在图区西南部广大地区，南、西面至图边，北面至朝勃湖—五瓣湖一线，东面至贵水河—蒙蒙湖一线。其他地区仅有北面怀玉岗北侧的瑞云干湖和南侧的明珠湖等。

较大的湖泊主要有长虹湖、鲸鱼湖、石漫湖与鸟歇湖、滢水湖、五瓣湖、朝勃湖等，其中除五瓣湖发育于侏罗纪地层区外，其他均发育于三叠纪地层区中。湖泊大多呈长条状，长宽比为 3∶1～6∶1不等；少部分呈近等轴状或等轴状。湖泊长轴方向主要有两组，一为 EW 向，与区域构造线走向一致；另一组为 NE 或 NEE 向，与区内 NE(E)向走滑或平移断裂走向一致。湖泊发育区全为汇聚式水系，且无外泄通道；各湖泊本质上为周围地势高的地道的全封闭型盆地，其周边只有入湖水道而无外泄水道。湖泊因此全为咸水湖。

（二）湖泊形成时代

除朝勃湖、石漫湖与鸟歇湖及长虹湖的部分地段等有较厚的沉积物外，其他大多数湖泊沉积物薄或很少，有的甚至基本没有沉积物发育。湖泊边缘均没有湖岸堆积阶地或侵蚀阶地或高位的湖积物，而仅有现代冲洪积物和湖积物发育。再结合湖泊数目多、规模小的特点，可大致确定区内湖泊形成时代总体很晚，一般不会早于第四纪，相当一部分可能为全新世产物。

上述湖泊形成时代认识还可从地貌特征上得到佐证。湖泊一般发育于较大的负地形之中，周围为现代沟岭地貌，“沟”与“岭”的高差一般在 100m 以内，其间的斜坡坡度较缓，多在 2°～6°，具成熟地貌特征。于志远山南坡下部坡积层底部取 ESR 样，测得年龄为 365±57ka，说明沟岭地貌形成于中更新世晚期。沟、岭的走向一般为 EW 向，这种地貌可能与区域 SN 向挤压有一定关系，但并未见到明显的相关挤压构造痕迹（挽近时期的东西向断裂或褶皱变形），因此显然应为后期风化剥蚀所致。湖泊与周围的山岭或山丘高差可达 40～100m，造成这种地形必然产生过巨量的碎屑产物，考虑到湖泊中松散沉积物一般很少，这些风化碎屑显然已被早期河流带走，即早期沟岭地貌形成与发展应伴随着外泄水系的发育，现代高原湖泊乃后期或近期才得以形成。总之，地貌学证据说明高原湖泊形成于中更新世之后。

（三）高原湖泊类型及力学成因分析

图区内现代湖泊均发育在中生代地层（三叠系或侏罗系）之上，既非沉积成因（如牛轭湖）也非岩浆成因（如破火山口或火山堰塞湖），更不是外力滑坡阻塞河道的产物，显然应为构造成因。根据与断裂在平面上的位置关系，区内湖泊可分成两类：第一类离断裂较远，其形成与断裂关系不大或不明显，而主要由区域 SN 向挤压引起表层拱—坳变形所形成，在此且称之为“纯挤压成因型”；第二类分布于 NE 向或 NEE 向平移断裂旁侧或发育于这种断裂之上，其形成与该组断裂活动关系密切，称之为“断裂成因型”。以下对这两类断裂进行简单的动力学剖析。

1. 纯挤压成因型湖泊

岳山以北、朝勃湖以南的侏罗系出露区基本上全为该类湖泊，南面的三叠系分布区亦有大量发育。此类湖泊以朝勃湖、击拳湖、沛雨湖等为代表，一般呈长条状，东西走向，大多产于沟岭地貌的“沟”中。除朝勃湖和沛雨湖外，其他湖泊规模均很小，且沉积物薄而少。紧邻湖泊无 NE 向断裂发育，湖泊周围也无其他的断裂痕迹。上述特征说明断裂为纯挤压造成：在区域 SN 向挤压作用下，地壳表层发生拱曲变形，在拱曲下坳与早期沟谷复合的部位便形成了东西向湖泊。

2. 断裂成因型湖泊

（1）走滑盆地成因理论

王义天和李继亮（1999）将走滑盆地分为拉张盆地（Ⅰ型）、挤压盆地（Ⅱ型）、扭张盆地（以拉分盆地为代表）（Ⅲ型）三大类（图 6-12）（分类代号为本书为求叙述方便所命名）。

① 拉张盆地（Ⅰ型）。出现在走滑断层的侧部，可进一步分为 3 种类型（图 6-12-A）：Ⅰa 型，断层侧部的次级断裂被拉开成三角构造凹陷，有时会形成一组张性雁列脉，规模足够大时即成为雁列状盆地，盆地边界为正断层，长轴与主断层斜交，常有一定分量的旋转；Ⅰb 型，在主断层与次级断裂交汇处，由于拉张而产生三角形凹陷；Ⅰc 型，在断层的离散松弛地段，往往产生豆荚状或尖菱形盆地，其拉张垂直于主断层。

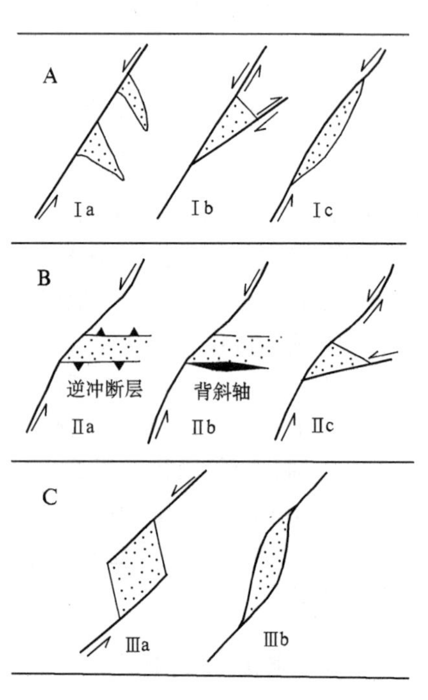

图 6-12 走滑盆地的类型
A. 拉张盆地（Ⅰ型）；B. 挤压盆地（Ⅱ型）；C. 拉分盆地（Ⅲ型）

② 挤压盆地（Ⅱ型）。在走滑断层形成的背斜或逆冲断层的前方因地势较低，形成可接受来自周围沉积物的挤压凹陷。据其发育位置可进一步分为 3 种类型（图 6-12-B）。Ⅱa 型，发育在断层的侧部，往往为长条形，一侧为主断层所限，另外两侧为逆断层；Ⅱb 型，与Ⅱa 型基本相同，只是另外两侧为褶皱而非逆断层；Ⅱc 型，发育在主断层与次级断层的交汇处，断块受后侧应力挤压导致局部抬升并在前方形成楔形或三角形挤压凹陷，一侧为主走滑断层，另一侧为次级逆断层。

③ 扭张盆地（Ⅲ型）。主要发育在走滑断层的解压叠覆区、转折、弯曲或交汇部位，呈菱形、矩形、S 形、Z 形、三角形或楔形等。其典型代表为拉分盆地（图 6-12-C），形成于解压叠覆（Ⅲa 型）或断层弯曲（Ⅲb 型）的区段之间。

（2）断裂成因湖泊类型

区内断裂成因型湖泊组成了黑山—岳山一线以南三叠系中湖泊群的主体，它们均发育在 NE(E)向断裂之上或其旁侧，其实质为这些平移断裂活动所产生的走滑盆地。如第五章所述，图区东南部发育大量 NE(E)向的左行平移断裂，这些断裂主要形成或活动于三叠纪晚期的陆内断裂造山带中，第四纪时受区域南北向强挤压的影响再次产生左旋平移活动而形成走滑盆地型湖泊。根据前述走滑盆地成因理论结合区域地质构造特征来考查，这些断裂的成因总体上可归于Ⅰa型、Ⅰc型、Ⅱb型和(或)Ⅱa型；从单个湖泊来看，其形成既有单成因，也有复合成因，就目前研究总共可以划分为以下5种：Ⅰa型、Ⅱb型、Ⅰc型+Ⅰa型、Ⅰc型+Ⅱb型、Ⅰa型+Ⅱb型，其中前2种为单成因，后3种为复合成因。需要指出，由于强烈的物理风化作用使得地表岩石极为松散，有的甚至覆盖了较厚的碎屑层，导致湖泊边缘难以看到断层形迹，因此区内部分Ⅱb型可能实为Ⅱa型。

①Ⅰa型。数目多，典型的有滢水湖[图6-13(a)]和激风湖等。该类湖泊通常略呈长条状，长轴近SN向，以NE(E)向平移断裂为其一侧的边界。平行于长轴方向的两边为主断裂左旋剪切派生的次级张断裂，长轴与主断裂的锐夹角为70°左右，锐角方向指示主断裂在本侧的运动方向。

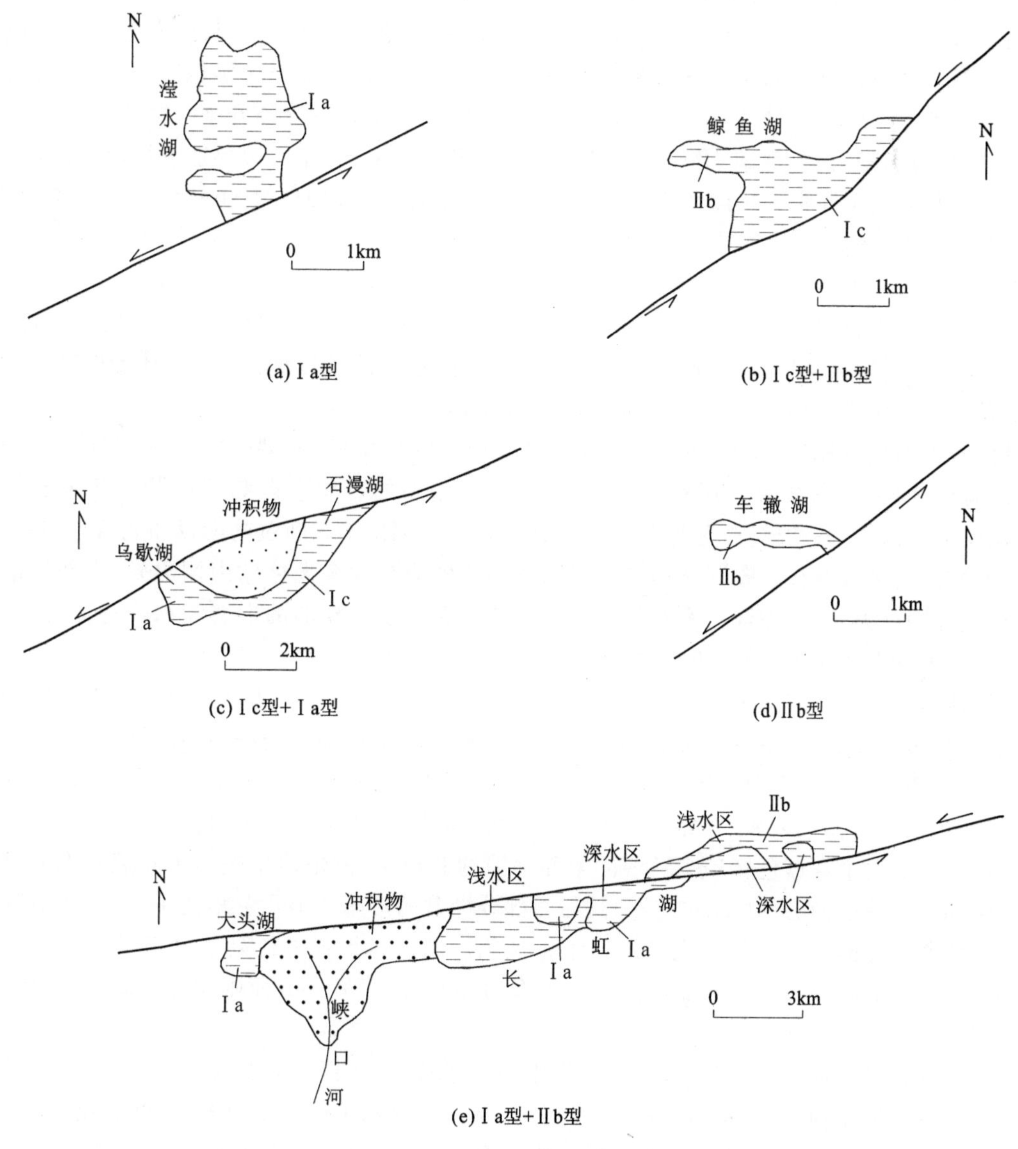

图6-13　区内断裂成因湖泊类型

②Ⅱb型。典型的有车辙湖[图6-13(d)]、格斗湖等。该类湖泊发育于NE(E)向剪切断裂的一侧，一般规模不大，多呈狭条状，长宽比可达6∶1；EW走向，长轴与主断裂的锐夹角指示主断裂在对侧的运动方向。

③Ⅰc型+Ⅰa型。该类型可基本确认的为乌歇湖—石漫湖[图6-13(c)]。乌歇湖与石漫湖实为一个整体，因北面河流冲积扇向南的推进使湖泊分为尚相连的两部分。湖泊呈长熨斗形，长宽比约为2.5∶1；"熨斗"的底边(北西侧)为北东向平移断裂，略向北西弧形凸出；"熨斗"的后边位于南西端，该边与主断裂的锐夹角约为80°，指向NNE，当为主断裂左行平移时派生的张性断裂；"熨斗"的顶面为湖泊

的南东侧，总体上略呈弧形凸出，但自湖泊两端往外断裂变得平直，该特点在卫星遥感影像图上清楚可见。湖泊中冲积扇位于北西侧且扇顶指向NW，扇中轴方向垂直于主断裂走向。用前述走滑盆地成因理论来考察，上述特征便清楚地反映出该断裂主体成因属Ⅰc型，但在南东端叠加了Ⅰa型成盆作用。

④ Ⅰc型＋Ⅱb型。该类型可基本确认的为鲸鱼湖[图6-13(b)]。鲸鱼湖形如一长鳍鲸鱼，“鲸鱼”的肚腹(南东边缘)为NE向左行平移断裂，略向SE弧形凸出，断裂从湖泊北东、南西两端往外变得平直，这点在卫星遥感影像图上亦反映清晰；“鲸鱼”的头、尾分别为湖泊的南西端和北东端；湖泊往西延伸的狭长部分组成了“鲸鱼”长长的背鳍。根据走滑盆地成因理论，鲸鱼湖靠东面的主体部分显然属于Ⅰc型，而西面的细长部分可基本确定为Ⅱb型。

⑤ Ⅰa型＋Ⅱb型。该成因类型仅见于长虹湖—大头湖[图6-13(e)]。长虹湖与大头湖位于图区南侧的中西段，总体顺NEE向长虹湖大断裂展布。从现今地表情况及卫星影像特征来看，大头湖与长虹湖本为一个整体，只是由于后期狭口河的冲积扇体的增生才将二者分隔开来。大头湖呈一不规则四边形，其北边界为NEE向长虹湖左行平移大断裂，南边界为EW向，东西边界近平行，约为NNE15°，南北长轴方向与长虹湖主断裂大角度相交，交角约为68°。结合主断裂的左行平移考虑上述湖泊特征，大头湖当为典型的Ⅰa型。

从与两侧湖泊的位态关系来看，中部的狭口河冲积扇显然应为更早时期的湖泊中心所在。冲积扇规模较大，沿中轴方向长达4.5km以上，东西扇宽仅水上部分即达7km以上。扇体呈不对称状，东面扇翼延伸较远、规模较大，可能从一定程度上反映出湖泊向东的扩张与发展。该扇体的中轴方向与长虹湖断裂交角约80°，锐角指向NE，反映出早期湖泊亦为Ⅰa型成因。

东部的长虹湖呈NEE向延伸，长约18km。呈一细长的鼓槌形，西端为“槌”头，宽约2.5km；中部为“槌”腰，宽仅0.3km；东端为“槌”柄，宽1.2km。根据湖泊的客观形态和长虹湖主断裂的位置与走向，长虹湖明显可以中部的“槌”腰为界分为西、东两体，其分别位于主断裂的南盘和北盘，卫星影像图上可清楚地看到走向平直的长虹湖断裂构成了西湖体的北侧边界和东湖体的南侧边界，中部湖泊最窄处即为东、西湖体的分界位置，亦即为主断裂穿切湖泊的位置。根据湖泊的形态和结构特征，西湖体和东湖体的成因类型分别属于Ⅰa型和Ⅱb型。以下分别对其加以讨论。

长虹湖西体湖面形态较简单，但湖盆形态较复杂。湖面大致呈一由北、南、西三边围限的细长的三角形，西边为短边，与北边即主断裂交角约60°。西体湖盆实为东、西一小一大的两个次级湖盆所组成[图6-13(e)]。该盆底结构在卫星影像图上表现得极为清晰：西侧的浅水区呈浅蓝色，东侧的深水区呈深蓝色；深蓝色区与浅蓝色区分界(界线实为一等高线)截然，并清楚地显示出被一中间隆起分为东、西两部分。影像图上两个深蓝色区(湖盆下部)紧邻湖泊的北边缘，清楚地反映出主断裂从西湖体的北边缘通过。中间隆起的走向为NNE20°左右，其与两部分湖盆的形态均显示盆地为Ⅰa型。此连续并置的盆地即为走滑断裂旁侧派生的足够规模的一组张性雁列断层所形成的雁列状盆地(图6-12-A)。西湖体的这种西浅东深的湖盆格局一方面与西侧沉积物的补给有关，另一方面则明显反映出湖盆自西向东的逐渐扩展。

长虹湖东体相对西体要窄，湖面呈一不甚规则的长条状，南边因为长虹湖断裂而较平直，北边缘形态弯曲不平。与西体相似，在卫星遥感影像图上同样清楚地显示出两个次级湖盆，湖盆及水下隆起形态见图6-13(e)。影像图上两个深蓝色区(湖盆下部)紧邻湖泊的南边缘，清楚地反映出主断裂从东湖体的南边缘通过。上述特征较清楚地反映出东湖体的湖盆由两个并置的Ⅱb型盆地所组成。东湖体中沉积物不发育，其东端的河流入口处也仅有薄而局限的少量碎屑堆积，说明其形成很晚，且明显晚于西湖体。

综上述，长虹湖由先后形成的西、东两个湖体组成，形成受NEE向长虹湖左行平移大断裂控制，成因分别为Ⅰa型和Ⅱb型。西湖体早期与大头湖相连，后被冲积扇所分隔。湖泊的结构特征反映出自西向东逐步扩张与迁移的发展过程 。

（四）湖泊形成机制解释

以上尽管探讨和解释了区内湖泊的具体力学成因：SN向的区域挤压形成了挤压型盆地，并导致早期 NE(E)向断裂左行平移而产生断裂型盆地;但在湖泊的形成机制上还有一个问题需要解释:即这些湖泊是如何成为全封闭型的。如前所述,在早期沟岭地貌的沟中发育外泄水系,说明该时期沟岭带中的大小河流纵剖面均是从沟岭带内部倾向外部,按一般地貌发展规律,如果仅有上述的挤压或拉张作用于局部形成湖泊,则只能在湖泊发育部位造成小型的盆状地形,但湖泊沿水系方向的两端之相对高差当无根本改变,靠下游一端的水系应仍为外泄水道。简单说就是湖泊应一端(或多端)纳水而另一端排水,就如洞庭湖一样;而事实上情况正好相反,区内湖泊周围全为汇聚或入流水系。我们认为造成这一现象的根本原因是后期地壳的差异隆升所造成,即沿水系方向存在地表的差异隆升所致。

七、活断层形迹

本书活断层是指近代或现代有过活动的断层。区内能够确定的活断层形迹非常少见,仅于双须湖北东约 7km 处见有一处。断裂继承早期北东向左行平移断裂于近代再次活动,在断层的南东盘形成断陷塘和地震鼓包(图 6-14)。断陷塘直径 200m 左右,北西边界较平直,其他各边呈不规则状,塘中尚无沉积物发育,说明其形成时代极晚。再往 NE 方向约 800m 发育两个地震鼓包,略呈长梁状,长约 60m,宽约 25m,高 10m 左右;长轴东西走向略偏南,与主断裂交角约 45°,锐夹角指示断裂的左旋走滑性质。

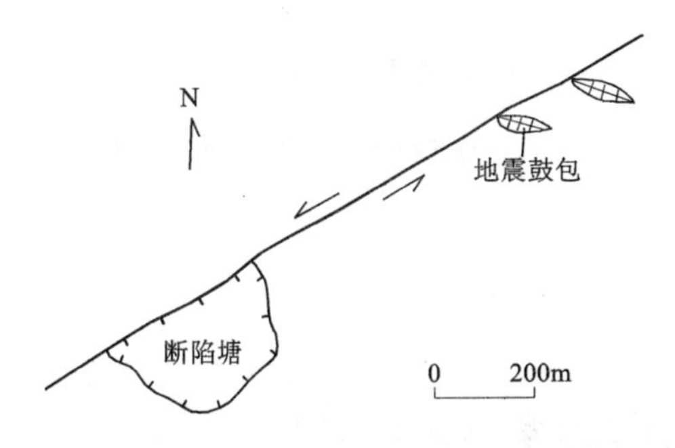

图 6-14 双须湖活断层形成断陷塘与地震鼓包

八、晚新生代火山岩

晚新生代火山岩已被公认为是青藏高原隆升过程中新构造活动的产物(邓万明,1998),并已成为探讨青藏高原隆升机制和隆升过程的主要研究对象之一。如第二章所述,测区发育中新世、上新世、更新世 3 个世代的晚新生代火山岩,其为探讨深部构造环境与动力学过程提供了丰富信息。

中新世火山岩有黑伞顶等地的花岗斑岩(13.2Ma)及蚕眉山、化石山、长虹湖等地的玄武安粗岩、安粗岩、英安岩等(12.8Ma)。前者全碱较高,Na_2O+K_2O 为 6.88%~8.17%,K_2O/Na_2O 均大于 1,一般为 1.5 左右;稀土元素、微量元素及常量元素分析结果显示岩浆为壳源,具地幔流体的混染。后者 Alk(Na_2O+K_2O)为 6.07%~8.10%,其中 $K_2O/Na_2O>1$,属钾玄系列火山岩;微量元素及稀土元素亦显示出上地幔部分熔融的特点,如 Zr、Hf、P 等富集,而氧稳定同位素、锶初始比值等显示出上地壳的特点,故岩浆应来源于壳-幔混熔层或上地幔部分熔融后,再同化混染了部分上地壳物质。

上新世晚期火山岩有银石山、枣阳山等地的流纹斑岩(3.65Ma)、花岗斑岩,黑山、怀玉岗、黑伞顶等地的玻基辉岩、碱煌岩、橄辉玢岩等超基性岩。前者部分岩体含白云母和石榴石,$K_2O>Na_2O$ 或 $K_2O<Na_2O$;岩浆为壳源,具地幔流体的强烈混染。后者岩浆来源于地幔。

更新世火山岩主要有金顶山及摘星山安粗岩(0.3~1.93Ma),$K_2O>Na_2O$,二者比值 1.04~1.39。据火山岩中含有辉长岩、橄榄辉石岩、麻粒岩等上地幔—下地壳包体及较高的相容元素,岩浆来源于壳-幔混熔层,并有上地壳物质的加入。

上述 3 个世代的火山岩从一定程度上反映出测区晚新生代以来深部岩石圈甚至软流圈的构造活动特征,并与高原隆升过程具有良好的对应关系(详见第六节"隆升机制"):中新世喜马拉雅运动使高原经南北挤压地壳缩短加厚,高原缓慢抬升,岩石圈开始破裂,壳-幔混合层局部熔融,壳内低速层强烈拆离;上新世晚期至早更新世青藏运动发动,高原强烈隆升,地幔岩石圈下部拆沉,软流圈上隆,地幔岩浆及壳内重熔岩浆侵出地表或喷发;中更新世以来构造抬升相对缓慢,软流圈开始冷却并停止上隆,但仍有壳-幔混合层熔融岩浆活动。

区内晚新生代火山岩的产出部位明显受构造控制。如南东部蚕眉山大岩体的火山通道位于长虹湖

WEE 向大断裂与 EW 向畅车川断裂的交汇部位；测区南部广泛发育的酸性斑岩一般均产于断裂旁侧或断裂之上；金顶山岩体位于耸石山混杂岩带与巴颜喀拉地块分界部位等。总之，这些火山岩体是岩浆沿先期断裂于晚新生代重新活动而提供的运移通道喷出地表所形成。

第三节 新构造运动性质

一、新构造运动的动力学体制

（一）主要新构造类型

以下就测区的主要新构造类型作一概略的小结，其详细特征可参见第五章及本章前两节的有关内容。

1. 挤压构造

挤压构造是测区内占主导地位的新构造，主要构造类型是逆断裂，此外还有褶皱及重力滑动构造、平移断裂、拱曲与掀斜等。

（1）逆断裂

区内新构造逆断裂均为 EW 走向，是区域 SN 向挤压应力作用下的主要产物。据其发育部位可分为两种，一是发育在古近纪沉积盆地南北边界的早期逆断裂，如鳄鱼梁逆断裂 F_{13}、留踪沟逆断裂 F_8 等（图 5-1），主要形成于古近纪与新近纪之交的喜马拉雅运动第二期；二是构成强抬升断块边界的后期逆断裂，如金水河新构造逆断裂①、飞云山新构造逆断裂③、耸石山新构造逆断裂④等（图 6-1），它们主要活动于新近纪末的青藏运动及以后的多期构造活动中。另有部分断裂既位于盆地边界，又为强抬升断块的边界，如嵩华山新构造逆断裂②、畅车川新构造逆断裂⑧等。断块边界新构造逆断裂的活动，使区内差异隆升断块总体呈 EW 走向、南北相间的特征，从而控制和造就了测区的宏观地貌特征。

（2）褶皱及重力滑动构造

测区广泛发育的古近纪阿克塔什组发育两期挤压作用下的褶皱变形，以及在褶皱变形基础上诱发的局部重力伸展应力下形成的重力伸展构造（详情参见第五章第三节）。

（3）平移断裂

如前述，测区西南部大量 NE 向印支期平移断裂晚新生代在区域南北挤压下再次产生左旋平移活动，并产生了区内大量与走滑断裂相关的现代湖泊。此外，在嵯峨山及天柱岩的侏罗纪地层中发育的 NNE 向右行平移断裂于上新世末形成。

（4）拱曲与掀斜

前已述及，区内挤压性湖泊与 SN 向挤压形成的 EW 走向拱曲变形有关，而湖泊周边全汇聚型水系的发育则可能与沿 EW 方向的拱曲变形有关。大型的拱曲则会以掀斜形式表现出来，如贵水河近代自西向东的掀斜作用。

2. 拉张构造

能反映区域拉张构造体制的拉张新构造形迹（当然不包括平移断裂旁侧派生的走滑性拉张盆地或湖泊）在测区并不发育，但鉴于火山喷发往往沿张性断裂及其交汇处发生，以及区内新近纪板内拉张玄武岩的发育等，应存在短期的表现不太强烈的拉张构造体制。

（二）动力学体制讨论

青藏高原晚新生代的新构造运动是在印度—西伯利亚大陆持续双向压入下发生的，区域 SN 向挤压应是总体的、占主导地位的构造变形体制，在该体制下高原岩石圈水平缩短，垂直增厚，同时伴随广泛的大规模的逆冲推覆构造和一些走滑断裂。同时，局部可能发育伸展或张性构造，如早更新世初东昆仑布青山南麓因差异运动形成断陷盆地(李长安，1997)，昆仑山垭口地区在上新世之末的青藏运动(3.4Ma)中因拉张断陷形成盆地并沉积了惊仙谷组和羌塘组湖盆堆积(崔之久等，1999)等。这种拉张可能被解释为两侧岩石圈深部受到挤压派生出的表壳拉张，或是大型走滑断裂活动引起的伴生拉张，甚或为下部软流圈地幔上涌引起的顶托拉张等。特别是一般人均认为高原上的差异隆升断块是张性正断裂活动的结果，更有人认为整个高原表面或地壳浅层在挽近时期均处于强烈的张裂状态中(于学政，1999)。

测区在古近纪总体处于 SN 向的拉张构造环境，形成典型的 EW 向盆-山构造，并于盆内沉积了阿克塔什组陆相红层。新近纪开始构造体制由拉张转为挤压，此后测区几乎一直处于挤压体制之下，只是在几次火山喷发期可能存在微弱的断裂拉张作用，而并无断陷盆地等明显的拉张构造发育。需特别指出，测区差异隆升断块并非一般人所认为和想象的那样是由张性正断裂活动所致；恰好相反，野外若干露头表明，区内几大强抬升断块的边界均为新构造逆断裂，正是这些断裂的逆冲推覆直接造成了上盘断块的相对抬升，导致了测区地表的差异隆升。有研究表明(潘裕生，1999)，青藏高原现今仍处在 SN 向挤压之中，高原上目前广泛分布的正断层仅仅是高原抬升到一定高度后，表面向周围扩散引起的很浅部张裂，类似于横梁弯曲顶端的张裂；出现的时间都很晚，切割了第四纪早、中期的沉积物。该认识从一个侧面佐证了测区内主要形成于新近纪末至第四纪早期的强抬升断块并非张性正断层活动的产物。鉴于此，我们认为区域上某些高原差异隆升断块的张陷机制解释可能需要重新审视。

二、新构造运动的方向性

在区内新构造运动的方向问题上可以从两个层次或方面考察，一是测区作为青藏高原北缘的一部分，其整体运动的方向性；二是测区内各种具体变形构造运动的方向性。

青藏高原在区域 SN 向挤压作用下产生水平方向的收缩和垂直方向的伸展与增厚，其成为高原隆升的主要机制之一。显然，高原的新构造运动既包含水平方向的运动，又包含垂直方向的运动。从距离上讲，水平运动分量远远大于垂直运动分量；但从运动的实质强度及其对岩石圈结构和地貌格局的影响上看，垂直运动则远远高于水平运动。因此测区整体构造运动性质以垂直升降运动为主，水平运动为辅。

与整体运动相似，区内所发育新构造也主要表现为垂向的差异隆升。区内新构造逆断裂、平移断裂及褶皱等构造在水平方向的位移并不直观显著，对构造格局及地貌环境也无大的实质性影响。但垂向运动，尤其是抬升断块在新构造逆断裂的活动中所产生的垂直上升则造就了测区地理面貌的基本格架。所以区内新构造的运动方向总体上也以垂向为主。

三、新构造运动的发展演化特征

如本章第一、二、五节所述，测区新构造运动从构造变形、沉积与剥蚀、火山活动等诸方面综合反映出其阶段性发展演化的特点，即以整体抬升和差异隆升及岩浆喷发为特征的构造活动阶段，与以剥蚀夷平和河床堆积等为特征的构造稳定阶段交替演化的特点。

第四节　高原隆升的矿物裂变径迹记录

确定青藏高原在过去地质历史时期的隆升时限和速率主要通过以下两种手段：①综合古地理研究方法。包括地层古生物、古土壤、地貌(古岩溶和夷平面)、古冰川等多学科的综合研究，“将今论古”，恢复古地理环境，推测隆起的幅度、时代和形式。②同位素年代学方法。通过特征矿物或全岩的 Rb-Sr、

K-Ar 或裂变径迹年龄，推算抬升速率及降起年代。前一种手段毫无疑问是直接而客观的；后一种手段对解决高原环境恶劣地区的地质问题也无疑是简捷快速的，而且，更为关键的是很容易就可以获得中间过程，从而更精确地得到反映隆升过程差异的研究结果。

本次工作中于测区采送了 1 个锆石和 1 个磷灰石裂变径迹分析样品，北面且末县一级电站幅中采送了 1 个锆石和 3 个磷灰石裂变径迹分析样品。为对高原隆升过程有一个更清晰、更完整的认识，本报告对其结果一并利用和分析。

一、矿物裂变径迹分析原理与方法简介

（一）裂变径迹分析基本原理

矿物裂变径迹(fission track，FT)是矿物中的微量铀在裂变过程中形成高能碎片射向四周，其能量使矿物晶格遭受损伤，从而留下裂变的径迹。经化学试剂刻蚀后，这种损伤被揭示出并能在普通光学显微镜下观察研究。在地质体温度高于径迹保留温度时完全退火，径迹完全不能保留。地质体冷却到径迹保留温度后，伴随所含^{238}U的自发裂变过程，就开始了自发裂变径迹的积累。显然，在测得矿物的铀含量及自发裂变径迹后，我们便可获得时间的信息，其中铀的含量，我们可以由统计对应于^{238}U 含量的^{235}U，在经原子反应堆热中子诱发裂变后所形成的诱发裂变径迹密度计算得出，故裂变径迹测年法，在统计得出自发裂变径迹(ρ_s)及诱发裂变径迹密度(ρ_i)后便可通过径迹计算出裂变径迹年龄。

裂变径迹在温度高于某一值 t_1时完全不能保存或径迹保留率为 0，在温度低于某一值 t_2时则完全保留或径迹保留率为 100%，在 t_1至 t_2的温度区间径迹保留率由 0 逐渐增加到 100%，其被称为部分退火带或部分稳定带。在部分退火带中既有老径迹的缩短、丢失，也有新径迹的不断产生，因此在部分退火带中经历过复杂热历史或长期退火的样品其 FT 长度变短，长度分布也比较分散。

实验室所测定 FT 表面年龄一般为样品进入封闭温度以来的年龄，而封闭温度是指 FT 能被有效保存的温度界限。在低于此温度时，FT 体系是封闭的(即同位素时钟在此刻正常动作)。根据 Dodson 的模式，FT 封闭温度一般指 50%径迹被保留时的温度，其界于 t_1至 t_2之间。不同矿物具有不同的 FT 封闭温度，对于 1～100Ma 的地质退火时间，目前采用的矿物 FT 封闭温度是(Wagner G A，1992)：磷灰石(100±20)℃；锆石(210±40)℃；榍石(250±40)℃。封闭温度的大小还与隆升速度有关，隆升速率越大，封闭温度越高。

（二）裂变径迹分析方法

近几年来裂变径迹技术的迅速发展，为研究造山带隆升过程提供了有效的低温热年代学工具。现在有关 FT 方法的应用主要有 3 种：①矿物对封闭年龄法；②磷灰石 FT 年龄-高程法；③磷灰石 FT 长度分析。由于磷灰石矿物的热退火特性和部分退火带特征研究得最详细，其 FT 资料可以为研究造山带隆升提供隆升时间、隆升幅度、隆升速率、隆升方式以及低温热历史等比较全面的山脉隆升史资料。因此磷灰石的 FT 年龄、长度分析成为研究造山带隆升过程最重要的工具之一。

1. 矿物对封闭年龄法

由于同一样点的不同矿物具不同的裂变径迹封闭温度，在某一地温梯度下其对应于不同的埋深，据此便可通过测定不同矿物的径迹封闭年龄来计算出两年龄之间的时间段中样点的抬升量及抬升速率。设 t_1为封闭温度较高的矿物封闭年龄，H_1为其对应埋深；t_2为封闭温度较高的矿物封闭年龄，H_2为其对应埋深。在抬升量与地表剥蚀量相近(即地表海拔高程基本不变)的情况下，t_1至 t_2间样点的抬升量 $\Delta H = H_1 - H_2$，而该时间段中样点的抬升速率 $V = \Delta H/(t_1 - t_2)$。当抬升量与地表剥蚀量不同(即地表海拔高程发生改变)时，则计算时应根据地表海拔换算出样点的绝对高程，通过高程之差来计算隆升量与隆升速率。

2. 磷灰石 FT 年龄-高程法

显然，同一地质体（或无差异隆升的小区域）中现今地表不同高程磷灰石经过封闭温度的时间是不同的，海拔高者时间早，海拔低者时间晚，令其裂变径迹年龄分别为 t_1 和 t_2，其海拔高程差为 ΔH，则在抬升量与地表剥蚀量相近（即地表海拔高程基本不变）的一般情况下，t_1 至 t_2 间样点的抬升量为 ΔH，而该时间段中样点的抬升速率 $V=\Delta H/(t_1-t_2)$。与封闭年龄法相同，当抬升量与地表剥蚀量不同（即地表海拔高程发生改变）时，计算时应根据地表海拔换算出样点的绝对高程，通过高程之差来计算隆升量与隆升速率。

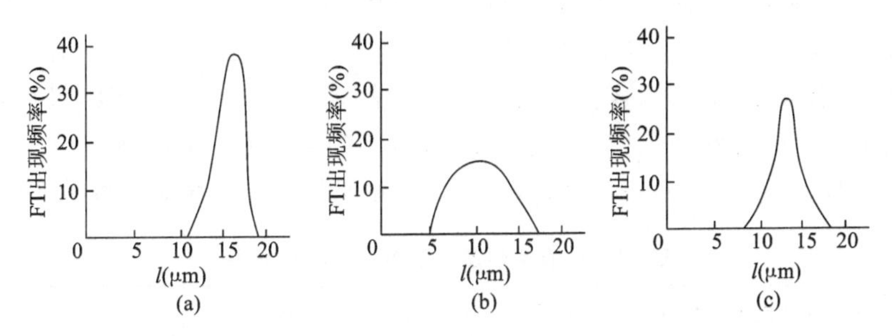

图 6-15 三种典型热历史裂变径迹长度的统计分布型式

3. 磷灰石 FT 长度分析

由于在部分退火带中既有老径迹的缩短、丢失，也有新径迹的不断产生，因此磷灰石裂变径迹长度的统计分布型式可反映出其低温热历史。图 6-15 是三种典型热历史的相应径迹长度统计分布型式。(a)表示样品形成后经历快速冷却进入径迹稳定带，其表面年龄可代表样品的形成年龄；其磷灰石的 FT 长度特征为：长度分布呈窄、高的特长式单峰分布，平均长度为 14.0～15.6μm，长度偏差为 0.8～1.0μm，此长度特征为火山岩型。(c)表示样品以恒定速率冷却至地表温度，其表面年龄代表冷却年龄，反映样品冷却至封闭温度以来的时间；其长度特征是：长度分布呈对称式单峰分布，只是宽度大于火山岩型分布，而高度比其低，平均长度为 12.0～14.0μm，长度偏差为 1.2～2.0μm，此长度特征称为无扰动基岩型，而其平均长度较大者反映在部分退火带中滞留时间较短，相应表明其抬升速率较快。(b)表示样品在部分退火带中经历了复杂的热历史后，以稳定的冷却速率抬升出地表，其磷灰石的表面年龄不是封闭温度年龄，而是混合型年龄；其长度分布特征是：长度分布呈矮的宽峰式分布，平均长度小于或等于12.0μm，长度偏差为 2.0μm 左右，此分布称为混合型分布，特殊时呈双峰式分布（反映两次热事件作用）。

此外，还可根据投影径迹长度的统计分析来计算单个磷灰石样品不同径迹年龄与对应温度，该方法技术难度高，目前国内还鲜见使用。

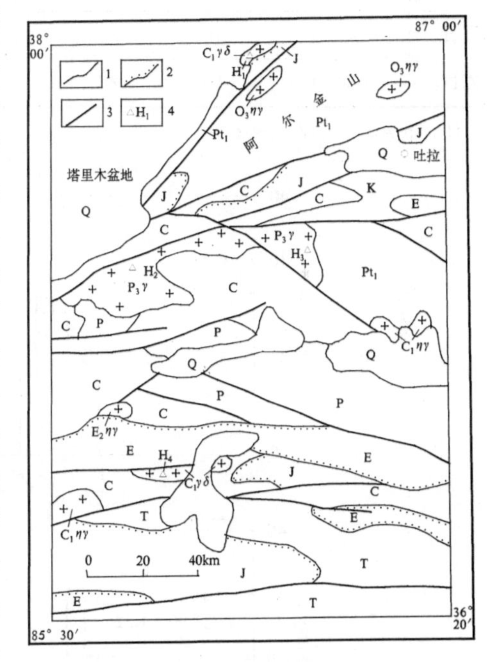

图 6-16 采样位置及区域地质略图

1. 整合及侵入地质界线；2. 角度不整合地质界线；3. 断裂；4. 裂变径迹年龄样采样点位置及编号；Q. 第四纪地层；E. 古近纪地层；K. 白垩纪地层；J. 侏罗纪地层；T. 三叠纪地层；P. 二叠纪地层；C. 石炭纪地层；Pt_1. 早元古代地层；$E_2\eta\gamma$. 始新世二长花岗岩；$P_3\gamma$. 晚二叠世二长花岗岩—花岗闪长岩；$C_1\gamma\delta$. 早石炭世花岗闪长岩；$C_1\eta\gamma$. 早石炭世二长花岗岩；$O_3\gamma\delta$. 晚奥陶世花岗闪长岩

二、采样位置及矿物裂变径迹分析结果

磷灰石及锆石裂变径迹分析样品的采样位置如图 6-16 所示，样品 H_1 位于阿尔金山北缘，紧邻塔里

木盆地，赋存岩石为早石炭世花岗闪长岩。样品 H_2 和 H_3 位于昆金结合带以南，属塔里木向高原过渡的昆仑山前山地区，赋存岩石均为晚二叠世花岗闪长岩；其连线方向与山体或主体山坡走向基本平行。样品 H_4 已达高原面之上，赋存岩石为早石炭世花岗闪长岩。H_1、H_2 及 H_3 为且末县一级电站幅，H_4 为银石山幅（测区）。其中样品 H_1 与 H_4 均同时作了磷灰石与锆石的裂变径迹分析，H_2 与 H_3 只作了磷灰石裂变径迹分析。各所测样品高程以 GPS 测得，其误差小于 100m，对大幅度的高原隆升量的计算其影响可忽略不计。

样品由国家地震局地质研究所第九室分析测定。采用 SRM612 标准铀玻璃和 Zeta 常数标准法计算矿物裂变径迹年龄，该实验室裂变径迹定年的 Zeta 常数为 352.4±29。锆石只作年龄测定，磷灰石由于其分析方法成熟，除作年龄测定外，还作了长度测定。各样品裂变径迹分析结果见表 6-1 和图 6-17。表 6-1 中 ρ_s 为矿物中 ^{238}U 的自发裂变径迹密度，N_s 为所测的径迹数；ρ_i 为矿物中 ^{235}U 诱发裂变径迹密度，N_i 为所测的径迹数；γ 为相关系数；L 为径迹长度，其由平均径迹长度和长度分布的标准方差组成。

表 6-1 锆石与磷灰石裂变径迹分析资料

样品号	海拔高程(m)	颗粒数	ρ_s(10^5次/cm^2)	N_s	ρ_i(10^5次/cm^2)	N_i	γ	T(Ma)	L(μm)[N]
ApH_1	1800	21	4.32	889	13.66	2813	0.984	69.5±2.9	13.01±1.67[50]
ApH_2	3000	21	0.14	29	18.80	3949	0.639	1.7±0.3	12.22±1.46[20]
ApH_3	3880	19	0.26	49	11.99	2278	0.937	4.2±0.8	11.90±1.52[19]
ApH_4	5100	21	0.26	45	15.27	2626	0.699	3.9±0.6	13.35±1.57[16]
ZiH_1	1800	10	361.2	5960	127.2	2098	0.93	281.9±24.8	
ZiH_4	5100	10	262.7	4019	960.8	1470	0.943	292.0±17.6	

注：Ap 为磷灰石，Zi 为锆石。

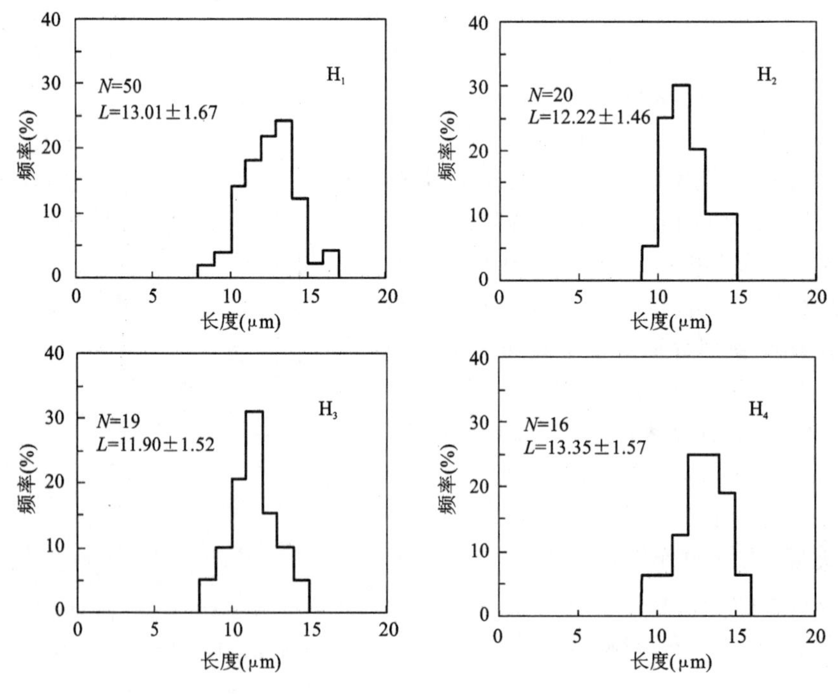

图 6-17 磷灰石裂变径迹长度分布图

三、测试结果分析与解释

结合样品构造部位，上述样品分析结果反映出构造抬升事件、抬升量、平均及分段抬升速率、差异隆升情况等多方面信息。

（一）构造运动及构造抬升事件

研究表明，样品中退火带的径迹特点得以保存，是由于后期构造运动将地质体快速抬升至近地表造成的。如果花岗岩侵位以后的冷却是由于构造抬升和冷却的结果，则裂变径迹记录了磷灰石通过它的封闭温度时相应的深度和时间。据测试结果，本次样品平均裂变径迹年龄明显可分为4组，并分别反映出4期构造运动或构造抬升事件。从早至晚分别为：①H_1与H_4的锆石平均裂变径迹年龄，分别为281.9±24.8Ma和292.0±17.6Ma，反映出早、中二叠世交界的构造事件，并可能表明该时期阿尔金北缘与南面昆仑地区具相近的区域动力学构造背景。②H_1的磷灰石平均径迹年龄为69.5±2.9Ma，反映出阿尔金地块白垩纪末的一次构造抬升与剥露作用。③H_3与H_4的磷灰石平均径迹年龄，分别为4.2±0.8Ma和3.9±0.6Ma，表明上新世晚期昆仑山北坡及青藏高原北缘经历了一次构造抬升与剥露作用。④H_2的磷灰石平均径迹年龄为1.66±0.31Ma，表明早更新世中期昆仑山经历了一次构造抬升和剥露作用。顺便指出，如表6-1及图6-17所示，区内磷灰石的长度分布均呈近对称式单峰分布；平均长度11.90～13.35μm，基本在12.0～14.0μm之间；长度偏差为1.46～1.67μm，位于1.2～2.0μm之间，其长度特征均为无扰动基岩型[图6-15(c)]，其表面年龄均可代表单次构造隆升作用的冷却年龄。

上述磷灰石裂变径迹年龄结果清楚表明阿尔金山的构造抬升比昆仑山或青藏高原北缘早得多，前者白垩纪末(69Ma左右)即开始经历小于110°(磷灰石封闭温度)的冷却作用，而后者直到上新世末(4Ma左右)才开始经历小于110°的冷却作用。

据区域资料(李吉均，1999)，上新世开始青藏高原隆升相继经历了青藏运动、昆仑—黄河运动和共和运动，其中3.6Ma发动的青藏运动A幕和1.7Ma发动的青藏运动C幕均为强烈的阶段性构造抬升。上述分析样品H_2、H_3和H_4的两组磷灰石裂变径迹年龄与其非常吻合，其中③组反映青藏运动A幕，④组反映青藏运动C幕。由此亦可见本次样品分析结果的精确度与可信度较高。

（二）构造抬升量及抬升速率

1.构造抬升量及隆升速率计算

通常说起青藏高原隆升，大家更多的是指高原面的抬升，由于存在剥蚀作用，故其抬升量只是一种视隆升量。显然，真正的绝对隆升量应为视隆升量再加上剥蚀量。我们将要讨论的构造抬升量为绝对隆升量。

鉴于青藏高原在晚新生代以来地面的强烈抬升作用，根据前述有关裂变径迹分析的原理与方法，在确定有关构造抬升量时无疑应换算出各样点在各时代的古海拔高程，再根据绝对海拔高程差计算构造抬升量。古海拔高程为古地表高程与埋深之差，绝对隆升量为样点现代海拔高程与古海拔高程之差。

(1) 封闭温度与埋深的确定

造山带地温梯度较高，一般的值是35℃/km，而对应这个温度的锆石和磷灰石的封闭温度一般分别为200℃和110℃。据此计算出锆石和磷灰石通过其封闭温度时的深度(或埋深)分别为5720m和3140m 。

(2) 各样点对应古地表高程的确定

前已述及，本次测定样品裂变径迹年龄据其大小可分为4组，其所代表的4个地质历史时期地表高程不尽相同，同一时期不同样点还因所处地理或地貌位置不同而可能相异。

① 点H_1和点H_4的锆石裂变径迹年龄(分别为281.9±24.8Ma和292.0±17.6Ma)代表早二叠世与中二叠世交界时期。区域构造背景大体为古特提斯发育时期，其地表海拔应较低或近于0，兹对其取值0m。

② 点H_1的磷灰石平均径迹年龄(69.5±2.9Ma)代表白垩纪末期。此时点背面塔里木盆地海相沉

积盆地发育末期，可对其地表海拔高程取值 0m。

③ H_3与 H_4的磷灰石平均径迹年龄(分别为 4.2±0.8Ma 和 3.9±0.6Ma)代表上新世晚期。李吉均(1999)根据古地貌面、古生物及古气候特征等认为该时期高原面高程为 800m 左右；魏明建、万晓樵等(1998)根据对古孢粉的研究，认为上新世晚期藏北地表已达 3000m；赵希涛(1988)根据在珠穆朗玛峰地区收集的资料推断青藏高原上新世已达海拔 2000～3000m 的高度。参考上述资料，并考虑到高原隆升过程的不均一性，对上新世晚期点 H_4对应的高原面高程取值 2000m；点 H_3位于盆地向高原的过渡地带，其海拔肯定较 H_4低，据一般山前的总体坡度大致估算，其对应的地表高程取值 1500m。

④ H_2的磷灰石平均径迹年龄(1.66±0.31Ma)代表早更新世中期。李吉均(1999)认为 1.7Ma 前后青藏高原海拔为 2300m 左右，结合 H_2与 H_3一样处于前山地带且其连线与山体或山坡走向平行、因高原持续隆升其更新世中期高程应较上新世晚期有一定量的增大，以及上新世晚期 H_3地表海拔高程取值 2000m 等诸方面综合考虑，对点 H_2于早更新世中期对应的地表高程取值 1500m。

(3) 隆升量及隆升速率计算结果

据上述确定各样点或样品的封闭温度与埋深及其对应的古地表高程之后，计算出各样点进入封闭温度以来总体抬升量如表 6-2 所示。

表 6-2　各样点埋深与古高程换算表

样点号	H_1		H_2	H_3	H_4	
平均径迹年龄(Ma)	Ap 69±3	Zi 282±25	Ap1.66±0.31	Ap 4.15±0.82	Ap 3.85±0.58	Zi 292±18
埋深(m)	3140	5720	3140	3140	3140	5720
古地表高程(m)	0	0	2000	1500	2000	0
古海拔高程(m)	−3140	−5720	−1140	−640	−1140	−5720
现代海拔高程(m)	1800		3000	3880	5100	
绝对隆升量(m)	4940	7520	4140	5520	6640	10 820

注：Ap 为磷灰石，Zi 为锆石。

由表中有关数据可直接计算出：阿尔金山北缘(H_1)约 282Ma 以来总共抬升了 7520m，平均抬升速率为 0.027mm/a；约 69Ma 以来总共抬升了 4940m，平均抬升速率为 0.072mm/a；282～60Ma 间总共抬升了 2580m，平均抬升速率为 0.012mm/a。塔里木盆地向高原过渡的前山地带(H_2与 H_3)约 4.15Ma 以来总共抬升了 5520m，平均抬升速率为 1.33mm/a；约 1.66Ma 以来总共抬升了 4140m，平均抬升速率为 2.49mm/a；4.15～1.66Ma 间总共抬升了 1380m，平均抬升速率为 0.55mm/a。青藏高原北缘高原区(H_4)约 290Ma 以来总共抬升了 10 820m，平均抬升速率为 0.037mm/a；约 3.85Ma 以来总共抬升了 6640m，平均抬升速率为 1.72mm/a；290～3.8Ma 间总共抬升了 4180m，平均抬升速率为 0.015mm/a。

上述隆升过程或特征可如图 6-18 所示。需指出，由于 H_2与 H_3处于同一隆升单元中，图中 H_3于 1.66Ma时的高程由 H_2的高程加上其现代高程之差得出。

此外，按一般情况考虑，假定 4Ma 以来高原区的抬升速率与前山地带的抬升速率之比基本不变，按上述数据可相应换算出测区(H_4)3.85～1.66Ma 间的平均抬升速率为 0.70mm/a，总共抬升量约为 1500m；1.66Ma 以来的平均抬升速率为 3.19mm/a，总共抬升量约为 5140m。

由上可见，高原最强烈的隆升时期是早更新世中期至现代。

补充指出，光释光测年结果表明，晚更新世末(21ka 左右)以来金水河口南面(高原区)较北面(前山)相对抬升了约 40m，相对抬升速率为 1.9mm/a。如以后述高原区较前山区平均相对抬升速率与高原区平均绝对抬升速率之比为 0.17 来计算，1.9mm/a 的平均相对抬升速率暗示高原区和前山地带在晚更新世末以来的整体抬升速率可能分别达 11mm/a 和 9mm/a。中国科学院地理研究所的地质工作者对昆仑山北坡(前山)实地检测，发现其年抬升平均速率为 8mm/a，这与我们计算出的 9mm/a 的结论惊人的一致，此从一个侧面证明我们对高原隆升幅度和速率的计算方法以及样品的有关测试数据可信

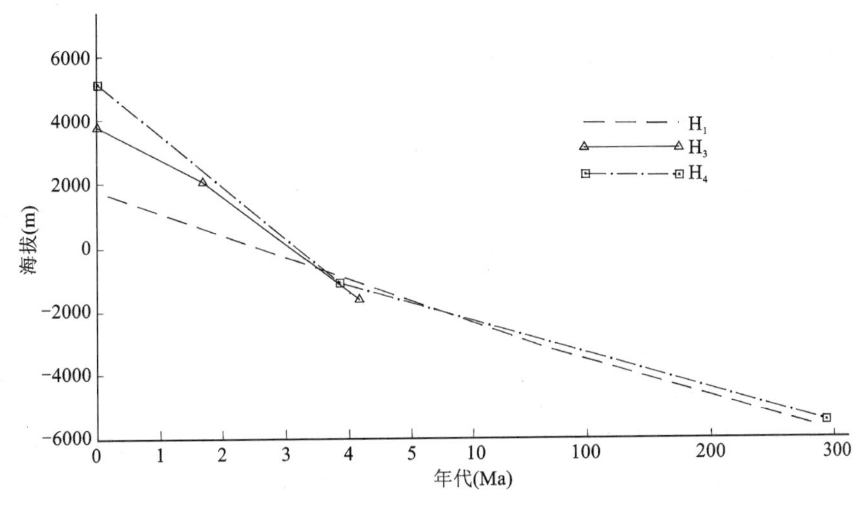

图 6-18　各样点隆升过程示意图

度很高。

2. 差异隆升

上述计算数据反映出青藏高原北缘(中)新生代以来,自塔里木盆地南缘向南至高原区构造抬升量总体增加的差异隆升特征:阿尔金山北缘 69Ma 年以来的抬升量总共才 4940m;高原面(H_4)与前山地带(H_2和 H_3)约 4Ma 以来抬升量分别达 6640m 和 5520m,前者较后者相对抬升了 1120m,二者的平均隆升速率比约为 1.2,差异抬升速率与高原区绝对抬升速率比约为 0.17。

这种根据裂变径迹年龄所计算出的高原面与前山地带间的差异隆升,与其磷灰石裂变径迹长度所反映出的事实完全一致:H_4的平均径迹长度为(13.35±1.57)μm,H_3平均径迹长度为(11.90±1.52)μm,前者较后者长出约 1.5μm,表明前者在部分退火带中所滞留的时间更短,即其抬升速率更快。

第五节　新构造运动、岩浆活动及地貌环境演化

根据前几节有关内容,结合区域构造演化特征,关于测区晚新生代以来构造运动、岩浆活动、地表抬升及地貌环境演化的历史总结如下。

(1) 始新世晚期喜马拉雅运动第一幕发动,高原第一次隆升,并使得测区于渐新世早期形成盆-山构造格局,尔后经长期剥蚀,山地的碎屑充填盆地形成阿克塔什组,同时地面起伏降低,最后形成广阔的夷平面——老第三纪夷平面。约 22Ma 的中新世初喜马拉雅运动第二期发动,整个高原经南北挤压地壳缩短加厚,老第三纪夷平面解体。

(2) 中新世早期地表经长期剥蚀夷平,形成新近纪主夷平面。中新世中后期 13.2～12.8Ma 左右,可能由于岩石圈深部温度持续升高导致壳-幔混合层局部熔融,并引发向上的顶托应力,先期断裂产生张裂,从而造成火山喷发和岩浆侵位,于测区南部形成玄武安山岩与安山岩,北部黑伞顶一带形成花岗斑岩。南部蚕眉山形成的大规模安山质熔岩被向西覆盖主夷平面达 40km 以上。

(3) 上新世晚期约 3.7 Ma 左右青藏运动开始(对应磷灰石裂变径迹年龄为 4.2±0.8Ma 和 3.9±0.6Ma),主夷平面大幅度抬升并开始解体,在外营力的风化剥蚀及切割作用下沟岭地貌开始形成和发展;同时区内 EW 向逆冲断裂发育,开始形成北面强(弱)抬升断块与低丘山地相间、南面主夷平面呈零星残片保存的基本地貌格局;导致嵩华山强抬升断块的南北两侧形成早更新世早期西域组砾岩的磨拉石建造。约 3.65Ma 左右发生岩浆活动,南部多处形成潜流纹斑岩和花岗斑岩,黑山、怀玉岗、黑伞

顶等地形成玻基辉岩、碱煌岩、橄辉玢岩等超基性岩。

磷灰石裂变径迹年龄分析计算结果表明，上新世晚期至早更新世中期(约 3.7～1.7Ma)高原绝对抬升量约为 1500m，平均抬升速率为 0.7mm/a。

(4) 早更新世初开始进入构造相对稳定期，于低丘区局部形成冲积成因的砾石层(如鳄鱼梁南)；1.93Ma之前形成了相当规模的夷平低地或堆积台面，成为部分现代冲洪积平原肇始的基础。

1.93 Ma 金顶山岩体第一次喷发，安山质熔岩覆于先期夷平低地或堆积台面之上。

早更新世中期青藏运动 C 幕发动(对应磷灰石裂变径迹年龄为 1.66±0.31Ma)，第四纪更为强烈的抬升开始。早更新世后期至中更新世初(1.2～0.7Ma)发生昆仑—黄河运动，昆仑山上升，测区进一步整体抬升。在早更新世中期至中更新世初的高原抬升过程中，先期抬升断块的边界断裂再次产生逆冲活动，进一步强化了抬升断块与低丘区相间的地表形貌特征。

磷灰石裂变径迹年龄分析计算结果表明，早更新世中期(约 1.7Ma)以来高原绝对抬升量约为 5140m，平均抬升速率为 3.19mm/a。结合沉积、地貌等其他方面的记录分析，抬升量的大部分可能形成于早更新世中期至中更新世初。

(5) 中更新世初伴随隆升高原气候变凉，加之进入全球性的倒三冰期，0.72Ma 左右于黑山北面形成冰碛层。其后进入构造稳定期；气候转暖，进入间冰期，温凉气候下的持续风化作用形成了落雁湖残积缓丘区(0.64Ma)。中更新世中期可能由于高原的进一步隆升而气温降低和(或)空气湿度变大导致积雪增加的原因，于北面嵩华山强抬升断块的北坡形成了一级冰斗，并于冰斗外的冰川槽谷中堆积了冰碛层(0.43Ma)。中更新世中后期气候再次转暖，嵩华山强抬升断块北坡的冰川后退，先后形成了二级和三级冰斗；低丘区的斜坡地貌在以流水为主要营力的风化剥蚀作用下发展趋于成熟(0.365Ma)；由于岩石圈深部原因金顶山岩体再次喷发形成安山质熔岩(0.3～0.45Ma)。中更新世末期强抬升断块区中的主要沟谷地貌已基本成型且接近现代面貌，主干河流趋达平衡，于飞云山强抬升断块区的洒阳沟及嵩华山强抬升断块区金水河支流中发育侧蚀作用形成的冲洪积堆积物(0.178Ma)，其组成的阶地面仅比现代河床略高。

(6) 中晚更新世交界时期共和运动发动，本区晚更新世经历了较强烈的阶段式的构造抬升，河流下蚀作用与堆积作用交替，中更新世末期的冲洪积物成为堆积阶地或基座阶地；金水河新构造逆断裂①的南北两侧更是因差异隆升作用而分别形成了三级基座阶地和两级堆积阶地。晚更新世晚期(37ka 前后)测区曾一度处于构造相对稳定时期，在低凹平坦区沉积冲洪积物，构成冲洪积平原。晚更新世末(21ka 左右)以来高原区和前山地带的整体抬升速率可能分别达 11mm/a 和 9mm/a。

(7) 全新世地表继续阶段隆升，冲洪积平原被河流切割成为台地或阶地。

第六节 高原隆升机制

作为青藏高原北缘的一部分，新生代尤其是晚新生代以来强烈隆升的构造机制自然成为测区不可回避的问题。中外地质学家经过半个多世纪的研究，形成了若干高原隆升机制的不同认识。本部分内容拟在了解和利用前人有关理论的基础上，结合测区客观地质情况来给出一个高原隆升机制的粗浅解释，其意义不只在于探求正解，更重要的是为整个青藏高原的隆升研究提供一些有益的基础资料。

一、前人理论概述

青藏高原研究的核心问题可以概括为特提斯演化与青藏高原隆升两方面内容，后者的精髓在于地壳缩短与高原隆升机制研究，前人对其有代表性的认识可概述如下。

(1)Argand E(1924)等认为，印度大陆俯冲到亚洲大陆之下，由于地壳经历了长距离俯冲，产生水平方向的缩短和垂直方向的碰撞叠积致使高原抬升。这一认识的不足之处在于，印度大陆长达一两千千米的远距离俯冲，直至插到东西昆仑山脉之下的论断，实难令人置信。近几年来的地震和壳幔层析研究结果证明，双重地壳仅存在于喜马拉雅山脉一带。

(2) P·塔帕尼耶(1986)和P·莫纳(1978)等认为，印度板块单方向压入亚洲大陆，东亚大陆形成一系列向东挤出的大构造块体，高原地壳产生水平缩短和垂直隆升。这一认识较合理地解释了东亚大构造框架以及中国南海的成因，以印度板块向北压入为主调的认识无疑也是正确的，但忽略了亚洲大陆相对向南的压入则是一个重大的失误。据 England(1988)挤压和拉伸板块边界变形实验证明，变形向板内影响的距离约等于板块边界的长度，因此印度、亚洲大陆碰撞很难影响到西伯利亚。

(3) 杜威和伯克(1973)等认为，印度板块单方向推土机式推进造成高原地壳加厚并产生垂直隆升。他们的基本论点是印度板块在不断地向北挤压的过程中，欧亚大陆处于稳固不动状态，青藏高原地壳是两者在聚合挤压过程中水平缩短，在垂向上分别向上隆升和向下生长山根，高原内部及其边缘地区形成大规模的走滑断层等以消减和释放压入能量，疏通过剩物质。该认识对高原范围内的非史密斯地层系统生成的合理解释提供了很多方便，但不足之处在于缺少其他学科，如地磁、古生物、地壳深部结构特征等的支持。

(4) 中国学者基于国内和亚洲部分地区的基本资料较多，在高原隆升机制认识上存在共同点，即在充分考虑印度板块的主动力的同时，强调西伯利亚大陆向南压入的动力，因此可以概括为青藏高原地壳缩短和高原隆升机制源于印度—西伯利亚大陆的双向压入，其作用的结果造成青藏高原隆升和东亚大陆向东挤出。在高原隆升具体动力学机制和细节方面的认识上则各有不同。常承法(1982)认为两大陆碰撞后，陆内产生一系列低角度逆掩岩片或叠瓦状构造，造成高原隆升。肖序常等(1988)认为高原隆升过程和机理分为两个阶段，前期地壳挤压缩短，高原发生“构造抬升”，高原山根形成；后期地壳松弛，均衡补偿快速隆升。邓晋福等(1995)则认为，青藏—喜马拉雅的双倍陆壳与山根的形成是陆内造山过程中陆壳汇聚的结果，是双陆壳重叠(即陆内俯冲作用)与水平缩短或增厚两种机制联合的产物；青藏高原岩石圈根拆沉、软流圈物质进入岩石圈根的位置，使那里的地幔密度突然降低，由此产生一个巨大的浮力诱发岩石圈的快速隆升。源于挤压力与山根浮力的抬升动力也是造成青藏高原隆升的双重动力之一。潘裕生(1999)则提出高原隆升的“叠加压扁热动力模型”，认为高原经历了多次叠加压扁变形、南北缩短、垂向拉伸、东西流展、热作用等，软流圈向上热熔比岩石圈根拆沉更真实。

二、隆升机制讨论

综上述，青藏高原地壳增厚与隆升机制问题十分复杂，不同的信息来源、方法技术手段和理论观点都会左右研究者的认识和结论。随着时间的发展和技术手段的提高以及所掌握资料的增多，对隆升机制的认识亦愈加全面与合理，但至今仍没有一个为人们所公认而令人满意的解释。尽管如此，上述各种理论都存在程度不一的合理成分，都有值得吸收和借鉴之处。如近二十年来大家普遍怀疑 Argand E 等的“远距离俯冲”理论，认为其印度大陆长达一两千千米远距离俯冲的论断难以令人置信，但最近的“中国及邻区地球内部各圈层三维结构及地球动力学”项目成果(据 2002 年 8 月 12 日《中国国土资源报》)却在很大程度上支持了这一最早的隆升理论。该成果认为，自古新世印度与欧亚大陆碰撞以来，印度次大陆岩石圈板块以低角度下插到青藏高原腹地之下，向北约推进了 1000km，其前缘已达金沙江缝合线。

造成上述状况的原因显然与高原复杂的客观地质情况有关。从空间上来看，由于青藏高原受印度、帕米尔—中朝塔里木及扬子三大板块的围限，高原在缩短隆升时无疑会与这些板块间产生复杂的动力学关系，在高原的不同部位存在不同的动力学边界条件。从时间上来看，高原隆升是一个长期发展的动态演进过程，不同时期的地球动力学条件也会发生改变。

鉴于此，我们认为高原地壳增厚与隆升应是多种机制联合作用的产物，造成高原隆升的地质作用在不同地区和不同时期可能不尽相同，因此在探讨隆升机制时不能局限于某种单一模式。基于以上思想，参考前人有关理论，结合构造、沉积、岩浆作用特点及地貌演化过程等，提出测区或青藏高原北缘（非整个高原）地壳增厚与高原隆升机制（图 6-19），主要体现在以下几个方面。

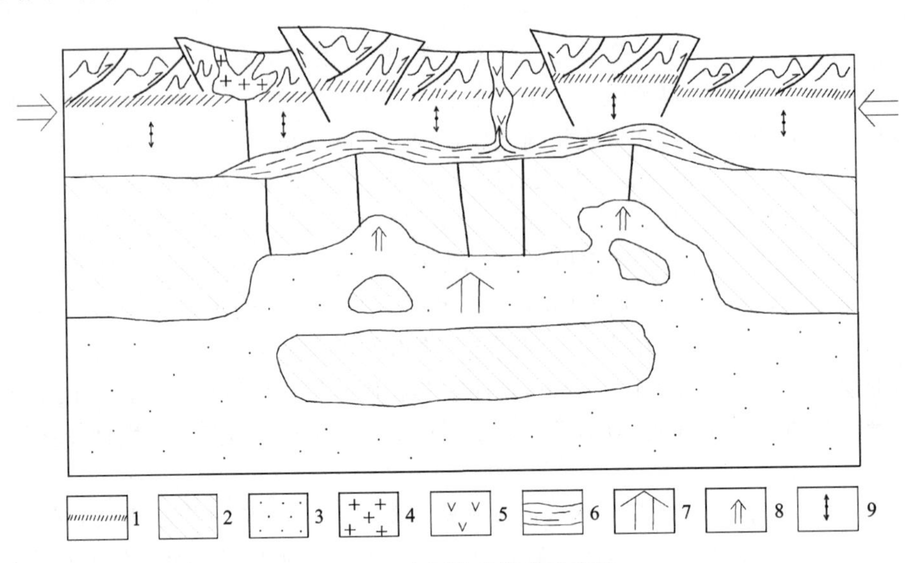

图 6-19 高原隆升机制示意图

1. 地壳及壳内低速层；2. 岩石圈地幔；3. 软流圈地幔；4. 地壳重熔花岗质岩浆（岩）；5. 安山质、玄武质、橄辉质火成岩；6. 壳幔混合层熔融体；7. 岩石圈底部整体顶托应力；8. 局部强顶托应力；9. 示垂拉伸

1. 中新世—上新世早期推土机式水平缩短增厚为主导机制

始新世晚期（约 40Ma 左右）印度板块与欧亚板块对撞，形成雅鲁藏布江缝合线及冈底斯山碰撞造山带。中新世初印度板块开始向北俯冲（喜马拉雅运动第二期发动），一方面印度次大陆像推土机前进时一样使高原地壳产生南北向的缩短而在垂向上成倍增厚，另一方面印度地盾和塔里木地块的相向挤压使包括上地幔在内的整个岩石圈成倍加厚。就地壳来讲，由于上部地壳总体具脆性，下部地壳为塑性，且其间存在滑脱带即壳内低速带，使得二者在缩短增厚时具不同的主导机制。上部地壳的加厚主要是由岩石的褶皱冲叠造成，区内渐新世地层中的 EW 向褶皱及广泛发育的盆缘逆冲断裂是褶皱冲叠作用最直观的表现。从理论上讲，高原上地壳厚 15～20km，岩石的褶皱及冲掩叠覆完全可达这一厚度。下部地壳由于岩石的塑性加强，主要以垂直拉伸增厚为主。

上、下部地壳间不同的运动与变形方式由其间的滑脱带调节。沿滑脱带强烈的韧性剪切作用产生热能并使地壳重熔，形成花岗质岩浆，其上侵形成黑伞顶等地的花岗斑岩。大量研究表明，中新世至上新世南北向的挤压作用最为强烈，使高原岩石圈剧烈缩短和增厚。其结果是导致应力积累达到高潮，使"壳-幔混合层"发生了大规模的部分熔融，区内中新世晚期（玄武）安粗岩及英安岩即为其产物。可能由于软流圈物质开始上涌的原因，岩石圈开始破裂，使得深部地幔流体进入岩浆，黑伞顶等地的花岗斑岩具明显的地幔流体混染迹象。

值得指出，中新世—上新世早期（主要是中新世早期）高原岩石圈的剧烈缩短与增厚使得地表大幅度抬升，造成区域古近纪夷平面的解体。

2. 上新世晚期至中更新世初拆沉与上隆导致岩石圈的快速隆升

上新世晚期至早更新世高原岩石圈根开始沿线性破裂拆沉，软流圈物质进入岩石圈根的位置，使那里的地幔密度突然降低，由此产生一个巨大的浮力（重力调整）诱发岩石圈的快速隆升。如本章第五节所述，磷灰石裂变径迹年龄分析计算结果表明，上新世晚期至早更新世中期（约 3.7～1.7Ma）高原绝对抬升量约为 1500m，平均抬升速率达 0.7mm/a；早更新世中期（约 1.7Ma）以来高原绝对抬升量约为 5140m，平均抬升速率达 3.19mm/a，此巨量抬升可能主要形成于早更新世中期至中更新世初。

岩石圈拆沉及软流圈上隆的有关证据主要如下。

(1) 据估计，上新世末地壳已增厚到 65～70km（邓万明，1998），而软流圈埋深浅，可能为 80～100km（邓晋福，1998）；即使现今青藏高原北部岩石圈的厚度也异常薄，仅为 120～140km。所以高原岩石圈总体上表现为：上部是热而轻的厚地壳，而下部是重而薄的上地幔。显然，曾经加厚了的岩石圈必然发生过减薄的过程。按一般情况假设南北向缩短之前岩石圈的厚度为 125km，经过中新世—上新世早期 50％的缩短之后它现在的厚度应该是 250km。要使 250km 厚的岩石圈以软流圈的简单热熔减薄到现在的 120～140km，大约需要 100Ma 的时间，这一过程显然太慢，另一种可能是厚岩石圈底部发生过某种形式的快速剥离（即拆沉），即一部分物质从岩石圈地幔底部剥离下来并坠入更深的地幔或软流圈中。这一机制已普遍应用于解释造山带后期的隆起和变形。发生在土耳其等地的深源地震可能是异常厚度的岩石圈板块底部发生剥离作用的结果。在东亚地区用地震层析方法发现在 670km 的深处堆积了一些巨大的具有高的地震波速的硬块，被解释为从岩石圈底部剥落下来的物质。可以设想，重的地幔物质的快速拆离必然导致一系列的深部地质效应：重物质的下沉势必引起上覆岩石圈的反弹，在重力均衡作用下使高原快速抬升；软流圈物质为了填补剥离造成的体积和质量的亏损就会向压力降低的方向运动。需要指出，软流圈物质的上涌不但产生一种向上的浮力，而且在热力作用下残留岩石圈的底部会遭受到侵蚀形成垫板熔体。这是引起“壳-幔混合层”部分熔融的深部原因。

(2) 区内上新世晚期岩浆岩组合及其有关地球化学特征表明存在岩石圈拆沉及软流圈上隆作用。测区上新世晚期的岩浆岩有酸性的流纹斑岩、花岗斑岩与细粒花岗岩，基性的玻基辉岩与橄辉玢岩等。酸性岩碱度高，其中 K＞Na 或 K＜Na，枣阳山等地岩体的岩石中含较多白云母和石榴石。基性岩碱度高，其中 K＞Na。

杜乐天(1998)通过对地幔岩中浆胞的详细研究，发现地幔流体的不均匀渗入是比热更重要的致熔原因，富碱的地幔流体加入使岩浆中碱含量高出地幔岩十几至几十倍。新生代玄武岩浆的发生、发育、发展的一般过程和规律是：有大量地幔流体加入的原始熔体汇合形成富 K 的初始岩浆，如其较快或较早喷出地表则形成富 K、过 K 火山岩系；如其较慢或较晚喷出地表，则因持续加入的地幔流体带入大量 Na 质而形成富 Na 火山岩系。区内玻基辉岩与橄辉玢岩等显然来自于地幔岩石的重熔，其能自岩石圈深部侵出地表，无疑说明深部有巨大的向上顶托的构造作用存在；岩石化学成分 K＞Na，根据上述理论可指示软流圈强烈的热力上隆作用，致使玄武岩浆能很快地侵出地表。

邓晋福(1996)认为，白云母花岗岩和二云母花岗岩是陆内俯冲的记录，其标志着造山带崩塌作用的发生。区内晚更新世末期发育含白云母流纹斑岩与细粒花岗岩，亦表明该时期地幔岩石圈发生了拆沉作用。

3. 中更新世以来，地表在岩石圈拆沉之后的重力均衡调整及印度地盾和塔里木地块的相向挤压共同作用下继续阶段性抬升

中更新世岩石圈深部的热隆作用变弱，玻基辉岩与橄辉玢岩等已不能侵出地表，但“壳-幔混合层”的熔融体依然存在，并成为更新世火山岩的来源。在岩石圈拆沉之后的重力均衡调整作用下，高原继续阶段性快速抬升。

与此同时，印度地盾和塔里木地块的相向挤压作用仍在继续，其造成的表壳断裂的逆冲作用及深部地壳的垂向拉伸作用仍在一定程度上存在，但这种效应由于先期趋于极至的强烈缩短而显微弱，挤压造成的运动形式主要为高原物质向周边的逆冲与逸出。此构造作用特征可能是更新世酸性火山岩不发育的原因。

4. 高原岩石圈缩短增厚归因于印度板块与塔里木板块的双向压入

印度板块向北的俯冲挤压是整个青藏高原岩石圈缩短增厚的最主要力源，但塔里木板块向南的俯冲与挤压作用也不容忽视，特别是对于地处高原北缘的测区，其作用在某种程度上可能更为重要。昆仑山晚新生代以来的抬升与塔里木盆地的沉降大体上是同时发生的。在昆仑山的北缘坳陷沉降带中的中新世、上新世和早更新世地层的总厚度达 1000m，最厚处有 20 000m（金小赤等，2001）。在野外可直接观察到昆仑山基底的古老变质岩系沿南倾断裂向北逆冲在中、新生代的年轻沉积物之上。随着高原地壳的缩短和加厚，在塔里木与昆仑山之间形成了一条在短距离内地壳厚度由 40km 增加到 50～70km 的突变带，即莫霍面呈高角度向南倾斜。

地球物理的研究证明，从西面的兴都库什到喀喇昆仑山和东面的昆仑山一线是一条强烈的地震活动带。震源面向南倾，倾角为 60°左右，时有中深震发生。根据中亚陆内变形运动的研究，现今塔里木地块仍以(6±4)mm/a 的速度向昆仑山下汇聚着。

研究证明，陆内俯冲带之上的碰撞造山后火山岩有独特的地球化学模式和同位素成分，主要是来源于异常富集地幔，少量来自陆壳的重熔（邓万明，1998）。区内晚新生代以来火山岩的有关特征与之相符，从一个侧面佐证了陆内俯冲作用的存在。

综上述，晚新生代塔里木板块向南的俯冲汇聚与高原隆升具显著的相关性。

5. 高原整体抬升过程中的差异隆升作用由逆冲断裂所造成

由第五章及本章前几节所述，区内渐新世盆地边缘大多发育逆断裂，各强抬升断块的边界也均为倾向断块内部的逆断裂。一般认为，地幔上隆会导致岩石圈发生明显的热减薄，上地壳会发育一系列铲状正断裂控制的断陷盆地，同时地表发生整体抬升和差异隆升。测区渐新世盆-山构造格局的形成适于用这种机制解释（见第五章），但晚新生代以来青藏高原特殊的构造背景使得这一过程发生了变化：一方面，岩石圈地幔的拆沉及软流圈地幔的上隆使上部岩石圈破裂与抬升；另一方面，印度板块与塔里木板块持续的南北向挤压作用使测区总体处于强烈的区域挤压应力场中，从而使表壳地块沿断裂逆冲运动，并造成差异隆升。鉴于青藏高原上山和盆的接触关系及耦合关系目前尚不清楚（吴功建，1998），这一发现对正确、全面认识青藏高原中有关晚新生代盆-山耦合机制显然具有非常重要的意义。

以上分 5 个方面阐述了测区或高原北缘晚新生代以来岩石圈缩短增厚及地表隆升机制，将其简单小结如下：①不同阶段造成高原隆升的主要动力机制不同。中新世—上新世早期推土机式水平缩短增厚为主导机制，下部地壳的垂向拉伸与上部地壳的褶皱及逆冲叠覆作用是地壳缩短增厚与高原隆升的主要原因；上新世晚期至中更新世初下部岩石圈地幔的拆沉与软流圈的上隆导致岩石圈的快速隆升；中更新世以来，地表在岩石圈拆沉之后的重力均衡调整及印度地盾和塔里木地块的相向挤压共同作用下继续阶段性快速抬升。②尽管印度板块向北的俯冲挤压是整个青藏高原岩石圈缩短增厚的最主要力源，但塔里木板块向南的俯冲与挤压作用也不容忽视，特别是对于高原北缘的测区，其作用在某种程度上可能更为重要。③在岩石圈地幔的拆沉和软流圈地幔的上隆与印度板块和塔里木板块持续南北向挤压的共同作用下，EW 向断裂发生逆冲活动并造成差异隆升。

第七章　资源与环境

第一节　矿产资源

工作区地处高危山区，交通不便，矿产勘察工作严重滞后，工作程度较低，多停留在踏勘阶段。本次工作除对前人发现的矿产地踏勘落实外，新发现关水沟金矿点、关水沟石膏矿床及高岚梁石膏矿点3个矿产地，圈定耸石山-昆明沟晚古生代火山岩、火山碎屑岩及砂岩夹板岩岩片布露区为金矿找矿远景区。区内目前仅发现金矿点3处、铜矿化点1处及石膏矿床(点)5处(表7-1，图7-1)。现分类简述如下。

表7-1　矿床(点)情况一览表

矿床(点)名称	成因类型	规模	开采情况	工作程度
留踪沟金矿	冲积型	矿点	已开采	检查
含珠沟金矿	残坡积-冲积型	矿点	已开采	检查
关水沟金矿	矽卡岩型	矿点	已开采	本次工作发现
庆丰山铜矿	沉积型	矿化点	未开采	踏勘
晓岚山石膏矿	沉积型	大型矿床	未开采	普查
贵水河石膏矿	沉积型	矿点	未开采	检查
黑山石膏矿	沉积型	矿化点	未开采	检查
关水沟石膏矿	沉积型	矿床	未开采	本次工作发现
高岚梁石膏矿	沉积型	矿点	未开采	本次工作发现

一、金矿

区内计有留踪沟砂金矿点、含珠沟砂金矿点及关水沟岩金矿点3处矿点，均分布于图区西北角。

(一) 砂金

1. 留踪沟砂金矿点

留踪沟砂金矿点位于且末县南约60km的留踪沟，地理坐标为东经85°31′16″，北纬36°50′19″，交通不便。新疆地矿局研究所于1995年对其进行过矿点检查。

该矿点在20世纪30年代就曾大规模开采过，现保留有较多的采金遗迹。矿点周围出露古近纪阿克塔什组紫红色、砖红色砾岩、砂砾岩、砂岩及泥岩等，有较强的膏盐化，总体走向近东西向，发育近东西向断裂构造。河床、冲沟中冲洪积物、残坡积物发育，冲洪积物成分为砾石和砂，厚1m左右，残破积物主要分布于山坡。

矿点位于留踪沟河床拐弯处，古采金遗址分布长1km，宽50～100m，多产于河床上，砂金赋存于第四系与古近系接触带上部的砾石层(为冻土层)中，该层厚度一般20～30cm。矿化体含金品位0.5～

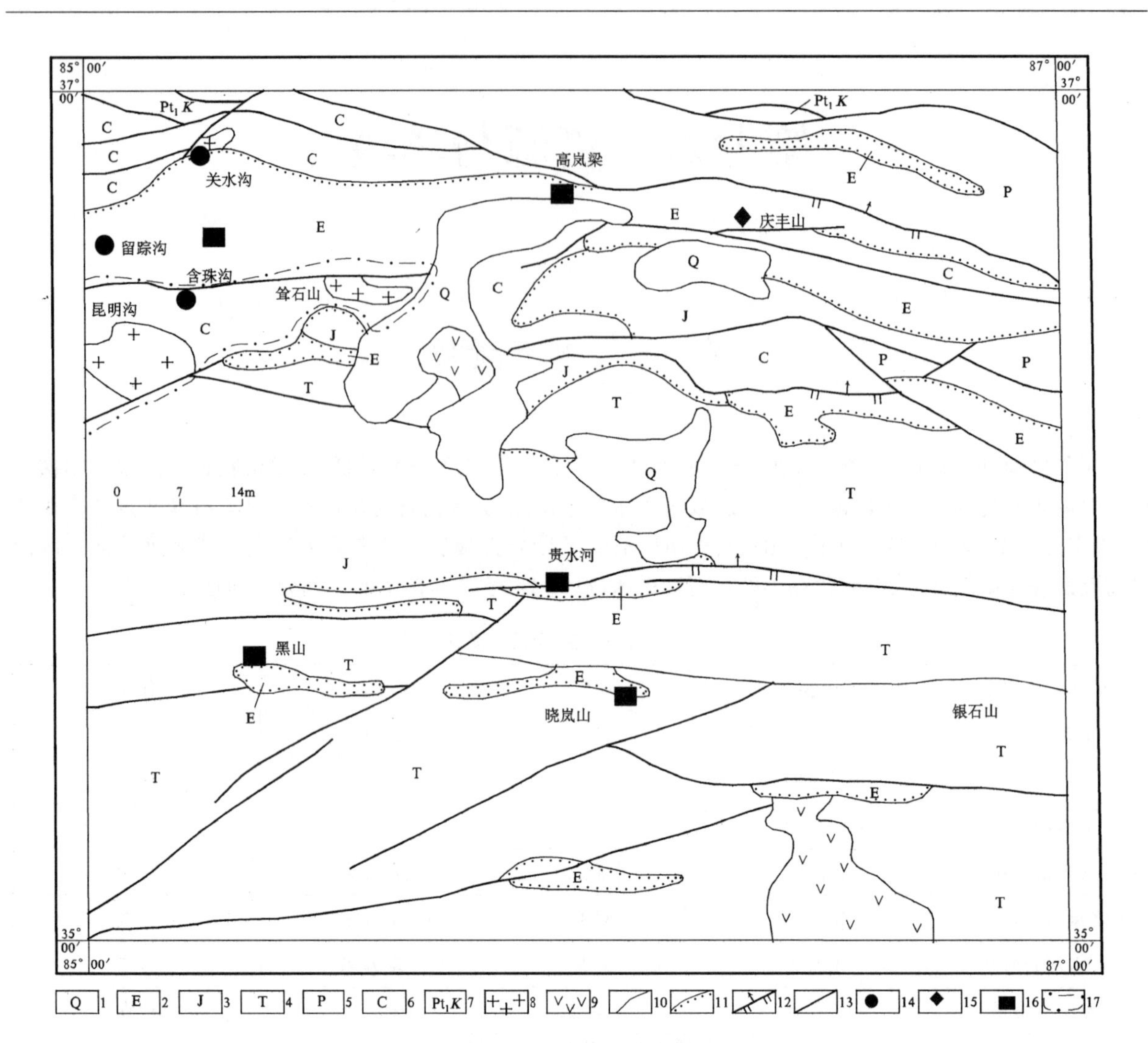

图 7-1　矿产资源分布图

1. 第四系；2. 古近系；3. 侏罗系；4. 三叠系；5. 二叠系；6. 石炭系；7. 下元古界；8. 花岗岩；9. 火山岩；10. 地质界线；11. 不整合界线；12. 逆断层；13. 断层；14. 金矿点；15. 铜矿化点；16. 石膏矿床；17. 找矿远景区

0.8g/m^3，一般为 3mm×3mm×1mm 的瓜子金及少量粗细不一的颗粒金。

据有关资料，并结合本次调查，工作区内整条留踪沟断续可见采金遗迹，并可见几个维吾尔族群众在河床中挖砂淘金。可以肯定，留踪沟砂金矿点及附近普遍产金，但因缺水而影响较大规模的开采。

2. 含珠沟砂金矿点

含珠沟砂金矿点位于 1∶10 万飞云山西南含珠沟，地理坐标为东经 85°36′54″，北纬 36°45′31″。

矿点周围出露晚古生代深灰色火山岩、火山碎屑岩，岩石较破碎，并发育硅化、碳酸盐化、褐铁矿化等蚀变，见较多的宽 1～2mm 的石英细脉，对不同的岩石分别作痕量金快速分析，金显示不明显。含珠沟一般宽 10～20m，第四系及阶地不甚发育，仅在沟底见有不足 1m 厚的残坡积、冲洪积混合物，采金遗迹沿沟均有分布。据一位多年在这里淘金的维吾尔族老人介绍，1994 年青海来的 25 个回族人曾在这里淘金，平均每人每天淘金 1～2g，砂金颗粒细。

3. 找矿远景区

上述两个砂金矿点相距 13km，采金遗迹均分布于河床、冲沟中残坡积、冲洪积混合物上。本次工作在路线调查中发现含珠沟东 8km 与之平行的新篇沟同样见有采金遗迹，并见两个维族人进沟淘金。对基岩（火山岩、火山碎屑岩）及第四系取样，经痕量金分析，金显示不明显。

综合前人资料和本次调查成果，留踪沟、含珠沟及新篇沟等处的砂金矿点，从成因上看，属冲洪积型、残坡积-冲积型外生矿产。砂金产地附近均出露晚古生代火山岩、火山碎屑岩，岩石较破碎，有硅化、碳酸盐化、褐铁矿化等蚀变，石英脉较发育，说明砂金矿与晚古生代火山岩密切相关。通过对不同岩石进行痕量金快速分析，金显示不明显，其原因可能仅两种：要么尚未找到原生矿床，要么是未形成原生矿仅仅是形成矿源层或提供成矿物质来源。

区内西北部耸石山一带近东西向约 40km 范围内广泛发育韧性剪切带，变质岩、火山岩、侵入岩发育，有硅化、绢云母化、碳酸盐化、褐铁矿化等蚀变，见较多的石英细脉，能提供极为丰富的成矿物质来源，是寻找“留踪沟式”砂金矿甚至是寻找原生金矿的有利地段，找矿工作有待进一步深化。

（二）岩金

关水沟岩金矿化点位于关水沟与留踪沟交汇处，地理坐标为东经 85°36′15″，北纬 36°56′18″。

矿化点附近近东西向断裂破碎带发育。点南 2km 处见玄武岩出露，矿化体赋存于石炭纪托库孜达坂群四段碳酸盐岩与中粒斑状二长花岗岩接触变质带的矽卡岩中，多呈似层状、扁豆状产出，地表见 4 条含金矿化带，单条长 200～500m，宽数米至数十米。为本次区调新发现矿产地，对不同岩石作痕金分析，金显示不明显。但矿化点约 0.2km^2范围内，4 条矿化体地表已被挖采，选矿（初选）废石堆比比皆是，如此略具规模的开采，反映该矿化点应该蕴藏着一定规模的黄金，有进一步工作价值。

二、铜矿

庆丰山铜矿化点位于图区北部庆丰山东南 8km 处，地理坐标为东经 85°30′44″，北纬 36°51′02″。

矿区地层为古近纪阿克塔什组灰白色、紫红色中厚层状细中粒长石石英砂岩，夹紫红色薄层状泥质粉砂岩、粉砂岩，含矿岩性为紫红色含铜钙质砂岩。矿化层厚约 50cm，走向延伸数十米，未见原生铜矿物，仅可见孔雀石分布于围岩的节理裂隙中，沿各破碎面壁呈薄膜状产出，属沉积型成因类型。由于矿化规模小，矿化极不均匀，该矿化仅可作找矿线索。

三、石膏矿

石膏是图区主要矿产，现已发现晓岚山大型石膏矿床、贵水河石膏矿点、黑山石膏矿化点以及本次工作新发现的关水沟石膏矿床、高岚梁石膏矿点 5 个矿产地，成因类型均属湖泊沉积型。石膏矿规模一般较大，层位稳定，品位达工业指标，地表出露好，适合露天开采。但由于受自然地理环境和交通条件等制约，目前尚难开发利用。现以本次新发现的高岚梁石膏矿点以及踏勘落实的晓岚山大型石膏矿床为例分别列述如下。

（一）高岚梁石膏矿点

该矿点位于图区北部怀玉岗北侧的高岚梁，属新疆且末县管辖，地理坐标为东经 86°13′30″，北纬 36°52′20″，吐拉牧场—长虹湖季节性简易车道从矿区南侧清风滩通过。

矿区出露地层为古近纪阿克塔什组及第四系冲洪积层。阿克塔什组为一套内陆湖泊-泻湖相膏盐沉积，下部为红色、砖红色粉砂岩、泥质粉砂岩及粉砂质泥岩，夹白色石膏及砂岩；上部为砂岩与泥岩互层。

矿体呈层状、似层状产于粉砂岩、泥质粉砂岩及粉砂质泥岩之中，因风化剥蚀强烈，矿体走向上分为东、西两段。西段总体上分三大层（图 7-2、图 7-3、图 7-4）：第Ⅰ层厚约 3m，局部夹 1～2cm 厚的薄层紫红色粉砂岩，石膏为纯白色，粒状变晶结构，粒径 0.5～1mm，块状构造，矿物成分单一，杂质较少，矿石品位高，$CaSO_4 \cdot 2H_2O + CaSO_4$高达 91%；第Ⅱ层厚约 6m，矿化稍差，为石膏层与粉砂岩互层，石膏为浅黄白色，纤维状变晶结构、粒状变晶结构，块状构造；第Ⅲ层厚约25m，粉砂岩、泥岩夹层较多，石膏为白色，雪花状、纤维状及粒状变晶结构，块状构造，$CaSO_4 \cdot 2H_2O + CaSO_4$含量为83.8%。东段见5层石膏矿层，厚度分别为0.5m、4m、0.8m、3.5m、1.2m，顺层产出，产状为170°∠37°，石膏为白色雪花状，纤维状、粒状变晶结构，块状构造，石膏矿层的顶、底板为粉砂岩、粉砂质泥岩，$CaSO_4 \cdot 2H_2O + CaSO_4$含量为88.2%。

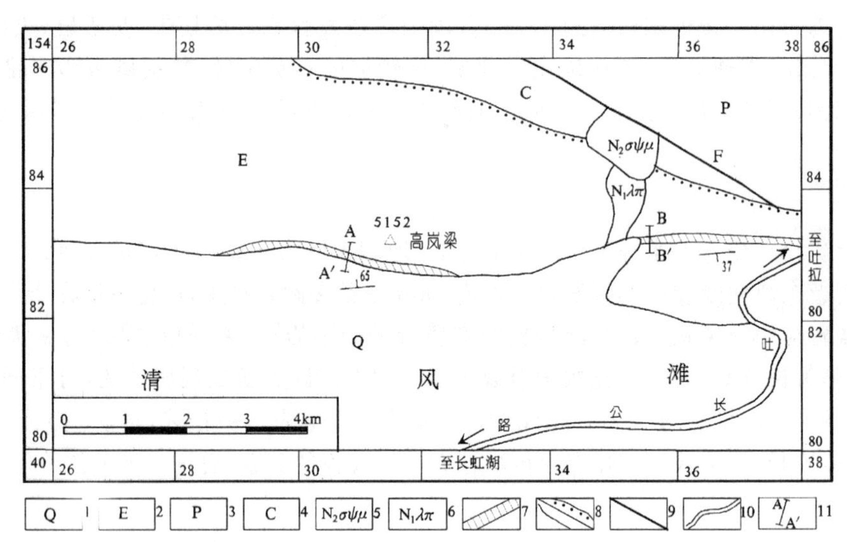

图7-2 高岚梁石膏矿点地质草图

1. 第四系；2. 古近系；3. 二叠系；4. 石炭系；5. 橄辉玢岩；6. 流纹斑岩；7. 矿体；8. 不整合界线/地质界线；9. 断层；10. 季节性车道；11. 踏勘取样剖面

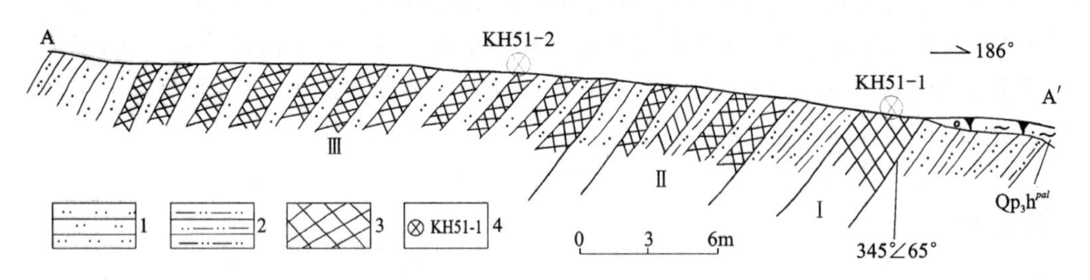

图7-3 高岚梁近东西向石膏矿层剖面示意图(51点)

1. 粉砂岩；2. 粉砂质泥岩；3. 石膏矿体；4. 化学分析样及编号

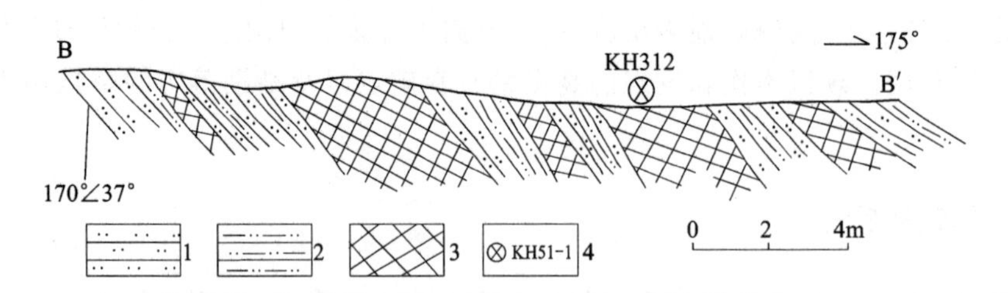

图7-4 高岚梁近东西向石膏矿层剖面示意图(312点)

1. 粉砂岩；2. 粉砂质泥岩；3. 石膏矿体；4. 化学分析样及编号

该矿点成因类型属湖泊-泻湖型沉积石膏矿，矿体走向延伸可达数千米，产状与围岩一致，石膏风化后在地表上形成一条断续的白色、黄白色，色调浅于地层的垅岗状突起。矿石储量较大，由于工作程度所限，暂以矿点论之。待交通运输条件改善后，有进一步工作价值。

（二）晓岚山大型石膏矿床

该矿床位于昆仑山木孜塔格西侧晓岚山之北，属新疆维吾尔自治区且末县管辖，路途遥远，交通不便，仅有季节性简易车道从矿区南侧通过。地理坐标为东经 86°22′10″，北纬 36°18′00″。

矿区出露地层为三叠系和古近纪阿克塔什组，后者以角度不整合覆于三叠系之上。阿克塔什组为一套内陆湖泊-泻湖相膏盐沉积，下部为红色、砖红色泥岩，粉砂质泥岩，泥质粉砂岩，夹白色石膏及砂岩，上部为砂岩与泥岩互层。

石膏矿体呈层状赋存于阿克塔什组下部，平面上表现为西厚东薄的不对称透镜状，距不整合面 0～50m。矿体平均厚度为 78.4m，走向延伸约 2100m，顶底板为砖红色、黄灰色泥岩，粉砂岩及粉砂质泥岩。西段矿体地表出露宽度约 355m，有一围岩夹层厚达 10m，矿体产状为 185°∠19°；中段矿体由于夹层厚度较大，使其成为上、下两部分，下部出露宽度为 200m，上部出宽度为 50m，矿体整体产状为 200°∠17°；东段矿体出露宽度 110m，围岩夹层较少、厚度较薄，产状 205°∠25°。

石膏矿石呈白色片状、半透明状、纤维状变晶结构、粒状变晶结构，块状构造。矿物成分单一，杂质少，品位高，$CaSO_4 \cdot 2H_2O + CaSO_4$ 含量高达 95%～98%。按矿体长度 2100m，平均厚度 78.4m，矿体深度 700m，比重 $2.3t/m^3$ 计算，其地质储量达 2.6 亿 t。

该矿床成因类型属湖泊-泻湖相蒸发沉积型石膏矿床，规模大，杂质少，质量好，适合露天开采，具有较大的工业价值。

第二节　生态资源

图区位于东昆仑西段，巍巍昆仑山主脊屹立于区内东南。雪域高原的自然地理环境导致动植物生存条件恶化，致使区内成为举世闻名的无人区和动植物罕见区域。在这片高寒、缺氧、强日照辐射的“生命禁区”内，所有生物都显得渺小而珍贵，充满着令人敬畏的旺盛生命力。

一、水资源

有水的地方就有生命。印度洋上空温暖潮湿的气流受高耸云端的喜马拉雅山脉阻挡，致使如天空般辽阔的青藏高原成为极端干旱大陆性气候区。区内降雨量少，主要以降雪为主。每年 6—9 月，融化的冰雪水与大气降水汇聚于冲沟、溪流及河床，流水与高山上常年覆盖的积雪与冰川相映成趣。发源于银石山北坡的金水河纵贯图区，主要支流有天浒河、贵水河、喀拉米兰河，构成树枝状水系。金水河流域面积占图区总面积约三分之二，次级溪沟尤其是末级冲沟里流淌着宝贵的淡水，成为银石山—金水河一带野生动物的饮用水，是名符其实的生命之水。

区内东南端昆仑山主脊南面畅车川一带，冰雪水由山顶向南流淌，形成嬉龙河、飞石沙河等常年河以及枫林沙河、金砾沙河等众多的时令河，蚕眉山以南分布有 $200km^2$ 的草滩，称黑石草滩。这一片“水草丰美”的山麓，是藏羚羊、野马、野牦牛等野生动物出没的乐园。

图区西南屏岭—滢水湖一带，内陆湖泊星罗棋布，全为咸水湖。荒漠戈壁上一泓泓碧水，给寂静的高原增添了几分灵气、几分清丽。长虹湖斜卧于屏岭北麓，宽一至数千米，长十余千米，微风起处碧波荡漾，周围绿草成片，牛羊低头食草，野鸭游弋水面，蓝天白云，波光闪闪，世间仙景莫过于此。

二、野生植物资源

区内野生植物资源较为匮乏。在山前戈壁荒漠地带及雪线附近生长着稀疏的绿色草本植物，骆驼刺是分布最为广泛的、生命力最为旺盛的植物。药用植物有大芸、甘草、雪莲花等珍贵药材。其中，雪莲花主要分布于图区南部屏岭—莹水湖一带，多生长在海拔 4800～5100m 山地碎石堆中，为多年生草本植物，菊科，6—7 月开花，白色花朵中夹带着一丝淡蓝、一抹微紫，显得极为清新、素净。由于其生长位置远远高于闻名遐迩的天山雪莲的位置,高寒缺氧的恶劣环境导致其生长缓慢,个体矮小,外貌亦与天山雪莲有别。一位在且末县工作多年的人打趣说,昆仑雪莲可是雪莲中的极品,此话是否当真尚有待证实。但浓缩就是精华,加之艰苦环境造就卓越品质,从这个角度看,此话或许有一定道理。

每年夏天,雪莲花开,星星点点的花冠匍匐于黄褐色沙砾之上,散发淡淡清香。雪莲花开寂寞,不招蜂引蝶,不怨天尤人,在贫瘠土地上绽放异彩,成为雪域高原一道亮丽风景。

三、野生动物资源

区内野生动物种类较多,但相对数量较少,大多为国家一、二级保护动物,属国家野生动物保护区。主要有黄羊、藏羚羊、盘羊、猞猁、野牦牛、野马、野驴、野骆驼、赤狐、棕熊、雪豹以及狼、兔、野鸭、岩鹰、大雕、乌鸦、旱獭等。其中,藏羚羊是生活于青藏高原的珍稀动物,以皮毛珍贵而著称,它们与野牦牛常常成为盗猎分子猎杀的对象。本次工作中,在贵水河、晓霞山、金波梁等地,见到一堆堆散发恶臭的藏羚羊尸骨,皮毛已被剥去,一群硕大的秃鹫正在啄食暗红色腐肉,令人惨不忍睹,可以肯定不久前这里发生了一场屠杀。在昆仑山南坡蚕眉山黑石草滩,多处可见被盗猎者割弃的野牦牛头颅,“头上长傲骨”的庞然大物成了屈死冤魂,偌大的头颅似乎在无声地控诉着盗猎者的暴行。

四、加强对珍稀动物藏羚羊的保护

藏羚羊是青藏高原特有的珍稀动物,性情温和而倔犟,体形健壮而俊美,身披金黄色的绒毛,奔驰于辽阔的雪域高原,它们是高原的点缀、“生命禁区”里的精灵。它们逐水草而走,像远古草原游牧民族一样游动、迁徙,每年盛夏,冰雪消融,它们翻越昆仑山来到金水河、喀拉米兰河一带,欣赏银山金水间的风景,享受在它们看来称得上丰美的水草;秋天来临,昆仑山开始冰冻封山,这些高原精灵又返回到相对温暖潮湿的可可西里。待到来年冰雪消融时,它们又会准时赴昆仑山之约,踏上去金水河的旅途。

藏羚羊极富规律的生活习性以及珍贵的皮毛给它们带来了灭顶之灾。盗猎分子夏天奔赴昆仑山,冬季赶往可可西里,对藏羚羊进行疯狂猎杀,成千上万只藏羚羊枪口下丧命,被剥下的羊皮载满了一辆辆卡车。

藏羚羊的悲惨遭遇和濒临灭绝的现状引起了强烈反响和广泛关注。几年前,中央电视台为此作了专题报道;在青藏高原进行过较大规模的反盗猎围捕行动;可可西里山下的青海省治多县成立了保卫即将灭绝的藏羚羊的“野牦牛队”,英年早逝、被授予共和国环保卫士的索南达杰就曾任队长……今天,随着“保护珍稀动物藏羚羊”行动的深入人心和广泛开展,藏羚羊和野牦牛等珍稀野生保护动物的生存环境大为改观,盗猎活动大为减少,高原精灵的明天一定会更好。

第三节　旅游资源

大漠孤烟直,长河落日圆,没有到过西域的人是难以透彻体会的。区内银山金水裸露出古铜色的肌肤,筋骨脉络般的沟壑、山梁一览无余地呈现于苍穹之下,粗犷而神秘。极目远眺,高山之巅白雪皑皑,冰清玉洁,与蓝天白云相辉映,天、山一色,天、山一体。当你的目光顺着地势向下探视,山体渐显开阔,山麓是一马平川的戈壁滩,偶尔有一泓碧波粼粼的山间湖泊横陈其上,湖泊四周或许有些黄绿色水草。定眼细望,便可见金黄色藏羚羊、黝黑色野牦牛,悠然自得地嚼食野草。

工作区属雪域高原,荒无人烟,人迹罕至。戈壁草滩,雪山湖泊,蓝天白云,成群牛羊……处处都是亮丽风景,散发着自然而原始的魅力,具有浓郁的雪域高原风光特色,蕴藏着丰富的旅游资源。慕名而来的观光客、探险家以及地质科学考察队已捷足先登、一睹为快,每年都有来自美国、德国、法国和瑞士等地的游客,前往巍巍昆仑探险、观光。随着西部开发的持续推进,青藏铁路的修建通车,不久的将来,一定会兴起一股西部高山探险、高原生态旅游的热潮。

一、雪山

图区海拔5700m以上高山为常年积雪覆盖,分别是嵩华山(5830m)、飞云山(5841m)、晓岚山(5795m)、早阳山(5831m)以及银古山(5883m)。站在山脚戈壁荒漠眺望高耸云端的冰雪山峰,映入眼帘的是晶莹而圣洁的一片银色世界,内心陡然腾升起一股顶礼膜拜、悲壮崇高及无比虔诚的感情。眨眼间,风起云涌,烟雾缭绕,雪山处于虚无缥缈中,想象的翅膀早已越过千沟万壑,飞往巅峰雪地。一时间,你心醉神迷,感叹惊愕:这是高处不胜寒的天上宫阙还是世界屋脊的青藏高原?

1. 嵩华山

嵩华山位于区内东北端,屹立于金水河畔,冲沟发育,地形切割强烈,层峦叠嶂,富有层次感,山顶为冰雪覆盖,远望如同养在深闺人未识的俊俏闺秀,冰清玉洁,婀娜多姿,神圣不可侵犯。嵩华山高峻华美,风景秀丽,委实是一幅绝好的天然画卷。

飞云山位于图区西北角,呈东西向横亘于戈壁滩上,延绵二十余千米,由飞云山、阻雁山及摘星山三部分组成,以险峻、雄伟而著称,黑色玄武岩构成它的脊梁,上覆白色积雪。飞云山雄伟壮观,高耸入云,在阳光照耀下熠熠生辉,在几绺白云的掩映下,显出一种古老而宁静的神秘感。如果说金水河畔的嵩华山是奇女子,那么雄壮的飞云山则是伟丈夫。

2. 早阳山、晓岚山

伫立于区内东南端的早阳山、晓岚山,称得上一对两情相悦、深情凝视的恋人。它们高高耸起,东西伫立,远望像两顶洁白帐篷架设于昆仑之巅,和东侧相距三十余千米的银石山一样,山顶岩石都是喜马拉雅期岩浆侵入喷发的产物。历经水与火的考验,海枯石烂,地久天长,它们的爱情已成永恒。它们凝眸对视,柔情蜜意,冷若冰霜的外表下奔涌着岩浆般炽烈的滔滔情感,惹得"耄耋老者"银石山探头窥视。

3. 银石山

耸立于区内东南部的银石山是区内最高山峰,像一位睿智的长老,静静地注视着这一片银山金水。它慈悲为怀,用它独有的方式缓缓地通过高山的毛细血管向万物输送着生命之源的甘霖,金水河、喀拉米兰河、嬉龙河等发源于此,因得甘霖滋润,才有了金水河的成群牛羊、蚕眉山的黑石草滩、畅车川的珍品雪莲。

二、湖泊

区内湖泊主要分布于西南屏岭—滢水湖一带,横笛梁—怀玉岗一带亦见零星分布。主要有长虹湖、滢水湖、鲸鱼湖、石漫湖、阳春湖、朝勃湖、吟诗湖以及明珠湖等。由于降雨量小,含盐较多,水清而味涩。这些碧波粼粼的咸水湖泊,像从天空撒落下来的散珠碎玉溅落于高原深处,给寂寞的荒原增添了几分清新、妩媚与轻灵。

在沙尘飞扬颠簸不已的乘车旅途中,在无边荒漠戈壁中,出现一泓碧水,你的眼神发亮,心胸顿觉清爽,郁积于胸口的烦闷、旅途中的劳累一扫而光。在你的眼里,湖泊显得那样温柔、宁静,当你恬静的心灵与湛蓝的湖泊融为一体时,你会发现湖水是多么深邃,深邃得仿佛可以容纳整个世界。湖的四周隐约有些绿意,那是野生动物丰盛美食。不远处果然有三三两两的藏羚羊埋头吃草,湖面上不知何时飞来一群野鸭,悠然自得游弋于水面上,不时把脖子扎进水下捕食水虫。一阵微风吹过,湖面上波涌浪叠,波光粼粼。图区从南到北沿吐拉牧场—长虹湖季节性简易车道分布有众多湖泊,一路湖光山色,令你目不暇接，大饱眼福。

三、草滩

区内面积较大的草滩有江梅滩、清风滩、朝勃湖—银球湖草滩以及蚕眉山黑石草滩。前三个草滩位于图区西北，是前后相连的一个整体，地势起伏小，地表覆盖着稀疏的黄绿色植被，这一带草滩野生珍稀动物较多，有藏羚羊、野马、野驴以及野鸭等。低洼处积水成湖，湖面小，水体浅，是野鸭捕食、栖息场所。

蚕眉山黑石草滩位于图区东南端，属昆仑山南麓，气候上与区内大部分地方存在较大差异，表现为空气相对潮湿，地表植被相对发育。由于遍地皆是黑色的玄武岩—安山岩，故名黑石草滩，这里地势起伏不大，水系发育，琮琮小溪流淌着淡水，石缝里伸出针状水草，成为“水草丰美”的动物们的天堂。这里有成群的庞然大物野牦牛，外表如岩石般黝黑；有数只至数十只成群的藏羚羊；还有独来独往、奔放不羁的棕红色野马。

雪域高原上辽阔的草滩，以珍贵的水草哺育了成群牛羊，成为“生命禁区”中的绿洲，是野生动植物的乐园。在“生命禁区”的雪域高原上感受生命气息，将成为你人生的宝贵经历。

四、金水河畔藏羚飞

发源于银石山北坡的金水河是区内最大河流，它用甘霖乳汁哺育了成群牛羊。在金水河支流泓水河、贵水河、喀拉米兰河，藏羚羊成群，或三五十只，或成百上千只，东一群，西一堆，放眼四望，弥漫河谷、山坡。羊群的组成极有规律性，最前头是一至数只气宇轩昂、嗅觉灵敏的领头羊，中间是拖儿带女的哺乳期母羊，殿后的是健步如飞的强壮羚羊。在生命进化过程中，凭着明察秋毫的灵敏感觉，出色而持久的奔驰能力，藏羚羊得以逃避死亡，生存壮大。头顶天空上盘旋着凶狠的神鹰、大雕，半山腰边潜伏着眼发绿光的饿狼，面对天敌，它们不能冲锋陷阵，只会亡命奔跑。最大的威胁来自于人类，盗猎分子借助汽车、枪支以及强烈的灯火，在黑夜对羚羊进行疯狂剿杀。柔弱倔强的藏羚羊直面惨淡、恐怖的生存环境，直面倒下同伴淋淋鲜血，生存繁衍。

夏天的金水河畔，水清草绿，冰雪消融，藏羚羊越过昆仑山云集于此，银山金水，闪动着它们矫健的身姿，沙滩草地留下了它们匆匆的脚印。金水河畔藏羚飞，是区内最吸人眼球的自然景观，在这里你可以切身感受藏羚羊善良、敏感和好奇等率真天性，以及出色的奔跑能力，赞叹、珍爱之情油然而生。流连于这片银山金水，体验天苍地茫羊成群的意境，堪称人生的一件快事。

第四节　环境地质问题

地质灾害是对人类生命财产和生存环境产生损毁的地质事件，是自然灾害的一种，具体讲，即在地质作用下，地质自然环境恶化，造成人类生命财产损毁或人类赖以生存与发展的资源、环境发生严重破坏，这些现象或过程称为地质灾害。而那些仅仅是使地质环境恶化，但并没有直接破坏人类生命财产和生产、生活环境的地质事件，则称其为某种地质现象或环境地质问题，而不能称其为地质灾害。工作区荒无人烟，不会发生直接破坏人类生命财产和生活环境的地质事件，即没有严格意义上的地质灾害。因此本书称这些地质事件为环境地质问题。

工作区寒冷干旱，物理风化作用发育，化学风化作用微弱，地表多见风化形成的砂砾碎屑，细粒碎屑物及粘土矿物少，水土流失严重。图区除东北金水河下游嵩华山、东南昆仑山主脊一带等地区地形切割强烈外，属相对高差不大、整体地势平缓的丘岗地貌，山体浑圆，河谷开阔，多内陆咸水湖泊。由于地势相对平缓，降水量少，多年冻土解冻时间短暂，解冻深度较小，区内环境地质问题主要表现为融雪性洪水、风化剥落、河流塌岸、泥石流、雪崩、冻土融陷以及土地沙漠化、盐碱化等，而崩塌、滑坡不甚发育。同时，上述环境地质问题的发生具有明显的季节性：气温较高的5—9月，冰雪消融，河流里流淌着融化雪水，各类环境地质问题相对发育；其余时间里，气温降低，冰封雪冻，各类环境地质问题则不甚发育。

1. 融雪性洪水

区内降水以降雪为主。夏天，气温升高，冰雪消融，雪水渗透于土，土体饱和后雪融水汇入溪沟，当溪沟汇水面积大而且上游雪水补给充足时，常常于溪沟下游因水量骤增而引发融雪性山洪，危及溪沟下游行人的安全。在气温高、日照强的情况下，洪水更大，危害更甚。每年5—9月，每天下午四五点钟，雪融水汇聚于溪沟，携沙裹石，咆哮着冲击而下，声若惊雷，声震空谷，似有千军万马在奔腾、在厮杀。正行走于溪涧沟谷间的人要随时注意上游山洪的来临和发生，听见雷鸣般的声音，要敏捷、迅速地跑离沟谷，爬向高岗坡地，或奔入开阔平地，等待山洪水退再活动。退水后一切复归平静，沟谷中堆满乱石。当山洪中固体泥沙、石块含量较高时，就成为泥石流。

2. 风化剥落

风化剥落是区内广泛分布的、主要由表生地质作用引起的、对区内生态地质环境带来极大影响的地质现象，是最低程度的小规模崩塌，是风化剥蚀形成的较小岩块在重力作用下沿山坡滚落，最后堆积在坡脚的现象。

图区属剧烈抬升构造剥蚀区，岩石节理裂隙发育，植被罕见，物理风化作用显著而强烈，地表斜坡上多见风化破碎岩石、砂砾，常于坡脚处形成残坡积物倒石堆。这些风化剥落的松散碎屑物，不仅为泥石流的形成提供丰富的碎屑来源，而且在一定程度上促使水土流失、土地沙漠化的发生，加剧水土流失、土地沙漠化的危害。

3. 河流塌岸

区内东北部金水河下游一带河床切割强烈，大部分地段河床被侵蚀成深达数米至数十米的临空陡壁，坡度达70°～80°，甚至为近直立的悬崖峭壁。在河流冲刷、河岸坡面上地表水渗透浸润等条件下，河岸岩土体的抗剪切、抗倾覆能力大为下降，岩土体节理裂隙发育的河岸会产生逐层坍塌、溜滑等坡面变形现象。

图区金水河下游古近纪阿克塔什组布露区，河岸岩土体为粉砂岩、泥岩及残坡积砂土、粘性土体，岩石节理裂隙发育，土体较为松散，固结差，是极易发生河流塌岸的地段。

4. 泥石流

图区属剧烈抬升构造剥蚀区，物理风化作用显著，岩石节理裂隙发育，岩石较为破碎，地表随处可见风化剥落的岩石碎块，加之植被极为罕见，新构造活动强烈，地震烈度较高，在强度较大的降雨和冰雪消融时，容易形成泥石流。

金水河支流天浒河、贵水河、喀拉米兰河、春艳河、湍流河、春雷河等，以及区内东南端嬉龙河、飞石沙河和飞雁河等，冰雪融水补给较为充足，大多为常年河，是泥石流的多发地段，不仅发育山坡型泥石流，还发育河谷型泥石流，是典型的泥石流沟谷。

区内一般发育山坡型泥石流，还可见河谷型泥石流。前者流域面积小，流通区不明显，地势陡峻、地形切割强烈的形成区与地势相对平缓的山麓堆积区相连，堆积作用迅速。由于汇水面积不大，以冰雪融水为主的水源一般不充沛，多形成重度大、规模小的泥石流。后者流域呈狭长形，形成区不明显，松散物质主要来自中游地段，泥石流沿沟谷有堆积也有冲刷搬运，形成逐次搬运的“再生式泥石流”。

区内山麓斜坡地带，沟谷出口处往往堆石成海，大小混杂，呈扇形展布，说明这些沟谷曾经发生过泥石流。在泥石流堆积区，砂砾、漂石等固体物质呈扇状张开，表面坎坷不平，垄岗起伏，堆积物结构较松散，层次不明显，无分选性。仔细察看，砂砾定向排列，表面多有碰撞、刮擦痕迹。

5. 冻土融陷

工作区属严寒雪域高原，大部分地方为多年冻土。年平均气温为—4℃以下，昼夜温差大，季节性温度差异亦很大，6—9 月气温较高，以 7 月气温最高。因此，6—9 月间，冰雪消融，冻土解冻；其余时间则冰封雪冻，冻土冻胀。冻土解冻时，地表土体软化，产生融陷，人行其上留下深达数厘米至数十厘米的凹坑，车行其上极易沉陷。

6. 雪崩

前文已述，区内有 5 座山顶常年为积雪覆盖的雪山，分别是蒿华山、飞云山、晓岚山、早阳山以及银石山，常人难以攀越。一般情况下，发生雪崩的可能性大而危险性小。在雪线附近开展地质调查，要随时注意雪地的异常响声，如发出低沉轰鸣声或是冰雪破裂声，应立即仰视四周高处，发现空中弥漫白色尘埃，说明山上发生了雪崩。此时应迅速抛掉身上重物，急速横向逃生。

7. 土地荒漠化、盐碱化

区内土地荒漠化广泛发育。由于为遭受强烈抬升剥蚀的雪域高原，地表高度裸露，物理风化作用普遍而强烈，化学风化作用微弱，加之水土流失严重和风力铲刮携带等，使得地表砂砾等粗粒碎屑物多，细粒碎屑物及粘土矿物少，土地岩漠化问题极为突出；区内沙暴天气每年达数十天。

同时，土地盐碱化也是区内广泛分布、普遍存在的环境地质问题，图区湖泊全为内陆咸水湖泊，除源于冰雪融水的末级水系外，流动的河水亦富含盐分，土地表面往往覆盖着一层白色盐霜。这是土地发生盐碱化生动直观的凭证，是大地遭受灾难煎熬的泪痕。

第八章 结 语

1:25 万银石山幅区域地质调查项目以有关技术要求和行业标准为指南，以当代先进地质理论为指导，充分应用“3S”等高新技术，经过3年的野外及室内工作，圆满完成了任务书及设计中规定的任务，达到了预期目的，取得了一批有重大意义的基础地质成果和分析测试数据。

一、主要地质成果

(1) 重新厘定或修正了部分地层的时代，为区域地质格架和构造演化提供了有益的资料。

① 首次于测区巴颜喀拉山群各段地层中采集到三叠纪标准化石分子，包括菊石 *Ophiceras* cf. *sinense*、植物 *Neocalamites* sp.、放射虫 *Triassocompe* sp. 等及由 *Stereisporites* sp.、*Punctatisporites* sp.、*Kraeuselisporites* sp.、*Cycadopites reticulatus*、*Annulispora* sp.、*Limatulasporites* sp.、*Ginkgocycadophytus nitidus*、*Alisporites australis* 等组成的三叠纪孢粉组合。查明其二叠纪化石产于沉积混杂形成的二叠纪灰岩块中，为异时异地分子。结合地层序列的正确建立，将测区南部前人划分的大量二叠纪地层的时代修正为三叠纪，为正确、全面地认识巴颜喀拉—可可西里三叠纪盆地及南、北相邻区域地质背景与属性提供了珍贵资料。

② 首次在测区北西部古生代沉积岩中发现䗴类化石，并于硅质岩中采集到早石炭世放射虫化石组合，其中 *Albaillella indensis* Won 是杜内阶顶部至维宪阶底部的带化石，*Entactinia vulgaris* Won、*Albaillella paradoxa* Deflandre 和 *Entactinosphaera* cf. *foremanae* Ormiston and Lane 三个属种为早石炭世放射虫典型分子。该组合可以与世界范围内广泛分布的早石炭世放射虫动物群对比。据此将原泥盆系更正为石炭系，该成果对于正确认识古特提斯在区内及区域的构造演化具重要的现实意义。

(2) 对测区侏罗纪和渐新世地层进行构造-岩性法填图，客观而详细地反映了盆地的沉积充填结构及沉积序列，并以此为基础查明侏罗纪及古近纪盆地均具以北侧断陷为主的单面断陷盆地的构造性质。首次查明测区渐新世具盆-山构造格局，自北而南发育八条EW向裂陷盆地。

(3) 新发现大量花岗岩体，并依据新获的同位素年代数据、岩性、结构构造及地球化学特征，首次将区内花岗岩划分为早石炭世、中侏罗世及始新世3个时代，建立了3个序列和13个单元；探讨了其成因及构造环境，早石炭世序列为岛弧花岗岩，侏罗世及始新世花岗岩为后碰撞花岗岩。

(4) 首次发现晚新生代橄辉玢岩、玻基辉岩、碱煌岩、花岗斑岩与流纹斑岩等火山岩和潜火山岩新类型，并新发现大量晚新生代火山岩体。根据本次调查新获的大量同位素年龄资料及岩石的岩性、结构构造与地球化学特征等，将晚新生代火山岩划分为中新世(12.81～13.2Ma)、上新世(2.97～3.65Ma)、更新世(0.3～1.93Ma)3个时代，为探讨青藏高原隆升的深部动力学背景及其发展过程提供了极为重要的基础地质资料和分析测试数据。

(5) 在可支塔格与青春山等地新发现蛇绿岩组合，详细研究了其岩石组成、各组成单元的岩石学及地球化学特征。根据可支塔格蛇绿岩的发育，结合区域构造发育特征，厘定出晚古生代耸石山—可支塔格蛇绿构造混杂岩带。

(6) 首次于耸石山—可支塔格蛇绿构造混杂岩带(区域上相当于昆南阿尼玛卿蛇绿混杂岩带)中发现滹沱纪成分——横笛梁杂岩体，其与石炭纪花岗岩及地层等围岩呈断层接触，角闪石 Ar-Ar 等时线年龄及坪年龄分别为 1303.30±28.28Ma、1913.80±3.24Ma。岩体主要由变辉长辉绿岩、闪长岩、石英闪长岩及斜长花岗岩类组成，各岩类呈厚度不等的层状、似层状，其间界线多较清楚，部分呈渐变关系。岩石地球化学特征显示幔源分异与同源岩浆演化特点及大洋岛弧环境。该发现表明古特提斯洋中存在古老基底残片，同时也暗示元古代时期可能发育大洋岛弧和大洋岛弧碰撞造山作用。

(7) 根据沉积作用、岩浆作用及构造变形特征等，首次重塑测区晚古生代—三叠纪详细造山演化过程，建立造山演化模式，为区域古特提斯构造特征研究补充了重要的基础资料。

① 早石炭世早期陆壳拉裂洋壳形成阶段。形成自北而南依次为托库孜达坂“陆块”、华道山—横条山弧后盆地、飞云山“陆岛”、古特提斯海(昆仑洋)、巴颜喀拉地块等的古构造格局。

② 早石炭世晚期洋壳俯冲—双列岛弧发展阶段。华道山—横条山弧后盆地及耸石山—可支塔格昆仑洋(古特提斯)的洋壳均开始向北俯冲，形成托库孜达坂陆缘弧与飞云山前缘岛弧——“双列岛弧”构造格局形成。早石炭世末托库孜达坂陆缘弧与飞云山岛弧碰撞对接，华道山—横条山弧后盆地消亡。

③ 晚石炭世—晚二叠世俯冲造山—碰撞造山阶段。托库孜达坂至飞云山间为弧后陆缘浅海环境，往南依次为飞云山陆缘弧、古特提斯洋和巴颜喀拉板块。受俯冲消减作用影响岛弧前缘形成俯冲造山作用。晚二叠世后期飞云山岛弧与巴颜喀拉板块碰撞形成碰撞造山。

④ 三叠纪巴颜喀拉盆地发展阶段。三叠纪时巴颜喀拉板块北缘发育陆内海盆，盆地具早期碰撞造山前陆盆地→中期裂陷海槽→晚期陆内汇聚回返前陆盆地的发展演化特征。

⑤ 三叠纪末陆-陆叠覆造山—陆内造山—断裂造山阶段。巴颜喀拉板块与昆仑地块陆内汇聚作用骤然加强，自南而北依次发生巴颜喀拉盆地断裂造山、耸石山—可支塔格构造混杂岩带陆内造山、飞云山—嵩华山上古生界褶断带陆-陆叠覆造山。

(8) 根据沉积序列、沉积特征、地球化学特征及火山岩夹层等，确定三叠纪巴颜喀拉盆地经历了由早期碰撞造山前陆盆地→中期裂陷海槽→晚期陆内汇聚回返前陆盆地的构造演化过程，首次明确巴颜喀拉前陆盆地在不同时期具不同的构造属性，为正确、全面认识特提斯构造域中巴颜喀拉前陆盆地的构造性质提供了重要而关键的基础资料。

(9) 首次发现三叠纪末巴颜喀拉板块在向北面昆仑地块俯冲时具“双层汇聚”机制：硬度较大的基底板块仍沿二叠纪末与昆南微陆块间的俯冲分界面向北向下消减；而相对较软的巴颜喀拉三叠纪盖层则沿其底面薄弱面剥离，被动向昆南微陆块之上仰冲，并在单剪应力状态下于其北面形成北倒南倾的同斜褶皱或斜歪褶皱。该发现不仅为正确、全面地认识巴颜喀拉板块与昆仑地块间陆内汇聚机制提供了极为重要的基础地质资料，对丰富造山带理论也无疑有着十分重要的意义。

(10) 对测区进行了合理而详细的构造单元和构造分区划分，对各单元或分区的构造格架、构造变形特征、变形期次、构造变形的动力学机制等作了详细的论述与解析，在此基础上建立起测区完整的构造变形序列，共划分出 18 期构造变形(事件)。

(11) 新构造运动、高原隆升及环境演化研究取得突破性进展。

① 测区及北面且末县一级电站幅中磷灰石裂变径迹分析结果，反映出上新世晚期(4.2±0.8Ma 和 3.9±0.6Ma)与早更新世中期(1.66±0.31Ma)两次构造抬升事件，与区域上青藏运动 A 幕(3.6Ma)和 C 幕(1.7Ma)正好吻合。

② 根据磷灰石裂变径迹年龄，结合有关地表高程历史资料，计算出晚新生代有关高原北缘隆升的若干数据。青藏高原北缘高原区约 3.85Ma 以来总共抬升了 6640m，平均抬升速率为 1.72mm/a。其中 3.85～1.66Ma 间总共抬升量约为 1500m，平均抬升速率为 0.70mm/a；1.66Ma 以来总共抬升量约为 5140m，平均抬升速率为 3.19mm/a。塔里木盆地向高原过渡的前山地带约 4.15Ma 以来总共抬升了 5520m，平均抬升速率为 1.33mm/a。其中 4.15～1.66Ma 间总共抬升了 1380m，平均抬升速率为 0.55mm/a；1.66Ma 以来总共抬升了 4140m，平均抬升速率为 2.49mm/a。约 4Ma 以来高原区较前山地带相对抬升了 1120m，高原与前山的平均隆升速率比约为 1.2，差异抬升速率与高原区绝对抬升速率比约为 0.17。

此外，根据上述数据结合阶地位相差及阶地沉积物光释光年龄等资料，计算出 21ka 左右以来高原区和前山地带在晚更新世末以来的整体抬升速率分别达 11mm/a 和 9mm/a，后者与中国科学院地理研究所的地质工作者对昆仑山北坡(前山)实地检测年抬升平均速率为 8mm 的结果惊人的一致。

上述成果填补了有关晚新生代高原北缘整体抬升定量数据方面的空白，无疑有着极为深远而重要的意义。

③ 新获得大量火山岩同位素年龄、沉积物光释光与电子自旋共振年龄等年代数据，结合磷灰石裂变径迹分析及有关地质、地貌、地球化学特征，首次全方位建立起测区乃至青藏高原北缘晚新生代以来构造活动、岩浆作用、沉积作用、地表抬升及地貌环境等综合演化过程，为青藏高原晚新生代构造、环境演化研究补充了扎实的基础资料。

④ 发现或识别出图区南部为主夷平面残留区，根据夷平面上覆安山岩的年龄认为13Ma左右前主夷平面即已形成，根据上新世末流纹斑岩(K-Ar年龄3.65Ma)上覆于后期剥蚀山丘之上并结合区域资料，认为主夷平面的解体时间为上新世末(3.7Ma前后)。该发现为颇有争议的青藏高原主夷平面发育与解体时代问题补充了极具实际意义的资料。

⑤ 首次发现测区(青藏高原北缘)晚新生代区域构造体制总体为南北向挤压，其主要构造表现有EW向逆断裂的发育及其逆冲活动导致断块的差异抬升、渐新世阿克塔什组中两期挤压褶皱构造、新构造平移断裂的发育及其形成的多种类型的走滑成因型湖泊等。该构造体制的确定为客观、全面地认识青藏高原隆升的地球动力学背景及构造机制补充了珍贵的资料。

(12) 根据测区构造、沉积、岩浆作用特点及地貌演化过程等，提出测区甚至青藏高原北缘晚新生代地壳增厚与高原隆升机制。

① 不同阶段造成高原隆升的主要动力机制不同。中新世—上新世早期推土机式水平缩短增厚为主导机制，下部地壳的垂向拉伸与上部地壳的褶皱及逆冲叠覆作用是地壳缩短增厚与高原隆升的主要原因；上新世晚期至中更新世初下部岩石圈地幔的拆沉与软流圈的上隆导致岩石圈的快速隆升；中更新世以来，地表在岩石圈拆沉之后的重力均衡调整及印度地盾和塔里木地块的相向挤压共同作用下继续阶段性快速抬升。

② 尽管印度板块向北的俯冲挤压是整个青藏高原岩石圈缩短增厚的最主要力源，但塔里木板块向南的俯冲与挤压作用也不容忽视，特别是对于高原北缘的测区，其作用在某种程度上可能更为重要。

③ 在岩石圈地幔的拆沉和软流圈地幔的上隆与印度板块和塔里木板块持续南北向挤压的共同作用下，EW向断裂发生逆冲活动并造成差异隆升。

逆断裂造成断块差异隆升的地质事实，在整个青藏高原的构造隆升研究中为首次发现，其对全面、正确地认识整个青藏高原差异隆升及盆山耦合机制具有重大意义。

(13) 新发现关水沟金矿点、关水沟石膏矿床及高岚梁石膏矿点3个矿产地，圈定出耸石山-昆明沟晚古生代火山岩、火山碎屑岩及砂岩夹板岩岩片分布区为金矿找矿远景区。

(14) 发现并圈定出珍贵药材雪莲、各种淡水资源、野生动物资源、草地资源分布区。

二、存在的主要问题

由于受青藏高原恶劣的地理环境条件所限制，加之我们首次进行造山带的区域地质调查，工作中实践经验不足，少量样品测试尚未获结果。因此部分地质体时代确定依据尚嫌不足，如渐新世阿克塔什组中未采集到大化石，所采送的孢粉分析样又未获结果，因而只能根据区域对比及与始新世花岗岩的沉积接触关系等来确定其时代；可支塔格与青春山等地的蛇绿岩尚缺同位素年龄等。

主要参考文献

常承法,潘裕生,郑锡澜,等.青藏高原地质构造[M].北京:科学出版社,1982.

崔之久,伍永秋,葛道凯,等.昆仑山垭口地区第四纪环境演变[J]. 海洋地质与第四纪地质,1999, 19(1):53-61.

邓晋福,莫宣学,赵海玲,等.壳-幔物质与深部过程[J].地学前缘,1998, 5(3):67-74.

邓晋福,吴宗絮,杨建军,等.格尔木—额济纳旗地学断面走廊域地壳—上地幔岩石学结构与深部过程[J].地球物理学报,1995,38(2):130.

邓晋福,杨建军,赵海玲,等.格尔木—额济纳旗断面走廊域火成岩—构造组合与大地构造演化[J].现代地质,1996,10(3):330-343.

邓万明.青藏高原北部新生代板内火山岩[M].北京:地质出版社,1998.

杜天乐.地幔流体与玄武岩及碱性岩岩浆成因[J].地学前缘,1998,5(3):145-156.

解习农.中国东部中新生代盆地形成演化与深部过程的耦合关系[J].地学前缘, 1998,5(1):162-165.

金小赤,王军,陈炳蔚,等.新生代西昆仑隆升的地层学和沉积学记录[J].地质学报.2001,75(4).459-467.

李长安,骆满生,于庆文,等.东昆仑晚新生代沉积、地貌与环境演化初步研究[J].地球科学——中国地质大学学报,1997,22(4):347-350.

李吉均.青藏高原的地貌演化与亚洲季风[J].海洋地质与第四纪地质, 1999,19(1):1-9.

李继亮,孙枢,郝杰,等.论碰撞造山带的分类[J].地质科学, 1999,34(2):129-138.

潘桂棠,陈智梁,等.东特提斯地质构造形成演化[M].北京:地质出版社,1997.

潘裕生.青藏高原的形成与隆升[J].地学前缘, 1999,6(3):153-162.

潘裕生.西昆仑山构造特征与演化[J].地质科学, 1990,25(3):224-232.

王义天,李继亮.走滑断层作用的相关构造[J].地质科技情报, 1999,18(3):30-34.

魏明建,王成善,万晓樵,等.第三纪青藏高原面高程与古植被变迁[J].现代地质,1998,12(3):318-325.

吴建功.岩石圈研究的重要问题与研究方向[J].地学前缘,1998,5(1-2):99-109.

肖序常,李廷栋,李光岑,等.喜马拉雅岩石圈构造演化总论[M].北京:地质出版社,1988.

许靖华,崔可锐,施央申.一种新型的大地构造相模式和弧后碰撞造山[J].南京大学学报(自然科学版),1994,30(3):381-389.

于学政,邓晋福.青藏高原隆升与东昆仑地区金矿遥感地质研究[M].北京:地质出版社,1999.

张克信,陈能松,王永标,等.东昆仑造山带非史密斯地层序列重建方法初探[J].地球科学——中国地质大学学报,1997,22(4):343-346.

中国科学院青藏高原综合科学考察队.青藏高原隆起的时代、幅度和形式问题[M].北京:科学出版社,1981.

Argand E. La tectonique de I'Asie[J]. Proc 13th Int Geol Congr Brussels,1924,7:171-372.

Bhatia M R, Crook K A W. Trace element characteristics of graywackes and tectonic setting discrimination of sedimentary basins[J]. Contrib Mineral Petrol,1986,92:181-193.

Maniar P D, Piccoli P M. Tectonic discrimination of granitoids[J]. Geol Soc Am Bull,1989, 101:635-643.

Pearce J A, Harris N B W, Tindle A G. Trace element discrimination diagrams for the tectonic interpretation of granitic rocks[J]. J Petrol, 1984, 25(4):956-983.

Wagner G A. Fission-Track Dating[M]. Germany:Kluwer Academic Publisher,1992.